住房和城乡建设部“十四五”规划教材
教育部高等学校建筑类专业教学指导委员会建筑学专业教学指导分委员会规划推荐教材
高等学校建筑类专业城市设计系列教材

丛书主编　王建国

Meticulous Urban Design

精细化城市设计

褚冬竹　主　编
查　君　副主编

中国建筑工业出版社

图书在版编目（CIP）数据

精细化城市设计 = Meticulous Urban Design / 褚冬竹主编；查君副主编．—北京：中国建筑工业出版社，2022.11

住房和城乡建设部“十四五”规划教材 教育部高等学校建筑类专业教学指导委员会建筑学专业教学指导分委员会规划推荐教材 高等学校建筑类专业城市设计系列教材

ISBN 978-7-112-27939-5

Ⅰ．①精… Ⅱ．①褚… ②查… Ⅲ．①城市规划—建筑设计—高等学校—教材 Ⅳ．① TU984

中国版本图书馆 CIP 数据核字（2022）第 174338 号

策划编辑：高延伟
责任编辑：王　惠　陈　桦
责任校对：张辰双

本书配套有相关教学课件和教学资源，请登录建工书院 https://edu.cabplink.com，搜索《精细化城市设计》进行下载。

住房和城乡建设部“十四五”规划教材
教育部高等学校建筑类专业教学指导委员会建筑学专业教学指导分委员会规划推荐教材
高等学校建筑类专业城市设计系列教材
丛书主编　王建国

精细化城市设计

Meticulous Urban Design

褚冬竹　主　编
查　君　副主编

*

中国建筑工业出版社出版、发行（北京海淀三里河路9号）
各地新华书店、建筑书店经销
北京锋尚制版有限公司制版
北京建筑工业印刷厂印刷

*

开本：880毫米×1230毫米　1/16　印张：19　字数：557千字
2023年2月第一版　2023年2月第一次印刷
定价：**99.00**元（赠教师课件）
ISBN 978-7-112-27939-5
（40071）

《高等学校建筑类专业城市设计系列教材》编审委员会

编写工作组

主　编　褚冬竹

副主编　查　君

参　编　重庆大学：阳　蕊　朱羽翼　黎柔含　苏　红

华东建筑设计研究院有限公司：杨　晨　王溯凡

本书基于课题支持：国家自然科学基金面上项目（52078070）

重庆市研究生教育教学改革研究重大项目（yjg191004）

出版说明

党和国家高度重视教材建设。2016年，中办国办印发了《关于加强和改进新形势下大中小学教材建设的意见》，提出要健全国家教材制度。2019年12月，教育部牵头制定了《普通高等学校教材管理办法》和《职业院校教材管理办法》,旨在全面加强党的领导，切实提高教材建设的科学化水平，打造精品教材。住房和城乡建设部历来重视土建类学科专业教材建设，从“九五”开始组织部级规划教材立项工作，经过近30年的不断建设，规划教材提升了住房和城乡建设行业教材质量和认可度，出版了一系列精品教材，有效促进了行业部门引导专业教育，推动了行业高质量发展。

为进一步加强高等教育、职业教育住房和城乡建设领域学科专业教材建设工作，提高住房和城乡建设行业人才培养质量，2020年12月，住房和城乡建设部办公厅印发《关于申报高等教育职业教育住房和城乡建设领域学科专业“十四五”规划教材的通知》（建办人函〔2020〕656号），开展了住房和城乡建设部“十四五”规划教材选题的申报工作。经过专家评审和部人事司审核，512项选题列入住房和城乡建设领域学科专业“十四五”规划教材（简称规划教材）。2021年9月，住房和城乡建设部印发了《高等教育职业教育住房和城乡建设领域学科专业“十四五”规划教材选题的通知》（建人函〔2021〕36号）。为做好“十四五”规划教材的编写、审核、出版等工作，《通知》要求：（1）规划教材的编著者应依据《住房和城乡建设领域学科专业“十四五”规划教材申请书》（简称《申请书》）中的立项目标、申报依据、工作安排及进度，按时编写出高质量的教材；（2）规划教材编著者所在单位应履行《申请书》中的学校保证计划实施的主要条件，支持编著者按计划完成书稿编写工作；（3）高等学校土建类专业课程教材与教学资源专家委员会、全国住房和城乡建设职业教育教学指导委员会、住房和城乡建设部中等职业教育专业指导委员会应做好规划教材的指导、协调和审稿等工作，保证编写质量；（4）规划教材出版单位应积极配合，做好编辑、出版、发行等工作；（5）规划教材封面和书脊应标注“住房和城乡建设部‘十四五’规划教材”字样和统一标识；（6）规划教材应在“十四五”期间完成出版，逾期不能完成的，不再作为《住房和城乡建设领域学科专业“十四五”规划教材》。

住房和城乡建设领域学科专业“十四五”规划教材的特点：一是重点

以修订教育部、住房和城乡建设部“十二五”“十三五”规划教材为主；二是严格按照专业标准规范要求编写，体现新发展理念；三是系列教材具有明显特点，满足不同层次和类型的学校专业教学要求；四是配备了数字资源，适应现代化教学的要求。规划教材的出版凝聚了作者、主审及编辑的心血，得到了有关院校、出版单位的大力支持，教材建设管理过程有严格保障。希望广大院校及各专业师生在选用、使用过程中，对规划教材的编写、出版质量进行反馈，以促进规划教材建设质量不断提高。

住房和城乡建设部“十四五”规划教材办公室

2021 年 11 月

总序

在2015年12月20日至21日的中央城市工作会议上，习近平总书记发表重要讲话，多次强调城市设计工作的意义和重要性。会议分析了城市发展面临的形势，明确了城市工作的指导思想、总体思路、重点任务。会议指出，要加强城市设计，提倡城市修补，加强控制性详细规划的公开性和强制性。要加强对城市的空间立体性、平面协调性、风貌整体性、文脉延续性等方面的规划和管控，留住城市特有的地域环境、文化特色、建筑风格等“基因”。2016年2月6日，中共中央、国务院印发了《关于进一步加强城市规划建设管理工作的若干意见》，提出要“提高城市设计水平。城市设计是落实城市规划、指导建筑设计、塑造城市特色风貌的有效手段。鼓励开展城市设计工作，通过城市设计，从整体平面和立体空间上统筹城市建筑布局，协调城市景观风貌，体现城市地域特征、民族特色和时代风貌。单体建筑设计方案必须在形体、色彩、体量、高度等方面符合城市设计要求。抓紧制定城市设计管理法规，完善相关技术导则。支持高等学校开设城市设计相关专业，建立和培育城市设计队伍”。

为落实中央城市工作会议精神，提高城市设计水平和队伍建设，2015年7月，由全国高等学校建筑学、城乡规划学、风景园林学三个学科专业指导委员会在天津共同组织召开了“高等学校城市设计教学研讨会”，并决定在建筑类专业硕士研究生培养中增加“城市设计专业方向教学要求”，12月制定了《高等学校建筑类硕士研究生（城市设计方向）教学要求》以及《关于加强建筑学（本科）专业城市设计教学的意见》《关于加强城乡规划（本科）专业城市设计教学的意见》《关于加强风景园林（本科）专业城市设计教学的意见》等指导文件。

本套《高等学校建筑类专业城市设计系列教材》是为落实城市设计的教学要求，专门为“城市设计专业方向”而编写，分为12个分册，分别是《城市设计基础》《城市设计理论与方法》《城市设计实践教程》《城市美学》《城市设计技术方法》《城市设计语汇解析》《动态城市设计》《生态城市设计》《精细化城市设计》《交通枢纽地区城市设计》《历史地区城市设计》《中外城市设计史纲》等。在2016年12月、2018年9月和2019年6月，教材编委会召开了三次编写工作会议，对本套教材的定位、对象、内容架构和编写进度进行了讨论、完善和确定。

本套教材得到教育部高等学校建筑类专业教学指导委员会及其下设的建筑学专业教学指导分委员会以及多位委员的指导和大力支持，并已列入教育部高等学校建筑类专业教学指导委员会建筑学专业教学指导分委员会的规划推荐教材。

城市设计是一门正在不断完善和发展中的学科。基于可持续发展人类共识所提倡的精明增长、城市更新、生态城市、社区营造和历史遗产保护等学术思想和理念，以及大数据、虚拟现实、人工智能、机器学习、云计算、社交网络平台和可视化分析等数字技术的应用，显著拓展了城市设计的学科视野和专业范围，并对城市设计专业教育和工程实践产生了重要影响。希望《高等学校建筑类专业城市设计系列教材》的出版，能够培养学生具有扎实的城市设计专业知识和素养、具备城市设计实践能力、创造性思维和开放视野，使他们将来能够从事与城市设计相关的研究、设计、教学和管理等工作，为我国城市设计学科专业的发展贡献力量。城市设计教育任重而道远，本套教材的编写老师虽都工作在城市设计教学和实践的第一线，但教材也难免有不当之处，欢迎读者在阅读和使用中及时指出，以便日后有机会再版时修改完善。

主任：王建国
教育部高等学校建筑类专业教学指导委员会
建筑学专业教学指导分委员会
2020 年 9 月

前言

城市设计在过去的大半个世纪中，从名称和要义的确立，到遍布全球的应用实践，通过持续的类型迭代和理论提炼，已成为目标明确、任务清晰、内容丰富，深度参与城市建设的设计技术体系。更重要的是，在这同时期的数十年里，随着社会、科技、文化的巨大变革，城市作为承担人类物质与精神文明的重要聚集载体，本身也在发生剧烈改变和转型。城市发展的先后高低、文化历史的千差万别、治理理念的多元并存等差异性因素都为城市设计如何参与城市建设形成了极为丰富的背景。城市设计与城市，正是在这样的互促和互馈中持续发展。

中国当代城市发展是世界城市发展版图中的重要部分，更是一场凸显制度优势，从贫弱到富强的成绩实景。2015 年 12 月中央城市工作会议召开，党中央对城市建设若干重大问题做出部署，指明做好城市工作的指导思想、总体思路、重点任务。此时，距离上一次中央城市工作会议（1978）已过去了 37 年——这是中国城市快速发展的 37 年，城市化发展在规模和总量上发生着巨大变化：城镇化率年均提高 1 个百分点，城镇常住人口由 1.7 亿人增加到 7.5 亿人，城市数量由 193 个增加到 653 个，但与快速增长相伴而生的各类“城市病”也陆续出现，引发深思。会议高度重视城市设计的价值，不仅强调“要加强城市设计，提倡城市修补”，更明确指出要“全面开展城市设计，完善新时期建筑方针，科学谋划城市‘成长坐标’”，并针对城市建设中的若干问题明确提出“不断完善城市管理和服务，彻底改变粗放型管理方式”，将“设计”与“管理”紧密链接在一起。

为通过城市设计解决城市空间发展中尚待完善部分，必须进一步深度解析人与城市的关系，并理解在这对关系背后的精细联系。在城市设计引入中国并发展了约 40 年时，倡导城市设计的精细化发展，将城市设计与城市管理紧密结合，注重从设计到实施的流程链接，对于应对当前城市空间发展中亟待解决的问题具有实质意义。对城市特定空间范围内的关键性专题事件和设计问题必须更加聚焦，在发现问题、分析问题、解决问题三个层面精细纵深，将“精细化”思想植入城市设计教学，成为在掌握城市设计基本知识、基础方法后的提升契机。

《精细化城市设计》教材可作为建筑学、城乡规划、城市设计等专业本科高年级、硕士研究生（尤其是专业学位硕士研究生）开展相关理论教学、课程设计及毕业设计时的教材或参考材料，在已掌握城市设计基础理论知识的基础上，为学生进一步深度认知城市与城市设计发展、教师讲授相关理论、组织设计过程提供参考，希望能够帮助实现以下五个方面的学习价值：

（1）认识城市空间演进基本规律和主要特点

在学习的前期，学生需要具备初步的观察城市、解析问题的能力，将对城市发展特点的认知视为学习精细化城市设计的一个重要有机组成部分。要深刻理解城市发展过程中，不同背景、不同规模、不同文化、不同地理条件等多样复杂的客观差异对城市建设、城市空间的演变所具有的重要影响作用，深度思考当代城市空间发展、变化的特点和规律。辨识城市空间优化方向、解答城市空间问题的过程也是深度理解城市空间演进的过程。只有从发展规律、发展目标的视角展开设计推演，才可能在下阶段形成具有说服力和足够深度的设计成果。

（2）理解城市设计发展趋势与主要迭代类型

通过学习，使学生理解城市设计本身的动态性和持续进化状态，进一步基于对中国城市发展特征的学习，深刻理解城市设计从早期到当代的变化特点，认知城市设计后续发展的基本趋势。在此基础上，理解精细化城市设计并非城市设计的新增类型，而是城市设计发展到一定阶段的纵深形式。同时，需要学生在深入学习的基础上，理解城市设计职能的核心要旨和权力边界，通过对城市设计类型的讲述和示例，将城市设计与其他相近的规划或群体建筑设计区分开来。

（3）掌握精细化城市设计内涵特征与方法路径

引导学生理解，“精细化”首先反映了城市设计的一种工作态度和思维转型，以“问题显微”为工作基调，强调定位问题、解决问题本身的细微深入程度，对特定空间、特定人群、特定问题进行深度剖析，通过“专题→专策→专管”递进相扣的“三专”线索将设计问题及解答探索有效关联，目标直指城市空间综合效益的精明促升。由此，需要针对城市特定空间范围内的任务专题，通过城市问题的精细剖解、设计目标的精确制定、干预对象的精准确立、要素系统的精密整合，提出空间营造或优化的专项策略，并依据专题研究目标和专策成果内容进一步形成专门化管控实施方法的全流程城市设计工作。

（4）学习城市设计落地的基本要点和管控流程

引导学生理解，城市设计在城市建设中的实效保障机制是当前的重要议题。城市设计与城市规划、建筑设计、市政设计等紧密相关，但其“法定角色”依然在不断完善过程中，以何种方法保证优秀的城市设计成果能够真正指导建设过程，需要通过一系列科学管控制度与技术成果得以实现。这部分工作本身也应该是理解和掌握城市设计的重要组成部分。学生需要理解，基于设计成果，需要运用市场、政策、法律、自治等手段，通过量化城市管理目标、细化管理准则、明确职能分工等方法，实现深入、精细的管理模式，进而形成的一系列专门化、精细化管控方法和技术制度，是对城市设计成果的落实与保障。

（5）感受设计实践中的问题求导与成果表达

通过较为丰富的国内外案例，为学生系统全貌地认知城市设计演进、理解精细化内涵提供了一线工作的参照，这也是本教材尤其希望学生能够感受的重要方面。此处之所以用“感受”，是因为学生在面对丰富多变，优秀作品不断涌现的实践层面，在相对有限的课时范围中很难掌握全面。同时，课堂教学也无法将实际工作中的方方面面关系因素逐一呈现。但作为一项解决城市空间发展实际问题的技术体系，城市设计必须放置在一个真实的现实环境中去讲授，尤其是在已经掌握了城市设计基本知识的研究生阶段，更需要学习将设计问题与现实问题、将设计视角与社会视角、将公共利益与个体利益、将近期目标与长远发展等诸多必须关联一体的议题协同起来。通过若干较为完整系统的案例学习，对于当下不同城市发展的状态、诉求、难点、策略等进行“体验”和“感受”。当然，不必将这些案例中运用到的技术方法、空间策略进行僵化学习甚至模仿，每个城市设计任务都是不同的，只有理清背后的复杂动因，才可能得到实质性的进步。授人以鱼不如授人以渔，历来都是教育的初衷。

以上五个方面是本教材的基本内容架构。学生在阅读和使用本书时，需要具备基本的城乡规划、城市设计、建筑设计及景观设计知识，掌握一定的调查研究、文献检索方法，并对城市精细化发展中若干新系统、新现象保持足够的敏锐与兴趣，关注城市在丰富性和复杂性上的演进规律，乐于积极寻求现象背后的逻辑。学习使用中，学生既可以采用前后顺序通读学习的方式，也可以采用针对问题查找聚焦的方式。

针对理论课和设计课两类不同的课程形式，提出以下不同的使用建议：

（1）理论课教学：在本科生阶段，可配合其他教材，以课外辅助读物的方式参与教学，鼓励学生完成回答每一章末尾列出的思考题，并在教师的引导下进行案例分析；在研究生阶段，可根据各校研究生培养计划，按需设置一门2学分、32学时的“精细化城市设计”理论课程。学时安排建议如下：第1章：2学时、第2章：2学时、第3章：4学时、第4章：6学时、第5章：6学时、第6章：4学时、第7章：2学时、第8章：6学时（含研讨环节）。根据各校实际，对课时分配也可灵活调节，并结合院校所在城市特点，适当增加教材以外的学生可以亲身感知的城市设计案例学习，也可在讲述城市设计管控及综合案例的环节时，邀请规划主管部门、设计单位相关人员为学生授课。

（2）设计课教学：建议在专业硕士培养过程中，结合公共课程设计、联合设计课教学等形式，将本教材直接运用于设计课教学中，并在不同阶段开展约12学时的理论方法指导。设计课开展之初，建议以4学时介绍城市空间发展演进特点、城市设计发展代际类型、具体设计课题任务内容、目标要求，以4学时介绍精细化城市设计基本内涵、基本方法、技术路线，研讨具体设计课题可运用精细化设计思维及方法的具体内容；在设计课中后期，再以4学时讲述城市设计管控和实施落地的基本流程、原则、成果形式，引导学生在设计中体现管控思维和规范成果，“模拟”实践场景，以不同视角审视自身设计。其余内容可由学生自学。

回顾对“精细化城市设计”议题的关注，已过去7年有余。2015年起，以我承担的第一个自然科学基金面上项目“轨道交通站点影响域城市设计关键问题与方法”为契机，开始了在城市特定空间范围下城市设计精细化对策和方法的研究，同年发表论文《城市显微：作为一种态度和工具》，开始将对问题的精细化解析作为我从事城市研究的基本思想。第一次相对正式提出“精细化城市设计”则是在硕士生马可的学位论文《轨道交通站点影响域异用行为分析与精细化城市设计策略研究》（2016），探讨了对精细化城市设计的初步思考。随后，研究团队先后发表了《“行为—空间/时间”研究动态探略——兼议城市设计精细化趋向》《精细化城市设计思路与方法——以“行为—时空—安全”视角为例》《轨道交通站点影响域的界定与应用——兼议城市设计发展及其空间基础》等数篇紧密围绕“精细化城市”主题的学术论文，以讨论精细化城市设计的内涵、方向，并在博士生魏书祥的学位论文《基于“行为—时空—安全”关联的精细化城市设计方法研究——以轨道交通站点影响域为例》（2018）中基于特定空间对象得以更为细致的剖析。同时，近年我所指导的硕博士研究生的研究方向大多以轨道交通站点影响域或其他特殊城市地理载体（如城市半岛、滨水区域、山地旧城、立交节点等）为空间载体，探索其中各类人群、行为、空间的关联议题和难点、痛点。这些研究不仅为本教材编写提供了素材基础，更通过持续思考，逐渐对精细化城市设计的技术路线、内涵思想有了愈来愈清晰的认识。

校企联合编写是本教材的一个重要特色。根据《专业学位研究生教育发展方案（2020—2025）》[①]中关于“深化产教融合专业学位研究生培养模式改革……推进培养单位与行业产业共同制定培养方案，共同开设实践课程，共同编写精品教材”的指导思想，为进一步提升教材质量，及时反映城市设计行业发展动态，特别邀请了华东建筑设计研究院有限公司

① 2020年9月国务院学位委员会、教育部印发《专业学位研究生教育发展方案（2020—2025）》（学位〔2020〕20号）。

城市空间规划院院长查君博士担任副主编，形成了“校企联合”的工作方式。查君博士带领华东院的城市设计师一道承担了城市设计的类型解析、专管实施、成果呈现及部分实践案例的编写。我负责全书的整体框架、学习准备、城市发展趋势及精细化城市设计内涵与“三专”技术路径的提出，带领重庆大学编写小组完成了专题定位、专策纵深、技术工具等篇章的撰写，并负责全书的图文质量。两个团队在适当分工的基础上交叉审核，互提意见，以紧密联系的方式完成了这次合作。

“文明因交流而多彩，文明因互鉴而丰富。文明交流互鉴，是推动人类文明进步和世界和平发展的重要动力。”“世界上有 200 多个国家和地区，2500 多个民族和多种宗教。如果只有一种生活方式，只有一种语言，只有一种音乐，只有一种服饰，那是不可想象的。”[①] 当然，世界上也不可能只有一种城市。作为人类文明长期积蓄、聚集而成的重要空间载体和实体存在，世界上丰富多样的城市空间也为我们打开了交流互鉴的通道。为向其他国家优秀的城市空间、城市设计实践学习借鉴，也在教材中精选了部分国外案例进行讲解，以开阔学生视野。

衷心感谢王建国院士、韩冬青教授、张伶伶教授、丁沃沃教授、冷嘉伟教授、庄宇教授等多位学者对本教材编写的支持和指导。感谢韩冬青教授的辛苦审稿和重要指导意见。感谢中国建筑工业出版社教育教材分社陈桦主任、王惠编辑在从立项到出版全过程的支持。感谢在教材编写初期参与了基础工作的魏书祥博士。感谢所有提供案例、接受访谈的同行、朋友。

弹指一挥间。距离本教材最初立项已悄然过去 5 个年头，其间我参与了由总主编王建国院士召集并亲自指导的数次教材编写会，逐步明晰教材撰写的体例、目标，经历日常教学、实践、阅读、观察、思考，数易其稿，终于在不断调整修改的过程中完成，呈现给广大师生使用、批评。作为一部新编教材，还需要在使用过程中不断总结、优化、完善，也期待师生使用过程中对本教材提出宝贵意见！

褚冬竹
2022 年 6 月 3 日壬寅端午

---

① 习近平. 文明交流互鉴是推动人类文明进步和世界和平发展的重要动力 [J]. 求是. 2019（9）.

目录

第 1 章
学习的准备

A

B

图 1–1 不同城市形态与风貌（自上而下分别为：重庆、伦敦、布拉格、科隆、法兰克福、代尔夫特）

1.1 城市演进与现实需求

为什么城市是这个样子？

有没有“看不见”的城市空间？它们能否被界定、感知、设计？

城市持续发展下去将会呈现怎样的变化？

在看似完整甚至完善的城市中，是否仍有影响空间发展的“问题”值得思考和剖析？

人居环境发展的重心在城市。当前全球有约 60% 的人口生活在大大小小的城市里[①]。到 2030 年，这个比例将接近 70%[②]。未来十年，还将有数以十亿计人口进入城市生活。城市作为人类持续介入自然、改造空间的集中反映，即使在地理环境载体看似接近的情况下，由于气候、物产、规模、经济、技术、文化、习俗乃至自然灾害、人为灾变（战争、事故）等多重复杂因素作用，在漫长的建设、修正、修复、调适、更新过程中，城市的结构、空间、形态走向不同发展轨道，呈现出丰富多样的面貌和景象（图 1–1）。城市作为社会综合生产的刺激者与消费者，已在全球建立了一个生存发展的巨构网络。在这个从起源初始便被赋予“革新”意义的人类聚居载体，城市的稠密、交织、互联已成为生产生活、经济发展、社会持续的重要保证和结构性特征。

随着人类改造环境、拓展空间能力的日益提升，城市在满足一般性生产生活基础上，对空间舒适、环境体验、出行效率、人文关怀等需求也迅速提高。城市在走向环境友好、健康绿色目标的同时，其运行系统正变得越来越复杂，各子系统之间相互关联交织，构建了城市内部的复杂网络，成为在城市的外显形态下重要的“技术基座”，也定义出不同职能、不同能级的城市运行系统节点（图 1–2）。以此基座为承托，逐步构建出效率更高、容量更大、功能更强的城市。很多曾经构想的“未来城市”景象，正在变成现实（图 1–3、图 1–4）。

当代城市，尤其是多数大城市正面临两种同时存在的发展状态：一方面，城市总体建成区范围仍在或急或缓地扩张蔓延；另一方面，因运行系统交叉聚集，城市内部的传统核心及节点正凸显出更高价值和吸引力。加之我国各城市发展水平、规模和具体问题差异很大，部分城市已经进入城市化的较高级阶段时，另有部分城市可能正处于城市化快速增

---

① 按 2021 年的官方统计为 56.61%，参见 https://statisticstimes.com/demographics/world-urban-population.php#:~:text=Urbanization%20by%20regions%20%20%20%20Region%20,%20%2075.11%20%203%20more%20rows%20

② https://www.un.org/development/desa/en/news/population/2018-revision-of-world-urbanization-prospects.html

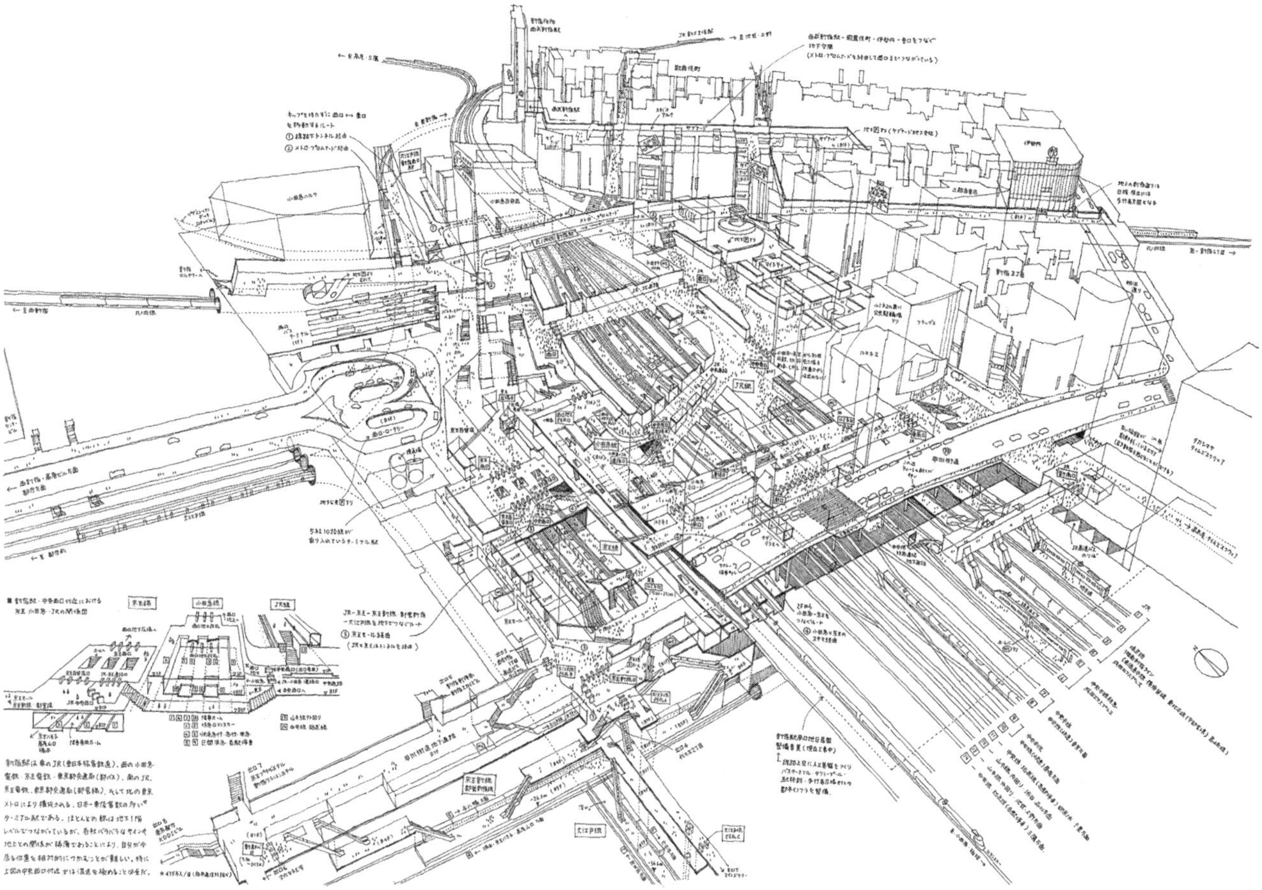

图 1-2　东京新宿车站片区透视解析

图 1-3　当代插画家冯索瓦 · 史奇顿（François Schuiten）为儒勒 · 凡尔纳（Jules Gabriel Verne）科幻小说《二十世纪的巴黎》创作的插图

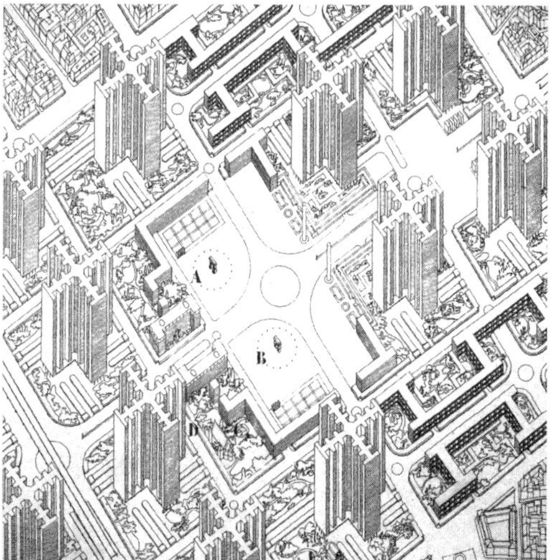

图 1-4　柯布西耶 1924 年提出的“光辉城市”（the Ville Radieuse）构想

长阶段。城市可持续发展范式必须对城市资源过度中心化和人为极差进行合理舒缓和平衡，需要实现在“短期经济增长与长期结构调整”和“转型升级与保持合理增长速度”之间找到平衡点。城市正在城区分布持续离散与重要节点日益聚集的并行状态中发展，形成了城市存量优化和增量发展并行的时代，意味着增量扩展与存量优化同期存在。

在城市空间的存量型发展中，经济学意义上的存量（人造与自然）在提供服务与福祉的同时亦产生相应收益，边际成本与边际收益的平衡需求逐渐将存量、流量、服务与建设发展关联成为一体，建构出城市存量资源再利用的基本经济模型，也形成以存量资源优化及再利用为基本手段的城市发展新阶段。随着对原增长范式进行理性审视，可持续发展的根本目标陆续重新成为城市发展的首要纲领。20 世纪末之后，世界主要城市发展也随之转向对社会、文化、环境、经济等多重价值的整体关注，向着长期、集约、品质与更高福祉、生存价值的精细化空间配置方式转变。

在城市空间的增量型发展中，新增空间可能以两种方式出现：一是在既有建成区内进行较大规模的局部地块新增建设或既有建筑的扩建增量，二是在城市未开发区域或人居环境品质较低区域进行全新建设，形成明显的容量增加。与存量型不同，在增量型发展中，城市空间必须作为重要的综合效益资源建构起系统的、关联的整体，将公共空间、城市形体、交通系统乃至自然本底作为一体化的思考对象，并将土地利用、经济发展、文化导向等背景、目标、条件纳入工作范畴，从多个维度切入对城市空间发展的剖析，才有可能因地制宜地面对实际发展问题。

我国城市在城市存量与增量两种发展类型并存的同时，也经历着经济建设与社会建设的不平衡，是后小康社会时期可持续发展的难点所在。经过几十年高速发展，我国在城市基础设施与人居环境明显改善的同时，也埋下了环境、社会、经济等多方面的潜在危机，人口城市化速度和规模远滞后于空间城市化，社会、文化、制度的构建与经济增长并未同步，“不平衡不充分”的现象并不鲜见。西方曾经遭遇的发展教训仍不难在部分中国城市中发现。

图 1–5 中国城市已陆续进入需深度剖析问题的精细化发展阶段（图为重庆渝中区原法国领事馆旧址与各历史时期建筑并存）

国情与制度决定了中国城市发展必须坚守“以人为核心”，“使城市更健康、更安全、更宜居，成为人民群众高品质生活的空间”。中国城市精细化发展更加注重内涵、质量与公平，必须更加注重深度剖解问题，更加重视人居环境的改善和城市活力的提升，是一场需要同时兼顾精神导向、社会责任、市场规律与长期效益的重大挑战，也是践行并展示制度优势、治理智慧的必然任务。如何精准确立城市空间发展方向与技术路径，如何在实施过程中实现政策初衷和执行实效，成为讨论城市可持续发展时绕不开的议题。此时，高度关注差异性、针对性、在地性的城市空间精细化演进趋向便已然呈现（图 1–5）。

1.2 问题显微与精细发展

要正确解读践行城市空间的精细化演进，首先需要匹配的是观察事物、解析问题的方法与深度。当前，城市空间正处于剧烈技术变革影响下的新时空背景下，由于“不断增加的贸易、旅行的便捷和即时的世界通信”，这个世界正在变得更“紧缩”、更“稠密”，时空的高度压缩与密切互联催生出“地球村”概念，甚至认为世界“只和一个计算机控制面板相当”。[①] 这样的收缩显然并非物理空间变化，而是联系的迅捷高效导致的行为和心理的拉近。另一方面，技术腾飞刺激了行为活动范围的迅速扩张和辅助出行能力的快速提升，人们对行动自由、通勤效率、场景体验、共享公平的追求与日俱增，正在驱动城市空间的进一步演化。

于是，讨论城市空间状态的基本话语立场，就自然落在了需求与空间的相互关系上——新需求既可以强有力地驱动空间生成，而恰当的空间更能够匹配、承担直至激发出更多样的合理需求。当需求和空间不匹配甚至出现矛盾时，如何呈现问题、如何解读机理、如何设计空间？将“问题显微”（Problem Microscopic）作为一种方法，便在这样的追问下浮现出来。

先看“显微”之“微”，即“微观”（Microcosmic）。微观是一个具有相对与比较涵义的概念，其指代的度量范畴依赖于“宏观—中观—微观”的整体层级划定。简单地说，要准确讨论何谓“微观”，需要明确整个讨论的尺度体系。一方面，自然科学中讨论的微观世界通常是指分子、原子等粒子层面的物质世界，除微观世界以外的物质世界常被称为宏观世界。或者，将人类日常生活所接触到的世界从中分离，称为中观世界，宏观世界则特指星系、宇宙等物质世界。另一方面，社会科学则通常把从大的方面、整体方面去研究把握的问题与“宏观”相联系，而把从小的方面、局部方面去研究把握的问题称为“微观”问题。显然，以这样的解析方法来讨论同时具有自然科学与社会科学特征的建筑学首先会遭遇到一个如何界定讨论范畴的问题。基于两类科学对“微观”的不同界定，建筑学中的“微观”明显具有双重性质：一是与物理空间尺寸相关，具有客观性和可度量性；二是与建筑学问题尺度相关，与社会、经济、文化、心理需求紧密相关，具有主观性和难度量性。因此，问题显微的涵义首先在于看待问题的广度与深度，而非简单的物理尺寸。

再看“显微”之“显”。显、微二字，关键更在“显”。“显微”与“微观”的最大不同在于：当讨论“显微”时，讨论的是一个从隐至显的过程——不仅强调事物的物理尺寸，更看重对问题的剖解，是一个从单一呈现多样、从简单呈现复杂、从压缩转向释放、从耦合探知解耦的过程，也是一种“解压”“释放”“提取”（extract）式的态度与操作。后者可视为“显微”的本质。

康泽恩（M.R.G. Conzen）在解析“城镇平面”（town plan）时，以城市形态学（urban morphology）操作方法将城市肌理解析为三个元素（层次），即街道、地块和建筑。这三个层次逐层推进，将构成城市的空间要素清晰呈现，便是基本的显微视角之一。而更早的意大利人诺利（Giambattista Nolli，1701—1756）则做了一件影响至今的工作——历时 12 年艰辛绘制罗马地图（La nuova topografia di Roma Comasco），史称“诺利地图”（Nolli Map）。诺利最大的贡献不是多么精细地描绘了一份城市平面（ichnographic plan），也不是它表面上所呈现出来且常被简单解读的“图底关系”，而是他用自己的行为度量了罗马的空间属性，不仅度量了可视觉感知的物理空间基本尺寸与形态，也“度量”了这座城市之于诺里的非视觉感知“行为—空间”权属——包括神庙、教堂等具有公共意义的空间以白色表示，无法进入或权属私有的空间则以深灰色块表示。他创造性地将“总平面”与“平面图”结合起来，为后人研究罗马留下了极为宝贵的图示资源。诺利将空间内在的异用行为和图示呈现出来，将视觉观察

---

① （美）查尔斯·詹克斯. 现代主义的临界点：后现代主义向何处去？[M]. 北京：北京大学出版社，2011.

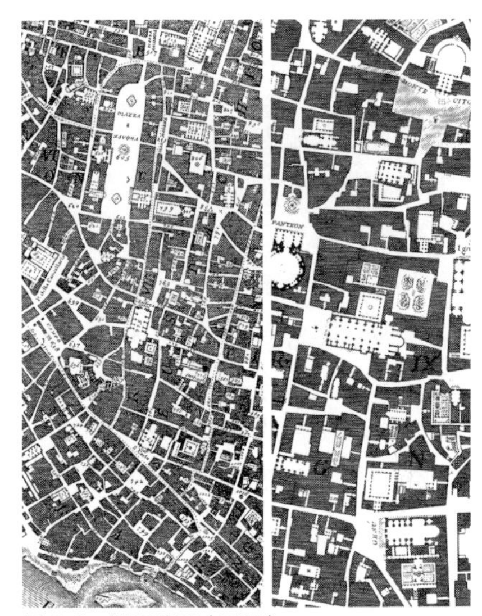

图1-6 诺利地图（局部）

与行为权力结合起来，创造了一份具有里程碑意义的显微典例（图 1-6）。

因此，在面对城市空间的深度洞察时，借“问题显微”一词，意指那些通过高穿透度的洞察方法与解析技术，一方面，在微观层面探知那些看似稀松平常或已熟视无睹的城市“细部”，另一方面，即使在宏观层面，也需要捕捉或挖掘出那些原本隐匿深处的细微问题。它以空间辨析为基本立场，包含空间最为基础的物理特性，也包含空间的使用、占有状态，涉及社会学内涵和对时间关注。如何在拥狭窘迫的空间环境中找寻增值机会？如何在有限的空间范围内承载与激发更多适宜行为与权利？成为问题显微视角下积极推进城市精细发展的关注焦点。

1.3 城市设计精细化发展的意义

城市空间在进化，城市设计同样也在进化。“需求”与“条件”，这一对矛盾作为人类改造环境、生产空间的基本起点，也成为讨论城市设计与空间优化的基础。在中国城市空间发展重大转型的背景下，城市设计的主战场悄然从“创造新空间”转向“优化旧空间”，进入了精细化发展的阶段。

“精细化”思想源于美国管理学家、经济学家泰勒最早提出的“科学管理思想”，后经欧洲传至日本，在 20 世纪 50 年代与日本的“精益生产思想”结合形成“精细化”的管理理念、技术，后来被发达国家的城市管理应用，以应对城市在大规模快速建设中出现的问题。城市设计的实质是一项基于城市空间操作的复杂技术手段，其根本价值在于通过对若干公共活动及感知需求的响应，实现对包含虚实两方面的城市空间载体系统的配置或优化，其要旨始终紧扣对城市空间形态的解读与营造。城市设计作为城市管理重要的技术支撑，研究并践行“精细化城市设计”，梳理其思路与方法显得更为迫切。

城市设计精细化发展是城市精明增长（Smart Growth）理念下的直接映射，既源于对城市蔓延（Urban Sprawl）与过度扩张的反思和转向，又是对于资源高消耗的警醒和问题剖解深度的技术反馈。精明增长最初以增长管理为概念基础，强调有限度的开发以保护环境资源。经过长期的实践与发展，精明增长基本形成了有共识的内涵和表现，如：充分利用城市存量空间，减少盲目扩张；加强对现有社区的更新或重建，提升既有社区的居住场所体验、吸引力和自豪感；有效利用被废弃或污染的工业用地，以节约基础设施和公共服务成本；混合多样的土地利用，集约建设，减少基础设施建设、交通通勤、房屋建设等。在此背景下，“精明”的含义更多应包含智慧、敬畏和尊重，强调“增长”背后的伦理与价值。

城市设计的精细化可以体现在宏观和微观两个层面，无论是较大片区还是重要节点，都有精细化剖析问题的必要性。问题所涉及空间范围有大有小，问题剖解方式却均需聚焦纵深。例如，资本高度聚集和资源存量的持续积叠共同推进着城市前进。这样高度聚集的节点效益又可能引发两个方向的结果：一方面，在城市经济整体尚处于发展期时，经济增值机会迅速向核心或节点聚集，局部价值凸显的同时却容易忽视节点以外的空间价值和环境质量，造成“边界效应”或“阴影效应”，城市各区域难以平衡发展甚至造成节点外的空间衰败；另一方面，节点地段复杂性剧烈提升，新方式、新现象、新问题随之出现，文化历史要素被快速商品化或商业化，以尽量短的流通交换周期进入市场，短期实效利益驱动的同时却忽略了对长期价值目标的判断，形成难以逆转的过度发展或过量发展。这些问题，不简单是某一个局部地段或红线范围内的空间形式问题，更需要将空间结果的缘由或动因放置在城市设计思维过程的前期阶段，才可能初探到城市设计推演的真实轨迹。

城市“无论是稳步提升还是缓慢衰退，所有地方都接受逐步的变化。精心维护比疏于管理尤其是严重疏于管理，更有可能增进合作和正能量”。同时，“积累性的微小调整不仅可以产生个体性结果，而且还可以产生集体性趋势”[①]。通过精细化城市设计，进一步处理好城市精细化发展过程中的功能、空间与权属等重叠交织的社会与经济关系等任务，强调在“增量”“存量”甚至“微量”并行时代下，既保证实效增长又解决遗留问题，进一步优化和促进城市公共空间的社会转型等任务变得更加复杂但迫切。

1.4　基本术语

城市设计　干预导控城市空间与城市形态塑造的专业方式和技术工具之一，是以城市人居环境为操作对象，将城市规划成果中有关历史文化保护、城市风貌塑造、形体组织关系、公共空间配置、减量提质要求、城市精细织补等不宜或不便直接量化的管控指标和规则，通过城市空间形态和场所营造的方法而进行的设计研究和工程实践活动。

精细化城市设计　城市设计发展到一定阶段的纵深形式。在本书中，特指为实现城市复杂问题的精细剖解、城市空间综合效益的精明促升，基于问题显微思路，因循“专题→专策→专管”技术路径，针对城市特定空间范围内的任务专题，通过城市问题的精细剖解、设计目标的精确制定、干预对象的精准确立、要素系统的精密整合，提出空间营造或优化的专项策略，并进一步形成专门化管控实施方法的全流程城市设计工作。

研究型城市设计　设计与研究的结合，将设计作为研究城市问题、探索问题解答方案的一种设计研究型方法，通常可包含实践类和教学类。

管控型城市设计　通过政策、导则或标准等方式对城市建设和设计活动进行控制和引导的城市设计。

实施型城市设计　在明确开发主体和基本利益取向的基础上，以具体项目为工作对象，以实施建设为目标，对具体地块将形成的建筑群体、空间环境及对一定范围城市空间的具体形象、空间设计。

问题显微　针对城市设计任务，在剖析问题的过程中，以相应的技术方法对问题进行显现、定位、解析直至解答，尤其注重将复杂问题、细小问题或易忽略问题从隐至显的剖解过程。在问题显微的思路中，解析问题时不仅强调事物、空间的物理尺寸，更看重对问题的剖解深度，可视为对问题从单一呈现多样，从表面简单呈现系统复杂，从压缩转向释放，从耦合探知解耦的过程。

城市更新　应对城市空间形态庸杂、服务体系薄弱、基础设施欠缺、文化价值淡漠、产业活力衰退等城市负面问题所进行的空间渐进更替活动。

城市形态　一个城市的全面实体组成、物质空间环境及各类活动的空间结构和形式，有广义与狭义两个层次的理解：广义上，城市形态可分为物质形态和非物质形态（社会形态）两大类，前者通常可由视觉感知，主要包括城市区域内城市布点形式、城市用地的外部几何形态、城市内各种功能地域分异格局以及城市建筑空间组织和形体面貌等，后者通常不易由视觉直接感知，指城市的社会、文化等各非物质要素的空间分布形式；狭义上，城市形态一般指城市物质空间环境构成的有形物质形态，也是城市设计过程的直接操作对象。

公共空间　在日常社会生活中，不设经济条件、人员条件或社会条件限制，供市民无偿合理参与、共享使用的室外及室内空间，室外部分通常包括街道、广场、户外场地、公园等，室内部分则根据不同建筑类别，具有不

---

① （英）彼得·克拉克. 牛津世界城市史研究 [M]. 上海：上海三联书店，2019：512.

同的空间呈现形式，如供行人穿越的公共通廊或在一定时间范围允许市民共享使用的非营利性建筑公共区域。

设计专题 基于对目标、条件、需求及现实问题、设计问题的充分研究，由城市设计任务的发布方、主管部门或设计者系统确立的特定专攻议题。依据专攻议题的逐个解决，有针对性地达到城市设计成果的深度，并据此保障精细化城市设计实施效果。

设计专策 基于精细化城市设计目标，在设计专题导向下，根据具体问题提出的各类空间生成专项应对策略，据此生成包含设计方案、设计导则、实施计划、导控政策等的精细化城市设计系列成果。

设计专管 指在精细化城市设计成果完成之后，为达成既定建设目标，运用市场、政策、法律、公共自治等手段，通过量化城市管理目标、细化管理准则、明确职能分工等方法，实现深入、精致的管理模式，进而形成的一系列专门化、精细化管控方法和技术制度，是对精细化城市设计成果的落实与保障。

设计思维 在设计过程中的认识、判断、推理的全过程智力活动。城市设计不仅涉及设计者“内在”的思维发展过程，即设计构思在头脑当中酝酿并逐渐呈现出来的过程（对条件的感知与思维），也涉及设计者“外在”的行为执行过程，即依据头脑中的构思，通过外在一系列行为的发生，将构思不断修正并最终确定下来，如各种调研、分析、评价的方法。

管控思维 在城市设计成果完成后，在将设计成果通过政策、制度等管理方式推进落地实施过程中所运用的认识、判断及推理活动的统称。城市设计实施过程的管控思维很大程度上决定了管控过程的导向、力度和刚度，也直接影响城市设计执行的实际效果。

现实问题 在城市发展运行过程中，在不同层面存在的影响城市良性运行或良好体验的症结、困难、短板，可能涉及空间、设施、社会、文化、经济、自然等方方面面，是普通公众、市民等非专业群体可以体验和提出的问题，通常是城市设计的出发原点和思考基点。

设计问题 基于与设计任务相关的现实问题，根据多方位综合研究，根据设计目标、导向等因素形成的，由设计者或主管部门提炼、定位，通常需要依赖设计手段解决的技术性问题。

设计目标 主管部门及设计者根据城市设计具体对象或城市具体范围的发展、需求或困难、问题等提炼的，通过城市设计的执行实施可以改善、提升或创造发展机会的预期效果，通常可以包含设计对象及其所在城区的综合性宏观发展目标及具体工作范围的空间性、技术性或专题性优化目标。

设计对象 城市设计的工作对象，即城市设计项目指定范围内的城市公共空间、建筑形态、风貌、基础设施等各类城市人居环境要素。

设计技术 在城市设计过程中，设计者基于相关设计理论、工作流程与工作规范，为有效推进设计过程并达成既定目标所采用的方法、工具、媒介等手段及载体的总和。

设计工具 城市设计技术的一个具体组成部分，是为实现设计目标或有效推进设计流程而采用的器具、设备、硬件、软件等技术载体。

设计表达 设计者运用各种媒体、材料、技巧和手段，以清晰、恰当、规范的方式阐述设计思路、归纳设计问题、传达设计信息、表述设计成果的工作环节，同时也指该环节工作最终所形成的成果表现形式。

设计策略 在城市设计过程中，基于设计目标需求与设计背景条件的双重影响，针对城市空间、形态、环境等各城市设计操作对象做出的系统性、全局性，长期或短期的具体谋划和规划，其中针对明确的设计专题而进一步聚焦至具体对象的操作策略，即是设计专策。

设计审查 在城市设计成果完成后，正式应用于指导下一阶段设计发展或实施建设之前的综合性、系统性正式审查管理程序，包含行政审查和技术审查，主要审查要点包含城市设计是否满足需求、规范、标准，是否响应既定设计目标和城市发展愿景，是否切合地方实际。

综合效益 建设活动在城市中产生的包含经济性和非经济性的综合效果和利益，本质是一种投入产出的对比关系，受具体的空间要素及复杂特征影响，是评价城市空间发展实态的有效参照，反映了空间资源配置过程对达成经济、社会、交通、环境、文化等目标的影响结果，可以通过观察相对约定的城市空间容积范围中空间环境质量和空间使用效果（包括空间活动强度和秩序等）得以明确。

视觉感知空间 通过视觉直接可见的、外显和相对静态的城市物质环境，如街巷空间、广场空间、滨水空间、桥下空间等。

非视觉感知空间 难以完全通过视觉准确感知，而需要借助其他因素或技术手段才能科学界定的空间，如城市轨道交通站点影响域、城市效益空间和城市消落带等。这些因素包括流动行为、聚集程度、经济参数、生态指标等，它们叠加在可感知空间的基础上，产出一系列非感知空间的界定标准。

数字技术 数字技术是设计技术的重要类型，也是现代设计工具的重要基础支撑，是电子计算机相伴相生的科学技术，是指借助一定的设备将各种信息，包括图、文、声、像等，转化为电子计算机能识别的二进制编码后进行运算、加工、存储、传送、传播、还原的技术，例如计算机辅助采集、辅助设计、辅助分析、辅助决策、大数据、云计算、人工智能、物联网、区块链和 5G 技术等。

数字孪生 充分利用物理模型、传感器更新、运行历史等数据，集成多学科、多物理量、多尺度、多概率的仿真过程，在虚拟空间中完成映射，从而反映相对应的实体装备的全生命周期过程。数字孪生是一种超越现实的概念，可以被视为一个或多个重要的、彼此依赖的装备系统的数字映射系统。

数字采集 城市设计过程中，通过数字采集工具例如分散的传感器和监测仪表对目标领域、场景的特定原始数据进行采样、搜集，然后通过计算机模数转换手段将以图像类、文本类、语音类、视频类等非结构化数据为主的采集数据以数字的形式进行分类、分析和处理的过程。

数字管理 在执行城市设计落地实施的过程中，利用计算机、通信、网络等技术，通过统计技术量化管理对象与管理行为，实现了数据采集、问题分析、决策制定、实施跟踪、效果量化、迭代升级的科学管理手段。

数字城市 利用空间信息构筑虚拟平台，将包括城市自然资源、社会资源、基础设施、人文、经济等有关的城市信息进行多分辨率、多尺度、多时空和多种类的三维描述，主要表现为地球表面测绘与统计的信息化（数字调查与地图），政府管理与决策的信息化（数字政府），企业管理、决策与服务的信息化（数字企业），市民生活的信息化（数字城市生活）。

城市信息模型 以建筑信息模型（BIM）、地理信息系统（GIS）、物联网（IoT）等技术为基础，整合城市地上地下、室内室外、历史现状、未来多维多尺度信息模型数据和城市感知数据，构建起三维数字空间的城市信息有机综合体。

专管主体 对精细化城市设计的目标、任务、实施等各阶段担任决策或监督执行作用的职能部门。

专管条件 由精细化城市设计成果转译而成的，用于指导后续阶段建设性设计和管理的内容，通常以条文、图则、要素等形式呈现。

专管制度 为保障精细化城市设计成果的落实成效而制定的特定规则。

管控要素 为达到精细化城市设计的既定目标而必须达成的设计事项，一般通过专题或专策研究成果进行抽象和转译而形成的，以条文形式呈现，用于监督和指导设计成果。

指标类 为达到精细化城市设计的既定目标，在管控实施过程中必须完成的各类定量标准，以数量、长度、面积、百分数呈现。

刚性指标 精细化城市设计管控要素中，定量的及不可变的部分。

弹性指标 精细化城市设计管控要素中，定性的及可变的部分。

法定规划 在法律体系中通过规范性文件约定编制的，通过法定方式对外公布的具有普遍约束力的规划文件，一般通过法定方式监督执行。

城市设计导则 城市设计过程中制定的专门用于引导城市开发建设的各项设计准则的统称，包括图纸及说明文字。

实施平台 为确保落实国土空间规划、城市设计要求，以推动实施为导向，整合开发、设计、建设、运营、管理力量的工作平台。

土地合同 针对土地的使用权转让，转让双方签订的权利和义务关系的合同，一般指土地使用权出让合同及相关附件。

协议 经过谈判、协商而制定的共同承认、共同遵守的文件，在法律上是合同的同义词，本文中指除土地使用权出让合同外的其他约定形式。

设计总控 从前期策划规划、建筑设计工程建设实施阶段一级后续运营维护使用阶段的项目开发全生命周期的技术、协调、管理三位一体的工作模式。

设计师负责制 以城市设计师或设计师团队为核心，对设计项目全过程或部分阶段提供全寿命周期设计咨询管理服务的一种工作模式。

思考题

1 当代的城市发展的主要特点有哪些？这些特点给城市设计带来什么新的要求？

2 当前，社会各行业发展都在倡导精细化，对于设计（城市设计、建筑设计、景观设计等）而言，精细化意味着什么？

3 城市设计的精细化发展趋势主要体现在哪些方面？

4 如何理解不同城市发展背景下的精细化要求？不同城市规模、经济、文化、地域、气候等差异性条件对精细化发展是否有影响？

第 2 章

城市设计的发展演进

2.1 城市设计的价值层次

城市设计研究城市空间形态的建构机理和场所营造，是介入（干预）城市物质空间塑造过程的方式和工具之一，也是针对城市人居环境进行的设计研究和工程实践活动。经过长期的理论与实践发展，现代意义上的城市设计已成为目标明确、内容丰富、任务清晰，深度进入城市建设管控体系的技术体系，具备较为完善基础理论的学科与研究、实践领域；是营造美好人居环境、传承人类文化和塑造城市特色风貌的重要实现路径和技术方法；是落实国土空间规划、指导建筑设计、增强规划可实施性的管理手段；是将城市规划成果中有关历史文化保护、城市风貌塑造、减量提质要求、城市精细织补等不宜或不易直接量化的管控指标和规则，通过设计方案描绘的方法。城市设计强调从整体平面和立体空间上进行统筹、深化、细化和表达，增强规划目标的体验感[①]。基于以上认识，可以从四个递进层次理解城市设计的价值意义：

（1）空间形态：城市设计首先表现为以城市三维物质空间与多形体组织关系为对象的营造与操作，以此区别于城市规划和一般单体建筑设计。大至城市格局、整体形态、组织肌理、自然环境、土地利用，小至公共空间（街道、广场、公共绿地等）、街区、建筑、街道设施及城市家具等都是城市设计的考虑范畴。城市设计不只考虑单个物质要素的形体和使用，还要着重考虑物质要素之间的组织关系、形态构成和使用状况。

（2）公共属性：城市设计重在对公共空间系统进行优化或创造，以此区别于对非公共物业形态及其内部空间的营建，如有封闭管理需求的军营、学校、住区等。两者的关键差异不在于任务用地规模的大小，而在于其空间系统是否面向城市，是否具有公共性、共享性和开放性。同时，城市设计以公共空间系统为核心对象，也意味着即使在成果表达上呈现出生动细致的城市景象，更需注意其设计内核并非是具体的建筑形象、材料细部，而是这些物质实体构建而成的公共空间系统。

（3）生长发展：城市设计既关注城市物质实体及其空间营造，也关注社会、文化、经济等非物质环境；既注重对城市“形态—空间”的静态研究，如图底关系、形体体量、天际线、视线通廊等，也注重对交通、流动、聚集、疏散等动态议题的回应，兼顾自然环境（地形地貌、地质地势、气候气象、自然山水等）、绿地系统、基础设施等多重复杂可变影响因子，将城市视为具有新陈代谢特征的动态演变对象——城市可能发展、生长，也可能衰败、萎缩。

（4）规则导控：当代城市设计的法定地位和技术价值在不断提升和凸显，各国各地在使用城市设计作为建设导向工具时的具体方式可能有一定差别，但其共同且基础的特征是：城市设计并非直接作为修建实施的终端设计文件，而是用于管控、导向后续技术环节的重要参照。除了提出城市场景的视觉化表现成果外，城市设计还必须形成相应的政策框架，通过对后续具体工程设计（包括建筑设计、环境景观设计及市政工程设计等）的导控作用予以落地实施。这就区别于某些大型建筑群体设计，虽然可能看似用地规模巨大，但只要是以“施工图”为成果形式直接作为建设蓝本的设计，便不属于城市设计范畴。

上述四个层次既是关于城市设计的解读通道，也是城市设计本身发展演进的基础命题。城市设计的根本目的是提高和改善城市环境质量和生产生活质量，那么城市发展和新需求、新问题的涌现必然牵动着城市设计的发展。反过来讲，城市设计本身必须具备生长性和前瞻性，才能够真正导控城市建设向着健康、协同的方向前进。

2.2 城市设计的基本类型

依据城市设计对象要素、设计实践开展的取向和实践方式以及基地范围大小、设计程序变化、城市管理方式

---

① 《北京市城市设计管理办法（试行）》（京规自发〔2020〕434号）。

等不同方面，城市设计可以划分为不同的基本类型（表 2–1）。本书依据城市设计的服务对象和价值效用，将城市设计分为三种类型：研究型、管控型和实施型城市设计。

表 2–1　不同的城市设计分类示例

时间	学者 / 机构	主要分类方式	分类依据	分类来源
1974	米歇尔·特瑞普（德）	（1）静态城市设计（2）动态城市设计（3）城市意向	城市设计对象的理论模型要素	《城市设计理论与实践》①
1987	D·阿普尔亚德（美）	（1）开发型（2）保育型（3）社区型	城市设计实践开展的不同取向和专业性质	《走向城市设计宣言》②
2002	小嶋胜卫（日）等	（1）问题解决型（2）理想追求型	城市设计实现方式	《城市规划与设计教程》③
2002	中国	（1）总体城市设计（2）局部范围城市设计（3）节点城市设计	基地范围大小	《城市规划资料集》④
2005	乔恩·兰（澳）	（1）总体式（2）总体发包式（3）逐段顺序式（4）嵌入式	城市设计程序上的变化	《城市规划设计》⑤
2012	王建国	（1）概念性的城市设计（2）为满足未来城市结构调整和完善需要而开展的城市设计（3）基于广义历史遗产保护要求的城市设计（4）注重生态优先理念的城市设计	城市设计实践工作	《21 世纪初中国城市设计发展再探》⑥
2013	胡纹	（1）总体城市设计（2）详细城市设计（3）城市概念设计（4）个体要素及细部城市设计	地理单元的大小、空间类型、规划管理方式、建设时序	《城市设计教程》⑦
2021	韩冬青等	（1）编制类（2）创作类（3）研究类	城市设计性质	《城市设计基础》⑧
2021	李昊	（1）研究专题型（2）规划政策型（3）工程实施型（4）社会行动型	国内外城市设计实践工作	《城市设计技术方法》⑨
2020	北京市规划和自然资源委员会	（1）管控类城市设计（2）实施类城市设计（3）概念类城市设计	城市设计性质	《北京市城市设计管理办法（试行）》(京规自发〔2020〕434 号)
2017	住房和城乡建设部	（1）总体城市设计（2）重点地区城市设计	城市建设范围和力度	《城市设计管理办法》

① （德）米歇尔·特瑞普．城市设计理论与实践 [M]．北京：中国建筑工业出版社，2021.
② Jacobs A, Appleyard D. Toward an Urban Design Manifesto [J]. Journal of the American Planning Association, 1987, 53（1）(Winter)：112–120.
③ （日）小嶋胜卫主编．城市规划与设计教程 [M]．南京：江苏凤凰科学技术出版社，2018.
④ 中国城市规划设计研究院，建设部城乡规划司总主编，江苏省城市规划研究院册主编．城市规划资料集 第 4 分册 控制性详细规划 [M]．北京：中国建筑工业出版社，2002.
⑤ （澳）乔恩·兰．城市规划设计 [M]．黄阿宁，译．沈阳：辽宁科学技术出版社，2017.
⑥ 王建国．21 世纪初中国城市设计发展再探 [J]．城市规划学刊，2012（1）：1–8.
⑦ 胡纹等．城市设计教程 [M]．北京：中国建筑工业出版社，2013.
⑧ 韩冬青，冷嘉伟．城市设计基础 [M]．北京：中国建筑工业出版社，2021.
⑨ 李昊．城市设计技术方法 [M]．北京：中国建筑工业出版社，2021.

2.2.1 研究型城市设计

研究型城市设计可视为一类以互动交融的“设计”和“研究”为特征的技术方法，蕴含其中的“研究性”是区别于其他两类城市设计的重要特征。

研究是针对事物真相、性质、规律、缘由、依据等进行的主动探索过程，通常以问题为出发点，依据恰当的研究方法，推导研究结果，并对结果进行解释和评估的过程。很多情况下，对一个问题的研究常常引起其他问题，研究过程就是一个持续不断的“问题—回答—问题”的连续过程。研究具有明显的探索性、迭代性和发展性，也是新知识生产的重要手段。卡尔·波普尔（Karl Popper）[①]在《猜想与反驳：科学知识的增长》[②]中认为并“不存在终极的知识源泉”。他反对树立权威，“观察和理性都不是权威。理智的直觉和想象极端重要，但它们并不可靠：它们可能非常清晰地向我们显示事物，但它们也可能把我们引向错误。观察、推理甚至直觉和想象的最重要功能，是帮助我们批判考察那些大胆的猜想，我们凭借这些猜想探索未知。”

波普尔在剖析知识源泉的同时道出了“研究”的重要特性——批判与探索。无论哪个领域、哪个学科的发展，都离不开对既有知识的质疑与修订，离不开对新问题的客观求真和反复探究。“对一个问题的每一种解决都引出新的未解决的问题；原初的问题越是深刻，它的解决越是大胆。”问题是研究的起点。问题的质量决定了成果的质量。

除了问题导向特性外，从技术目标角度讲，城市设计必须包括“确立目标”和“实现目标”这两个在全过程占据前后两端的阶段。一般情况下，将城市设计方案建为现实城市需要较长的时间周期，且随着设计工作范围扩大、复杂性增强、决策难度加大，时间周期会进一步增加。这都增加了目标确定的风险与目标修正的困难，需要在实施过程中不断地对实施效果进行评估和反馈，因此城市设计目标的确定与实现需要贯彻始终的分析和研究。当前很多城市设计目标雷同、目标决策过程失控，这些缺憾会直接导致城市特色的缺失。研究型城市设计是通过研究确定目标，在不断决策与目标修正过程中，对各类城市资源在时间与空间上进行统筹安排，最终改善人们生存空间的环境质量和生活质量。

与其他两类城市设计相比，研究型城市设计相对更偏重对前期的贡献，是设计与研究的结合，其本质是将设计作为研究城市问题的一种方法，其特点在于瞄准设计研究目标，基于既有专业知识、历史经验、近似案例，立足对设计研究对象客观全面且有足够深度的调研评析，提炼出设计问题并对其进行深度洞察和显微剖解，探索具备前瞻性、创造性、科学性及可实施性的设计研究成果。因此，研究型城市设计还有一个重要类别便是教学类，通过教学形式进行城市设计研究是推进城市设计发展的重要途径之一。

研究型城市设计的直接目的是发现和研究城市问题，确定城市问题的目标，进而寻找回答和解决城市问题的可能途径。城市问题有很多，如理想目标、空间结构、地下空间、交通组织、城市风貌、生态环境、社会生活、技术发展等，研究型城市设计需要在众多问题中聚焦主要问题，并判断其他问题与之关系。研究型城市设计更加强调目标、准则、设计方法与逻辑，容易达成共识。城市问题千千万万，城市发展的目标应各不相同，解决城市问题的方法更加多种多样。因此，研究型城市设计的设计方法与逻辑应该根据不同的城市问题与实施情况而定，不必拘泥于固定模式，也不必有固定成果形式。

---

① 卡尔·波普尔（Karl Popper, 1902—1994）出生于奥地利，1928 年获维也纳大学哲学博士学位，1949 年任伦敦经济学院逻辑和科学方法讲座教授。

② （英）卡尔·波普尔. 猜想与反驳：科学知识的增长 [M]. 傅季重，纪树立，周昌忠等，译. 上海：上海译文出版社，2015.

图 2–1　研究型城市设计：纽约－曼哈顿 BIG U | 设计：BIG

研究型城市设计中的研究不仅是探讨问题或解决问题，更需要系统地利用经验去学习如何发现及帮助解决新问题。因此，城市设计研究能帮助城市设计者熟悉问题、对问题有更深入的看法，更清楚解决问题过程中的机会与约束，从而预测设计结果，帮助设计决策。研究型城市设计中的研究是一种工具，作为工具的研究所产生的设计不是结论性的，也往往不是单一的，其设计成果未必是完善的，只是提供了一种可能性，而设计研究的目的恰恰是寻找各种可能性。

示例 1：2013 年美国住房和城市发展部（HUD）组织名为“Rebuild by design”设计竞赛出于对飓风“桑迪”的灾后反思，以改善滨水社区的环境为目的，寻求利用基于社区及政策的创新方案来增强受飓风影响地区的韧性。BIG、OMA 以及 WXY 等 10 个跨学科设计团队参与此次竞赛，BIG 成为最终获胜方，提出创造一个环绕曼哈顿 16km 长的保护系统，从西 57 街向南延伸到贝特利，跨越东部 42 条街区，形成一个人员密集、充满活力的市区。它不仅能抵御城市洪水和暴风雨，也提升社会环境效益和改进了城市公共空间的景观，满足城市社区居民开展多元化活动的需求。选中的不仅仅是一个设计方案，更是一种文化传承、更新思路的可能性，也是这类研究型城市设计的特点，强调构思的灵活、弹性和创意（图 2–1）。

示例 2：面对重庆旧城的复杂关系，重庆大学以“空间机会——关键点触发下的价值链接”为题展开了一次精细化城市设计研究型教学。课题引导学生理解“针灸式”发展优化理念。所谓“针灸”，即从系统问题的现象出发，通过对某些关键点（灸点）的诊疗，实现整体的优化与改善。设计中，交通要素须成为一个内在因子加以考虑，将建筑与交通的并置关系，转化为互相作用的融合系统。通过优化城市“穴位”，疏导交通“经络”，将建筑空间与交通系统高度整合，建立渗透、复合的空间联系模式，最终带动城市综合品质的提升。该课题选址于重庆市渝中区曾家岩—重庆大礼堂—马鞍山社区片区，从重庆轨道交通 2 号线的曾家岩站延续至马鞍山社区，具体设计范围包含 A、B、C 三个相对独立地块，要求学生结合轨道交通曾家岩站、曾家岩嘉陵江大桥整体开发，注意业态平衡、协同发展。项目整体定位为“山地城市生活—交通—商业综合示范区”，要求学生对空间、交通、业态进行深入研究，并探索旧城独立地块之间形成脉络的可能性和可行性（图 2–2）。

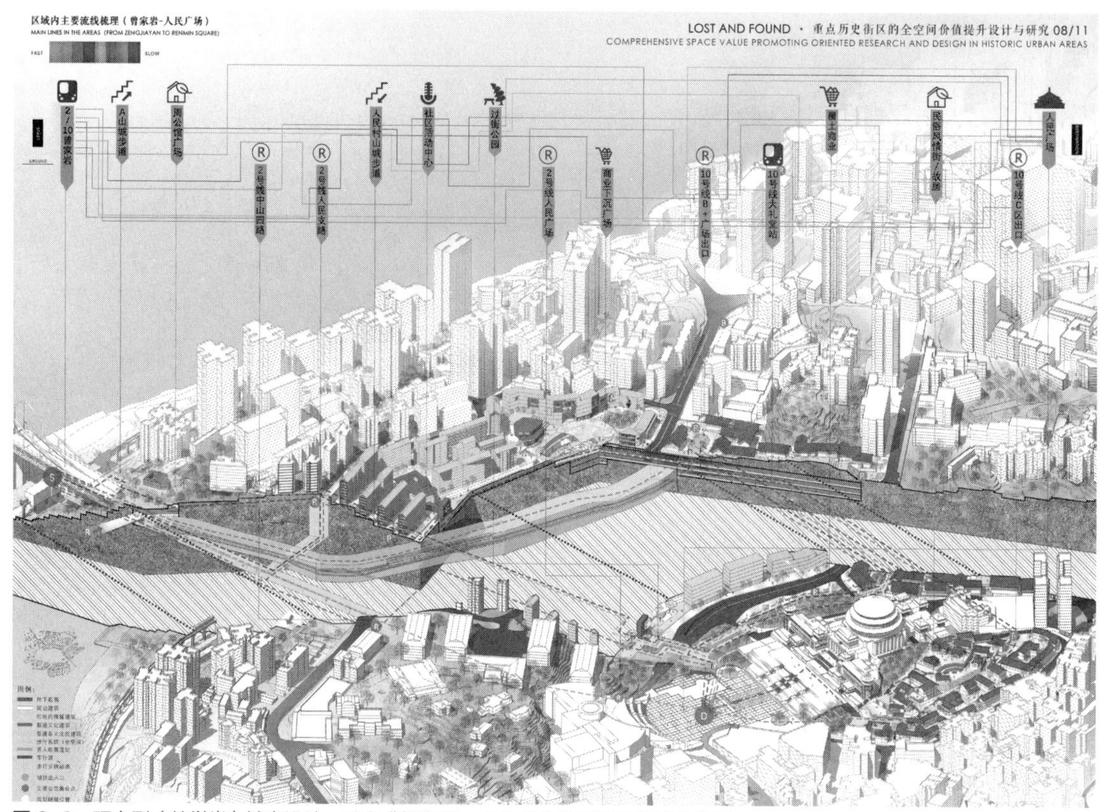

图 2-2 研究型（教学类）城市设计：重庆“曾家岩－大礼堂”片区精细化城市设计

2.2.2 管控型城市设计

管控型城市设计指尚未确定实施主体和实施内容，针对城市中某个空间范围或某种特定空间系统，通过政策、导则或标准等方式对城市建设和设计活动进行控制和引导的城市设计。

管控即管理与控制，强调通过一系列组织制度体系设计，包括组织责任权利体系的设计、组织流程和制度的设计等，为整个管理活动创造一个良好的运作机制环境，确保管理活动在特定规则下执行，从而提高管理执行力，降低运作风险。它以管理为显著特征，以控制和引导为主要手段。城市设计领域里的管控是对城市建设进行约束，保证其在预设的合理框架内运行，并引导后续工程设计导向理想目标，是对城市建设的设计过程、运作过程、后续工程中的积极干预。通常，城市设计可操作性差的主要原因在于设计和管理脱钩，编制大多由设计单位完成，重设计、轻管理，其编制成果与管理工作之间缺乏联系，编制成果对于管理者而言可读性和可理解性差，面向管理的操作性不尽人意。

管控型城市设计本质是一种形体空间生成过程中遵循的政策框架，突出管控属性，确定在控制范围内所有建筑及开放空间设计应共同遵守的基本原则。我国的国家和集体土地所有制从制度上保证了以控制为显著特征的管控型城市设计的有效实施，管控型城市设计的控制和引导的特征对于丰富规划管理手段将起到积极意义，体现了适应市场经济和政府宏观调控的要求。

管控型城市设计体现了城市设计同时是一种管理政策的重要特征，应通过编制符合管理口径的设计成果并用之于规划管理，才能实现其对空间环境的有效干预和引导。管控型城市设计的关键特征有：①执行设计成果的主体必须是负责城市公共政策与事务，维护全局利益的政府及相关管理部门；②成果形式不仅是技术图纸，而是集技术和制度于一体的完整体系，又是城市建设行政管理、具体计划实施的重要依据。

管控型城市设计以城市设计导则为主要代表成果，城市设计导则的管控目标实现主要有几种方式：一是将城市设计导则直接纳入法定规划中，特别是在控制性详细规划中试图通过导则、图则、附加图则、设计指引等方式将城市设计导则与具体指引法定化。二是结合土地出让程序，将城市设计导则以附加条件的形式直接落实到土地出让合同中，包括带方案出让的土地招标形式都属于这类范畴。开发建设单位拿到土地使用权后，所要遵守的设计条件除了控规的一系列常规指标外，还有关于经济、生态、文化等附加条件，以及相关的设计指引。除了以上两种方式，目前上海推行的规划实施平台，将城市设计研究成果征询各个委办局意见后纳入地区总图，并由管理手册说明解释，这也是一种城市设计成果落地管控的尝试。

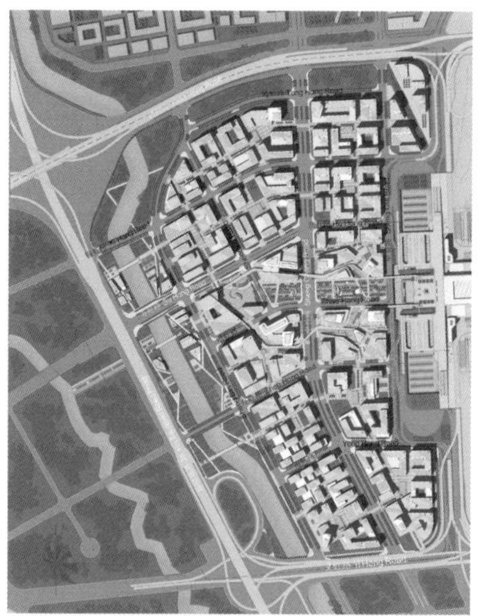

图 2-3　上海虹桥商务区核心区总平面图

图 2-4　上海虹桥商务区核心区实景

例如，上海虹桥商务区依托虹桥综合交通枢纽，形成以总部经济为核心，以高端商务商贸和现代物流为重点，以会展、商业等为特色，其他配套服务业协调发展的产业格局，是服务长三角地区和全国的高端商务中心。在商务区规划建设过程中，城市设计方案通过充分利用地下空间的方式破解因限高而产生的空间困境，此外通过编制地下空间控规指标和附加图则这一政府主导的自上而下的体制，解决了地下空间控制性详细规划的法律效力不明确的问题，并将其纳入到各地块的出让合同中，以此审查开发商提供的建筑设计方案是否满足相关指标，确保规划的实施。虹桥商务区地下空间控规和附加图则的编制开启了上海规划精细化管控的先河，有效指导了规划目标和愿景的落地实施，充分利用了稀缺的土地资源，商务区内所有地块都开发到地下三层且几乎所有地块都在地下二层设有下沉式广场，并形成了地上、地下互联互通整体的空间环境（图 2-3、图 2-4）。

2.2.3　实施型城市设计

实施型城市设计是在明确开发主体和基本利益基础上，以具体项目为对象，以建设实施为目的，对一定城市空间范围内建筑群体、空间环境及其各种关系的系统设计。

实施就是开展、施行，实施型城市设计以往更多针对微观尺度，具有确定的实施主体和实施内容，针对城市中某个空间范围或某种特定空间系统提出空间形态与形体组织、景观塑造、设施布置和相应工程措施。随着我国区域整体开发模式的出现，实施型城市设计开始关注中观与宏观尺度，工作内容不仅包括目标、框架与系统等构建，还需要切实地将上位规划的设计意图和设计要求切实贯彻到实际工程项目的建设之中。

实施型城市设计关注工程项目的时序、不同专业的协作与支持、社会各利益团体的认同，设计成果具有相对的弹性和不稳定性。实施型城市设计需要完成从规划目标到建设目标的转化，多项目、多业主的实施性城市设计需要实现各项目建设目标之和约等于区域规划目标的任务，需要整合不同设计阶段图纸，叠加各专业图纸，始终关注基础性、公共性与公益性的要素，持续深入到道路工程建设、市政设施建设、景观建设、建筑建设甚至夜景照明、广告标识、设施小品、艺术雕塑等工程细节的控制与引导当中，从而全面、系统地落实城市设计的意图与要求。目前上海正在推行的地区总图正在尝试这种做法，但是不同实施主体、不同建设项目对实施性城市设计要求差异很大，有些项目需要将城市设计做到建设实施甚至提前考虑交付与运营的要求。

实施型城市设计不同于建筑设计，包含宏观、中观到微观尺度，既能兼顾宏观与中观的研究层面，又能深入到实施操作的现实层面。同时，实施型城市设计综合性很强，涉及城市规划、建筑设计、景观设计、市政道路、水利工程、管理运营等众多专业领域，需要多专业团队参与，由拥有综合管理与设计素质的负责人对区域内各类设计控制协调，综合解决实际问题的特点，兼具伴随式设计研究与全过程设计控制。

实施型城市设计涵盖了城市设计从研究到工程实施的全过程，例如金丝雀码头（Canary Wharf）的城市设计：金丝雀码头作为伦敦新的商业中心，距离市中心 4km，位于码头区的核心位置，占地 35hm^2，总建筑面积约 120 万 m^2。1985 年由 SOM 设计公司负责总体规划，1987 年开始由加拿大开发商 Olympia and York 公司接管，2002 年基本建成。项目依托两条轨交线，立体组织公共空间和其他功能空间。同时，充分利用码头资源，结合原有水系对建筑进行布局，形成富有活力的城市水岸，是经典的滨水区开发案例，也是世界上最为成功的城市更新案例之一。SOM 公司完成了总体规划工作的同时，通过多轮设计导则的修订，实现对设计范围内的建筑、市政、景观等环境形态要素的控制。在城市设计中，整个金丝雀码头区域约 71 英亩（约 0.29km^2）的用地被划分为 26 个地块单元，且每一个单元的城市设计指导方针均制定了包括功能、高度、体量与公共空间相接的墙体关系等内容的管控要求。此外，在设计和建设过程中，SOM 作为设计单位全程参与并协助、指导单体设计，若存在地块设计及建设方案与指导方针有出入或需要调节之处，则需要得到区域整体开发公司伦敦码头区开发公司的同意。城市设计对地块和建筑更具体、更明确的约束条件，以及总体规划公司全程参与，为地区开发的整体性、环境的连续感提供了保障（图 2-5、图 2-6）。

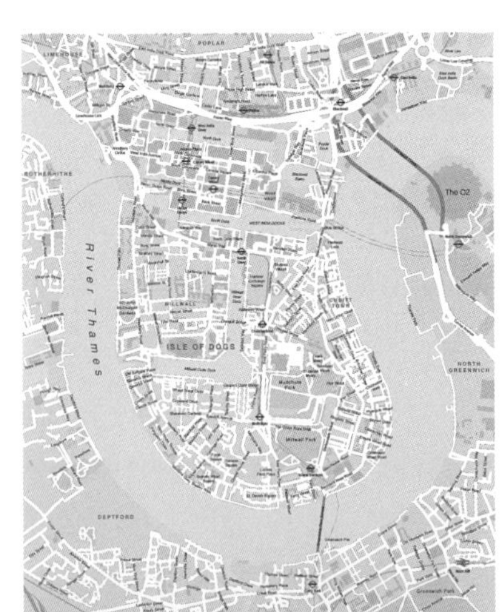

图 2-5 伦敦金丝雀码头总平面图

图 2-6 伦敦金丝雀码头实景

需要明确的是，上述三类城市设计并非截然分离。三者所包含的特点既有自身个性，也有同作为城市设计的共性特征。换句话说，并非“管控型”或“实施型”城市设计中就不包含“研究性”，“研究型”城市设计中就不考虑“实施”与“管控”目标，而是三者在不断交织中形成各自凸显的特色。同时，三类城市设计均有精细化发展的必要性和紧迫性。在城市系统日益复杂、城市问题日益多样、目标追求日益提升的背景下，“精细化”成为提升城市设计技术价值和实效保障的必经之路。

2.3　城市设计思维特征及发展转型

在讨论精细化城市设计相关议题的前端切入“思维”，是希望传递出这个观点：技术、方法乃至现行规则制度具有“阶段性”和“演变性”，即它们是可变的、非固化的，是根据具体时代、具体城市甚至具体任务的条件及要求差异而呈现不同形式、实现合理取舍的。“十八般兵器”，是需要根据具体对象而灵活使用的——如何选择、如何判断，需要会筛选和使用这些“兵器”的头脑，更需要将来创造出“十八般”之外更新更强“兵器”的人。因此，认识设计思维（Design Thinking）成为进一步研习城市设计需要经历的一个重要节点。

2.3.1　设计思维概要

思维是一种认识活动，狭义地说，是人类的一种认识活动。思维主体是具有认识能力及相应思维结构的人（此处仅与客观世界相对而言，不涉及对其他动物的思维能力的探讨）。思维对象是思维过程中的内容与原材料。思维方法则是思维主体对思维对象进行信息的加工、判断的方式、手段与工具，是联系思维主体与思维对象的中介环节，也是从思维起点（问题的提出）到思维成果（问题的解决）的必由之路。

思维方法是一个多样化的过程，它是对思维对象进行思维加工，并得出结论的一系列工具与手段的统称，在不同的思维阶段、不同的思维对象条件下，思维方法不尽相同。

解析设计过程有不同的切入点，以设计主体、设计客体及设计流程切入是通常的三种方式。若以设计主体即设计者的视角切入，其核心问题是“设计思维”。城市设计同时作为城市研究领域与设计领域中的一员，既具备城市研究属性的理性、逻辑性，又具备设计属性中必须具备的感性、创造性。此处的“设计”指更为宽泛和基础的设计概念，尤指以形象、形态、色彩、材质、空间等各类要素为主要表达和操作手段，基于相应技术、材料、规范，有目的、有计划地实现既定目标、满足应用需求或探索发展趋势，兼具创造性、艺术性、技术性的智力活动。强调设计为智力活动并未排除设计中所需要的各类具体行为。因此，城市设计不仅涉及设计者“内在”的思维发展过程，即设计构思在头脑当中酝酿并逐渐呈现出来的过程（对条件的感知与思维），也涉及设计者“外在”的行为执行过程，即依据头脑中的构思，通过外在一系列行为的发生，将构思不断修正并最终确定下来，如各种调研、分析、评价的方法。

不同类型的设计，往往具有一定的共同特征。理解这些共同特征有助于进一步根据规律掌握城市设计思维的基本特点。这些共同特征主要包含：

（1）设计是一种特定的认知活动类型（Cognitive Activity），而并非是一种单纯的专业状态。设计并不仅仅局限于如“建筑师”“设计师”等专业范围内，任何通过计划、目标对现状做出更优改变的都可被称为是设计。

（2）设计是解决问题的活动（Problem-solving Activity）。大量研究表明，设计任务中的绝大部分，设计者需要针对任务重新构建解决问题的程序，以期获得结论。

（3）“设计问题”本身可能是不明确或结构不完善的（Ill-defined or Ill-structured），可能没有明确的界定表述，需要设计者在过程之中加以明确和诠释，一种诠释便对应着一种设计的解答。

（4）设计中的“解决问题”有两个阶段：问题的构建（Problem Structuring）与问题的解决（Problem Solving）。设计中，问题的分析与解决的评价是平行发展的，而非独立。同时，设计者不断地设定新的解决任务，不断明确问题的限制条件。在实践中，即使设计者认识到分析与综合的过程，但在具体解答问题时并非严格按照系统规定进行。在设计过程中，设计者的行为便同时处于“问题空间”与“解答空间”之中，而且两者处于“同步进化（Co-evolution）”的状态。

（5）设计是一个逐步走向“满意”的过程。需要研究设计中的最佳值，或者选择可能解决方案中的最佳答案，这可以成为设计目标存在着追求“满意性”（Satisficing Character）的特征。设计过程之中，实际上需要在“不完全信息”的条件下做出最优的选择。在不同的设计类型下，对“满意度”的追求也有所不同，如建筑师、城市设计师往往在过程中不断探寻最佳解答（主观意识），而工程师则倾向于用客观的判断方法在多种选择中做出决定。

（6）设计一般涉及复杂综合的问题。为解决这些复杂综合问题，可以首先将其分解为一些相对独立的子问题，但必须同时清楚，这些子问题之间往往具有重要的关联。应该将子问题之间的相互联系视为推进设计的重要任务，设计者对问题的分解。当然，设计者会在设计过程中将问题进行分解，以使问题更易于管理，更容易解决。

（7）一项设计初始，设计者通常会确立简要的目标，以创造最初的解答，以此剖析推进，进而完成整个设计的解答。这个“最初的解答”，不同的建筑师、城市设计师或研究者有着不同的表述，如“首要的发生器”（Primary Generator）、“核心观念”（Kernel Idea）、“中心概念”（Central Concept）、“早期解答推测”（Early Solution Conjecture）、“首要位置”（Primary Position）以及“导向主题”（Guiding Theme）等。

（8）设计问题通常有多个“可以接受”（而非一个“正确的”）的解决方案，它们或多或少地能够满足设计要求。这个特点与设计问题本身的“不确定性”与设计的“满意性”特征相关，并且在不同的设计领域存在。

（9）设计过程中，对先前项目的知识（即先例知识）运用是设计的显著特征之一，这一点已经被很多进行设计认知研究的学者所注意到。当然，这样对先例知识的运用必然与概要性的通用知识结合起来，尤其是设计方法论、技术背景知识等。

（10）设计行为往往难以确定僵化的顺序与模式，而表现出一定程度的“机会性”和“个人化”。设计过程是一种非系统性的、多目标的发展路径（可能自上而下，也可能自下而上）。设计方案的形成既包含高度抽象的层面，也包含具体细微的层面。

从以上这十项特征来看，不同的设计类型在思维模式、发展推进、决策评价等诸多方面有着明显的共同点，这些共同点也是设计作为一个完整而古老的行业所传承下来的特征。

近年来，“设计思维”这一观念甚至已经显著地拓展到传统设计领域之外，相互借鉴与交叉作用也日益明显。城市设计工作本身涉及多个领域，设计领域不断拓展、综合交织状态为提升城市设计不同阶段发展水平提供了良好的基础。设计作为一种特殊的思维方式，与其他思维分析类型有着显著的区别。事实上，城市设计活动本身已经形成了特有的思维模式，这个模式与建筑学、城市学及城市本身的多重特性相关。现行的学科分类中，城市设计可同时归属于建筑学、城乡规划学一级学科，而建筑学、城乡规划学又同属于工学。但在具体实践中，城市设计既不完全因循一般工学专业的理性、论证的原则，也不等同艺术创作可以自由挥洒。那么，城市设计思考过程中到底要关注些什么要素？怎样的思考过程才可能诞生良好的设计成果？为了解答这样的问题，需要研究设计过程与什么要素相关联。为了对这个问题表述清晰，本书尝试提出这样一个城市设计成果生成的“公式”[①]：

$$D=S\cdot R\cdot T\cdot C_1(M\cdot K+P)^{C_2}$$

D：城市设计成果的质量（D ≥ 1，1 表示解决了最基本问题，D 值越大，表示设计成果质量越高）

S：对城市、场地、环境、经济、文化等各类条件的综合研判

R：对业主（含主管部门、实施平台等）、社会公众、使用方等各类利益群体需求的综合分析

T：清晰且可实施的目标

M：科学的设计方法与流程控制

K：专业知识和技术背景支撑

P：优秀先例的研究与应用

C_1：设计者的一般性技术思维能力

C_2：设计者的创造性思维、协同思维等高阶思维能力

说明：

（1）S（对城市、场地、环境、经济、文化等各类条件的综合研判）、R（对业主、社会公众、使用方等各类利益群体需求的综合分析）首先需成为考量最终设计质量的因子，脱离这个层面的思考，设计成果将无从谈起。

（2）T（清晰且可实施的目标）在城市设计中同样至关重要，误判目标的设计甚至可能是破坏性的。

（3）设计者的一般性技术思维能力（基本值为 1，底限趋近于 0）与设计成果质量紧密相关；若设计者的高阶思维能力（C_2）为 0（当然这其实是不可能的），那么其结果为 1（并非 0），表示如果失去创造性思维、协同思维，那么城市设计成果至多只能解决最基本问题。反之，创造性等高阶思维越大，城市设计综合质量亦可能呈几何级数增长。

（4）当设计方法（M）或专业知识（K）任何一项为 0，那么结果只剩下对先例的利用，换句话说，这种情况就变成了“抄袭”。

（5）P，即设计先例的研究，可以使城市设计更加成熟可靠，但算不上是最具决定性的要素，关键看对待已有成果的使用方法和态度，因此此处用加法而非乘法。

创建这个公式的目的在于阐明与城市设计相关的主要因素及其相互关系，并对各要素的重要性与角色定位产生直观印象。它不是实现好的城市设计的教条，也不能真正地如数学、物理学科中的诸多公式直接套用——城市设计远比这样的公式要复杂得多。城市设计位于自然学科、人文学科的交叉地带，其自然学科的特性注定城市设计必然要遵从科学规律，尊重城市发展特点，而人文学科却涉及人的价值观，与主观认知紧密关联，不可能放之四海皆准。

越来越多的事实证明，世界的多元多极特征是客观存在的，由此引发的思维方式也很难统一于一种框架之下。地域性和全球化的辩证关系已经成为当代炙手可热的讨论话题，这也当然包含了城市研究与设计领域。因此，无论从纵向的时间历程还是从横向的多文化背景的现实，要描述出一个公理型的设计过程显然走不通。城市设计所承担的角色也丰富多元：对于现实世界中的诸多问题而言，城市设计是解决问题的方式；对于业主与公众的利益而言，城市设计是一种需求的满足；对于城市设计者来讲，设计则甚至可被理解为一种表达态度的立场，不同的立场，开始触发不同的城市设计成果的诞生。

① 该“公式”由褚冬竹在《开始设计》（机械工业出版社，第一版 2007，第二版 2011）一书中首次提出，在此进行修正发展，针对城市设计的复杂性，对主要针对建筑设计的原公式进行了修订表达。

2.3.2 城市设计的总体思维特征

在“2.1 城市设计的价值层次”中已经讲解，城市设计在空间形态、公共属性、生长发展、规则导控等四个层次上实现自身价值。这四个价值层次也将城市设计清晰地与建筑设计、城市规划作出了差异划分，且不仅体现在成果表达上，更体现在城市设计创意、设计、编制及实施的全过程中，基于特定的思维对象和目标要求，凝结形成了体系性的思维方法和思维特征。

城市设计思维随城市设计的发展而变化。应该看到，城市设计对城市空间的干预态度和手段逐渐从“强”干预转变为“弱”干预——干预对象从物质形态到空间行为；干预模式从增量建设到存量修复；干预角度从经济政策主导到多方效益综合；干预方法从经验型粗放型到数字化精细化。这个发展演变过程也使得城市设计思维具有了明显的进化性质，形成在复杂系统协同下的思维纵深路径。

（1）有机整合与逻辑组织

有机整合与逻辑组织是城市设计最为基本的思维特征。城市设计的本质是对系统性、持续性的空间化呈现。城市空间是城市设计的主要操作对象，包括空间形态、景观面貌、系统功能等多个要素，城市设计最基本的任务是处理各要素之间的系统关系，能否有机整合这些要素关系到城市的运行效率、安全秩序、生活体验等多方面城市运行的基础。同时，在各要素组织交织的城市中，无论是公众行为还是功能活动都存在其内在的逻辑关系，都需要严谨的逻辑思维来进行组织。

与绝大部分建筑设计任务相比，城市设计在设计过程前期所需要面对的关联因素更为复杂，且可能存在尺度跨度、学科跨度、时间跨度更大的现实，既需要对宏观背景进行相当深度的分析，又需要有关于空间建构、形态塑造甚至建筑功能配置的充分思考，需要涉及以建筑学、城乡规划学、风景园林学为基础，兼顾社会学、经济学、交通运输、地产开发等多学科交织的知识和议题，更关乎多个不同的利益主体。在城市设计的目标下，这些复杂交织的关联影响因素最终需要通过对任务对象的科学设置而实现，需要训练有素的有机整合与逻辑组织思维能力（图 2–7）。

（2）感官认知与美学取向

感官认知与美学取向是城市设计思维的重要组成部分。18 世纪的哲学家亚历山大·戈特利布·鲍姆嘉通（Alexander Gottlieb Baumgarten）将美学定义为“感官认知”理论，认为美学主要从感官认知和印象捕捉去理解。感官认知清晰地表达了人面对城市的直接体验关系。人是城市空间的使用主体，城市空间是人活动的载体。除了基本的功能属性职能之外，人对城市空间、城市形态的感官认知至关重要，也是城市品质提升过程中的重要内容，并随着经济、文化的发展而持续提升。人对空间的美学感受主要通过视觉直接传达。视觉是影响人对空间感知的重要因素之一。

美学在古希腊语中被称为“感知”，从远古开始便作为衡量建筑与城市空间的重要标准。毕达哥拉斯等数学家从几何学中提取美的灵感，达·芬奇从人体比例中寻求美的和谐，黄金分割作为建筑与艺术中的理想比例被沿用至今。在中国，一方面城市审美在于与自然的和谐共生，如《园冶》中提到的“虽由人作，宛自天开”就深刻体现了古人“天人合一”的美学取向；另一方面，中国传统城市尤其是国家及地方政治中心城市强调的礼仪、轴线、秩序也形成了一类特别的城市审美。中国传统城市美学问题往往与建筑、园林紧密相关，形成独特的城市空间系统。在城市设计的不断发展过程中，人们在空间中的美学体验，不仅受城市空间形态等视觉因素影响，也包含触觉、听觉等全方位感知，例如声景观的营造也给人带来美的享受，美学思维与人的感知相结合，不断丰富与发展。

（3）公平公正与人文关怀

公平公正与人文关怀是城市设计思维的基本底线保障。城市设计的发展方向是以人的需求为牵引的，空间环境的营造要体现人的主体性、考虑人的需求，包括人在物质、心理、精神与文化等多方面的需求。城市的空间营

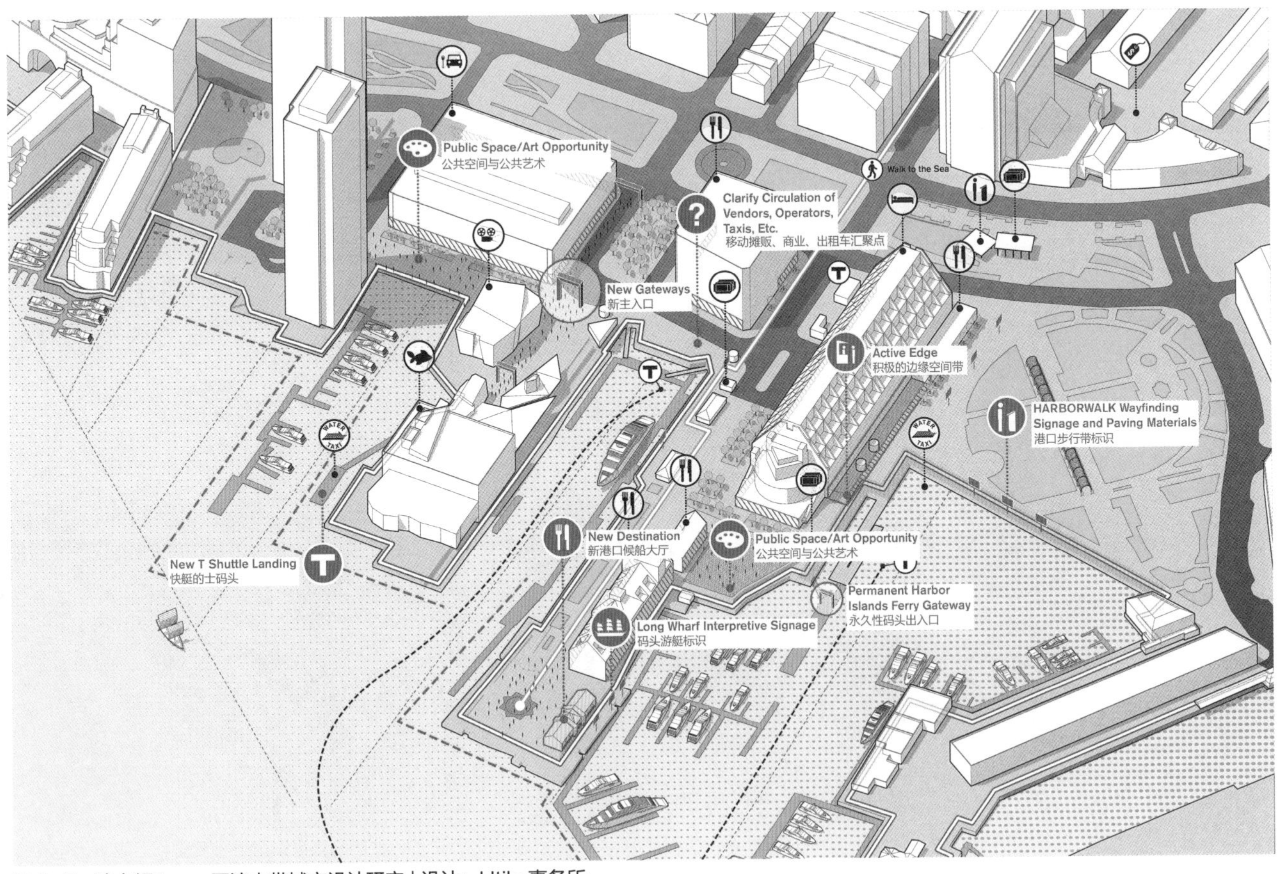

图 2-7　波士顿 Lynn 区滨水带城市设计研究 | 设计：Utile 事务所

造所体现的公平公正，不仅包括无障碍设计、儿童友好设计等对弱势群体的关注与尊重，也包含保障公众享有设计参与权、公共空间使用权等等。关于空间、场所、精神的城市设计理论的发展，也是站在人文关怀的角度。

以人为本的城市设计思想由来已久，其中不仅包括将人的需求作为城市设计的出发点，也涵盖尊重人与自然、社会、群体之间关系的思想，通过设计手段让城市具有宜人的自然环境、和谐的社会交往、健康的公共生活，协调好城市中人所处的关系，也是城市设计体现人文关怀的重要表现（图 2-8）。

（4）历史文化与地域特色

历史文化与地域特色是城市设计思维的特色发生源点。一个城市的建筑、街道、广场等每个角落都承载着社会的历史与文化。我们能从空间中记录时间的流逝，以此解读不同时期的技艺、审美、生活、理想……城市设计中所展现的对历史文化的传承与创新，不仅是对历史的尊重与延续，也体现着人对自身的认识、对归属感的追求、对文化的自信，这既是一种理性的判断，也是一种情感的表达。

“每个城市设计项目都应该放在比该项目更高一层次的空间背景中去审视。”① 城市设计离不开对该地区周边环境的分析与思考，理解场地与周边的关系、场地中人的生活方式、文化习惯，即尊重场地的文脉性。（图 2-9、图 2-10）。

① Jonathan Barnett, Urban Design as Public Policy[M]. New York: McGraw-Hill Education,1974.

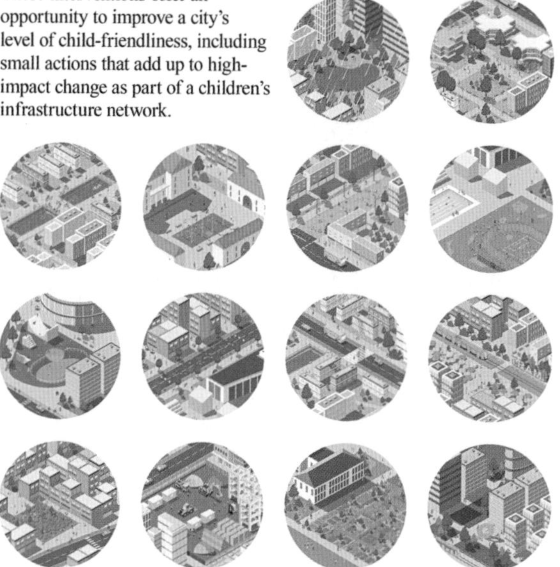

14 ways to design child-friendly cities
These interventions offer an opportunity to improve a city's level of child-friendliness, including small actions that add up to high-impact change as part of a children's infrastructure network.
从小处着眼，参与并影响到更大范围的儿童基础设施体系，
这些精细化的空间干预方式提升了一座城市的儿童友好程度。

图 2-8 14 种设计儿童友好城市的方法 | 设计：ARUP

图 2-9 法国马赛港口区城市模型：不同时代建筑的有机融合

图 2-10 巴黎西岱岛城市设计鸟瞰图 | 设计：Dominique Perrault

（5）绿色生态与可持续发展

绿色生态与可持续发展是城市设计思维的持续生长原则。自然、经济、社会是可持续发展的三个最基本要素，取得三者间的和谐与平衡是可持续发展的关键。城市设计中可持续发展的提出来源于城市中生态环境恶化、空间无序扩张、高密度的居住压力等一系列现实问题。城市设计中对可持续发展的考虑也基于生态、社会与经济，主要围绕：①对城市生态环境的保护、修复与活力利用；②对绿色出行交通系统的促进；③采用经济、环保手段（就地取材、环保材料等）进行绿色建筑、城市空间营造；④城市遗产建筑、老旧社区等空间更新再利用；⑤建立高效的城市设计参与、沟通模式（如公众参与制度等），充分考虑这些要素的平衡，是可持续城市设计的必经之路（图 2–11）。

（6）政治影响与政策法规

政治影响与政策法规是城市设计思维的衔接落地载体。城市设计是一个综合设计程序，包含协商、合作、决策、实施等多个环节，涉及政府、开发商、社会组织等众多利益集体，其中城市设计背后的政策指导、法规条令等因素尤为重要。城市设计的高效落地实施，需要遵循相应的建设法规，在具有执行力的组织模式下系统统筹进行。政策指导在影响城市设计发展方向时，也应根据现实情况不断改善与调整，考虑科学性、前瞻性、动态性。正如莫里斯（Morris）曾在《城市形态史》中认为，所谓规划政治（Politics of Planning）对城镇形态曾有过决定性的影响。罗西（A. Rossi）则认为城市依其形象而存在，而这一形象的构筑与出自某种政治制度的理想相关。吴良镛也指出，“在国家、城市、乡村各个范围内，对重大的基本建设，必须要有完整的、明确的、形成体系的政策作指导，否则，分散和盲目建设就会造成浪费，甚至互相矛盾地发展，在全局上造成不良后果”。

需要注意的是，在一项具体的城市设计任务中，上述设计思维并非孤立存在，也并局限于解决某一类问题，而是以综合、关联、交织的方式贯穿于设计过程中。在设计实践中，设计思维是为应对复杂城市元素而构建的综合设计思路，也是上述思维的整合运用与复合体现。

图 2–11　新加坡榜鹅区（Punggol）滨水地段城市 | 设计：PFS 工作室

图 2-12　温哥华罗布森广场（上：由北端新广场向南眺，下：南端鸟瞰）

例如，位于加拿大温哥华半岛核心区的罗布森广场①（Robson Square）通过在设计过程中对整合、感知、人文、历史、生态等多层面的综合关注，为城市中心建立了一个具有持续活力的优质公共空间。20 世纪 70 年代，建筑师亚瑟·埃里克森（Arthur Erickson）与景观设计师哈恩·奥伯兰德（Cornelia Hahn Oberlander）共同构建了跨越三个街区连通的公共步行体系，形成罗布森广场的重要提升。为提升公共空间的安全与品质，设计不仅通过地上地下的空间立体化，最大限度地将地面空间留给市民，还通过无障碍坡道实现步行友好与空间趣味。序列空间充分考虑使用人群的感官体验和活动需求，将连续步行的不同体验和高低起伏的空间有机组织与周边建筑紧密联系在一起，应对了自然坡度并形成丰富的城市活动。公共步行体系从传统的地面广场连续自然地衔接至公共建筑（联邦法院）屋顶。在广场露台之间的瀑布从办公室天窗倾泻而下，不仅引入了自然光线更隔绝了街道的噪音。与此同时，为构建绿色生态的城市环境，联邦法院的屋顶花园被设计为城市绿洲，以立体绿化的形式将结构与景观融为一体，并与广场一同构成景观廊道（图 2-12~ 图 2-14）。

图 2-13　温哥华罗布森广场公共空间序列实景

① 罗布森广场（Robson Square）与温哥华市中心的豪街、霍恩比街和罗布森街接壤，其中温哥华美术馆的南广场通常也被认为是罗布森广场的一部分。

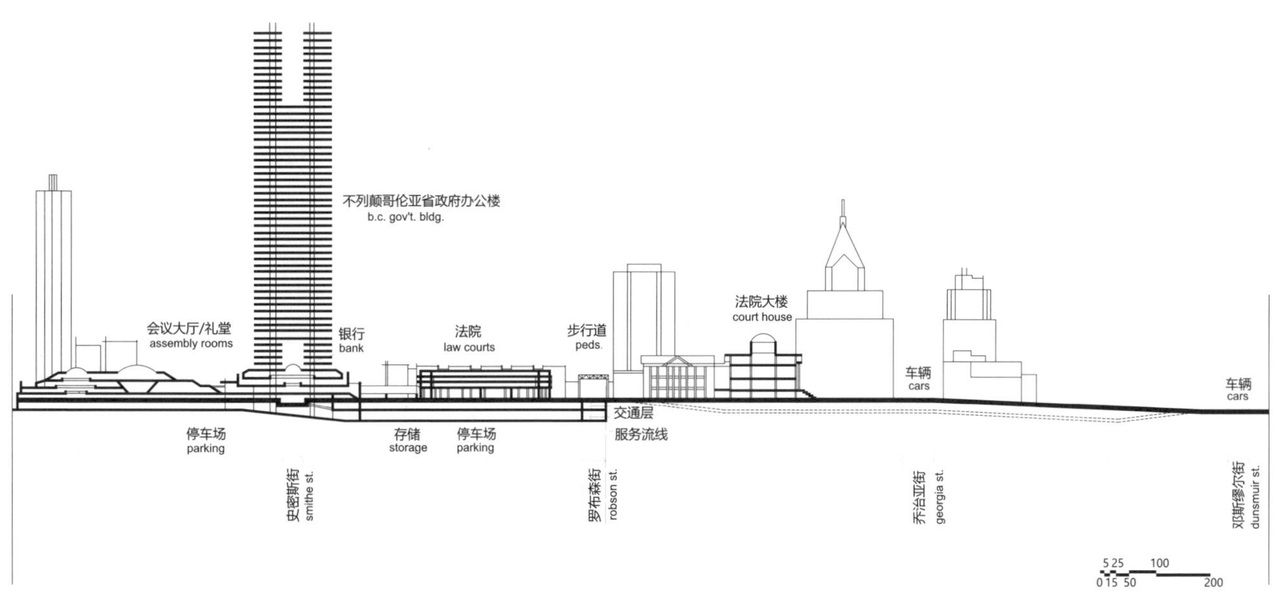

图 2-14　温哥华罗布森广场剖面：连通的公共步行体系

随着时间推移，由南至北从联邦法院屋顶向温哥华美术馆延伸的步行体系所串联的公共空间不断更新和扩展。2017 年，由加拿大 Hapa Collaborative 景观设计事务所对温哥华美术馆北广场进行了更新改造，使得城市空间以步行体系为线索实现了动态的串联与整合①。

2.3.3　城市设计的类型思维特征

（1）研究型城市设计思维

研究型城市设计是设计与研究的结合，由于其主体与利益取向的不确定性，除具有逻辑思维、形象思维、创新思维等城市设计常用思维方式，需要着重培养发散思维与集中思维。

发散思维又称辐射思维、放射思维、扩散思维，是指大脑在思维时呈现的一种扩散状态的思维模式，是思维主体从不同角度回忆、追溯、联系和想象，以寻求多样性。发散思维一般从明确概括性问题出发，运用已有的知识、经验，通过各种思维手段，沿各种不同方向思考，重组记忆中信息和眼前信息，充分调动尽可能丰富的知识和经验，从而将这一概括性问题分解为各个具体的小问题，并分别展开研究。发散思维要求“设计者在设计过程中并非是力图把某种设计想法推向终结，而是让它去生长、发展。在不同的探索、各种可能的实施想法、反映和态度中间翻来覆去”。发散思维通常为城市设计研究提供备选可能性，这些答案还有待进一步的细化与确定。

集中思维又叫聚合思维或收敛思维，是将众多信息归纳、总结到条理化的逻辑序列中，综合各个思考点而概括、转化为一个思考点，是一种对常规思维的多维度思考模式。集中思维利用已获取的信息朝一个目标方向进行比较、评估和筛选，从而使各种可能和假设转化为目的性结果。集中思维代表城市设计创意过程在限定性条件下的“定向解题”和“理性创造”。集中思维的逻辑性强，反映了事物之间的相互联系性和寻求不同事物之间的共

① 罗布森广场早在 1979 年便获得了美国景观师协会主席卓越奖，评委会给予其评价“景观与建筑的非凡整合，一致且连贯”。

同点和共同特征的思维过程。对于城市设计来说，集中思维要求设计者对各个设计问题进行分析，找出核心问题。经过多次转换使问题更具体，设计目的性更明确，从而明确任务目标、明确创新方向。

在城市设计过程中，充分发挥发散思维于多样性、灵活性的优势，充分发挥集中思维于目标性和明确性的优势。研究型城市设计必然伴随着两种思维的多次交替，每一次交替都意味着城市设计成果向最终目标和结果的推进。

（2）管控型城市设计思维

管控型城市设计是设计与管控的结合，主体以政府为主，利益以基础性、公共性与公益性为主，目标强调管理活动的可控性。管控型城市设计需要着重培养正向思维与逆向思维。

正向思维是在城市设计思维活动中，沿袭某些规则与限定分析问题，按以往事物发展经验的进程进行思考、推测，是一种从已知推演未知，通过这种推演来揭示事物本质的思维方法，比如通过预测管控成果分析管控内容与手段的有效性。坚持正向思维，就应充分估计自己现有的工作成果、开发条件及管理执行方所具备的能力，就应了解事物发展的内在逻辑、发展条件、性质功能等。这是管控型城市设计者获得预见能力和保证预测正确的条件，也是正向思维法的基本要求。正向思维是依据城市发展以往过程和客观事实而建立的。只要城市设计者能够把握城市建设与发展的特性，熟悉过去和现在的规律与背后原因，就可以在已掌握材料的基础上预测未来，并通过管控成果影响与引导未来。

逆向思维是对司空见惯的似乎已成定论的事物或观点反过来思考的一种思维方式。让思维向对立面的方向发展，从问题的相反面深入地进行探索，树立新思想，创立新形象。人们习惯于沿着事物发展的正方向去思考问题并寻求解决办法。但是对于某些问题，尤其是一些特殊问题或者不明确问题，从结论往回推，倒过来思考，反过去想或许会使问题简单化或者得出更为准确的结论。比如有时正向管控难以实现的时候，列出负面清单，反向思考城市发展不良方向的逆向控制。逆向思维是对传统、惯例、常识的否定，是对常规的挑战。它能够克服思维定式，破除由经验和习惯造成的僵化的认识模式与控制方式。城市发展具有多方面影响因素，有一定规律的同时又具有自身特点，受过去经验影响，设计人员容易看到熟悉的一面，而对另一面却视而不见。逆向思维往往能克服这一缺陷，帮助提出准确的导向性结论。

通过正向思维与逆向思维相互碰撞，寻求刚性与弹性结合的尺度，保护公众利益和城市资源利用综合效益不受侵犯，又保留后续活力与丰富性的空间是管控型城市设计的重要特征。管控型城市设计需要经常从问题的多方面深入探索，判断多方面控制可能造成的结果，控制管控的力度，保证规则刚性与兼容弹性，避免“一管就死、一放就乱”的现象。

（3）实施型城市设计思维

实施型城市设计的主体明确，实施导向清晰，设计控制方式、协调与组织、协商与裁决程序、多方参与和决策过程是实施类城市设计的关键。实施型城市设计项目众多，工程复杂，推进时序相互影响，因此系统思维更显得重要，特别是其中的整体性与结构性原则。

系统思维是以系统论为思维基本模式的思维形态，它不同于创造思维或形象思维等思维形态。系统思维能极大地简化人们对城市发展的认知，带来整体观。系统思维是原则性与灵活性有机结合的基本思维方式。实施型城市设计只有运用系统思维，才能抓住整体和要害，才能不失原则地采取灵活有效的方法处置同时开展的各类子项目。城市设计对象是多方面相互联系、发展变化的有机整体。系统思维就是设计师运用系统观点，把互相联系的各个方面及其结构和功能进行系统认识的一种思维方法。

整体性原则是系统思维的核心，这一原则要求设计师无论干什么事都要立足整体，从整体与部分、整体与环境的相互作用过程来认识和把握整体。实施型城市设计者在思考和处理问题的时候，必须从整体出发，把着眼点放在全局，注重整体效益和整体结果。把设计对象作为系统来认识包括两个涵义：一是在思维中必须明确任何一个研究对象都是由若干要素构成的系统；二是在思维过程中必须把每一个小系统放在更大的系统之内来考察。城市设计者在构思一个城市或城市区域的空间系统时，面对各种相互交织或矛盾的因素，必须做出综合判断，从整体上探索问题答案。

坚持系统思维方式的结构性原则，就是强调从系统结构去认识系统的整体功能，并从中寻找系统最优结构，进而获得最佳系统功能。系统思维方式的结构性就是要树立系统结构的观点，在城市设计中紧抓系统结构这一中间环节，去认识和把握各系统的要素和功能的关系，在要素不变的情况下，努力优化结构，实现整个项目的系统最佳功能。城市设计者在一个城市或城市区域中遇到的纷繁复杂问题中分析整体结构关系，发现主要问题，梳理次要问题，并建立主次之间关系，从而预判其多种可能发展变化状态（结果）并预先进行评估、权衡、判断，从中找到一条最好的发展变化状态（结果）作为选择标准，继而确定主体的决策和行为依据。

思考题

1　城市设计的价值目标是什么？

2　不断发展中的城市设计是如何满足不同层次要求的？

3　城市设计的类型划分主要有几个方面的划分方式，其依据和目的分别是什么？

4　在本书建议的划分类别中，不同类型的城市设计分别指向的目标是什么？如何评价这些不同类别城市设计的价值与效用？

5　作为空间环境设计大类的一员，城市设计与其他设计类型相比，有什么共性的设计思维特征，又有什么不同的个性特征？

6　与通常的城市设计相比，精细化城市设计的思维方式有什么变化或转型？

第 3 章 精细化城市设计的认知与方法

3.1 精细化城市设计的涵义

3.1.1 精细化城市设计的定义与特点

当前，我国社会主要矛盾已经转化为人民日益增长的美好生活需要和不平衡不充分发展之间的矛盾。为了通过城市设计解决部分城市空间发展中的“不平衡不充分”问题，必须进一步深度解析人与城市的关系和关键问题，并深刻理解认识城市设计工作侧重点的变化。2013 年中央城镇化工作会议、2014 年全国住房和城乡建设工作会议、2015 年中央城市工作会议、2016 年全国城市规划建设工作座谈会、2017 年住房和城乡建设部城市设计试点工作座谈会等先后提出了“提升城镇建设用地利用效率”“强化城市设计工作”“彻底改变粗放型管理方式”等城市建设工作要求。住房和城乡建设部《城市设计管理办法》也在这样的背景下于 2017 年 6 月 1 日起实施。在城市空间发展与优化逐步迈入存量时代的背景下，城市设计作为城市空间发展的重要推进手段和管理方式，已悄然进入精细化阶段。

精细化“需求”必然提出对精细化“条件”的再认识。城市设计在多元化纵深发展、多学科交叉思辨的拓展下，从早期以物质空间、城市形态为任务核心，已逐步延伸到城市交通、城市历史文脉、城市生态环境、城市安全、城市空间管控治理等多维度发展方向，理念上也更提倡精明增长、可持续发展和精细化治理等。因此，对城市特定空间范围内的关键性专题事件和问题必须更加专注聚焦，在发现问题、分析问题、解决问题等层面精细纵深，这些是在设计成果和实施方式专项深化的工作需求。

精细化城市设计是城市设计发展到一定阶段的纵深形式，特指为实现城市复杂问题的精细剖解、城市空间综合效益的精明促升，基于问题显微思路，因循“专题→专策→专管”技术路径，针对城市特定空间范围内的任务专题，通过城市问题的精细剖解、设计目标的精确制定、干预对象的精准确立、要素系统的精密整合，提出空间营造或优化的专项策略，并依据专题研究目标和专策成果内容进一步形成专门化管控实施方法的全流程城市设计工作。

精细化城市设计并非新增的城市设计类型。“精细化”首先反映了城市设计的一种工作态度和思维转型，依然以实现对特定范围空间的组织干预为基本出发点，在思维方式上既继承了前述城市设计的思维特征，也形成了纵深和精细发展的趋势。精细化城市设计更强调解决问题本身的细微程度和深入程度，对特定空间、特定人群、特定问题进行深度剖析，通过“专题→专策→专管”递进相扣的三阶段线索将设计问题及解答探索有效关联。

精细化城市设计体现了动态性、综合性、时效性，“专、透、深”是其最关键的三个特征。“专”即通过对设计专攻议题的剖析，根据空间范围内的具体问题、具体目标提出的各类空间生成及优化的专项策略，据此形成设计成果，再进一步运用市场、政策、法律、公共自治等手段，通过量化城市管理目标、细化管理准则、明确职能分工等方法，实现深入细致的管理模式，形成的一系列专门化、精细化管控方法和技术制度，落实与保障城市设计成果；“透”强调多层次、多维度剖析问题，力求将较为模糊的现象、事件、问题变得清晰透彻，关注多元主体利益诉求，将经验性判断向科学辅助设计转型；“深”是在“专”与“透”的基础上，以多学科交叉视角与方法对专项空间及关键问题进行深度剖解，形成有深度和前瞻性的设计成果及实施保障文件。

3.1.2 精细化城市设计的维度

精细化城市设计作为一种态度和工具参与城市空间的观察与生产过程，其工作仍然遵循城市设计的 6 个基本维度[①]：

形态维度（Morphological Dimension），作为城市设计的基本落脚点，主要关注城市中可以看到的物质要素所表现出的实体形态，土地使用、空间布局、建筑形体、街道网络等都是城市设计形态维度的主要内容。

感知维度（Perceptual Dimension），主要涉及人作为使用主体对城市空间环境的认识、理解和评价，尤其是对“场所”的认知和体验，而这些可以通过城市设计的一些技巧、策略来塑造、虚构、改变、赋予和使人更易于理解，城市设计在感知维度主要关注人与场所的双向交流，研究人是如何感受、评价城市环境的，以及人是如何赋予空间环境以意义的，捕捉空间环境特征与人认知感受间的关系。

社会维度（Social Dimension），主要关注城市空间作为公共社会活动的载体，与人（以及人构建的社会）的关系，空间与社会是相互关联且双向影响的，一方面城市空间可以承载、建构和制约社会关系，另一方面社会特征也反向影响和重构城市空间，城市设计可以通过塑造建成环境从而影响人群行为和社会活动。

视觉维度（Visual Dimension），主要指设计过程中关于人的视觉审美、美学秩序、观感体验等的部分，城市设计有义务满足广泛的公众审美需求或引导正确的公众审美观念。

功能维度（Functional Dimension），主要关注场所运作的方式以及运作的效果，城市空间有其社会用途和职能需求，虽然通过人们的自发行为可以使城市空间功能使用和布局逐渐形成，但通过城市设计恰当引导建筑布局和用地开发会更易形成城市功能的合理组织。

时间维度（Temporal Dimension），空间在展现变迁性的同时，也在某种程度上具有延续性和稳定性，时间和空间紧密相连，城市设计不仅是针对三维空间的工作，实际上也需要对时间维度加以关注，一方面要在长期时间发展维度刻画城市空间环境的变化并决定城市空间环境的常态，另一方面要通过理解某些时间周期中空间和活动的发展规律，形成对时空间及其活动的管理和组织，将时间要素渗透到设计中。

上述 6 个维度也可视为城市设计开展过程中需高度关注的关键要素，是城市设计价值实现的基本保证，也从不同方向影响着城市设计乃至城市空间的发展。若从设计流程和导向推演的视角，结合城市设计精细化发展需求，可形成另一条讨论线索，即精细化城市设计的流程维度，包含从剖解城市问题、制定设计目标、确立干预对象、整合要素系统和提升综合效益等 5 个递进维度的精细化演进。

（1）城市问题的精细剖解

城市空间发展面临多元复杂的背景、问题与诉求。精细化城市设计首先需以与城市空间范畴紧密相关的现实问题为起点，并基于对现实问题的深入解析将其凝练为设计问题，再进一步对设计问题的内涵要点、技术要素进行剖析，确定设计问题的主次和类型，据此建立内涵明确、精细分层分类的专题方向。作为精细化城市设计思路建立的切入点，判断一项城市设计是否具有精细化城市设计特征，首先要判断它的推进执行过程是否以特定的现实问题为思维基点并建立明确的设计专题。

城市中的现实问题并不是单一的，一个城市设计项目往往同时涉及多个现实问题。这需要通过对问题精细剖解、科学权衡问题的主次、明确关键问题，以确立主要专题、次要专题以及相互关系。城市问题的精细化辨析是从“现实问题”到“设计问题”再到“设计专题”的不断推演，“专题”的提炼也直接关系到解决问题的方向。首先，应对城市设计任务进行详细分析，明确基本要求；其次，应认真周密考察工作场地，通过对场地信息、民生诉求、经济导向的采集、分析和判断，挖掘主要矛盾；另外，对各利益相关者的调研交流可以使设计问题的显现更为理性。剖析城市问题的方法与技术不仅限于此，许多数字化新技术新工具的出现，例如空间句法分析、城

① （英）马修·卡莫纳等．公共空间与城市空间：城市设计维度 [M]．马航等，译．北京：中国建筑工业出版社，2015.

图 3–1　香港茂萝街 / 巴路士街街区总平图

市形态学分析、交通链路分析、大数据可视化分析等，也为城市问题的精细剖解创造条件，将在本书第 7 章讲述。

如何实现城市问题的精细剖解？以香港茂萝街 / 巴路士街活化项目为例。这个微小的项目首先需要面对的，是如何在拥狭窘迫的空间环境中找寻增值机会？如何在有限的空间范围内承载与激发更多适宜行为与权力？从城市形态来看，香港拥有强烈的尺度反差与新旧对比，造就了在这两级间若干灰度绵长、丰富多变、难以预料的空间处置方式渗透在城市街巷之中（图 3–1）。在这些空间之上，又承载着鲜活多样的生活状态和行为方式，共同组成了完整意义的城市。将城市空间置于观察与分析的“方法透镜”下，穿透表层，其内在“微晶结构”中难以计数的节点正发生着永不停滞的变化。这样的微观变化，不仅是城市使用状态不断变化的孤立个案，聚集起来更成为城市整体自然演进的内在合力。该项目的“活化”对象为茂萝街一处有着百年历史的名为“绿屋”的旧宅，将其转化为具有公共性的“动漫基地”。旧屋基本特征依然保留，绿色外墙则被髹为黑白两色，底层沿街则是商店、餐厅，与原有街道紧密共生。在商业价值如此高的城市中心，开辟出这样一块静谧的内院，在该环境中激发出了全然不同的新行为和新价值，难能可贵（图 3–2、图 3–3）。

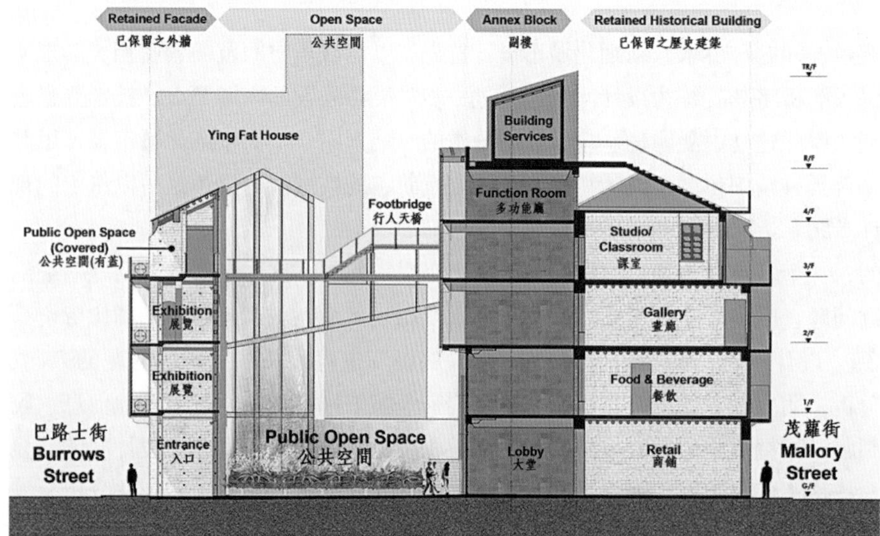

图 3–2　香港茂萝街 / 巴路士街活化项目设计剖面图 | 设计：Aedas

图 3–3　香港茂萝街 / 巴路士街活化项目建成后照片

图 3-4　巴黎拉德芳斯中央商务区战略总体规划效果图 | 设计：AWP 事务所与 HHF 事务所

在 2012 年，AWP 与 HHF 合作为巴黎拉德芳斯中央商务区的设计和实施提供指导，以解决该区域公共空间、绿地空间、基础设施、交通设施等的演进问题。项目的第一阶段是场地的分析、诊断和评估，除了常规的交通、公共空间、地形地貌等数据的调研和分析外，设计团队还组织了对当地的居民、游客、通勤人员的访谈，通过关于这些人员对场地的认知、感受和体验的信息搜集，设计团队可以更好地解读场地，为提出一系列针对性的干预措施提供基础。设计后期所提出来的关于标识系统的新增、步行系统的优化、照明系统的改善等方面的策略，有效地参考了前期城市问题和需求研究的成果数据（图 3-4、图 3-5）。

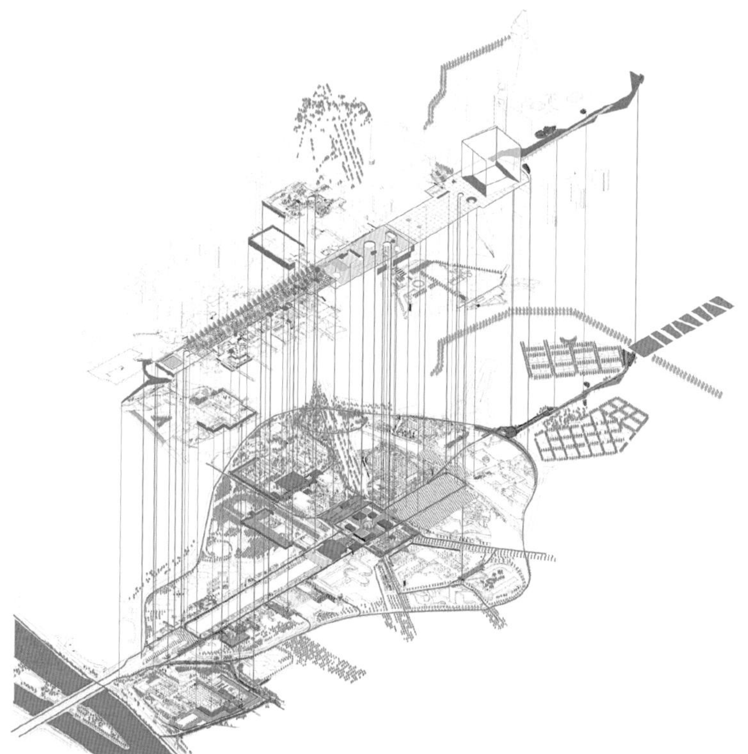

图 3-5　巴黎拉德芳斯中央商务区战略总体规划设计图

（2）设计目标的精确制定

主管部门及设计者根据城市设计具体对象或城市具体范围的发展、需求或困难、问题等提炼的，通过城市设计的执行实施可以改善、提升或创造发展机会的预期效果，通常可以包含设计对象及其所在城区的综合性宏观发展目标及具体工作范围的空间性、技术性或专题性优化目标。在对现实问题、设计问题、设计专题精细剖解和精准定位的基础上，精细化城市设计进一步内（需求）、外（条件）关联，形成明确的设计目标，并据此预判目标实现的基本技术路径，这些也为后期形成“专策”提供了依据。

根据问题的复杂程度，设计目标可分为若干层次，可从宏观、中观、微观等不同尺度、不同范围进行明确；也可从近期、中期、远期等不同阶段的时间范畴进行预设；还可在对任务的时间、空间两个维度进行周详分析的基础上，确立该城市设计任务在城市的运行、感知、体验、效益、安全等不同侧重的精确目标；另外，从城市空间的系统要素上，也可为交通网络、空间结构、土地使用、功能布局、建筑形态、公共空间、景观环境等不同要素系统建立针对性设计目标；对物质要素（主要是物质空间环境）和非物质要素（如社会、经济、文化等）形成更为精确的发展目标。换言之，明确城市空间发展与实际需求吻合的发展定位、预设目标是城市设计合理性的基本保障。

例如，在“四川省富顺县古县城复兴与风貌重塑专题性城市设计”① 中，通过设计前期对历史小城旧城复兴的专题分析，明确了在技术层、生活层、文化层等三个层级上逐级递进的设计目标：技术层面，通过基础设施升级、生态环境修复、旧城面貌改善等措施，构建生态、健康、特色的城市空间；生活层面，以丰富旧城生活促进社会融合为目标，实现产业转型、推动经济发展、完善公共配套；文化层面，激发历史人文资源和自然景观资源潜能，诱发城市向着具有丰富内涵、文化自信与集体认同的方向可持续发展。设计目标的制定也为该设计各目标下专项策略的提出提供了合理方向（图 3–6）。

（3）干预对象的精准确立

精细化城市设计核心在于对城市问题“精确诊断”后的“精准治疗”，即在权衡问题的主次关系后，根据设计目标确立优先干预对象的类型、范围、内容、基础特征等。相比通常城市设计中更为侧重的空间干预，精细化城市设计中的干预更倾向于对城市问题的“病灶”进行“靶向诊疗”，干预对象包含但不仅仅是物质空间，还有功能业态、行为活动、文化氛围等。精细化城市设计干预对象的确立倾向于对更复合问题的响应，需要建立在问题精细剖解和目标精确制定的基础上。尤其在城市存量优化时代，在某一关键“点”状空间精准引导，从而激活整个区域发展的方法正成为一种有效的城市空间发展手段。因此，在综合性、复杂性、多重性城市发展需求愈发凸显的现实条件下，对空间和非空间干预对象的精准确立是精细化城市设计纵深的关键点。

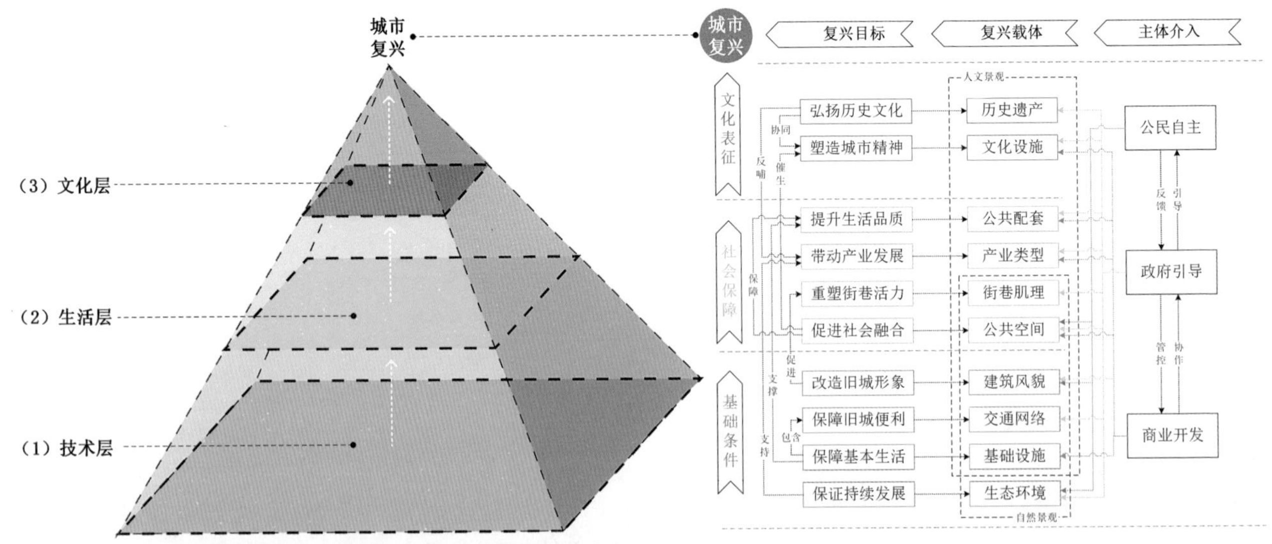

图 3–6　四川省富顺县古县城复兴与风貌重塑专题性城市设计的设计目标

① 详情可参见本书第 8 章相关案例解析。

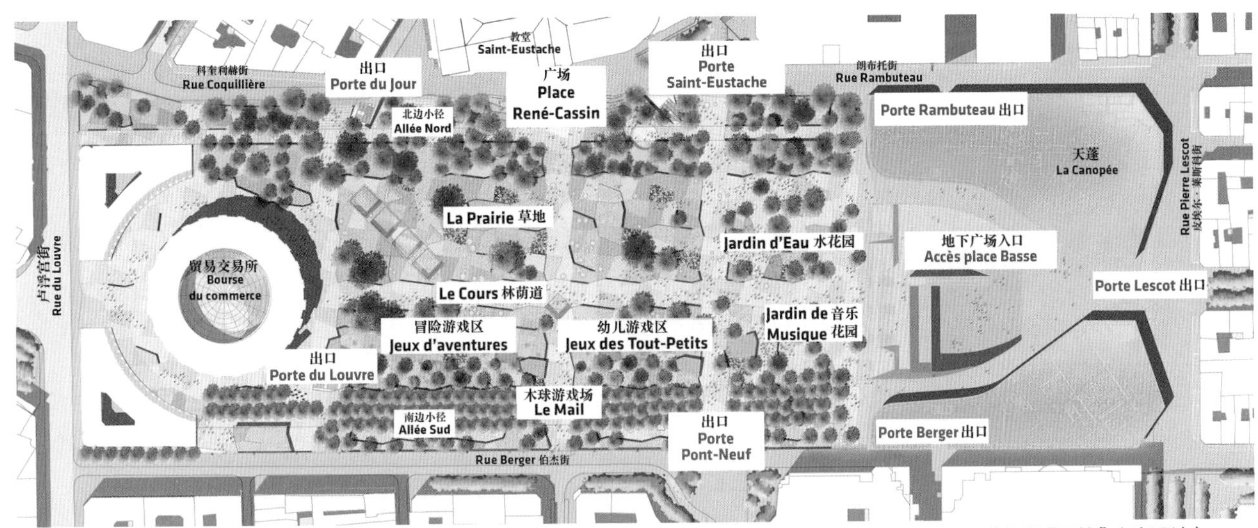

图3-7 巴黎雷阿勒地区总平面图 | 设计：Seura事务所（负责城市设计）、Patrick Berger和Jacques Anziutti（负责“天篷”方案设计）

例如，坐落于巴黎右岸的雷阿勒地区（Les Halles）是欧洲最早的TOD的践行区域之一，下沉式天井、地下中央商场和交通换乘厅以及地面公园构成了欧洲最早的枢纽综合体。但随着时间推移暴露出无法承载庞大客流量、站内外交通组织混乱、社会治安差等一系列问题。通过设计竞赛，大卫·曼金（David Mangin）的城市设计方案得以采纳，帕特里克·伯杰（Patrick Berger）和雅克·安祖蒂（Jacques Anziutti）在城市设计基础上又进行了深化，形成了“天篷（La Canopée）”方案。该方案以下沉式的公共空间为切入点，将原本地下露天广场改造为通透的“天篷”。从交通组织上看，该空间为交通换乘提供了余地，复杂但合理的电梯布局与内部流线组织也将综合体地上公园和周边街区、地下商业和公共设施空间连成一体；通透的天篷使地上、地下、室内与室外空间一览无余，提升了各类活动的可见度以及公共空间的可读性；天篷的形体意向与室外的公园融为一体，给内部使用者在林中漫步的感受。该方案的成功得益于设计找到了关键干预对象，并通过对干预对象提出针对的、特色的、创新的干预策略，使设计问题的解决更加有效（图3-7~图3-9）。

（4）要素系统的精密整合

城市空间的构成要素复杂多样，不同要素的形态、结构、功能都不尽相同，精细化城市设计思维要求对设计要素进行精密的系统整合，以纳入有机统一、逻辑清晰的执行程序。从现实问题延伸到设计问题，再提炼成设计专题和设计目标，对城市特定区域范围的关键点切入诊疗，有时可以触发系统环境的变化，从而激发城市活力、改善城市机能。但城市毕竟是由纷繁复杂的各类要素构成的，城市设计必不可少的环节就

图3-8 巴黎雷阿勒地区城市更新项目效果图

图 3-9 巴黎雷阿勒地区“天篷”建成实景照片

是要将各要素进行系统分类和整理，使它们有机串联形成完整城市“肌体”。

精细化城市设计者需要具备把诸多要素结合起来系统思考的整体意识，这些要素不仅局限于城市设计的物质要素，例如街道网络、建筑形体、景观环境、公共空间等，还涉及功能、产业、市场、文化、社会等各种内容。城市设计对要素的精密整合首先是建立在将要素分类、分层、分阶段基础上的，然后是对各类、各层、各阶段要素叠加后相互作用关联的系统性决策，这种决策不是基于“1+1+……N”的简单思维逻辑，而是对 N 个要素错综复杂关系的统领性意识。

例如，新加坡裕廊湖区城市设计（Jurong Lake District Master Plan，KCAP 和 SAA 设计）确定了由“未来经济的枢纽”“移动性的新范式”“花园与水的区域”和“未来的智能可持续发展区”四个子目标构成的设计目标框架。其中，在“移动性的新范式”的目标指引下设计对交通要素系统进行了精密整合，形成了提升该区域交通便捷性、

图 3-10 “新加坡裕廊湖区城市设计”对交通要素系统的精密整合 | 设计：KCAP 和 SAA
（a. 交通系统规划；b. 建构优质步行环境效果图；c. 向建筑底层渗透的公共空间效果图）

可达性、绿色性、步行友好性等的系统策略，包含建构优质步行环境、向建筑底层渗透的公共空间、形成无缝连接高铁总站和裕廊东轨交站的“J–Walk”高架步行通道等具体措施。这些策略的有效实施可实现对外 85%“Car–lite”公共交通出行、内部 90%“步行 + 自行车”出行、3~5 分钟步行到达地铁或巴士站等实际指标（图 3–10）。

（5）综合效益的精明促升

从我国“发展不平衡不充分的一些突出问题尚未解决，发展质量和效益还不高……民生领域还有不少短板”[①] 等问题可见，城市发展急需从粗放型“增量”建设阶段向以实现安全保障、社会公平、文化繁荣、民生和

① 习近平. 决胜全面建成小康社会——夺取新时代中国特色社会主义伟大胜利（在中国共产党第十九次全国代表大会上的报告）[M]. 北京：人民出版社，2017.

谐等更高福祉为目标的精细化“增效”更新阶段转化。因此，“综合效益”是城市发展的重要范式导向之一。综合效益包含各种经济、社会、文化活动等在城市中产生的经济性和非经济性效果和利益，本质是一种投入产出的对比关系。从建筑学视角看，综合效益受具体的空间要素及复杂特征影响①，形成空间综合效益。空间综合效益是评价城市空间发展实态的有效参照②，反映了空间资源配置过程对达成经济、社会、交通、环境、文化等目标的影响结果③，受土地利用方式和空间组织关系的合理程度影响，可以通过观察空间使用效果（包括空间活动强度和秩序等）来感知④。

精细化城市设计深度挖掘并整合具有开发潜力的空间，综合考虑城市空间发展中涉及的文化、经济、环境、交通和社会等资源分配问题，关注城市效率、城市活力提升和可持续运营。精明促进“空间综合效益”提升，成为精细化城市设计发展的重要价值取向。而为了实现综合效益提升，精细化城市设计涉及的专业从建筑学、城乡规划学、风景园林一直拓展到工程学、环境学、社会学、政治学、人类学、经济学等领域，各专业人员应真诚合作、高效沟通，形成以建筑学、城乡规划为核心的多专业协同设计模式。

城市综合效益在经济、社会、交通、环境、文化等不同方面的平衡和互促，是城市设计需要权衡的关键。例如，新加坡地铁环线上的百胜地铁站（Bras Basah MRT Station）坐落于新加坡市中心的博物馆区，紧邻新加坡美术馆、圣约瑟教堂、赞美广场和新加坡管理大学等著名历史文化标志地点。一方面为了建成高效的深层地下交通基础设施（地下 35m 深，站台位于 B5 层），使地上地下视觉连接更加紧密，以优化通勤者的出行体验；另一方面为了使该地铁站与地面历史环境高度融合，消隐在景观环境中，该站点的屋顶既被设计成了采光玻璃天窗，天窗上又做了景观水池。从地上看，车站玻璃顶是一个倒影池，可以倒映出美术馆这座历史建筑，进一步强化了这里的历史地位和象征意义；从站内看，玻璃顶又是一个巨大的天窗，使光束直接照入站内，缓解了地下的压抑感并起到了向地面疏散的视觉引导作用。该项目很好地找到了塑造城市要素以使交通、文化、环境等效益提升的平衡点（图 3-11、图 3-12）。

又如，美国费城三十街车站站域规划（Philadelphia 30th Street Station District Plan，SOM 设计）⑤保持了“效益—空间”关联设计思维，设计策略的提出始终围绕该区域综合效益的精明促生目标，并且在设计完成后进行了综合增效成果的预估：设计实施将使该区域获得约 100 亿美元的公共及私人投资，进行 167 万 m^2 的增量开发，建设 8000~10000 套新住宅，增加 4 万个工作岗位，并为政府创造约 38 亿美元的新增税收；同时为该节点新增约 16hm^2 公共空间和 8km 绿道，通过提升城市竞争力、改善生态环境、提高生活质量等，为该区域创造多维度效益（图 3-13、图 3-14）。

---

① Markus A. Meyera, Joachim Rathmannb, Christoph Schulz. Spatially-explicit Mapping of Forest Benefits and Analysis of Motivations for Everyday-life's Visitors on Forest Pathways in Urban and Rural Contexts [J]. Landscape and Urban Planning, 2019, 185: 83 - 95.

② 任晓娟，陈晓键，马泉．空间经济绩效导向下的城市用地布局优化研究 [J]．城市规划，2019，43（7）：50-59.

③ 袁铭，庄宇．轨道交通站域公共空间使用绩效的评价与影响因素分析——以上海核心城区为例 [J]．建筑学报，2015（S1）：47-52.

④ 张灵珠，庄宇，叶宇．面向轨道交通站域协同发展的交通可达与空间使用绩效关系评价——以上海中心城区为例 [J]．新建筑，2019（2）：114-118.

⑤ 详情可参见本书第 8 章相关案例解析。

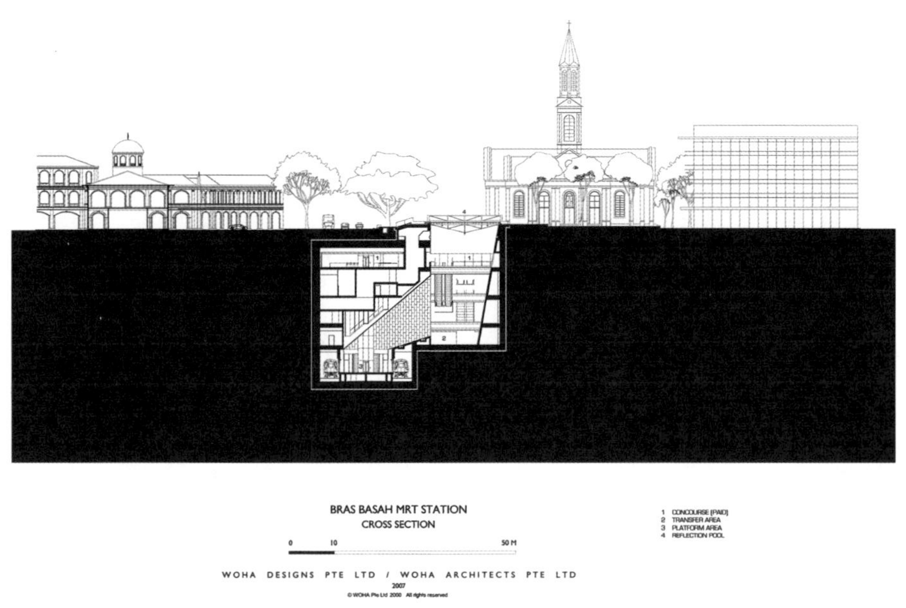

图 3-11　新加坡百胜地铁站设计剖面图 | 设计：WOHA

图 3-12　新加坡百胜地铁站建成照片（上：车站航拍照片；中：从地上看车站玻璃采光顶形成的倒影水池；下：从地下看车站玻璃采光顶）

图 3-13　美国费城三十街车站站域鸟瞰效果图 | 设计：SOM

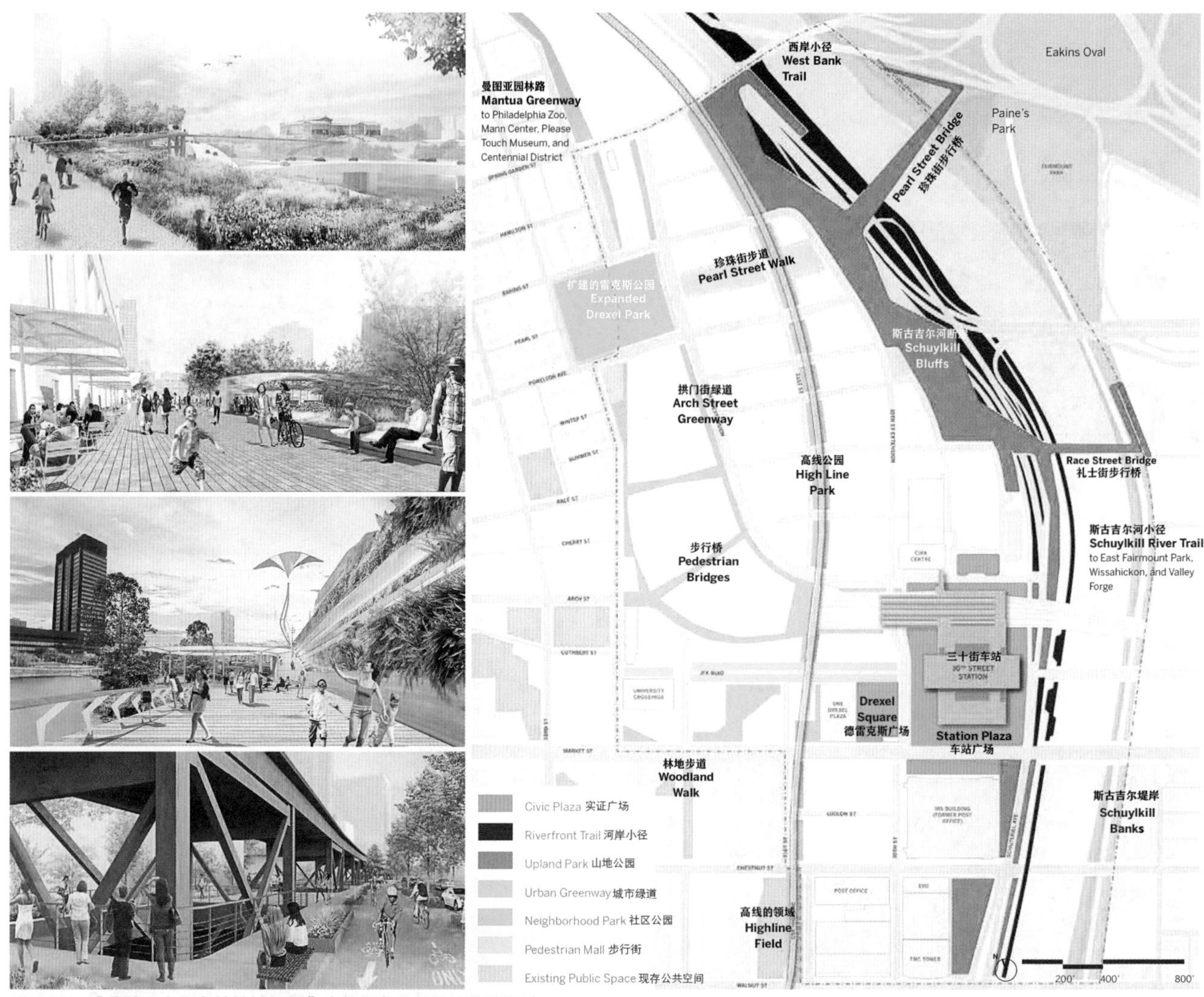

图 3-14 “费城三十街车站站域规划”中的绿色公共体系构建设计

3.2 精细化城市设计的体系属性

3.2.1 城市设计体系

（1）城市设计与城市规划体系的关系

我国现行的城乡规划体系中，并没有明确将城市设计纳入法定规划阶段。独立的、完善的、与法定规划体系相对应的城市设计体系也正在建立和完善过程中，城市设计与规划体系曾长期呈现“若即若离”的状态[①]。为提升城市设计的实施有效性，城市设计正与城市规划体系积极融合，使城市空间二维土地使用与三维形态环境管控相互结合。国外城市设计编制和实施体系为我国城市设计与规划体系的融合提供了借鉴，例如新加坡从

① 赵亮．从“失效”到“实效”——快速城镇化背景下的我国城市设计体系研究 [J]．城市规划，2011，35（12）：91-96.

编制内容、编制方法、实施效力、开发调控、运作机构等方面进行城市设计与规划体系的整合运作实践，将城市设计作为一种非法定规划，对开发指导规划（法定规划）进行补充，针对一些重点地区制定开发导控内容；英国的城市设计是规划体系的组成部分，以设计管控政策的形式纳入各层级规划文件，并贯穿整个规划体系；美国的城市设计则作为综合规划（战略性规划）和区划（实施性规划）两个阶段法定规划的组成部分，融入到规划体系中。

随着城市建设需求的转型和城市设计本身的日趋成熟，我国城市设计向规划体系的融合正在逐步迈进。

1991 年版的《城市规划编制办法》规定："在编制城市规划的各个阶段，都应当运用城市设计方法，综合考虑自然环境、人文因素和居民生产、生活需要，对城市空间环境作出统一规划，提高城市的环境质量、生活质量和城市景观的艺术水平。"将城市设计作为方法纳入到城市规划体系中。

2006 年的《城市规划编制办法》修订版中规定："控制性详细规划应当包括下列内容：……提出各地块的建筑体量、体型、色彩等城市设计指导原则。"城市设计作为控制性详细规划的一部分纳入到城市规划体系中。

2017 年，住房和城乡建设部出台《城市设计管理办法》，强调了城市设计工作在规划管理体系中的重要性："城市设计是落实城市规划、指导建筑设计、塑造城市特色风貌的有效手段，贯穿于城市规划建设管理全过程。"该《办法》明确了城市设计与城市法定规划的关系，是我国城市设计融入法定化规划体系和城市建设管理制度的重要文件。

2019 年《中共中央国务院关于建立国土空间规划体系并监督实施的若干意见》（以下简称《意见》）提出"充分发挥城市设计、大数据等手段改进国土空间规划方法，提高规划编制水平"，明确了城市设计在国土空间规划编制、提高国土空间品质中的重要作用。

基于此，一系列与城市设计角色与归属的问题亟待回答：城市设计作为"城市环境品质提升"的有效工具，与法定化的国土空间规划到底是什么关系？新时代国土空间规划体系中城市设计该扮演什么样的作用和角色？如何充分发挥城市设计在国土空间品质提升中的作用？

为贯彻落实该《意见》，指导和规范国土空间规划编制和管理中城市设计方法的运用，自然资源部在广泛听取各方面意见基础上，研究制定了《国土空间规划城市设计指南》TD/T 1065—2021（以下简称《指南》），并于 2021 年 7 月正式发布。该《指南》确立了城市设计方法在国土空间规划中运用的原则、任务、内容和管理要求，厘清了城市设计与"五级三类"国土空间规划体系的关系，明确城市设计是国土空间规划体系的重要组成部分，是国土空间高质量发展的重要支撑，贯穿于国土空间规划建设管理的全过程（图 3-15）。《指南》明确指出，作为营造美好人居环境和宜人空间场所的重要理念与方法，城市设计的价值在于通过人居环境多层级空间特征的系统辨识，多尺度要素内容的统筹协调，以及自然和文化保护与发展的整体认识，运用设计思维，借助形态组织和环境营造方法，依托规划传导和政策推动，实现空间布局结构优化、功能组织活力有

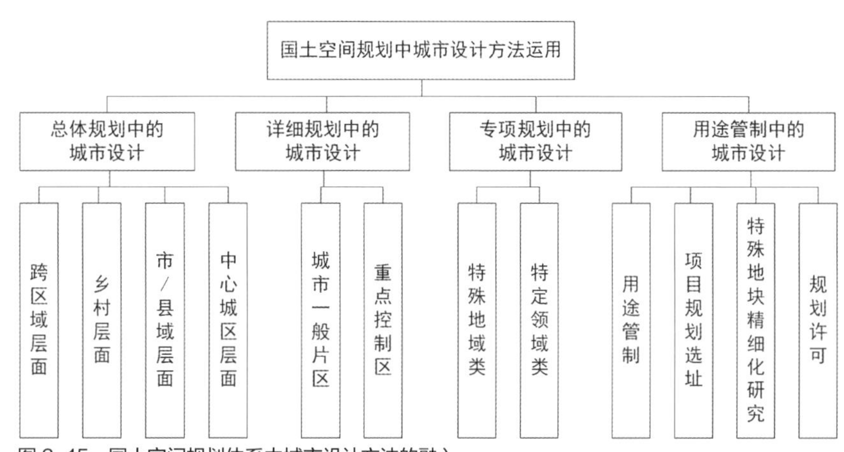

图 3-15　国土空间规划体系中城市设计方法的融入

序、生态系统健康持续、风貌特色引导控制、历史文脉传承发展和公共空间系统建设，积极塑造美好人居环境和宜人空间场所。

（2）城市设计体系的分级分类

除了国家层面相关文件的指引，我国许多城市也开展了城市设计体系建构相关工作的探索，制定了一系列城市设计管理办法，以明确城市设计的分级分类、管控要素、编制要求、编制方法以及与法定规划衔接的工作方法。一些城市建立了地方性相对独立的城市设计管理体系，一些则把城市设计纳入法定规划体系中[①]。第二种方式主要是使城市设计与总体规划、控制性详细规划相衔接，将城市设计与法定规划同步编制同步审批。例如重庆市要求将总体城市设计与总体规划、重点地区城市设计与控制性详细规划同步编制一并报批；深圳市要求重点地段城市设计单独编制，而非重点地段城市设计需融入城市规划各阶段。

此外，2017 年住房和城乡建设部《城市设计管理办法》将城市设计体系分为总体城市设计和重点地区城市设计两级，随后各地出台的管理办法也大多按照工作范围面积大小划定层级，有两层级、三层级、四层级甚至五层级的不同划定方式（表 3–1）。

表 3–1　我国部分城市的城市设计体系分级

城市设计体系分级方式	主要依据	具体层级	代表城市
二层级	参照 2017 年住房和城乡建设部《城市设计管理办法》的分级方式	总体城市设计、重点地区城市设计	重庆
三层级	依照城市设计成果管控方式和深度	宏观城市设计（成果达到框架式总体管控深度）、中观城市设计（成果达到导则管控深度）、微观城市设计（成果达到图则管控深度）	厦门
四层级	依照工作范围空间尺度和特征	总体城市设计、片区城市设计（或叫分区城市设计）、地段城市设计（或叫区段城市设计）、地块城市设计	沈阳、大连、南京、青岛、武汉等
五层级	四层级上的拓展	总体城市设计、区段城市设计、地块城市设计、专项城市设计和乡镇城市设计	广东省省域各市

两层级的城市设计体系基本参照了住房和城乡建设部《城市设计管理办法》的分级方式。其中，重庆市相对完整的城市设计体系和其城乡规划编制体系有一定的联系，城乡规划编制体系包括“五级三类”，即市域、主城、区县、镇乡、村这五个层级，法定规划、专项规划和专业规划三个类型，而城市设计方面则分别对应主城和区县两种行政空间，先是在 2015 年的城市设计试点工作中尝试按照空间尺度分为总体、区段、地块三个层级，后又根据实际管控需求在 2018 年《重庆市城市设计管理办法》中，确定了总体城市设计和重点地区城市设计两个层级。另外，作为我国最早提出城市设计体系的城市，深圳市在 1998 年的《深圳市城市规划条例》中，将城市设计分为独立编制的城市设计（重点地段）和纳入城市规划中的城市设计（非重点地段）两级，这种“双轨制”探索，既有城市设计与城市规划体系融合的可能，又进行了城市设计独立存在的探索，之后经过长期探索又逐渐丰富为全市性的总体城市设计（融入总体规划中）、分区总体城市设计、专项类城市设计、重要轴带或廊道城市设计等类型。

① 杨震，周怡薇，蒋笛．重庆城市设计实践及其体系建设概述 [C]//．活力城乡美好人居——2019 中国城市规划年会论文集（07 城市设计）．北京：中国建筑工业出版社，2019：108–121．

三层级城市设计体系主要是依照工作范围空间尺度和特征分级。例如郑州市将其城市设计体系分为总体城市设计、特色意图区城市设计和街坊城市设计三个层级。而厦门市和北京市突破了按照空间尺度分类的常规思路，厦门市提出了“精细化管控”的核心原则，按照管控方式的精细化程度将城市设计分为成果达到框架式总体管控深度的宏观城市设计、成果达到导则管控深度的中观城市设计和成果达到图则管控深度的微观城市设计三个层级；北京市在 2020 年的《北京市城市设计管理办法（试行）》也作出了精细化管理的探索，将城市设计按照目标和任务分为管控类、实施类和概念类三类。

四层级城市设计体系大多分为总体、片区（或叫分区）、地段（或叫区段）、地块城市设计，例如沈阳市、大连市和南京市等。青岛市构建了总体、片区、地块和专项四个层面的城市设计体系。武汉市在 2008 年的《武汉市城市设计编制技术规程》中初步建立了对应于城市规划体系各层级的城市设计体系，分为总体城市设计、分区城市设计、局部城市设计和街坊城市设计等四个层级，总体城市设计、分区城市设计、局部城市设计主要由政府主导，而街坊城市设计是因具体建设项目而生的城市设计。

五层级城市设计体系并不多见，主要是在四层级上的拓展。其中，广东省省域的城市设计体系包含五大层级，分别为总体城市设计、区段城市设计、地块城市设计、专项城市设计和乡镇城市设计。

3.2.2　精细化城市设计的体系属性

如前所述，城市设计涉及多个层次内容，虽然各个地方的城市设计体系层级划分存在差异，但总体可以对应于城市规划中的“两大阶段、三个层级”，即形成对应总体规划和详细规划的总体城市设计和详细城市设计两大阶段，以及对应总体规划、控制性详细规划和修建性详细规划等的宏观城市设计、中观城市设计和微观城市设计三个层级。“两大阶段”中，总体城市设计包括城市、分区、外区范畴，属于宏观战略型整体城市设计；详细城市设计，包括功能区相对完整的中观尺度的片区城市设计（如城市中心区、大学城、历史街区等）和微观尺度的地段城市设计（如广场、公园等）两个范畴，属于相对具体的策略型城市设计。“三个层级”中，宏观城市设计主要侧重对城市整体形态和环境的分析与研究，包含城市结构、总体形态、道路格局、城市轮廓线、公共空间分布、绿地系统构成以及重要标志性建筑物布局等内容，通常与城市总体规划同步进行；中观城市设计可以直接与规划管理结合，依据宏观城市设计的原则，确定各分区的具体范围，并从功能布局、建筑设计和交通组织等方面提出具体的城市设计标准和导则，以衔接控制性详细规划、指导建筑设计；微观城市设计则是针对城市近期需要建设或改善的城市设计地段，进行具体的形体、空间与环境的针对性设计。

精细化城市设计并不是独立于城市设计体系各层级所开拓的新层级，而是贯穿于城市设计体系的一种设计态度、思路和方法，强调解决问题本身的细微程度和深入程度，体现在对特定空间、特定人群、特定问题的深度剖析，是在传统城市设计体系基础上的进一步升华。精细化城市设计在体系构成、对象层次上与常规意义上的城市设计并无本质上的区别。由于问题切入视角的精细化，精细化城市设计所采取的研究思路、方法、步骤、策略及管控方式会产生一些差异。精细化城市设计思路与方法在城市设计不同层级中均有所渗透，但由于在某个特定范围内空间问题更容易凸显，精细化城市设计常见于中微观城市设计（图 3-16）。

应该看到，回顾城市设计在我国的发展，虽然全国各地一直广泛开展城市设计，但由于缺乏必要的技术规范，城市设计的合理性与有效性仍难以保证，导致在各地实践和管理工作中暴露出许多问题：一方面，城市设计与法定规划之间缺乏有效衔接，造成城市设计成果在规划中难以贯彻，在建设开发过程中亦存在用城市设计随意取代法定规划的情况。另一方面，一些省市虽编制了地方性的技术规范，但因对城市设计的认识偏差、编制和管

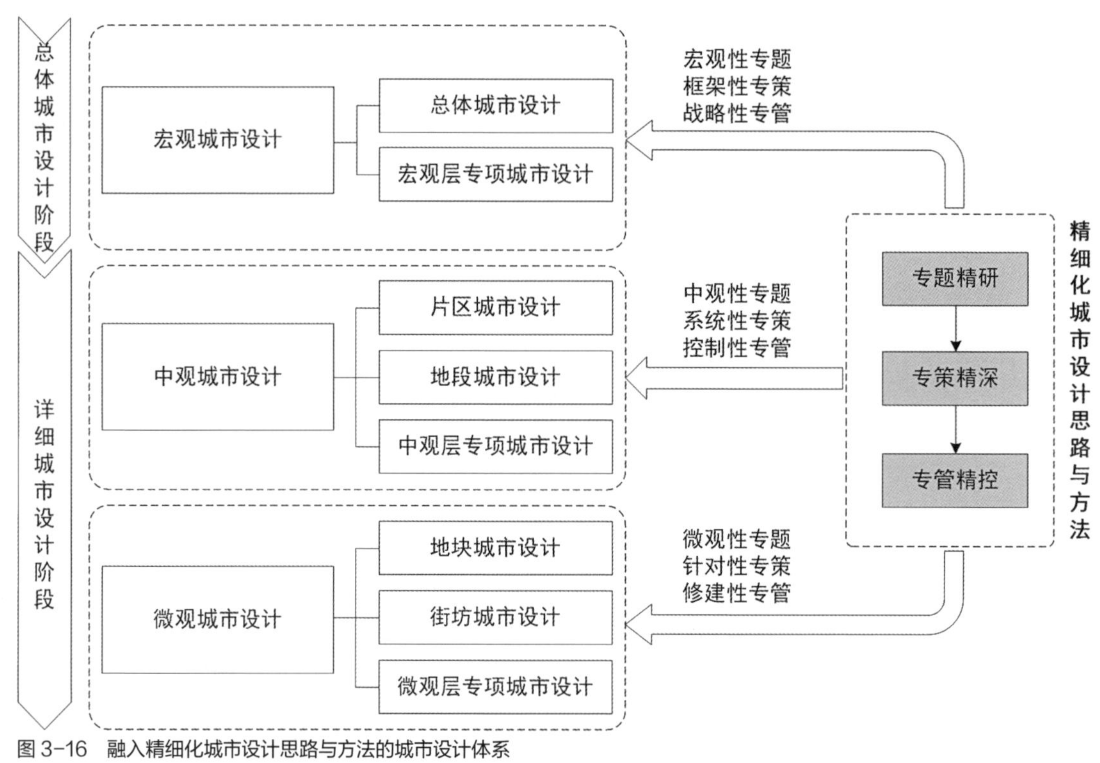

图 3-16 融入精细化城市设计思路与方法的城市设计体系

理混乱，普遍出现了“缺”“泛”“乱”等现象：关键内容缺项，削弱了城市设计的管控作用；成果泛化，无法针对城市设计面临的实际问题；层次混乱，城市设计成果的系统性与可操作性不足①。随着国家关于城市设计政策、体制、规范等“顶层设计”的逐步完善，更加实用、精细、聚焦的城市设计精细化思路转型的意义也日益凸显。

判断精细化城市设计的标准在于，城市设计是否针对特定空间、特定人群、特定问题经过了空间现实问题、空间设计问题、空间设计专题的精细化剖析、分类和研究；是否完成了“设计对象精细化—设计内容（目标）精细化—设计程序精细化—技术工具精细化—设计管控精细化”的全过程，即“专题—专策—专管”的推演过程；在此基础上，是否进一步对精细化城市设计所涉及的新技术、新工具、新方法的关注和探究，最终建立回应当下与未来的城市空间优化之道。

3.3 精细化城市设计的方法路径

精细化城市设计因循城市设计的发展规律，强调在“存量”甚至“微量”时代下对问题剖析深度、广度的坚持；强调从“物质空间环境创造”到“工程实现”的全过程认知逻辑；强调精神文化、经济增长、生态环境、交通效率和社会公平等多方面综合需求，促进城市公共空间的社会转型。精细化城市设计并非是城市设计体系下的新增类别，而是基于前述若干关键特征的技术路径探索，基于在城市既有条件的认知基础上，综合考虑城市开发、城市设计策略制定、设计实施与监管调控等相关要素，形成“专题精研→专策精深→专管精控”三个关键节点递进介入、层次分明的系统化整体执行框架（图 3-17）。

① 东南大学．国土空间规划城市设计指南编制说明 [Z]．2021.

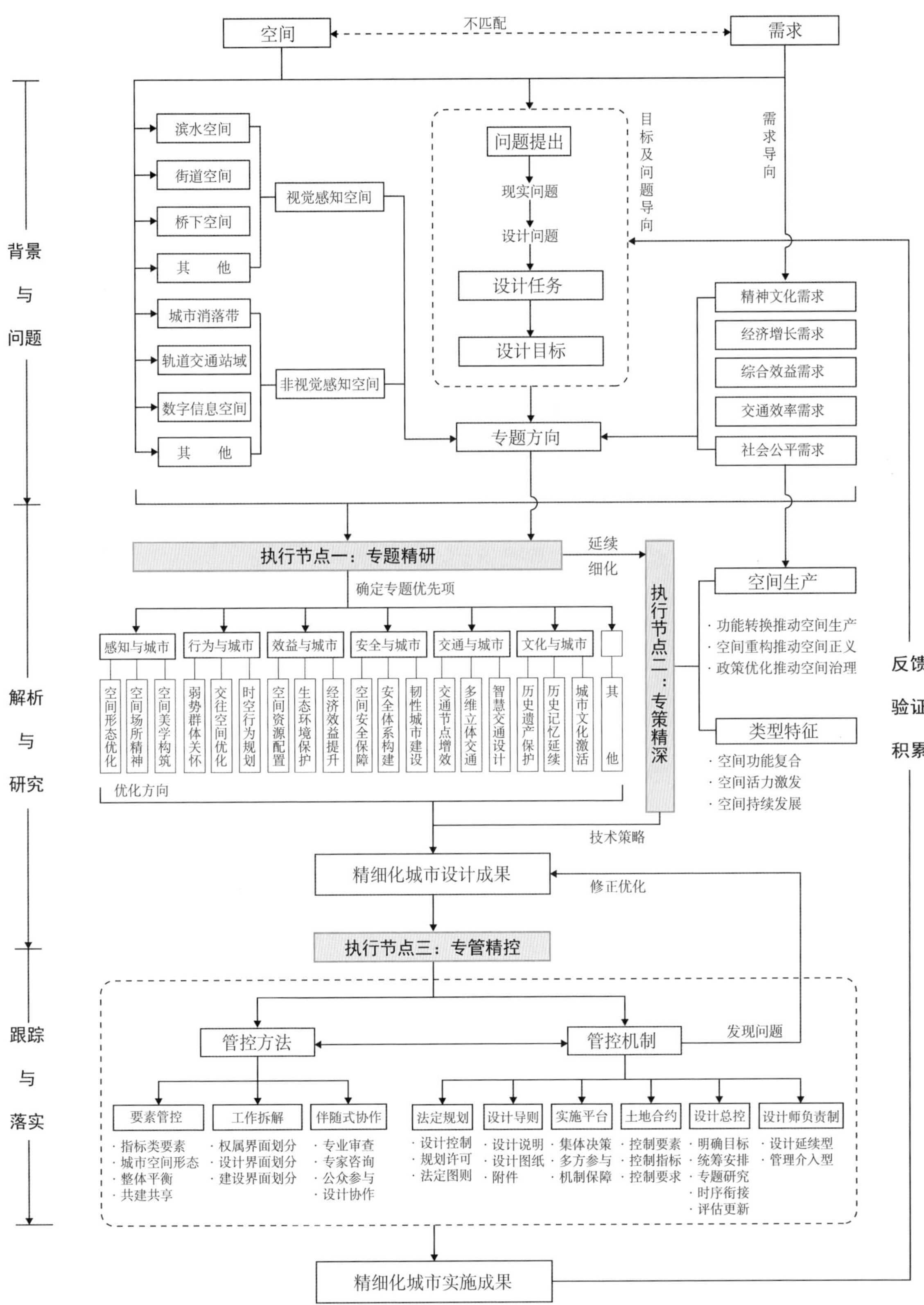

图 3-17　精细化城市设计方法路径图示

3.3.1 专题精研：精细化城市设计的定位

“专题精研”是通过确立设计专题，采用具有专题针对性的分析方法、技术工具、流程步骤，而进一步挖掘问题关联、发展规律、作用机制等内容，以指导精细化城市设计专策制定的研究过程。专题精研是精细化城市设计的第一个重要执行节点，是理解城市需求与条件的首要任务。

层层递进确立设计专题，首先来自对现实问题的发掘，然后根据现实问题归纳设计问题，再根据设计问题总结设计专题。专题方向覆盖城市设计各个维度，如感知与城市、行为与城市、环境与城市、安全与城市、交通与城市、文化与城市等普遍性专题；在针对全过程精细化的特殊性城市设计专题上，又包含了如实施、运维、评估和监管等专题。精细化城市设计作为一种集体思维的聚合体，是在多个专题复杂变化下的协调重组。在所有尺度上，从细微到全局，专题内容都在渐进增长，设计时需要厘清主次，抓住关键矛盾确定专题优先项，复合其他多种专题。依据实际问题确立研究内容才是专题执行的主要目的。

针对不同专题展开的精研过程，其研究方法、技术工具等具有多样性，对实地调查法、样本对比法、仿真模拟法、实验检验法等设计研究，方法的选取须紧扣设计专题的特征，做到“对症下药”。专题精研过程同样是一个多主体参与、多学科合作的过程，从专题确立到阶段成果输出，各利益主体的诉求、学科专家的意见、专业人员的手段、公众参与的意见等都会对其产生影响。同时，专题精研过程根据目标、任务等情况，可分阶段、分层次进行，在指导专策生成的过程中也可根据实际执行反馈对专题框架、成果等反复修正、校对、协调优化。

在城市发展实践中，2015 年中央城市工作会议中首次提出“建立常态化的城市体检评估机制”要求；2021 年自然资源部发布《国土空间规划城市体检评估规程》，提出了城市体检评估指标。这些举措与专题精研这一重点环节形成呼应，以“体检”方式监测城市问题，形成资源清单和问题清单，促进精细化城市设计体系逐步科学完备。如北京怀柔科学城总体城市设计[①]，基于片区科研基地的背景定位，考虑宏观尺度规划和科研人员使用等问题，研究确立了人员行为活动研究专题，采用数字化分析工具，基于活动日志调查获取科研人员行为活动的时空数据，总结其行为特征、空间矛盾等，确立以科研人员适应性为目标的城市设计评价标准、评价要素，进一步指导该片区城市设计方案优化。这种问题导向下的城市设计研究过程正是精细化城市设计专题确立的基本范型。

3.3.2 专策精深：精细化城市设计的核心

“专策精深”是基于精细化城市设计目标，在设计专题范畴导向下，根据具体问题提出的各类空间生成专项应对策略，据此生成包含设计方案、设计导则、实施计划、导控政策等的精细化城市设计系列成果。这个过程以专题研究成果为主要设计依据，结合具体的空间对象，制定对应的设计策略。

专题精研阶段的工作尺度多元、类型多样，按照操作对象的空间尺度可分为宏观、中观、微观三类。宏观层面的专策主要针对大尺度精细化城市设计，通过梳理城市山水格局、交通路网骨架、土地资源布局等关键性要素，构筑城市总体发展愿景，提出设计引导框架和管控策略，深化城市空间结构，层层细化管控。中观层面的专策主要针对片区级精细化城市设计，设计专策紧密衔接建设实施各个阶段，强调将“自上而下”的管控要求和

---

① 可参阅：翁阳．基于时空行为适应性的城市设计方案评价研究——以北京怀柔科学城总体城市设计为例 [J]．城市规划，2020，44（3）：102-114+138.

“自下而上”的开发意愿深度结合。微观层面的专策对接地块级精细化城市设计，主要是对地段、街区的城市公共开放空间、市政设施、慢行设施、城市环境设施等提出的专项设计策略[①]。例如，在城市河岸生态修复的精细化城市设计中，基于生态重构与河岸空间活力恢复等设计目标，根据河岸面临的水土污染、生态多样性减少等现实问题建立专题，提出多尺度设计专策。从宏观层面构建流域尺度水生态安全格局，制定水源净化处理设计策略；从中观层面提出河岸带生态修复建设措施，恢复河道自然形态；从微观层面在河段尺度制定河岸功能空间转换策略，运用多维度植物设计创造多样性的生物栖息场所。三个尺度逻辑层层递进，高层级引导低层级，低层级影响高层级，创造出安全、活力的滨水空间。

专策精深阶段的主要任务是根据设计条件和专题类别对城市物质空间系统、社会组织系统和设计外部性问题[②]提出针对性策略。在空间系统策略上，主要通过对城市物质形态的“硬件”干预，优化城市物质空间系统，如防御空间管理、软质景观设计、地质灾害防治、立体交通打造等；在社会组织系统策略上，主要从精神文化、行为心理和意识特征等方面的“软件”营造切入，如安全防灾、公共资源配置、历史名城保护、产业资源挖掘、城市微气候研究等；在城市设计外部性问题的解决策略上，通过明晰城市设计要素产权、构建建设成本收益模型、资金策略分析等提升设计实施可行性。

3.3.3　专管精控：精细化城市设计的实施

专管精控是指专题和专策形成后进行的实施与管控，是对精细化城市设计的目标保障与成果落实。城市精细化管理应与城市设计目标一致、过程动态、对象相互关联。在城市建设领域内，精细化管理理念体现为运用市场、政策、法律、公共自治等手段，通过量化城市管理目标、细化管理准则、明确职能分工等方法，实现深入、精致的管理模式[③]。

传统规划和设计系统中，城市设计方案需要通过各阶段法定文件的编制而形成落地机制。例如总体规划阶段的城市设计支撑总体规划文件的编制，偏重于发展愿景、“三线”的划分、主干交通规划、大型基础设施的布局等问题的落实。总体规划文件通过法定程序，指导详细规划。支撑控制性详细规划的城市设计，确定城市容量、功能布局、城市基本形态，并形成用地的划分；支撑专项规划的城市设计，形成各类专项规划研究的结论，例如交通系统组织、能源系统组织、地下空间布局等。详细规划，要通过设计审批制度，确保落实。

在上述规划体制中，城市设计尚不是法定流程中的一部分，而是各阶段规划编制研究的工具。城市设计方案的编制主体往往不是建设实施的主体，需要通过精炼与提取、纳入法定规划来指导实施。这个过程存在三个问题：首先，由于法定程序必须有阶段性稳定的结论，因此提取过程偏重于形成明确的刚性管控条件，弹性引导的内容缺失或者缺乏管控机制，导致城市设计的空间形态、风貌特色难以落实；其次，法定化的过程将研究结果锁定在法定文件审定的时间，实施阶段时间周期长，外界经济、政策、建设条件变化，造成边实施边修编的实际情况，削弱了城市设计研究成果的时效性，反过来让城市设计师对研究结果缺乏信心，心里抱有“反正情况是变化的，设计多半是实施不了”的心态，也影响了大家对城市设计需要精细化的认识；最后，城市设计的落实，主要

---

① 葛岩. 城市设计的“价值逻辑”与“权利博弈”——基于上海实践的若干思考 [J]. 北京规划建设，2020（05）：11-15.

② 萨缪尔森（P.A.Samuelson）和诺德豪斯（William D.Nordhaus）在《经济学》一书中认为“外部性是指当生产或消费对其他人产生附带的成本或收益时产生的外部经济效果”。外部成本或收益的存在，无法使市场产生最优效果，城市设计外部性问题的解决策略，能够增加社会总收益。参见：保罗. A. 萨缪尔森，威廉·D·诺德豪斯. 经济学 [M]. 萧琛等，译. 北京：华夏出版社，2000.

③ 陈天，石川森，崔玉昆. 我国城市设计精细化管理再思考 [J]. 西部人居环境学刊，2018，33（2）：7-13.

依托于规划和土地条件，而实际上城市是个复杂的系统，各个系统之间的耦合，保障机制的缺乏，也是愿景和现实之间存在差距的重要原因。

精细化城市设计是针对城市特定空间范围、特定问题的城市设计工作，具有很强的针对性，专管也就不能单纯依赖法定规划流程落实，而是要有针对性地成为精细化城市设计工作的一个环节。专管思维，标志着精细化城市设计是面向落地实施的城市设计。专管精控通过对专题、专策成果的提取、抽象、传递，形成管控语言，并通过实施落地的机制设计形成实施保障。因此，精细化城市设计应通过专管实施方法设计，保障研究成果闭环落实。

3.4 精细化城市设计的编制流程

精细化城市设计着力于需要“精细化”研究的问题，依据须解决的问题制定相应的编制流程。其中不变的是：目标提出—问题描述—系统评价—决策建议—实施路径的基本逻辑，工作方式参照城市设计的一般流程，包括：现场调研—目标制定—专题、专策研究—方案编制—重要节点细化—成果编制—实施建议等。根据具体城市设计的启动时机、目标需求、资源禀赋、实施机制的不同，因地制宜地制定流程，并且形成相应的成果形式。

编制的流程与启动时机相关。城市的发展是动态更新的，城市设计通常不是在一张白纸上做研究，前期的研究结论，包括各阶段城市设计、各类专项规划、各类已设计已建设现状、实施建设计划以及场地现状条件，均成为精细化城市设计编制流程中需要处理的环节。在不同编制时机，面对的城市基底在深度、广度和信息量都不相同，可以说越接近实施阶段，需要处理的外部信息越繁杂，需要提出的目标和策略越具体。实践中，城市设计作为城市建设各阶段的研究工具，本身是个螺旋推进的过程。精细化城市设计若介入较早，城市处于宏观规划阶段，优势是限制条件少，可以和法定规划协同，指导性强，但可能难于研判功能和定位的合理性，缺乏市场指导，缺乏工程技术难点的预判。这一阶段编制侧重于定位、策划、制定实施机制和形成研究目标。如果介入较晚，往往部分区域已经思考得很深入，部分项目、专业已经面向实施，通过实施验证，城市区域的定位、功能、形态都有了初步结论，便于精细化城市设计更加准确和有效，但是难于全面系统地纳入法定规划。此阶段，精细化城市设计的编制侧重于各专业专项条线整合、回溯区域的目标愿景，对已有项目做系统性梳理，必要的提出优化建议，对未实施的、未研究的部分进行研究和增补。简言之，精细化城市设计可以贯穿设计全程，介入早晚对问题的剖解程度和质量有一定差别。

编制的流程起始于目标需求。确定目标、分析寻找问题是精细化城市设计编制的第一步。城市设计中对设计目标的确定与回应，对问题提出解决方案和对空间形态的描述是相互关联的。目标是对城市设计预期结果的设想，是在头脑中形成的一种主观意识形态，因此城市设计的第一步需要回答设计的目标是构建“谁”的主观意识形态。例如，文艺复兴时期的理想城市（Ideal Cities）理念强调的轴线对称、主从关系，使城市结构严整有序，体现了权力主体的主观意识形态，是“上帝视角”的城市设计；现代城市设计理论中，越来越注重的“以人为本”的理念，是城市活动的参与者视角下的城市设计；在生态敏感地区的城市设计，更加注重自然规律本身的运作逻辑。精细化城市设计中，通过专题的研究将抽象的目标图形化，形成城市活动的预期目的，为行为和事件指明方向，是精细化城市设计工作中维系城市系统各方关系、判别设计事项的关联性、优先性的依据。对目标需求的判断、细化、图形化，就形成了专题研究工作，也就形成了精细化城市设计的起始。

编制的流程展开于资源条件。当城市目标带来的需求与内在资源以及外在资源之间不能完全匹配，出现了

“问题”时，城市设计便有精细化纵深的价值。精细化城市设计主要针对传统城市设计编制和设计实施间的衔接错位，可解决两个主要问题：一是缺乏中观层面的工程思维保障，二是缺乏向实施端的信息传递精度和管控手段。其中前者，便是针对问题的预判和解决方案的提出，也就是精细化城市设计的专策部分。需求和内在资源之间的问题，是既有资源无法完成目标需求，例如，当城市核心区域改造，根据区位的价值判断和发展需求将其定位为城市核心高密度商务区，而既有的路网结构、公交资源无法与高强度开发量相匹配，本质上是资源条件无法满足目标定位，城市设计的重点可以聚焦于提升区域交通承载能力，如提升公交能级、利用立体化的交通组织方式等手段，通过专策纵深，论证结论的可行性，并对矛盾集中的焦点问题给出建议的解决方案。需求和外在资源之间的问题，经常存在于既有资源禀赋可以满足高品质的城市建设，而外部空间或社会条件对区域城市设计形成限制。例如，在城市更新中的风貌片区，需同时考虑体现历史城市肌理、人文环境、风貌特色，同时兼顾现代城市基础设施运转、现代生活方式，市政道路、公共绿地广场、市政设施均根据风貌特性有所提升，市政配套建构筑物需美化或消隐，由此带来多系统的整合设计、政策或法规的创新，及多管理主体的协调，本质上是目标定位与外在条件之间的矛盾。针对这类问题，专策研究要有多专业、多维度的视野，并且专策工作过程中应协调多元视角，形成扎实的研究结论。精细化城市设计专策的价值在于，针对城市设计推进的核心问题、关键问题，早于建设实施预先提出解决方案。专策的研究，可能使某一类问题或某个区域的设计，比其他区域更加深入和具体。

编制的流程纳入实施机制。精细化的意义在于提升成果的落地性，而城市建设本身是多方参与、多条线支撑的复杂过程，从多方的诉求形成的城市设计成果，仍然要回到多方参与实施的工作方式。上文提到的实施端的信息传递精度和管控手段，便是精细化城市设计专管的核心。从信息传递的角度，随着城市设计的精细化，由城市设计向设计实施传递的内容增多、信息量增大，信息的精度根据专策纵深的维度有所不同，部分在专策阶段预判将成为技术难点的问题会研究得非常具体。因此，对于纳入管控条件的信息不能通过单一手段来表达，针对具体项目如何转译传达管控信息，是专管阶段研究的内容之一。从管控手段的角度，按照法定的规划体系形成的线性自上而下的管理，也难以适应多主体、多维度、长周期的实施过程。为确保可实施，机制设计应成为精细化城市设计的内容之一。精细化城市设计的编制，应考虑未来落地实施的方式，通过专管方式的研究，回答“谁来做、做什么、怎么做”的问题，并形成相应的机制研究成果文件，纳入编制成果。

编制的流程聚焦于成果形式。城市设计展示的并不是最终实施的形态，而是明确的建设目标、空间形态、核心问题解决方案，以及设计监管审查的前置支撑文件。随着城市设计的法定地位不断被加强，《城市设计管理办法》（住房和城乡建设部，2017）、《市级国土空间总体规划编制指南（试行）》（自然资源部，2020）等文件的颁布，针对城市设计成果的编制不断规范化，成果形式也丰富多样，包括设计文本、实体模型、效果图，以及支撑后续实施的各类导则、图则、数字信息平台等。精细化城市设计的成果是对研究进行整合，成果形式展示未来城市空间形态、提供设计和建设要点的引导、为实施提供审查决策依据，并提出建设实施工作机制。成果的输出形式与专题、专策、专管的精细化城市设计工作过程一一对应。从结果导向的角度，城市设计的编制成果同样影响着整个编制流程。早期城市设计主要形成文本、效果图及相关演示文件的阶段，城市设计工作过程注重形态研究，以城市设计师主观的形态推敲为主。在城市设计支撑规划管控的阶段，为了形成城市整体形象、公共空间等管控要素，可将公共通道、广场、城市肌理、色彩材质等方面的研究纳入城市设计研究的重点。在精细化城市设计阶段，当城市设计成果有更加丰富的表达和应用方式，也将对城市设计编制的本身的深度、维度带来新的激发。

思考题

1 精细化城市设计的内涵是什么？如何理解或界定一项城市设计任务需要以精细化方式推进？

2 精细化城市设计是一类独立的新类型吗？

3 精细化城市设计在哪个阶段开始启动？

4 精细化城市设计的编制流程具有什么特点？

5 精细化城市设计的三个关键节点是什么？

6 城市设计的基础维度是什么？精细化城市设计的流程维度是什么？

第 4 章
精细化城市设计的专题定位

4.1 设计专题与载体空间

4.1.1 空间界定的依据

“城市既是多种建筑形式的空间组合，又是填充在这一种空间结构中、不断与之相互作用的各种关系，各种社团、企业、机构等在时间上的有机组合。”①城市空间，尤其是公共空间，是城市设计的主要操作对象与配置资源，也是构建城市形态、承载城市问题的重要基础要素，容纳了城市生活与社会关系。精细化城市设计作为城市设计发展的渐进纵深形式，强调对城市复杂问题的精细剖解，亦即强调对城市空间的精确认知，其设计专题与载体空间的关联尤其紧密。设计专题的定位、权衡、剖解等过程均与载体空间的特征、类型、问题等密切对应，而专题研究成果和方向也必须落实在具体的空间载体层面。因此，开展精细化城市设计专题研究，首先应建立载体空间与设计专题间的关系认识，对城市载体空间的类型、属性、特征等界定内容有清晰的理解。

载体空间的界定方式随着城市复杂系统的演进不断发展。“凿户牖以为室，当其无，有室之用”②，老子早在两千多年前便道出了空间的实质与界定；维特鲁威（Marcus Vitruvius Pollio）在《建筑十书》中则明确“公共设施是设计公共场所为日常所用”③；而诺利（Giambattista Nolli）则通过罗马地图的绘制将城市公共空间体系脉络清晰呈现。在建筑学视觉有序的价值取向和古典美学传统城市设计发展阶段④，空间界定通常从物质环境实体出发，以视觉与体验直接感知的空间形态为类型划分的主要依据。

现代城市设计萌芽的前期阶段，强调技术性、功能性与经济性的空间发展理念影响着城市空间的界定思路。1933 年，国际现代建筑协会（CIAM）第 4 次会议通过了关于城市规划理论和方法的纲领性文件——《城市规划大纲》（柯布西耶为主要执笔人，后正式发表为《雅典宪章》）（图 4-1），提出了城市功能分区和以人为本的思想，强调城市要与其周围影响地区成为一个整体，明确城市规划的目的是解决居住、工作、游憩与交通四大功能活动的正常进行，认为城市应成为构成一个地理的、经济的、社会的、文化的和政治的区域单位的一部分，区域构成了城市的天然界限和环境，城市依赖这些因素而发展，不能将城市离开它们所在的区域作单独的研究。《城市规划大纲》以一系列富有前瞻性的观点有力推进了城市规划发展的现代进程，激发了更深入、更强调联系的城市研究，但由于对理性主义思想及秩序美、技术美的过分强调，所提出的城市功能分区理念在具体实践演绎中常导致截然分明的功能分区而造成机械区隔，而实质上淡化了人类活动需求的流动连续空间。建筑密度、高度、面积等成为界定空间的新标准，昌迪加尔、巴西利亚等城市以新的空间划分方式拔地而起（图 4-2）。随着工业化带来的环境污染、社会问题等负面影响日趋严重，关注城市空间历史文脉、社会关系、人文关怀的呼声与日俱增，以简·雅各布斯（Jane Jacobs）、Team10 等为代表，强调以“邻里”为空间单位、尺度丰富的街巷等角度重新理解城市空间的理论与实践越来越多，极大地推动了从“认知问题”到“理解空间”的递进探索。

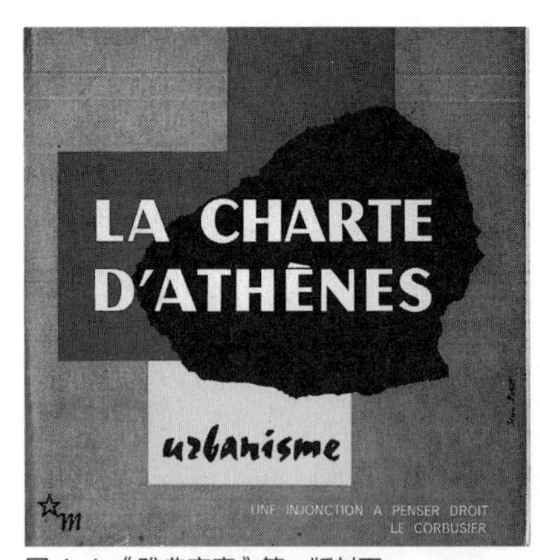

图 4-1《雅典宪章》第一版封面

① 转引自：吴良镛．芒福德的学术思想及其对人居环境学建设的启示 [J]．城市规划，1996（1）：35-41+48.

② 老子．道德经 [M]．上海：中华书局，2014.

③（古罗马）维特鲁威著，建筑十书 [M]．陈平，译．北京：北京大学出版社，2012：68.

④ 王建国．从理性规划的视角看城市设计发展的四代范型 [J]．城市规划，2018，42（1）：9-19+73.

与建筑师、规划师的探索同步，城市社会关系与空间载体的关联思考也日益深入。列斐伏尔（Henri Lefebvre）在构筑“空间生产”理论时，将空间界定为“自然空间”（Nature Space）与“社会空间”（Social Space），即城市空间不仅是自然与人工构建的物质实体，还包含社会、文化、经济等因素共同作用的社会关系。哈维（David Harvey）等进一步提出的“空间社会学”（Spatial Sociology），将空间与社会问题一一关联，空间的界限也延伸到社会学、哲学等领域，成为当代城市设计、城市建设、城市更新中重要的理论基础和评价参量。

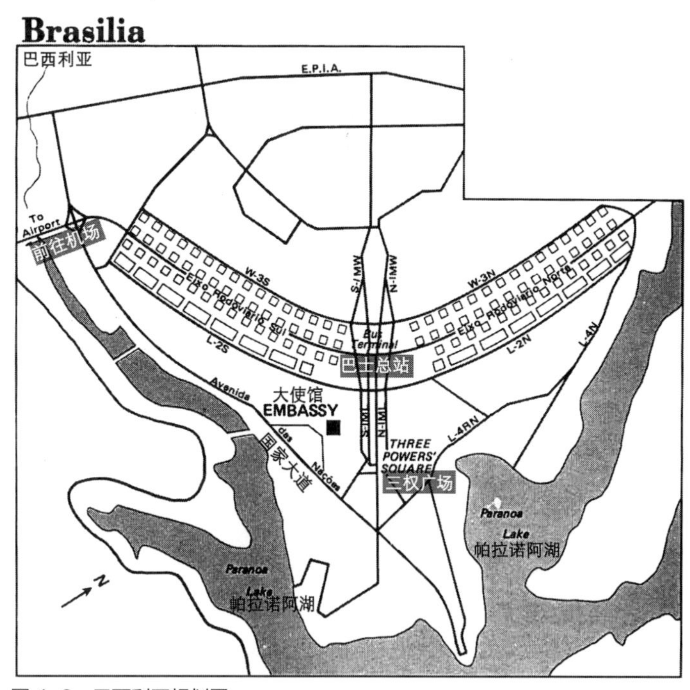

图 4-2　巴西利亚规划图

当代城市空间的界定标准随技术发展与需求变化不断丰富，尤其是在物联网、大数据、云计算、人工智能、区块链等新兴技术蓬勃发展的数字时代下，城市空间的类型与内涵逐渐丰富。在绿色生态发展需求下，借助 GIS、PKPM、Envi-met 等数字技术载体，根据地理、生态参数形成热岛、灾害分布等空间领域划分；在大数据时代背景下，利用手机信令、群智感知等技术形成文化、商业活力等空间热力地图……而随着轨道交通站域、地下空间等新兴城市空间类型的发展，从视觉感知出发直接界定城市空间的标准正逐渐模糊，流动行为、聚集程度、经济参数、生态指标等非视觉感知的标准在某些城市空间的界定中表现出更大的科学性，成为指导精细化城市设计专题中空间载体认知的新依据。

视觉可感知物体、空间的大小、比例、明暗、颜色、动静特征，获得对机体生存具有重要意义的各种信息，是人最重要的生理感知方式，直接影响人们的行为与决策。我们对于城市载体空间要素的判断也通常直接从视觉感知出发。伴随城市系统的复杂程度和呈现形式的差别，空间载体本身亦存在明显的时代性和技术性，在原基于日常可感官认知（尤指视觉）的空间类别之外，非视觉感知空间也迅速呈现。以视觉作为界定标尺，基于视觉是否能直接或方便感知空间全貌，将设计专题的载体空间分为“视觉感知空间”与“非视觉感知空间”这两种类型，将会有利于我们从更丰富的角度去辨识、剖析设计专题。

4.1.2　视觉感知空间

视觉感知空间指通过视觉直接可见的、外显和相对静态的城市物质环境，如街巷空间、广场空间、滨水空间、桥下空间等。其中外显指通过视觉能够较好地感知其全貌与空间问题，例如城市消落带，虽然视觉能够感知其形态，但要深入考察其中的问题，还需要获取系列生态数据等非视觉感知信息。在精细化城市设计中，以视觉感知空间为载体的设计专题通常从目之所及的中观、微观空间层次展开。

微观尺度的视觉感知空间往往在城市空间中是尺度较小、构成要素单一的空间元素，如广场、步行通道、交通节点空间、景观空间等。在不同专题下，针对这些载体空间展开的研究也不同，如在安全专题下，对空间中的危险元素进行查找分析；在环境专题下，对这些载体空间的环境品质进行逐一评价。

在中观尺度层面，各微观视觉感知空间组成了具有关联性、系统性、层级性的空间体系，但仍在能直接视觉观察的范围，如由城市道路、绿地系统、建筑界面等组成的公共交通空间体系；由交通空间、建筑群组、公共空间组成的城市地段；由不同的城市地段、自然资源等进一步向上层级组成的城市片区等。与微观层面不同，针对中观层面视觉感知空间展开的专题研究更强调问题的系统与关联，更关注空间问题与社会问题、经济问题的联系，例如在行为专题范畴，对街道空间体系适老性进行整体评价与优化；在文化专题范畴，对城市特定片区内的空间文化性进行深度研究。

对视觉感知空间体系的构建或优化是城市设计工作的基础命题，在大部分城市设计实践中成为城市设计工作的重要目标，也由此形成了较为成熟的目标清单、设计方法、评价标准和场景体验，成为城市设计成果表达中重要的组成部分。

例如，在波士顿制定的《波士顿公共空间战术导则》（Tactical Public Realm Guidelines）中，开篇便详细描述了包括街心公园、户外咖啡区、广场、城市家具模块等视觉可感知的公共空间体系核心构成要素，强调通过战术性（Tactical）的研究与策略从具有整体性的视角全面提升公共空间活力（图 4–3）。

又如，福斯特（Norman Foster）在香港西九龙文化区城市设计中，以“城市中的公园”为主题，将这片由人工填海所形成的 40hm^2 土地描绘为这样的理想场景——“城市，是由小巷、街道、公共空间、公园还有平凡的建筑群和公众的文化地标建筑交织而成。”这是一片视觉可见的城市景象，即使在强调立体集约、竖向发展的香港，最终令政府与评委拨动心弦的，仍是对未来的城市、自然、活力的直接描述（图 4–4）。

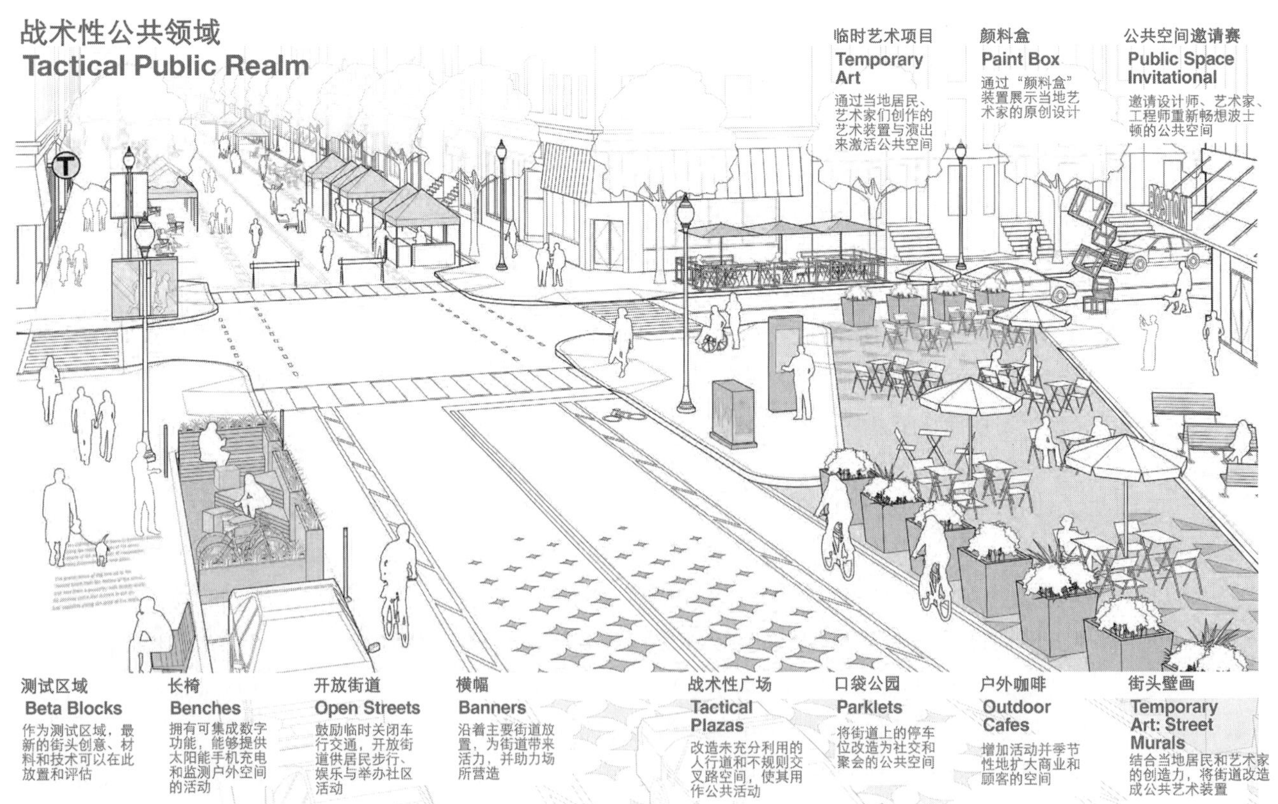

图 4–3　波士顿战术性公共空间体系构成

图 4–4 香港西九龙城市设计“城市中的公园”竞赛图 ｜ 设计：福斯特设计事务所（Foster + Partners）

常见的视觉感知空间示例如下：

（1）滨水空间

滨水空间是城市中与河流、湖泊、海洋等水域濒临的空间。滨水空间类型丰富，从生态角度分类有人工滨水空间、自然滨水空间，从功能属性角度分类有水利设施型、公园景观型、生态保护型等。城市滨水空间面临的现实问题众多：生态污染、自然灾害、过度开发、安全防护等。城市滨水空间不仅是城市生态环境的重要组成部分，从视觉感知空间角度出发，滨水空间为城市居民提供了良好的水域视野、重要休闲游憩环境，将人亲水的天然情感与城市空间紧密连接。由于地理环境、文化特征、空间演变等因素，不同城市滨水空间的形态、生态、承载行为也各具特色，成为城市印象与个性的代表（图 4–5）。多个城市已经展开滨水空间城市设计专题研究，建立改善沿岸生态环境、提升滨水空间品质、建立优美岸线等空间发展目标。城市滨水空间的设计专题经常围绕以下几个方面展开：①生态修复类专题。包括对滨水空间的水体净化、河道改造、植物群落景观设计、水域协调设计等等。②空间塑造类专题。将滨水空间视为城市公共空间的重要组成，对步道、开敞空间、观景台等空间的形态尺度、视觉效果、舒适体验等进行研究，挖掘空间亲水潜力。③交通网络类专题。包括对水岸机动车、非机动

图 4-5 布里斯班（左上）、鹿特丹（右上）、重庆（左下，右下）三座城市的滨水空间

车、步行流线的组织，对公共交通站点、接驳系统的安排，对步行、跑道、骑行道的设计，以及网络对水域空间的阻断与连接关系等。④系统更新专题。针对更新类滨水空间，对滨水空间更新的目标、方式、阶段、范围、定位等进行合理规划与研究。

例如，在山地历史城市半岛滨水空间营建研究[①②]中，选取重庆与伊斯坦布尔两座城市作为典型水系交汇下的山地半岛，将两者的滨水线性空间进行多维度对比分析，包括交通出行特征、复合界面功能、开放空间、滨水天际线等，探讨滨水空间如何塑造性格鲜明的独特城市，为相关滨水城市空间设计提供参考（图 4-6、图 4-7）。

（2）街道空间

街道空间是城市交通网络的重要组成部分，从邻里小巷到城市干道、从日常生活街道到商业步行街、文化风貌街，街道空间的类型十分丰富。街道空间承载着城市居民众多公共生活，涵盖交通、社交、休闲、购物等方面。良好的街道空间不仅具备交通职能，也能促进人与人交流，反映城市文化与个性（图 4-8、图 4-9）。在保证通行效率等基本空间职能的基础上，营造人性化、多样性、充满活力的街道空间已成当代城市设计的共识。围绕街道空间的常见专题往往有：①行为类专题。包括对城市居民的交通行为、交往行为、游憩行为等多种行为特征进行研究，发掘行为与街道空间的主要矛盾并探索与之相适应的解决办法；②文化类专题。对街道空间的文化

① 褚冬竹，邓宇文，兰慧琳．山地历史城市半岛滨水空间营建：重庆与伊斯坦布尔的初步比较 [J]．H+A 华建筑，2020（28）：20.

② 褚冬竹，兰慧琳，邓宇文．城市半岛形态的表述架构与设计干预 [J]．建筑学报，2021（5）：77-83.

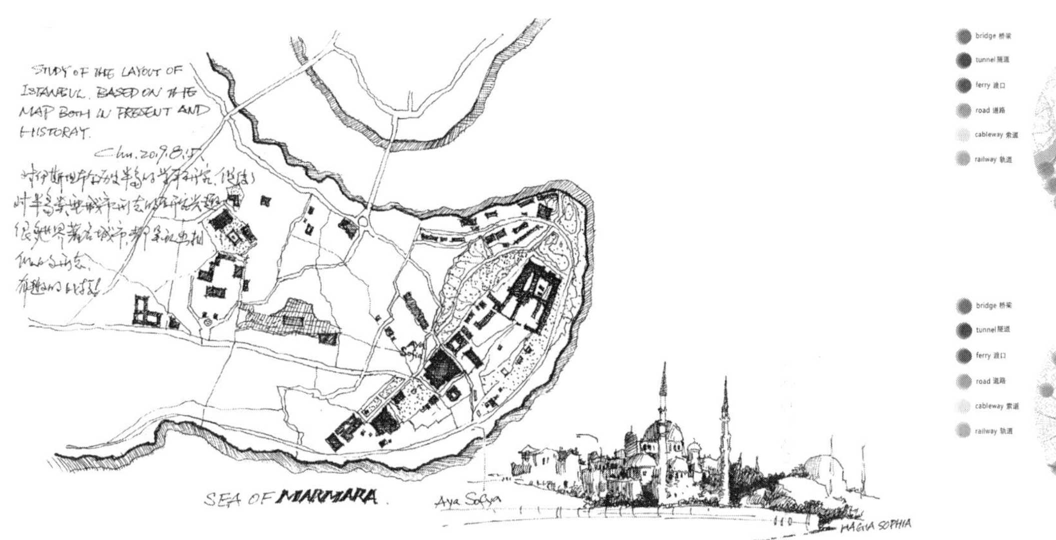

图 4-6　伊斯坦布尔半岛手绘调研（褚冬竹）

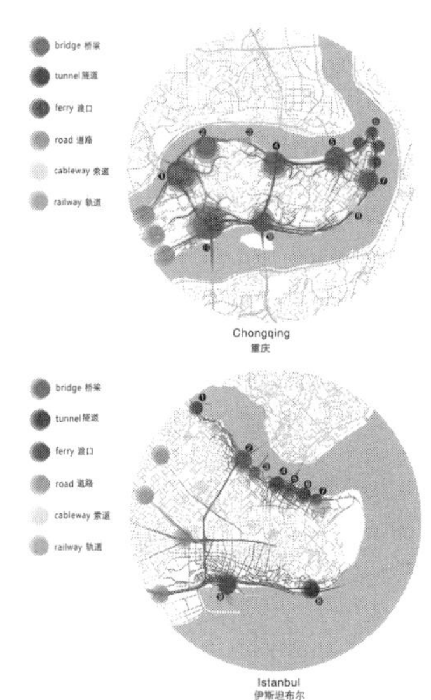

图 4-7　重庆（上）与伊斯坦布尔（下）半岛滨水空间交通节点对比分析

图 4-8　良好的街道空间不仅具备交通职能，也能促进人与人交流（西班牙格兰纳达街景）

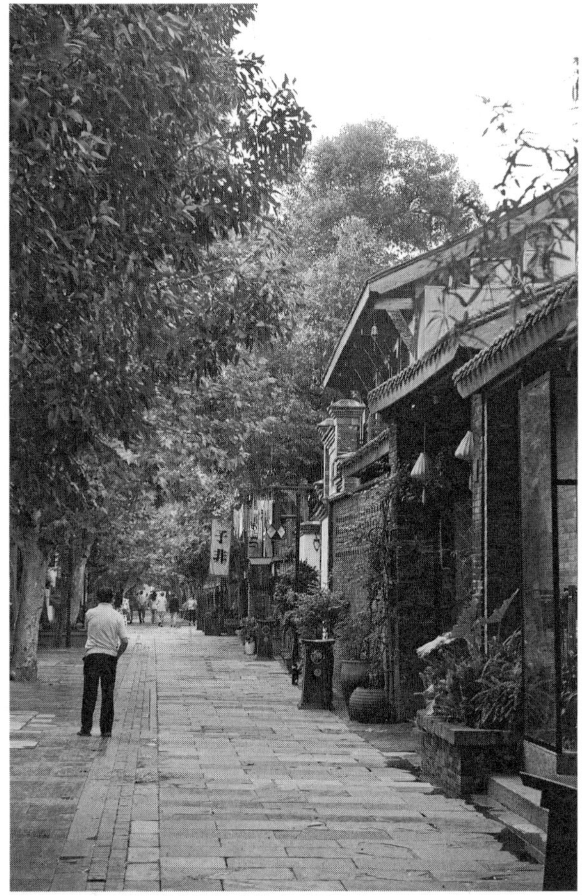

图 4-9　通过街道空间的营造丰富城市文化（成都宽窄巷子街景）

生活、历史背景、文化价值与潜力、文化保护、文化激活方式等方面进行研究，通常在一些历史街区的更新保护设计中显得尤为重要；③交通类专题。在交通空间愈发复杂、交织、立体化的今天，街道空间设计的交通专题不仅包括对车行系统、人行系统的有效组织，也更重视对步行系统的营造，保证步行效率、激发步行环境活力、保证步行行为安全等成为交通专题的重要环节。

例如，在《多伦多总体街道设计导则》(Toronto Complete Streets Guidelines) 中，通过叠加信息地图 (OVERLAYS) 的使用方法帮助城市设计参与者认识街道的类型与角色，将加拿大多伦多的街道分为邻里住宅街道、混合功能街道、历史街道等诸多详细类型，根据街道这一载体空间的类型来指导设计者确定文化、效益等设计专题与该类街道的设计目标 (图 4-10)。

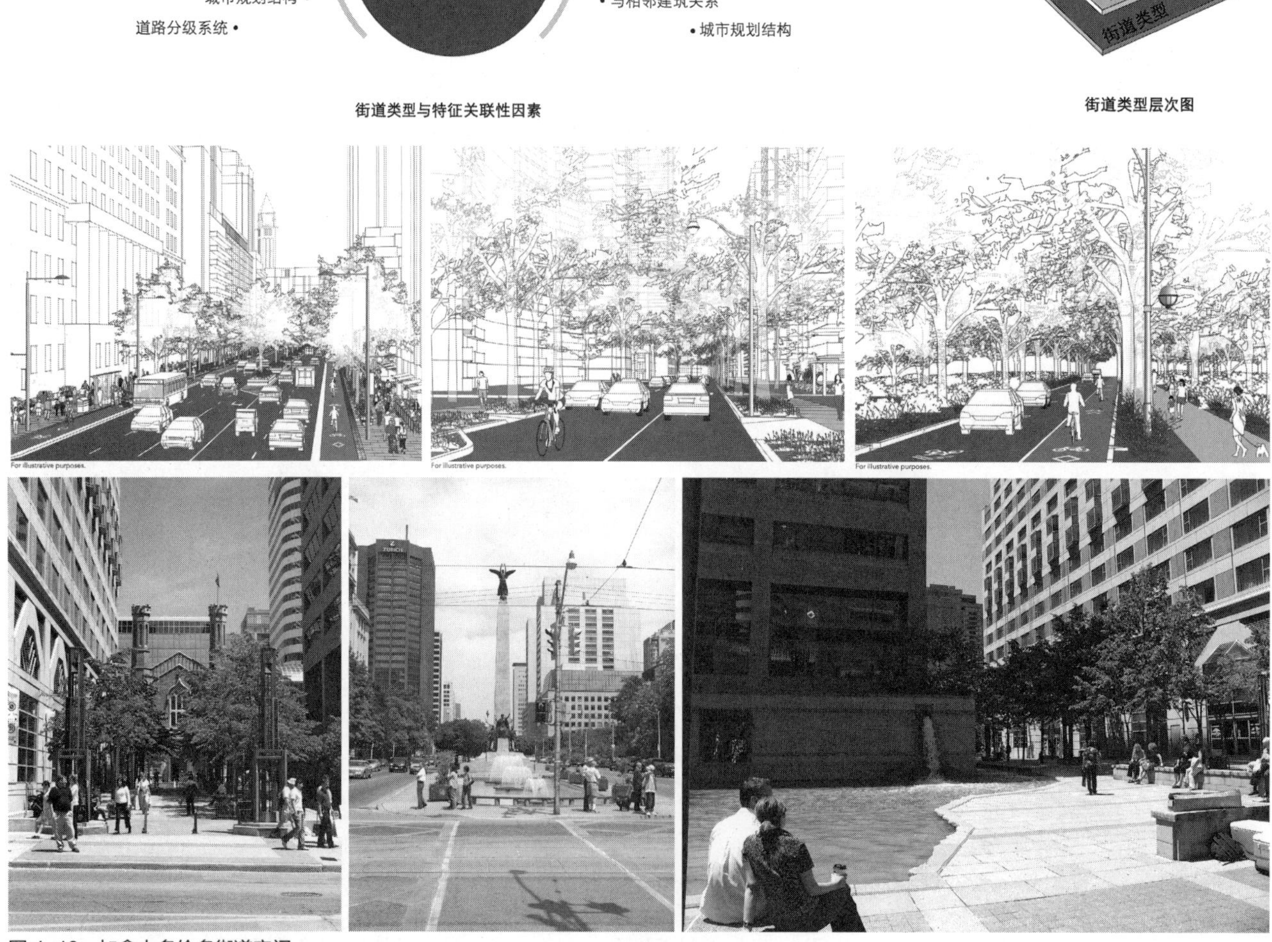

图 4-10 加拿大多伦多街道空间
(上：类型认识要素与叠加地图认识方法；中：街道类型设计图解；下：街道实景照片)

（3）桥下空间

在城市空间中，能承载人群活动的桥下空间往往位于立交桥、人行天桥、轨道桥、跨水域桥的陆地部分或滨江架空道路等构架下。这些空间往往因为地形、产权、可达性等原因难以利用，但若通过精细化设计手段亦能激活其内部的潜在价值。随着城市更新对象由增量向存量转变，微更新、渐进式、小尺度等城市设计理念被逐步提倡，通过精细化城市设计手段解决桥下空间困境、激活桥下空间活力成为城市存量发展的新领域。许多城市已经展开此类空间的改建，如里斯本泉池公园、March Studio 的墨尔本 sky-rail 社区活动公园、首尔 lmun 立交桥下空间改造等，结合具体空间背景与问题形成独具特色的功能与形式（图 4-11）。

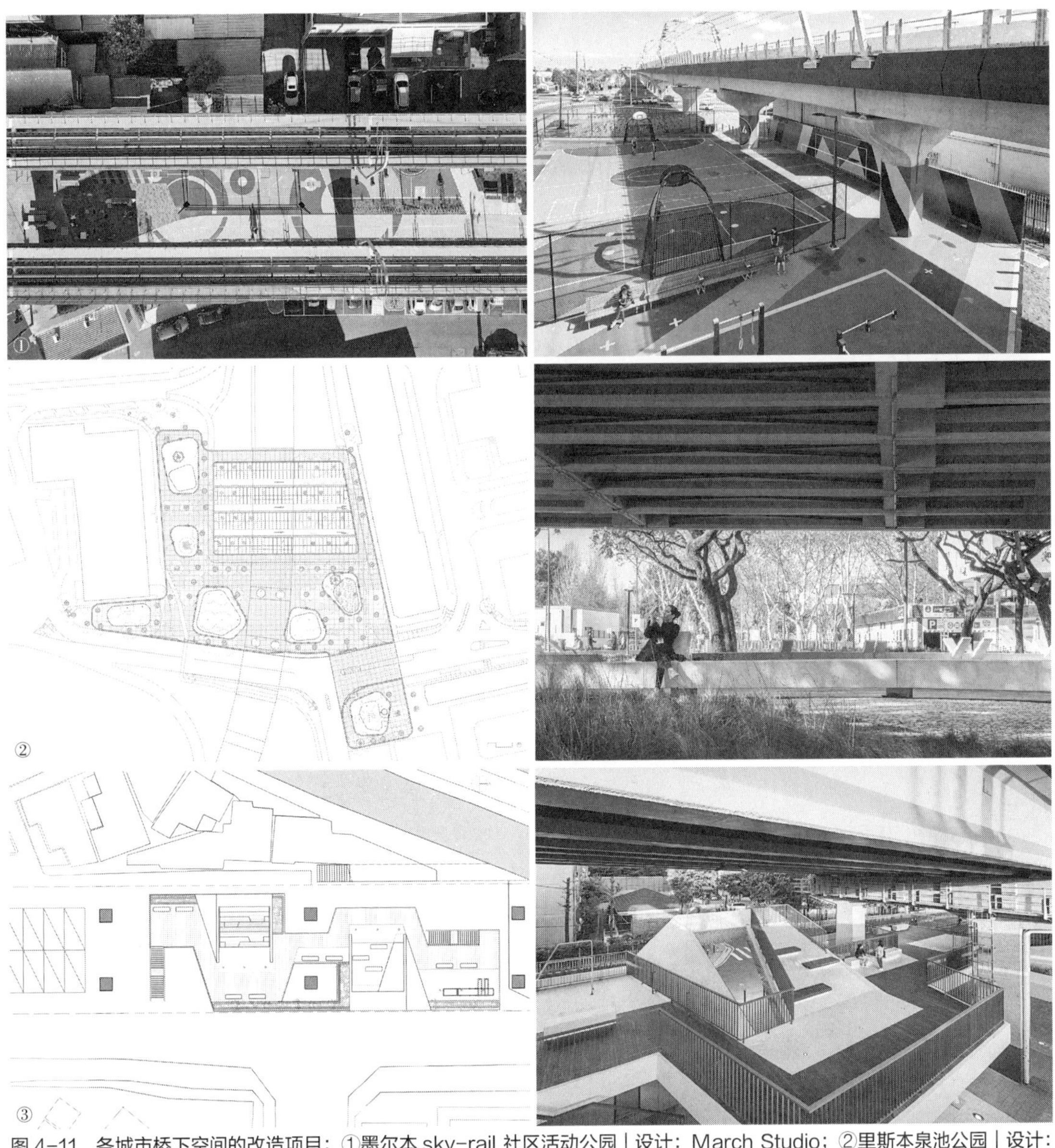

图 4-11　各城市桥下空间的改造项目：①墨尔本 sky-rail 社区活动公园 | 设计：March Studio；②里斯本泉池公园 | 设计：Jos é Adrião Arquitectos；③首尔 lmun 立交桥下空间改造 | 设计：HG-Architecture

围绕桥下空间的常见专题有：①安全专题。大多数桥下空间往往因结构复杂、人群穿越、疏于管理等因素存在安全风险，因此有必要通过设立安全专题对桥下空间的危险因素进行排查，寻找提升安全性的空间设计方法；②行为专题。激活桥下空间活力往往需要对人群行为、现有穿越行为等进行专题研究，例如通过研究桥下空间周边的休闲活动行为与穿越行为，合理提出桥下空间改造空间类型、流线组织方式等等；③效益专题。例如滨江道路类桥下空间，在保障免受洪涝灾害侵袭的情况下，如何通过设计手段使增加其功能利用，从而达到空间效益提升。例如在关于市区机动车立交桥步行穿越需求、问题与空间策略研究①中，通过对立交桥下空间穿越行为的需求剖析，挖掘立交桥下步行穿越行为与空间之间的问题与矛盾，并从安全、便捷、舒适三个方面出发对桥下空间穿越质量进行评价，提出从宏观、中观、微观三个层面出发的城市空间步行穿越设计的优化思路，为激活相关城市空间提供设计参考。

4.1.3 非视觉感知空间

非视觉感知空间指仅通过视觉难以全面感知、需要通过日常感官之外的其他因素才能科学界定的空间，如城市轨道交通站点影响域、城市效益空间和城市消落带等。这些因素包括流动行为、聚集程度、经济参数、生态指标等，它们叠加在可感知空间基础上，产出一系列非感知空间的界定标准。虽然人在感知时因为难以感受其全貌而一时不能直观、客观地认识，但非视觉感知空间也是专题研究载体的重要部分，对于宏观、客观、系统地认知城市具有重要的作用，有助于探究城市空间物质实体与非物质实体等构成要素的内在关系和本质规律。对于非视觉感知空间的界定主要包括三个层面：

一是单纯的视觉是否可见问题。这类非视觉感知空间虽然是物质实体，但难以通过视觉直接观察或界定，这往往是由于其空间本身的位置或界定标准引起的。例如，城市地下空间处于城市空间表面不可见的位置而划分为非视觉感知空间；轨道交通站点影响域因为其界定往往依据步行速度、时间等数据综合测算，并非视觉能直接界定而划分为非视觉感知空间。

二是受外在条件影响，不单纯是视觉是否可见的问题。这类非视觉感知空间虽然是物质实体，也能通过视觉可见，但空间中的主要问题并不是由视觉能直接观察剖析的。例如城市消落带，虽然能通过视觉直接可见，但其中的水体污染、物种平衡、涨落规律等问题都需要通过特定技术手段长期监测才能了解，该类空间的主要问题并非完全受视觉可见因素影响，因此划分为非视觉感知空间。

三是完全不是视觉问题，但也形成了空间含义。这类非视觉感知空间往往由数据、信号等虚拟元素构成，并不是物质实体，也不能通过视觉直接观察，但往往通过数据可视化方法能够清晰呈现。例如，通过手机信令、大数据采集形成的城市空间人群分布、房价、商业活力等热力地图，城市空间被划分成一个个热点区域；通过 GIS 等地理信息软件、根据历史灾害数据与地理信息情报等综合研判，形成表示灾害风险概率的城市空间区域。这几类空间均是由数据等虚拟元素构成的，因此划分为非视觉感知空间。

视觉感知空间与非视觉感知空间并不是相互对立的，而是相互包含、互动影响的。非视觉感知空间可能包含若干视觉感知空间，例如轨道交通站点影响域，其中包含有街道空间、广场空间等一系列视觉感知空间。专题研究需要串联起视觉感知空间与非视觉感知空间的各个层次，以此获得从宏观、中观、微观多角度出发的全面剖析。从非视觉感知空间出发的专题研究，不仅需要从空间整体的特征、类型、界定等宏观视角出发，也需

---

① 该研究源于褚冬竹工作室：《市区机动车立交桥步行穿越需求、问题与空间策略研究》，作者：薛凯，导师：褚冬竹。

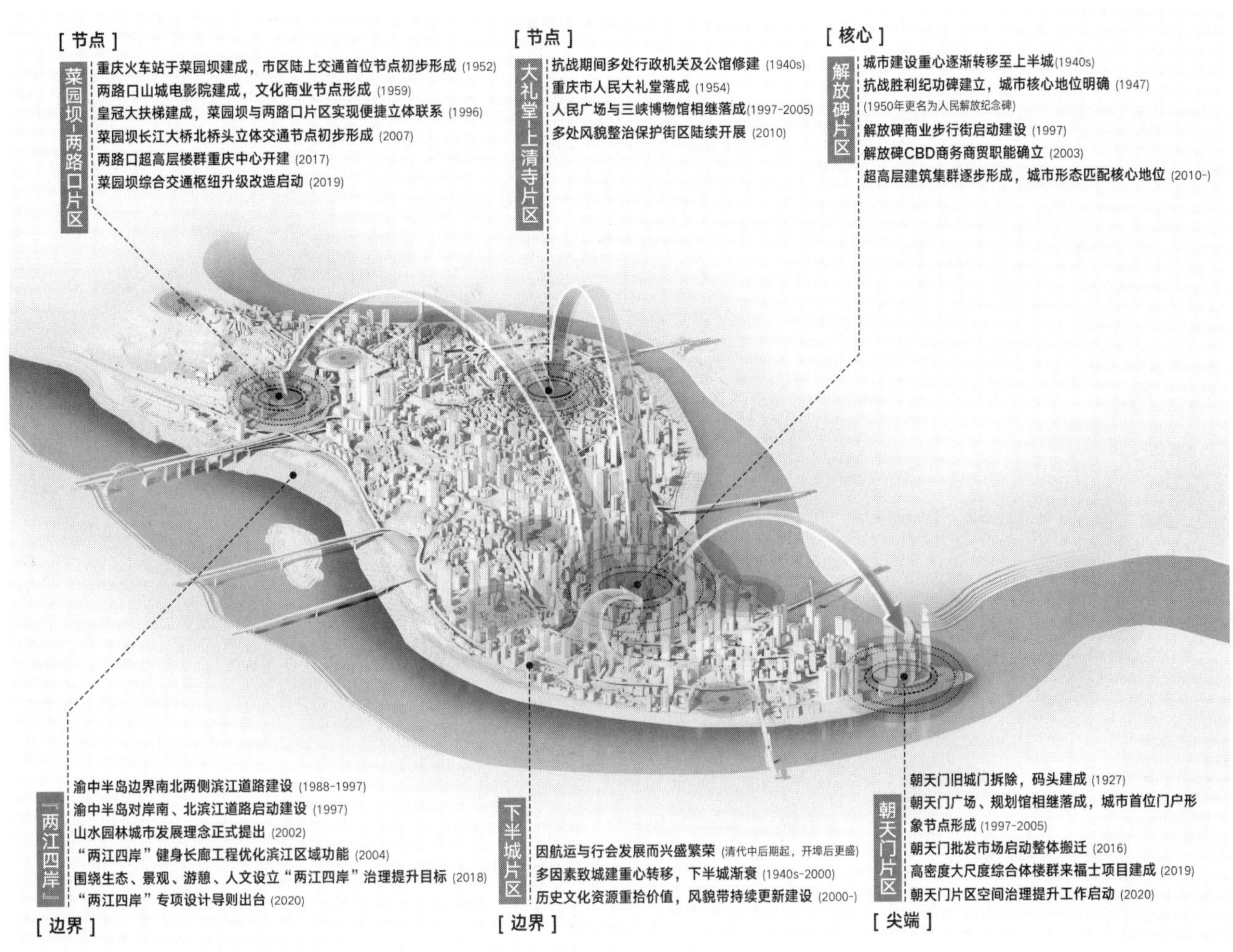

图 4-12 重庆渝中半岛建设时空变迁

要兼顾中观、微观层面的分析，注重对数据、指标、轨迹等更科学参数的抓取与研判，这样才能更好地厘清其中各要素的关系。例如在对城市半岛形态的研究中①，不仅对城市半岛整体空间形态的类型、对城市发展的影响等内容作出梳理，也对其边界、尖端、网络、节点、核心等基本空间要素进行了更深入的分析，通过挖掘各要素共同构成的城市半岛系统的演进规律，对以城市半岛形态这类非视觉感知空间系统为主的精细化城市设计提出建议（图 4-12）。

（1）城市消落带

消落带（Water-level-fluctuation Zone）往往是水库季节性水位涨落而使周边被淹没土地周期性地出露于水面的一段特殊区域，是水生生态系统和陆生生态系统交替控制的过渡地带，是一类特殊的湿地生态系统②。消落带在维持城市滨水空间生物多样性、保持生态平衡、净化污染物等方面具有重要作用。城市的消落带往往由建坝蓄水

① 褚冬竹，兰慧琳，邓宇文．城市半岛形态的表述架构与设计干预 [J]．建筑学报，2021（5）：77-83.

② 吕明权，吴胜军，陈春娣，等．三峡消落带生态系统研究文献计量分析 [J]．生态学报，2015，35（11）：3504-3518.

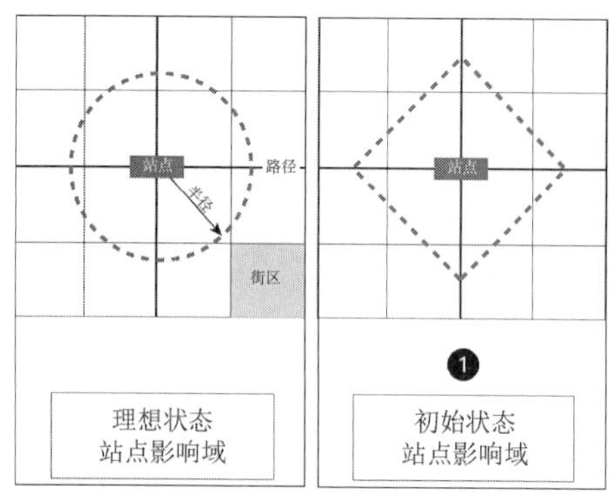

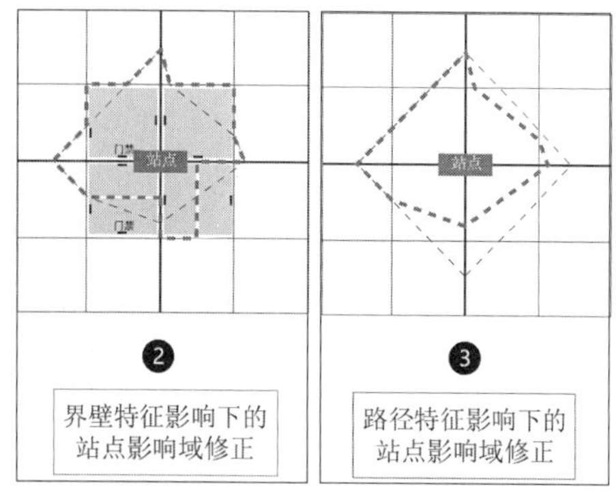

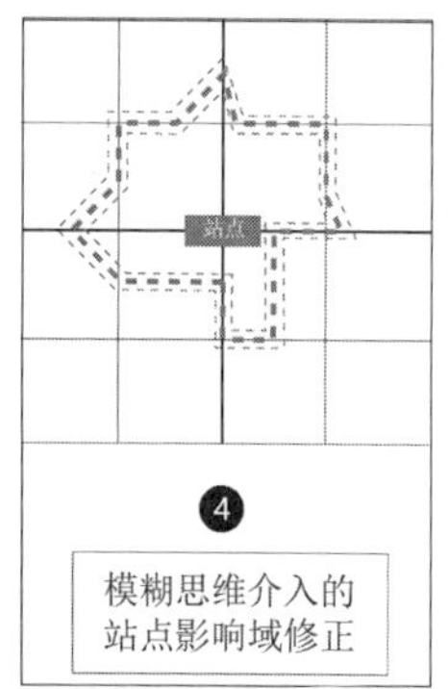

图 4-13 影响域界定的 PLAR / F 思路

等水利工程导致，受人为控制因素较强，若不加以治理管控，将产生众多生态问题。同时，城市消落带的空间范围随流域分布非常广泛，且随地质等自然因素不断变化，其治理工作往往需要从宏观到微观、从长期到短期的全面时空维度出发。

以城市消落带为载体空间的设计专题往往从消落带生态修复设计、景观优化设计等层次展开，且需要建筑、规划、景观、生态、地理等多学科相互合作，制定各区段、各时期的工作方法。其中包括对消落带生态系统的观测研究、对环境组成与特点的分析、预先开展设计实验研究等等，不仅要将生态环境作为主要空间操作对象，也需要将其与城市居民的日常生活、城市形象等多个方面联系，推动城市人居环境质量提升与活力激发。

（2）轨道交通站点影响域

随着交通导向型发展逐渐成为新的城市空间利用模式，以轨道运输为主要技术特征的城市公共交通客运立体系统逐步植入城市，产生了一系列受其影响的非视觉感知空间——城市轨道交通站点影响域（Influenced Realm Around Urban Rail Transit Station），即以轨道交通站点为核心的一定范围，且该站点对人的行为产生影响的城市空间。

对于轨道交通站点影响域的界定，已有研究通过分析交通方式、行为规律与城市空间之间的科学联系，以及站点影响域的系统性、多义性、不均质性等特征，结合数字化技术的最新进展，提出模糊思维介入下影响域界定的“点—线—面—域 / 模糊化”PLAR / f（Point—Line—Area—Realm / Fuzzification）思路①（图 4-13）：①基于城市空间路网格局，计算平均步行速度下单位时间所能到达的点位，并用直线连接相近的点（Point）；②根据道路（Line）特征（坡度、宽度、楼梯等），对上一步得到的范围进行修正；③根据空间的区位、权属、出入口等特征，对范围（Area）进行深度修正；④结合行人平均步行速度、地形或城市空间特征等，对定量边界进行模糊化处理。

站点影响域作为轨道交通植入城市空间后产生的重要节点区域，改变着人们的微观日常生活及城市宏观空间格局（图 4-14）。轨道交通站点影响域的精细化城市设计专题往往围绕其作为轨道交通植入城市空间后产生的系列新空间、新现象、新规律展开。新空间包含宏观、中观、微观三个层面，从宏观城市空间格局来看，站点及周边城市空间，就是一个有吸引力的点；从片区用地来看，是一个功能复合的面；从具体城市空间形态来看，是一个复杂的系统。新现象包括物质和文化两个方面。轨道交通与原有的城市形态、景观形态、建筑形态等融合，呈现出新的城市景观、自然景观、建筑形态等一系列新面貌；文化现象主要是指不同人群在轨道交通沿线及站点出入口附近产生的一系列活动集合，以商业活动、文化活动、休闲活动等为典型代表。新规律包括以城市使用状态、区域空间演变等为典型代表的宏观规律，也包括以站点及周边城市空间使用状态为典型代表的微观规律；行

① 褚冬竹，魏书祥．轨道交通站点影响域的界定与应用——兼议城市设计发展及其空间基础 [J]．建筑学报，2017（2）：16-21.

为规律包括城市轨道交通运行宏观规律、城市轨道交通站点周边发生的微观规律，其中微观规律包括交通行为规律、非交通行为规律及其组合规律等[①]。

例如，《轨道交通站域目的地可达性评测》[②]研究依托公共交通站点进行城市空间开发的思路和实践，以空间显微与城市设计精细化为思路导向，剖析站域开发综合作用机制，通过具体实例重庆沙坪坝站站域讨论不同空间要素对流量、效率、质量三方面的影响，提出了站域目的地可达性的一种评测方法及其意义，为相关城市设计与评测提供参考（图 4–15）。

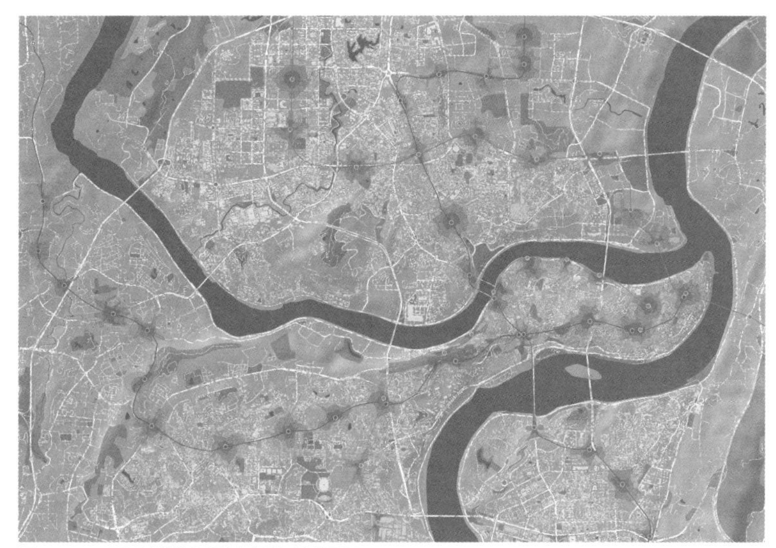

图 4–14　重庆轨道交通站点影响域图示

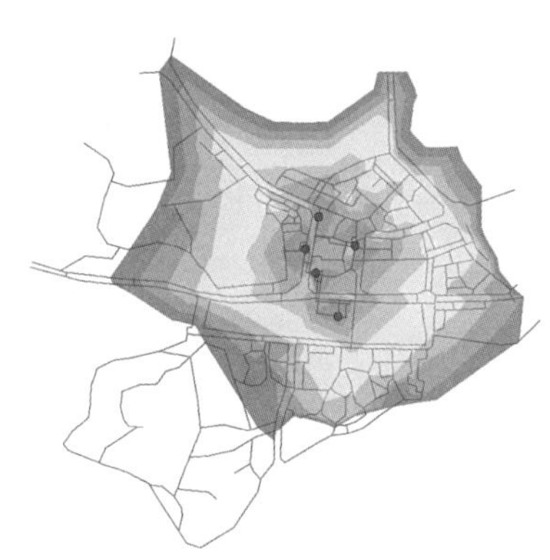

实际步行距离：由于站域存在大量学校、封闭小区及铁轨，实际步行范围减小

空间瓶颈：总体来说空间瓶颈较少，多出现在街区内部

路径中介度：中心步行街区路径中介度较好，轨道南侧区域受铁轨分割影响情况较差

步行空间类型：承载空间阻力与界面选择自由度都基于对步行空间类型的划分

空间形态视域仿真：中心步行街区空间形态较为开阔

公共艺术视域影响范围：三峡广场分布有 3 个公共艺术品，可视范围基本覆盖整个三峡广场

图 4–15　步行交通网络部分子项数据分析结果

① 魏书祥. 城市轨道交通站点影响域界定的若干关键问题 [J]. 西部人居环境学刊，2015，30（6）：75–79.

② 褚冬竹，陈熙. 轨道交通站域目的地可达性评测及其意义——以重庆沙坪坝站站域为例 [J]. 新建筑，2020（4）：25–31.

又如，在英国铁路网公司（Network Rail）发布的 Tomorrow's Living Staion 报告中，将轨道站域作为激发城市活力的重要触媒，通过“站域作为人群生活中心”“站域作为包容性增长的支撑”“站域作为健康社区的心脏”三个专题的展开，论述了站域对城市发展的影响机制、方式与规律，为站域城市设计的展开提供方向指导（图 4–16）。

（3）数字空间与信息空间

随着数字时代信息技术的迅猛发展，大数据、Wi-Fi、5G 等新技术的运用在影响着城市居民社交、休闲等日常生活与行为方式的同时，也使城市空间结构发生着改变。当代城市空间在物质实体的基础上，不断与社交媒介、数据信息、三维模型、热力地图等数字空间相互叠合。数字空间是和移动技术互动生成的空间，为人们提供了由数字和物质同时存在的混合空间体验。众多科学数据的构筑也使人们对原有物质空间有了超越视觉感知的认识。在精细化城市设计背景下，围绕线上数字空间展开的专题主要包括以下几个方面：①将线上数字空间用作辅助理解城市物质空间设计的工具，如由物业销售价格、租金水平、消费力等数据构成的反映空间效益的热力图，通过分析热力图反映的数字空间来深入了解与之叠合的物质空间，从而更好地指导问题剖解与设计策略的制定；②探寻线上数字空间与物理真实空间叠合带来的新空间体系构建，例如“线上社交空间的设置对真实公共空间的人流量产生影响，是否需要减少公共空间配置或在公共场所提供无线网络来吸引人群？线上数字空间是否能替代某些真实空间？”等等；③线上数字空间体验的探索，随着虚拟现实技术的发展，未来的人类或许会有更多时间沉浸在线上空间和虚拟环境中，与计算机工程师、游戏设计师等各专业人员一起探索纯粹的虚拟线上空间体验也成为精细化城市设计可能的发展方向。

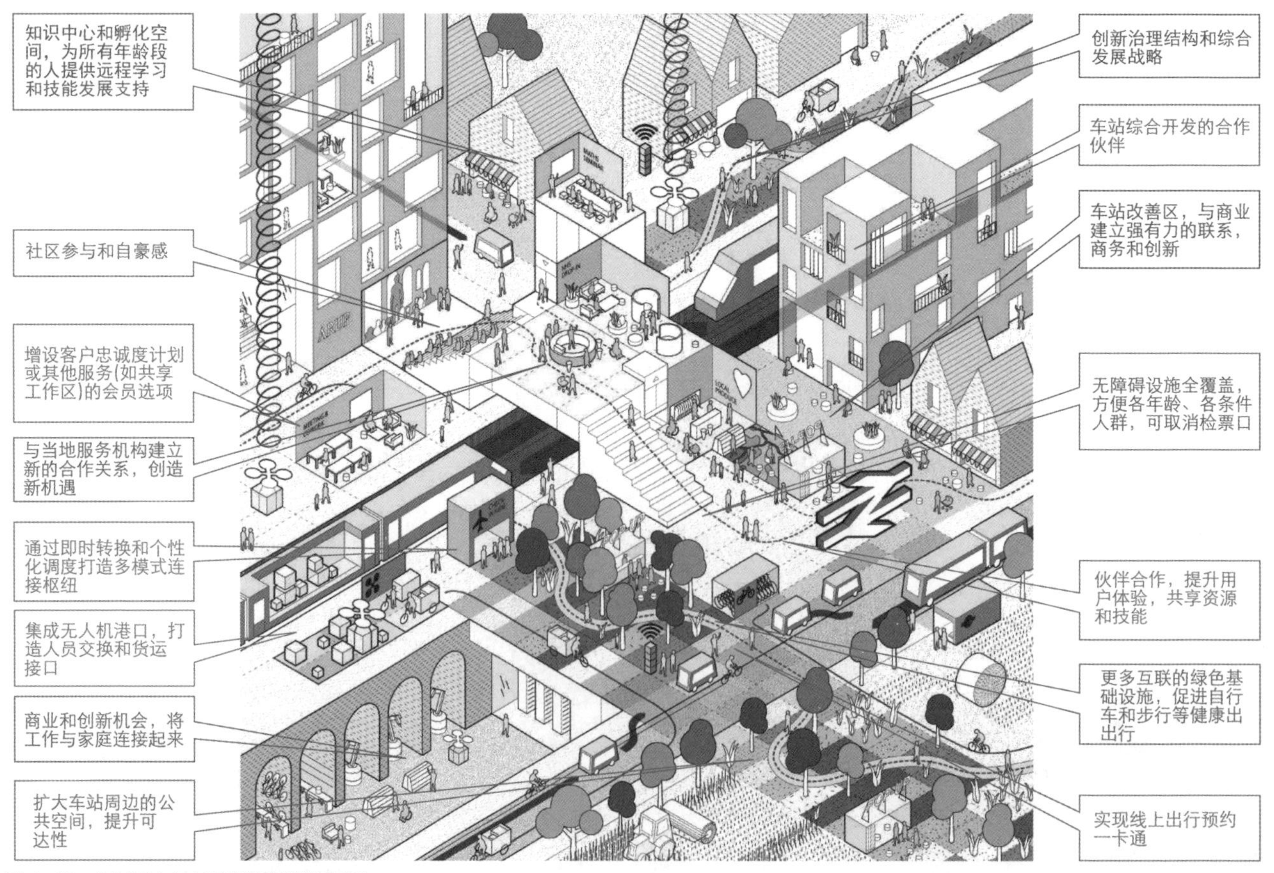

图 4–16　明日活力站域的畅想轴测分析图

图 4–17　过去 10 年和未来 10 年城市空间已经发生和预计发生的变化示意（2020）

例如，在《颠覆性技术驱动下的未来人居》① 研究中，作者探讨了大数据所带来的线上数字空间发展对城市真实物理环境的影响，并结合对新冠肺炎疫情下线上数字空间发展的观察，思考未来线上数字空间与城市物理空间的共同发展问题与趋势（图 4–17）。

4.2 设计专题的确定

4.2.1　现实问题、设计问题与设计专题

现实问题指在城市发展运行过程中，在不同层面存在的影响城市良性运行或良好体验的症结、困难、短板，

① 龙瀛．颠覆性技术驱动下的未来人居——来自新城市科学和未来城市等视角 [J]．建筑学报，2020（Z1）：34–40.

可能涉及空间、设施、社会、文化、经济、自然等方方面面，是非专业群体也可以体验和提出的问题，通常是城市设计的出发原点和思考基点。

设计问题是基于与设计任务相关的现实问题，基于多方位综合研究，根据设计目标、导向等因素形成的，由设计者或主管部门提炼、定位，通常需要依赖设计手段解决的技术性问题。

设计专题是基于对目标、条件、需求及现实问题、设计问题的充分研究，可能由城市设计任务的发布方、主管部门、设计者系统确立的特定设计专攻议题。依据专攻议题的逐个解决，有针对性地达到城市设计成果的深度，并据此保障精细化城市设计实施效果。

“城市设计是一种真实生活的问题”①。为理想生活营造更良好、更周全的空间载体是城市设计设立的初衷。在具体的发展上，城市设计存在不同的导向路径。通常，城市设计任务的设立和推演因循两类不同的导向：以“目标”或“问题”为导向。前者强调发展性，关注城市或某一片区发展趋向，以期通过城市设计表达管理未来发展的形态呈现、空间组织，多在较新的建设区域里应用；后者强调现实性，关注任务对象的关键症结或民生问题，通过梳理城市设计系统，探究空间潜力和改造、更新发展方向，多在既有城区、老旧片区里应用。两者并未截然分开，在探索新区发展、风貌塑造的同时，依然需要剖析现实问题或预判潜在问题，通过对系列问题的定位和解析，最终实现发展目标。而在面对旧城更新、城市复兴等任务时，城市设计也必须将现实问题与近远期目标有效结合，捕捉问题解决路径中的导向问题、层次问题和综合协同问题，避免“头痛医头、脚痛医脚”的设计方式。精细化城市专题精研逻辑层层递进，往往从城市现实问题特性切入，再提炼设计问题，进一步总结设计专题进行研究（图 4-18）。因此，明晰现实问题、设计问题、设计专题的涵义与内容，厘清三者的关系，是理解精细化城市设计专题精研的重要环节。简言之，对“问题”的剖析和解读是各类城市设计首要的核心推进力，更是界定和实现精细化城市设计的基本支撑，因此有必要对设计中的“问题—解决”模式进行研究学习。

随着城市发展，城市设计面对的问题层面、复杂性逐渐提高，不仅包含所处时代的现实问题与建造过程中的工程问题，也包含设计过程中的、可以预见到的或可以被进一步研究的理论问题。对各类问题的考察，也是研究城市设计生成过程的必由之路。问题的发掘与解答，可以说是早已植入城市设计全过程中的“基因”，并贯穿始终。解决问题的层次与高度不同，也直接指向了城市设计质量与价值。因此，在对城市设计生成过程的研究中，将“问题性”作为设计的基本特征与起点研究之一，是城市设计本身性质决定的。从哲学角度，“观察、问题和机会共同形成一种科学研究的起点性链条，形成实践性的科学研究的解释学循环”②，提升了逻辑实证主义的“科学始于观察”的论点，更加可信地解释了城市设计生成起点的思维方式问题。

推进设计的重要起步方法之一就是对“设计问题”的定位，但并不是城市设计面对的所有现实问题都是设计问题，也不是所有现实问题都是直接进入设计流程和思维体系的设计问题，例如：一条河流阻隔了河道两岸的居民日常联系，居民出行不得不借道绕行更远的桥梁通行，急需更安全、便捷的方式连接河道两岸，这便是现实问题；而选择以何种方式过河，是以架设桥梁、跨河船渡，甚至是河底隧道，这便是城市设计的设计问题。若进一步解析，当城市设计选择了其中一种过河方式，那么接下来的工作便是从更具体的技术层面实现相应的设想，如：当选择以架设桥梁的方式解决过河问题，那么桥梁的外观形态、结构形式、桥面宽度、桥头交通衔接以及工程造价等一系列问题就成为更次一级的设计问题，且这些问题并不全是由城市设计阶段解决，还依赖于其他设计

① Jonathan Barnett, Urban Design as Public Policy[M]. New York : McGraw-Hill Education, 1974.

② 吴彤．科学研究始于机会，还是始于问题或观察 [J]．哲学研究，2007（1）：98-104.

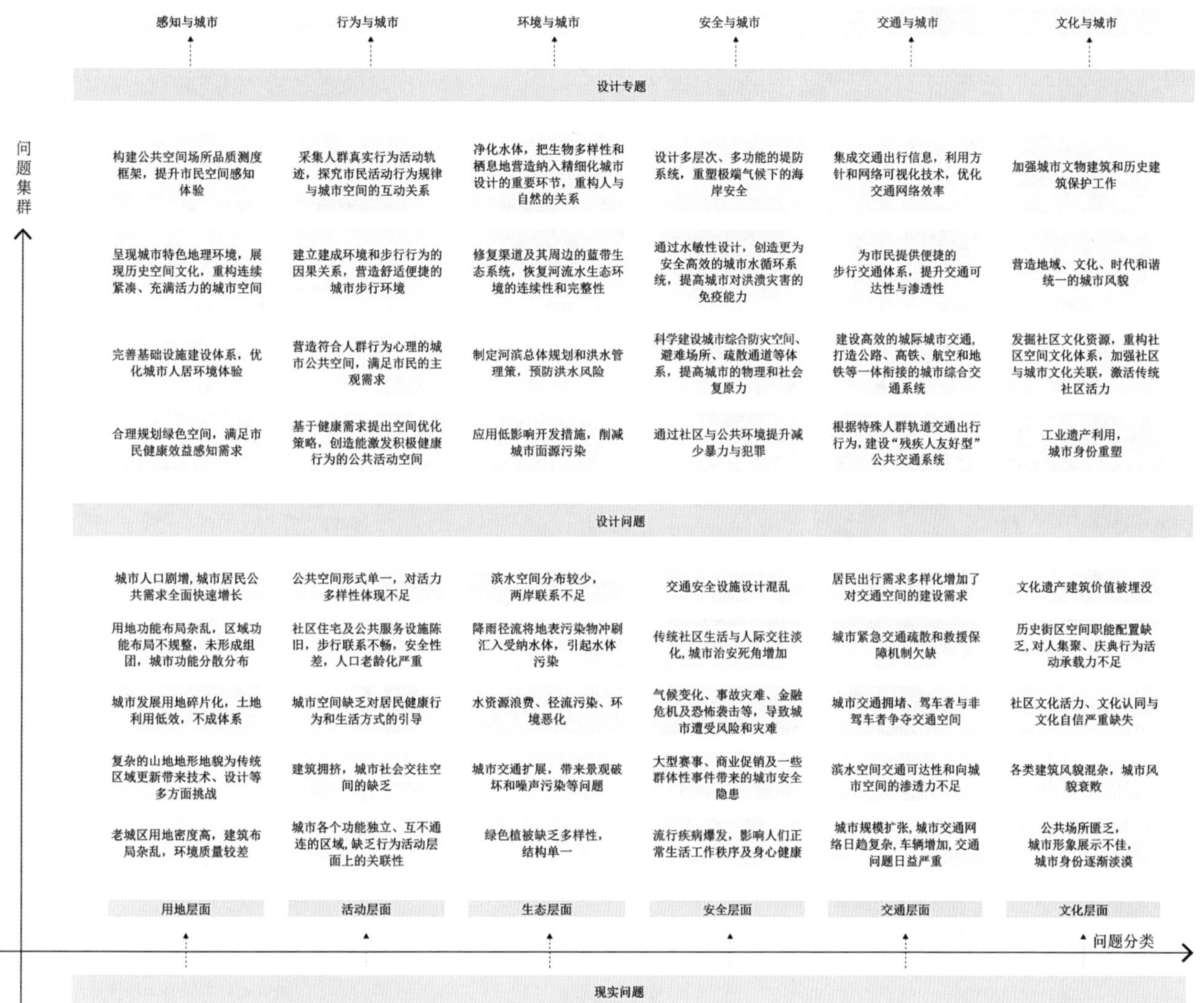

图 4–18　现实问题 – 设计问题 – 设计专题关系图解

阶段有序推进[①]。因此，不难看出，即使现实问题是同一个，但根据综合分析研判，在该问题上选择不同的设计方向，由此引发的设计问题却有明显的不同。

4.2.2　发掘现实问题

精细化城市设计关注的现实问题与城市生活紧密相关，居民通常能切身体验与提出，他们不仅源自于城市空间本身，更在于空间物质实体本身和诸多社会关系的交织（图 4–19）。因此，在剖析城市设计问题时可以将面对的现实问题分为空间问题与非空间问题。

---

① 如果要更为精细地划分设计问题，还应该分离出“设计”问题与“工程”问题，两者的区别在于后者需要基于科学技术规律，凭借合理或先进的工程技术方法，完成前者提出的预先方案。

路径可达性差导致危险行为　无障碍设计缺失　危险混行

公共空间夜间照明条件差　公共空间失活　地铁站出入口空间局促

通行空间拥堵　步行道路断点　地铁站外接驳空间秩序混乱

图 4-19　居民切身体验的现实问题

（1）空间问题。城市的空间问题指城市物质环境本身的问题，例如生态平衡破坏导致的滨水空间污染问题、流线组织不畅导致的交通空间安全问题、常年失修导致的老旧小区公共空间破败问题等。空间是城市设计的基本操作对象，空间问题往往可以通过对空间的组织、形态、功能等物质要素的优化设计得到直接改善，例如城市广场中品质低下、尺度失调、组织混乱等问题，容易产生使用不便、交通不畅、公众缺乏安全感等不良后果，可以直接通过改变空间尺度、围合方式、立面形态等基本城市设计手法进行更新改善。

（2）非空间问题。城市设计的非空间问题往往涉及社会、文化、经济等多方原因，例如“田园城市”理论中霍华德（Ebenezer Howard）提出的放射状同心圆城市结构，是针对土地私有制产生的社会问题；简・雅各布斯（Jane Jacobs）在《美国大城市的死与生》中倡导的空间多样性与混合利用，也是源于贫富差距、犯罪、种族隔离等问题的滋生。城市中的非空间问题，除了依靠直接的设计手段外，往往还需要开发、管理、技术合作等多种手段共同作用去解决。同时，非空间问题与空间问题是紧密相连的，例如在哈维（David Harvey）等提出的“空间社会学”（Spatial Sociology）中，将空间作为剖解社会问题的主要线索，并建立起空间与社会问题的对应关联。辨识空间问题与非空间问题间的逻辑关系，是精细化城市设计问题发掘的重要思维环节。

在实际操作中，发掘现实问题的方法可通过前期调研与分析（表 4-1），包括空间问题与非空间问题。在面对空间问题时，主要通过资料、现场、数据等调研分析方法，以空间与人之间的矛盾为抓取问题的主要线索，例如观察人在空间中的日常生活、视觉感知、心理感受等方面是否存在问题。面对非空间问题，需要对城市空间的经济水平、文化资源、政策导向等发展状况做全面了解，通过更多样的手段挖掘其中的非空间问题。同时，要善于通过表象问题，感知根本问题，并总结系列关联问题。例如通过调研发现某社区公共空间缺乏活力，鲜有人光顾，就需要通过更深入的调研分析公共空间活力小的问题是否归根于公共空间可达性差的问题？或者是公共空间品质差的问题？或者是一系列空间问题与非问题导致了社区公共空间活力丧失。

此外，在城市设计实践中，从多方利益主体的诉求中发掘现实问题也是一种重要途径。例如在某多主体参与的社区更新过程中，政府对空间的需求往往侧重风貌形象、社会效益、生态效益等方面，开发商往往对空间的需求往往集中在商业空间等经济效益层面，而公众则关注配套设施、居住环境品质等方面，各主体的诉求侧面反映了空间面临的现实问题与实际需求，同时，多主体利益博弈中产生的矛盾也是现实问题的一部分。尊重多主体的诉求，挖掘诉求中的根本现实问题，协调各主体诉求间的矛盾，在城市设计前期充分明确问题内容并采取科学的研究策略，关系到精细化城市设计专题之后的策略制定、管理实施等更多的环节，需要充分重视。

表 4-1　现实问题调研方法示例

现实问题调研方法示例	具体内容
文献资料调研	1. 城市现状基础资料：人口、自然条件、建成区现状、土地使用等；2. 城市规划基础资料：已有规划背景、专题规划成果，该区域近期、中期建设规划等；3. 专题资料：如防灾类的消防设施布置图、避难场所分布图，文化类的历史各阶段地图、文保单位分布图、历史照片等
实体环境调研	主要以实地调研为主：1. 宏观尺度：区域城市肌理、交通网络、公共空间结构、主要资源分布等；2. 中观尺度：路径可达性、延续性；公共空间品质、舒适性、安全性；节点空间连接性、便捷度等；3. 微观尺度：公共设施数量、建筑风貌形态、景观小品质量等
行为认知调研	1. 交流类：问卷调研、访谈调研、认知地图法等专题调查；2. 观察类：非结构性观察法、活动注记法、行人计数法、动线观察法、行为迹象法、图像识别法等①
信息数据调研	1. 手机信令、AFC 刷卡数据等运营单位数据；2. 关键空间节点视频采集数据；3. 灾害、极端天气等历史数据；5. 空间经济收益、旅游接待人数、就业岗位增长等发展数据；4. 城市区域三维数字模型数据等

4.2.3　归纳设计问题

对现实问题充分挖掘后，可通过系列综合研究归纳设计问题。从挖掘现实问题到归纳设计问题的过程，也是精细化城市设计目标逐渐明晰的过程。精细化城市设计的目标涉及宏观、中观、微观等多个层面，在归纳设计问题之前，从顶层发展愿景出发制定的宏观目标往往对设计问题的提炼、归纳具有重要指导作用，例如在建设生态城市的整体发展目标下，设计问题的归纳往往需关注生态类现实问题。而在对诸多现实问题进行剖析整理之后，通常会发现除了宏观目标外的空间发展需求，形成其他不同类型的设计问题，这便是中观、微观的精细化城市设

① 戴晓玲．城市设计领域的实地调查方法 [M]．北京：中国建筑工业出版社，2013.

计目标生成的重要参考。

在归纳设计问题的过程中，归纳方式根据现实情况有多种选择，主要遵循类型学的逻辑。在空间问题居多的情况下，通常根据空间要素类型归类，例如交通空间对应的系列现实问题与设计问题、公共空间对应的系列现实问题与设计问题等。在非空间问题居多的情况下，也可以根据文化、经济等发展要素作为归类依据，例如文化类现实问题与设计问题等。同时，在某些空间特征明显，设计诉求突出的情况下，也可依据设计经验积累判断归纳依据，例如某历史文化街区的设计问题往往可分为风貌保护、修复再生、价值利用等，某 TOD 城市设计问题往往围绕效益、交通等类型展开。

在城市动态发展的今天，现实问题往往也是复杂多样的，某一现实问题可能衍生出系列设计问题，而某一设计问题也可能反映系列现实问题。例如某片区建筑风貌破败的现实问题，可能衍生出“如何确立建筑改造风貌风格？改造立面要素包括哪些？是否要统一视觉色调?”等设计问题，而某公共空间路径如何优化调整的设计问题，也可能反映了人群步行不便利、安全隐患大等现实问题。因此，现实问题和设计问题的层次对应尤为重要，其中不仅包括在挖掘现实问题过程中提到的要善于将表象现实问题转化为根本现实问题，也涉及对设计问题的精确描述与归纳。例如公共空间失活的现实问题，这一描述下对应的设计问题以“公共空间活力提增”来描述，还是分解为“公共空间品质提升”“公共空间可达性提升”等设计问题，需要事先统一明确。

在对应关系的罗列、描述、归纳的过程中，常用的方法有矩阵法、图示法、表格法等，如前文的图 4-16 将各层次问题内容呈自下而上罗列，表达递进的逻辑关系。在实际项目中，利用手绘草图、分析图等结合具体空间载体的图示方法也能更加直观地呈现与表现问题，是一种有效且常用的问题表达与分析方法。

4.2.4 确立设计专题

设计专题是为了回应某一系列设计问题而建立的专门研究，通常通过对现实问题的发掘以及对设计问题的归纳而形成。专题精研是精细化城市设计的必要环节，在常规的城市设计中也作为前期分析的重要步骤，例如哈米德·胥瓦尼（Hamid Shirvani）在《都市设计程序》（*The Urban Design Process*）一书中对城市设计研究内容分为：“①土地使用（Land Use）；②建筑形式与体量（Building Form and Massing）；③交通与停车（Circulation and Parking）；④开放空间（Open Space）；⑤步行（Pedestrian Ways）；⑥标志（Signage）；⑦历史保护（Perseervation）；⑧活动支持（Activity Support）。”杨俊宴在《城市设计语汇》中将城市设计专题研究分为“道路交通、景观生态、空间形态、产业发展、文化历史”几类。精细化城市设计专题的类型以问题而导向，典型的设计专题有感知、行为、效益、安全、交通、文化等，将在 4.4 章节具体展开说明。

精准确立设计专题是指经过发掘现实问题、归纳设计问题、多方沟通优化等严谨过程，确立并描述设计专题以及各专题的基本内涵、内容、涉及的研究层次，并明确主次关系。例如站点影响域精细化城市设计的行为专题涉及可达、安全、效率、舒适、吸引等多个子项，通常情况下，可达与安全为基本层次，其他层次的选取既需要根据设计问题的归纳，也需要根据整体发展目标等现实情况综合确定。精细化城市设计专题的确立建立在城市发展目标的基础上，其中目标既包括城市的宏观总体发展目标，也包括在现实问题、设计问题剖解中逐渐明晰的中、微观目标。在确立专题的过程中，也代表着城市设计具体的问题、目标、对象的逐渐明晰。

在城市设计操作对象由增量向存量迈进的时代，“精准定位”作为城市更新关键层次的同时也是精细化城市设计专题确立的重要内涵与原则。精准定位的第一层意义在于权衡问题主次与要素属性，并据此展开对更新对象潜力的挖掘与整合，内（需求）外（条件）双向互动构建更新技术路径。城市空间在提供职能服务的同时亦产生相应收益和增长，边际成本与边际收益的平衡需求将存量、流通、服务与建设发展关联一体，建构出城市存量资源再利用的基本经济模型。精准定位的第二层意义在于基于资源、资金、资本的属性与流动规律，确立各参与主体的角色定位和责任边界。在精细化城市设计重点关注的城市更新领域，与上一个阶段相对强调高度市场化运行，以地产开发商为执行主体不同，新一轮城市更新更明确确立政府的责任和领导，借助各类政府平台公司、国有企业代表政府与公众诉求实现对城市更新中的公共物品、公共资源及部分其他准公共物品进行提升或供给。以此避免在过去更新改造过程中忽视公共利益、公共物品退变为俱乐部物品、公共资源保护不力、间接推高生活成本等弊端[①]。

同时，精细化城市设计是一个多方参与、多专业配合的过程，专题的确立与研究过程需要多专业合理沟通协调，也需要对公众参与的重视。在对现实问题与设计问题充分讨论，确立各层次设计目标并初步提出专题研究框架后，需要多专业、多主体合作进行反复度量、修正、校对，甚至分阶段、多层次、多轮迭代的循环往复，对专题框架反复协调优化。例如在香港湾仔地区发展计划的城市设计中，湾仔发展计划第二期城市研究建议在湾仔北及北角的沿岸进一步填海以兴建中环湾仔绕道，然而，鉴于终审法院在2004年就《保护海港条例》对维港两岸填海的裁决，城市规划委员会要求对湾仔发展计划第二期的研究提案进行检讨，以寻找一个尽量减少填海的方案。在此基础上新一轮的研究名为“优化湾仔、铜锣湾及邻近地区海滨的研究”(“优化海滨研究”)，分为三阶段并进行了广泛而深入的公众参与活动，最终形成了新的填海设计范围与城市设计建议（图 4–20、图 4–21）。

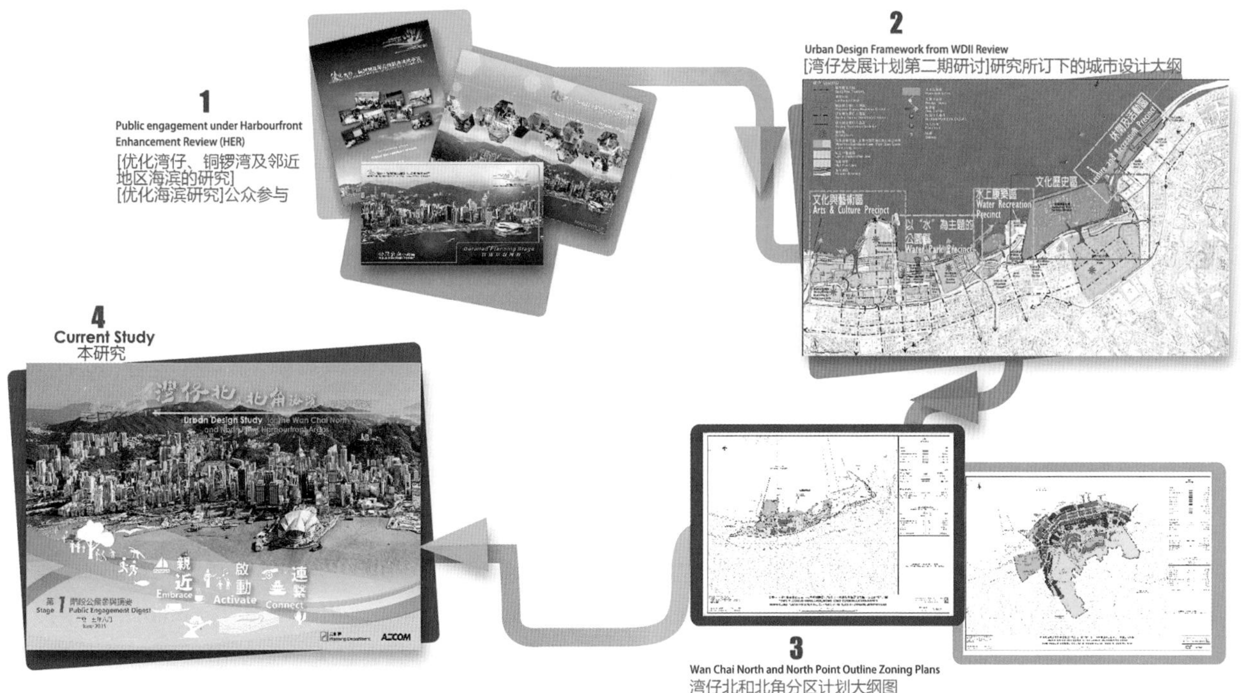

图 4–20 香港湾仔地区城市设计研究的更新迭代

① 褚冬竹. 精明・精准・精细：城市更新开卷三题 [J]. 建筑实践，2021（10）：14–27.

图 4-21 香港湾仔地区城市设计研究公众参与过程

4.3 设计专题权衡与剖析方法

4.3.1 多专题权衡原则

在 4.1 节中，我们通过对现实问题、设计问题的发掘与归纳，确立了一个或者多个专题，以及专题下的系列子项。针对不同载体空间类型，科学权衡各专题之间的关系，精确选择合适的专题并确定专题与各子项之间的优先级，合理分配研究资源，是精细化城市设计的重要环节。以“精准定位”为总体原则，在多专题权衡过程中还需充分考虑以下原则：

（1）属性明确。对精细化城市设计对应的城市空间身份属性与具体操作要素属性须有充分认知。对于城市空间身份属性，要在充分认识其基本属性的基础上挖掘空间个性与潜力。基本属性，包括该空间的基本城市职能、土地利用方式、规划定位、开发模式等，例如轨道交通站点影响域，其最基本的城市职能是交通运输，专题研究通常应该围绕交通、安全等方面。个性与潜力，则是指城市空间因资源、区位、历史、政策等因素的影响，形成了除基本属性外的发展优势，这些因素往往是城市空间发展的重要机遇与动力，同样以轨道交通站点影响域举例，除基本的交通职能外，众多轨道交通站点因处于城市核心地区、紧邻城市商圈等因素，成为城市的“效益源”，因此效益成为除交通专题外亟需探讨的专题。

要素属性指精细化城市设计操作过程中涉及的私人物品、公共资源、公共物品等具体空间单元。例如在精细化城市更新领域，将要素属性的认知与排他性（Excludability）、消费中的竞争性（Rivalry in Consumtion）① 两个词汇联系起来，根据是否具有排他性与竞争性两个基础特性，更新相关要素可分为私人物品、俱乐部物品、公共资源与公共物品四类（图 4-22）。其中，除私人物品外的其他三类物品都包含不同程度或不同表现形式的公共性。

① 排他性是指一个人消费一单位的物品就排除了他人来消费这同单位物品的可能，是一种物品具有可以阻止其他人使用该物品的特性。消费中的竞争性是指消费者在行使消费该财产中，会限制（或避免）其他消费者对该产品进行消费，即消费者的增加引起生产成本的增加。

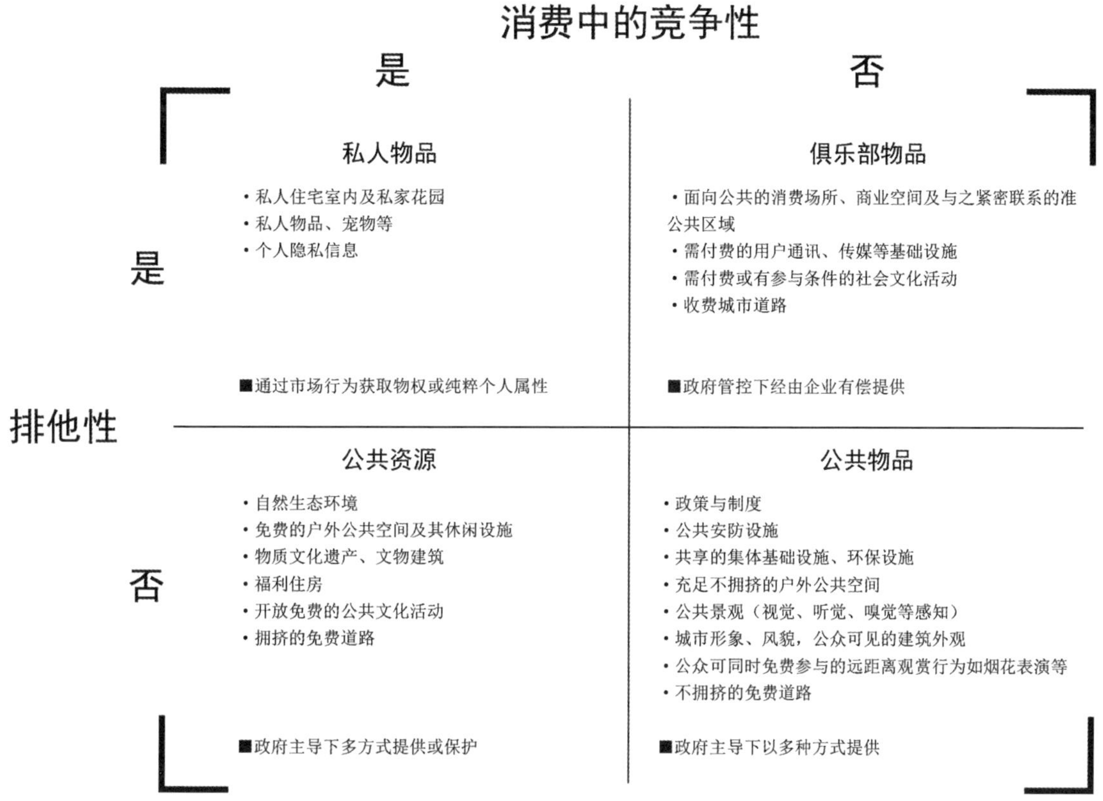

消费中的竞争性
是
否
排他性
是
否
私人物品
・私人住宅室内及私家花园
・私人物品、宠物等
・个人隐私信息
■通过市场行为获取物权或纯粹个人属性
俱乐部物品
・面向公共的消费场所、商业空间及与之紧密联系的准公共区域
・需付费的用户通讯、传媒等基础设施
・需付费或有参与条件的社会文化活动
・收费城市道路
■政府管控下经由企业有偿提供
公共资源
・自然生态环境
・免费的户外公共空间及其休闲设施
・物质文化遗产、文物建筑
・福利住房
・开放免费的公共文化活动
・拥挤的免费道路
■政府主导下多方式提供或保护
公共物品
・政策与制度
・公共安防设施
・共享的集体基础设施、环保设施
・充足不拥挤的户外公共空间
・公共景观（视觉、听觉、嗅觉等感知）
・城市形象、风貌，公众可见的建筑外观
・公众可同时免费参与的远距离观赏行为如烟花表演等
・不拥挤的免费道路
■政府主导下以多种方式提供

图 4-22 精准定位原则指导下城市更新相关要素分类示意图

公共物品直接指向城市更新行动中的最基本目标，是更新质量保障的总基础，因其同时不具备排他性和竞争性，其供给主体只能是政府（或代表平台）。若判定某类公共物品的总利益大于其实现成本，理论上便可由政府通过税收支付的方式提供该类公共物品。公共资源可细分为两类，一类是所有人共享的自然生态环境，另一类是需与他人分享的各类人工资源，因其虽不具备“排他性”却具备“竞争性”的特点，需要通过政策、制度、法规等多种形式加以保护或规范，部分表现类型也需要由政府及相关平台执行提供。俱乐部物品是通过市场行为提供及获取的具有一定公共性的服务或资源，有着更明确的商品特性，直接与市场参与和调控紧密相关。在一定条件或操作方式下，三类物品中的部分次级类别之间可能相互转化。明确要素属性，更有益于加深对城市设计中面临的资源、资金、资本的理解，确立不同实施主体自身属性和权责划分，进一步指导设计专题逐渐明晰①。

（2）问题导向。以问题的主次程度作为各专题优先级判断的依据。在多专题权衡环节中，首先基于第 4.1 节中对现实问题发掘的调研、观察，对设计问题的归纳、总结，再将形成的各专题中的问题进行整体描述，通过科学的调查、分析、评估程序，确定关键、主要、次要问题，指导专题优先级的形成。其中，现实问题的类型往往反映了最真实的空间需求，设计问题也侧面反映了城市设计的条件、方式等，通过列举在现实问题与设计问题中共同反映的城市设计前置条件（自然条件、政策条件、经济条件、技术条件、文化条件、空间条件）与空间需求（文化需求、功能需求、精神需求）间的问题关联矩阵，衡量需求与条件间的问题矛盾激烈程度，是一种判断问题主次的重要思路。

① 褚冬竹．精明・精准・精细：城市更新开卷三题 [J]．建筑实践，2021（10）：14-27.

（3）关联互馈。应注重各专题之间的相互影响关系，辨析各专题间的影响方式，在保证主要专题的基础上，优先选择关联度高的几个专题。其中主要的关联类型有三种：第一类是相互促进，对某一专题的研究与优化，往往意味着另一专题也会相应提升，或者也涉及另一专题的内容，例如某老年社区行为专题与感知专题，对老年人行为的研究与生理感知条件的研究是相辅相成的，基于生理感知条件环境优化的设计势必对老年人行为也会产生巨大的帮助。第二类是相互制约，例如安全与各专题之间就存在明显的制约关系，安全难以得到基本保障的空间，其文化、环境等专题的研究就难以进行，这也与“木桶效应”十分相似。第三类是复杂耦合关系，指各专题在一定条件下能相互促进，在某些情况下又能相互制约，它们之间的存在多种相互影响因素，例如安全与效益专题，安全既是效益的一种，又能明显制约空间效益的发展。

4.3.2 多专题权衡流程

（1）权衡调研阶段。在调研阶段，应遵循“属性明确”原则，对城市空间的基本条件、载体空间类型、文脉背景、总体发展目标等做出充分调查，结合 4.1 节中对载体空间的界定与思考，明确城市空间身份属性与具体操作要素属性。其中主要基础资料包括：①城市现状基础资料：人口、自然条件、建成区现状、土地使用等；②城市规划基础资料：已有规划背景、专项规划成果，该区域近期、中期建设规划等。除此之外，在第 4.2.4 节中介绍的实地调查分析方法，均是调研阶段有效可行的方法手段。在操作要素属性明晰的过程中，作为一线实施主体的各地方平台，通过清晰精准地界定类别，合理针对不同形式、不同效益指向的类别进行有的放矢的行动方案，逐步指导设计专题生成与展开。

除图 4-22 所示的要素分类方法外，在对空间身份属性的界定中，以《多伦多总体街道设计导则》（Toronto Complete Streets Guidelines）为例，还设置“街道身份检查清单”（Identity Checklists），清单内容分为“认识街道的‘场所营造（Placemaking）’背景”“认识街道的‘移动性’（Movement）背景”“认识街道的使用者（Users）”三大板块，通过打钩确认的方式来引导城市设计参与者逐步确定街道类型（图 4-23）。

步骤一：背景识别&街道类型

STEP 1: CHECKLISTS
步骤一：检查清单

认识街道的“场所营造”背景
Identify the street's "placemaking" context:

☐ 查阅官方规划政策和图纸(如城市结构、土地利用、二级规划或其他地区规划、文物保护规划等)

☐ 查阅公共领域及街景政策(例如，街景手册、活力街道导则、城市设计导则等)

☐ 查阅绿色街道技术指南，包括政策、地图和低影响设计特征选择工具(如种植条件、雨水计划、树冠等)，确定等级、排水、雨水流量、集水区位置等

☐ 该街道是否位于商业改善区，是否有街景或总体规划?

☐ 该街道的出行源头或目的地有哪些?例如，学校、机构、公园等?

☐ 识别街道和其使用者过去、现在和未来可能的特征(例如文化遗产、社会历史和新的开发)

☐ 研究并确认街道区段的任何侵占或地役权协议

认识街道的“移动性”背景
Identify the street's "movement" context:

☐ 查阅官方规划政策、网络规划和图纸(例如，快速交通网络、地面交通优先网络、规划的道路宽度等)

☐ 参考城市步行相关政策并获取数据(例如，现有和未来的量、出行源头、安全热点图、步行条件、OTM手册等)

☐ 查阅《骑行网络规划》(Cycling Network Plan)，OTM第18册，获取数据（例如，现有的和未来的量、出行来源和安全条件等)

☐ 收集和审查数据(例如，交通事故、现有和未来的量、卡车的数量、速度和通行时间等)

☐ 确认靠近路缘的人行道空间的运营用途(例如停车、送货、出租车站、餐车、自行车停车场、共享单车站、积雪储存站等)

☐ 审查多式联运需求和连通度，查阅道路分类系统

☐ 确定现有的街道通行权宽度和空间分配

认识街道的使用者
Identify profile of street users:

☐ 进行现场调研并收集观察数据

☐ 当前和未来的人口结构(例如老年人)是怎样的? 有哪些人群使用这条街? 考虑所有年龄、能力和性别的人，进行通用设计

☐ 确认街头活动和任何许可证持有人(例如咖啡店、街头表演、街头小贩、食品车等)

☐ 考虑一天中的所有时间，一周中的不同日子，一年中的所有时间(所有季节)

☐ 考虑不同使用者的出行路线，以及他们期望的路线(典型路径和目的地)

☐ 考虑应急服务、操作、维护以及公共服务部门(全年、全天)

☐ 考虑公共服务部门及其位置和布置，包括地上和地下

☐ 就上述角色和使用者进行了哪些咨询(例如公众和各利益相关者的意见和反馈)?哪种街道类型定位对街道项目的目标有潜在的帮助?

☐ 确定潜在的资助者和维护合作伙伴

认识街道类型：
Identify street type(s):

图 4-23 街道身份检查清单内容

（2）权衡分析阶段。在权衡分析阶段，遵循“问题导向”原则，利用

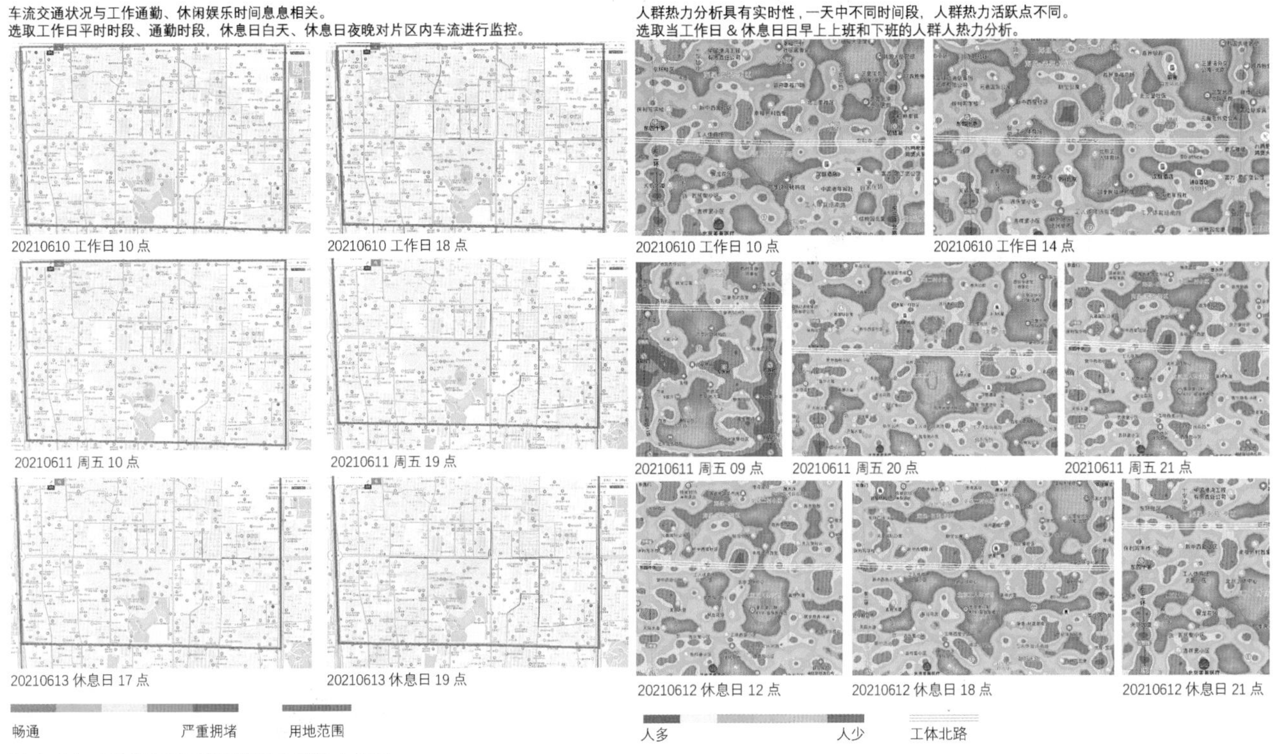

图 4-24　区域道路拥堵现状及人群热力分析

数据分析、模型推演、系统评价等科学方式对各专题进行优先级分析。例如在主观评估中采取德尔菲法（专家调查法），对各学科专家意见进行反复整理、归纳、统计；在客观评估中采取层次分析法（AHP），基于目标定位建立指标、权重；利用优先级矩阵（Prioritization Matrix），绘制关系矩阵图、关联图、树图等。

例如，在城市防灾专题的子项专题优先级确立中，通过对片区历史灾害情报分析、地理信息系统（GIS）辅助研判、风险评价等方法，确立诸如抗震、防火、防洪等防灾子项课题的优先级。又例如在《北京市工体周边地区交通空间设计专题研究》中①，通过区域道路拥堵现状及人群热力分析、空间现状图示分析等方法剖析项目关键问题，从而确定了交通一体化设计、地下空间一体化、慢行系统与场景塑造三个主要研究专题（图 4-24）。

（3）权衡决策阶段。在权衡决策阶段，要在前期调研与分析基础上考虑“关联互馈”原则，梳理专题间的影响关系，在以问题为优先级的基础上，综合考虑研究能力、实施条件等现实情况选取问题优先级高、关联度高的几个专题。在关联分析中，要利用多源数据的耦合分析、矩阵分析、树状等图表分析，以及利用数据可视化平台和软件等，可依据专题的特征选取适当的方法。

例如，已有研究利用 DSM（Design Structure Matrix）模型分析城市健康专题背景下城市环境、社会、形态等各领域的耦合关联②，以此指导确立城市管理、城市规划与设计等过程中对促进健康专题有积极作用的其他必要专题（图 4-25）。

---

① 专题研究选自精细化城市设计优秀教学案例，院校：北京工业大学城市建设学部；学生姓名：许霄、王子佳、潘晓嫚、韩婷、单镜祎；指导教师：李翔宇。

② Hoffmann P, Nomaguchi Y, Hara K, Sawai K, Gasser I, Albrecht M, Bechtel B, Fischereit J, Fujita K, Gaffron P, Krefis AC, Quante M, Scheffran J, Schl ü nzen KH, von Szombathely M. Multi-Domain Design Structure Matrix Approach Applied to Urban System Modeling. Urban Science. 2020; 4(2): 28.

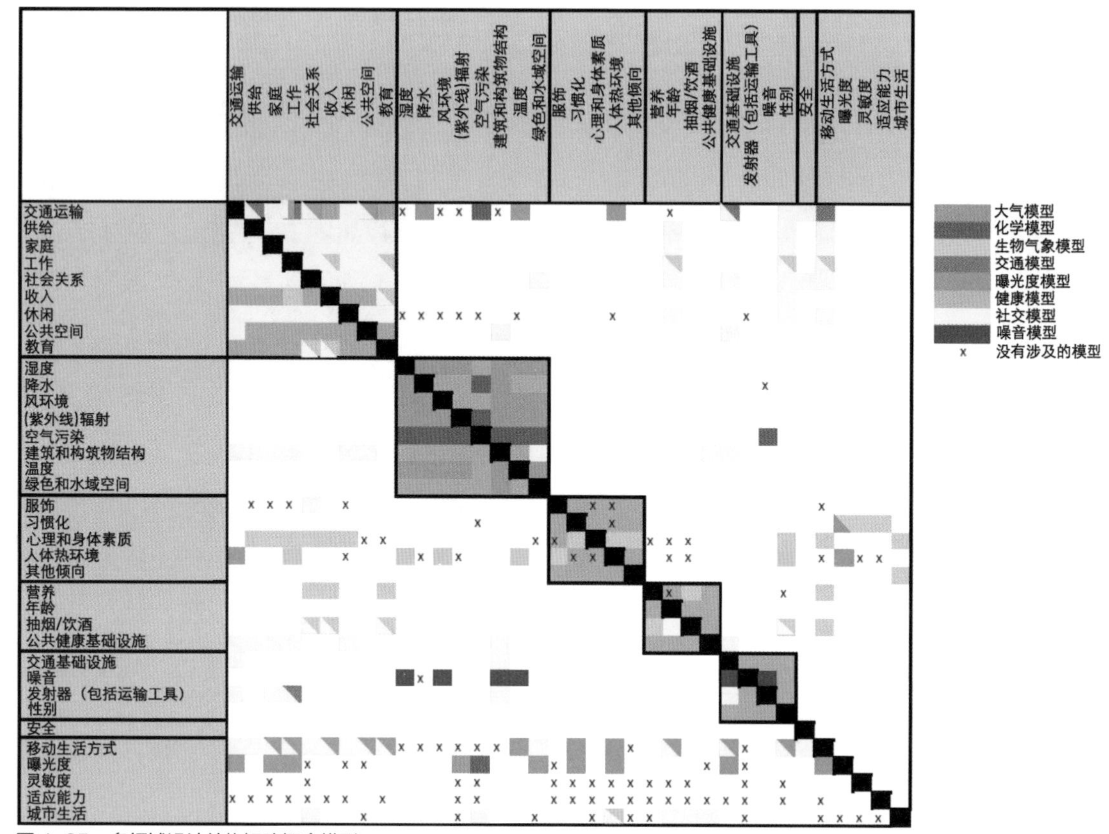

图 4-25　多领域设计结构矩阵概念模型

专题权衡也是一个迭代的步骤，在最初决策之后可依据后期反馈重复进行，并不断评估与改进。迭代的次数取决于项目周期、规模、范围和性质等多方面原因。例如 4.2.4 节提到的香港湾仔城市设计研究源于两岸填海问题的争议，“优化海滨”研究项目在进行景观影响评估、视觉影响评估、空气流通评估、商业可行性评估、交通运输评估、可持续性评估等多个子项研究后，最终确定优化后的城市设计框架与设计主题、关键问题等，在此指导下围绕景观、公共交通、步行网络等专题继续深入探讨，最终确定设计策略。在长期的城市设计手段精准介入与导控下，湾仔地区呈现出充满生活气息与地域活力的景象（图 4-26~ 图 4-29）。

4.3.3　精细化城市专题剖析方法

设计对象与设计目标是精细化城市设计方法的决定性因素。两者逻辑关系的建立是因为精细化城市设计方法是以城市中的现实问题为导向的，在设计过程中，我们根据现实问题提出设计目标，再依此建立研究专题，进而形成精细化城市设计方法。从另外一种角度思考，专题在某种意义上蕴含着设计目标，两者在某种程度上是同质的。

因此，城市中的问题对象与设计目标的多样性与动态性决定城市设计方法的选择。正如亚历山大（Cristopher Alexander）在《城市并非树形》（*A City is not a Tree*）中认为城市并非单一的树形，其结构本身与其承载的真实

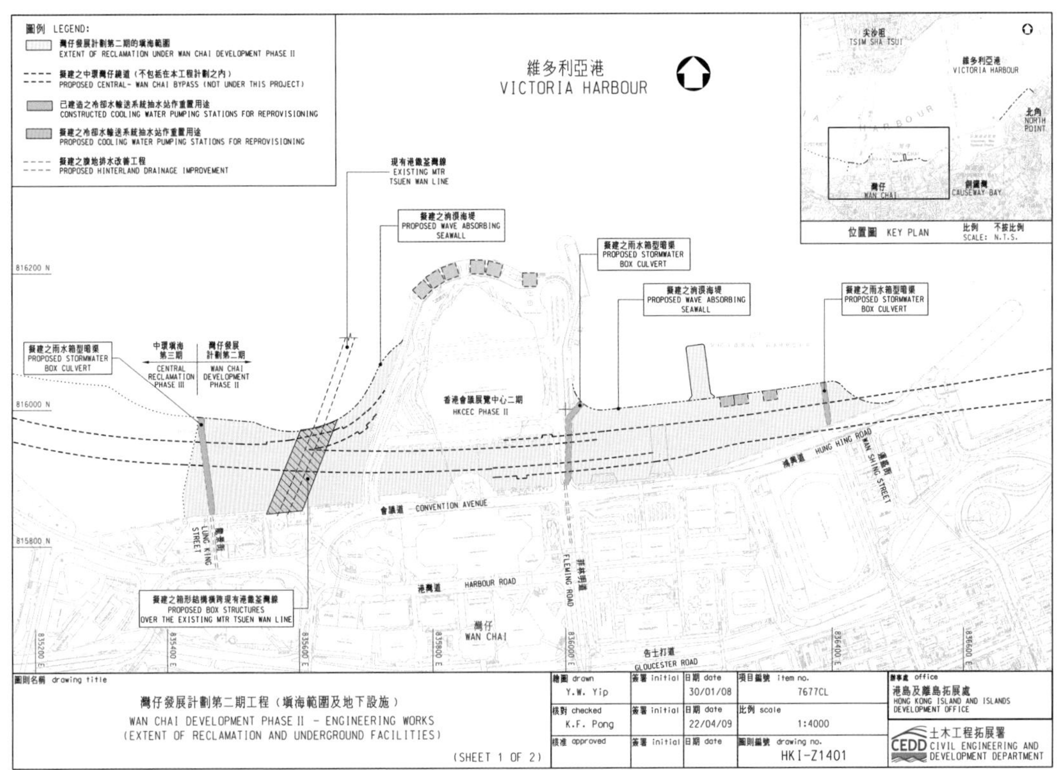

图 4-26　优化前的香港湾仔地区基础情况分析

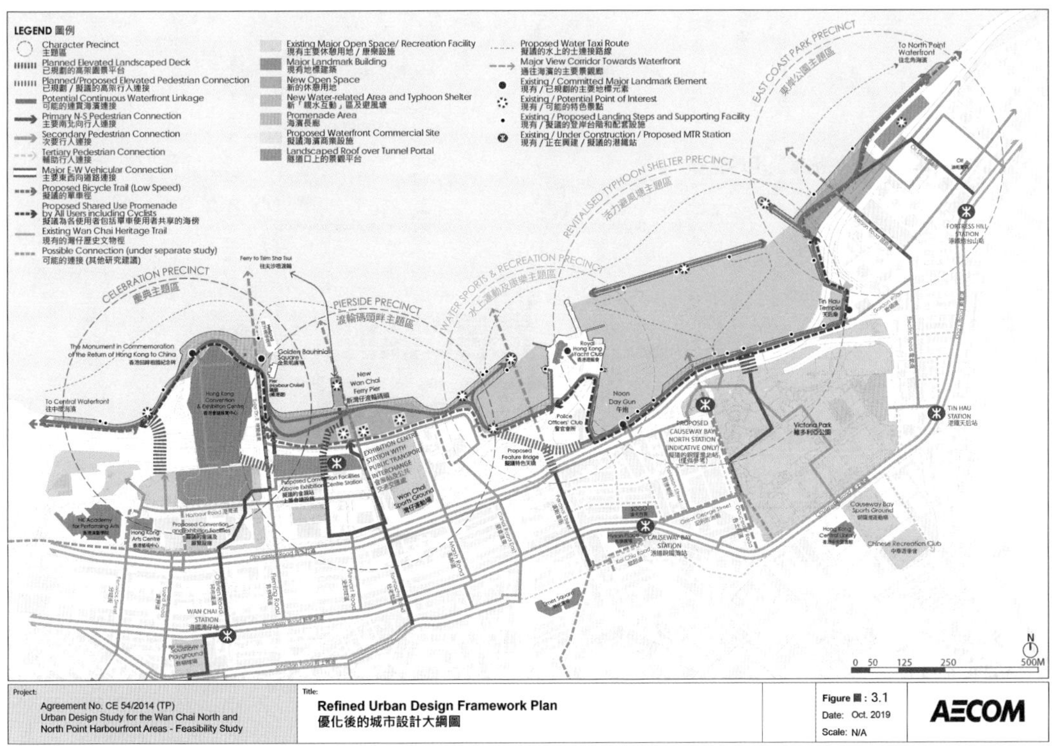

图 4-27　优化后的香港湾仔地区城市设计 | 设计：AECOM 事务所

View Corridors 景观视廊

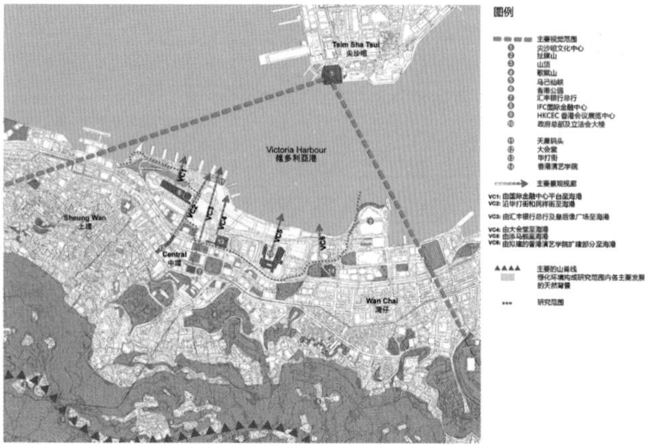

景观廊

Public Transport Plan 公共交通图

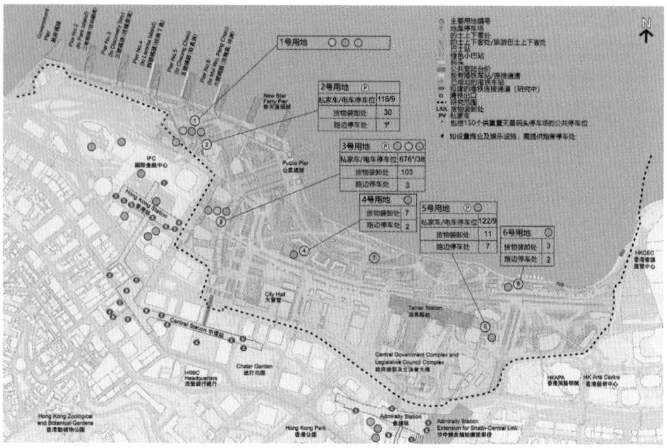

公共交通

Open Space Network Plan 休息用地网络图

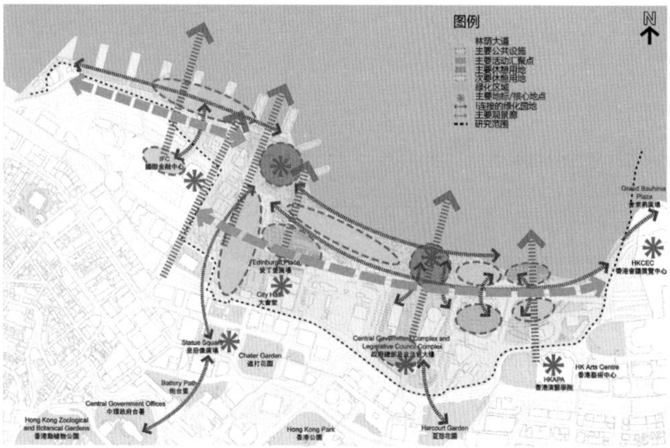

休憩用地

Pedestrian Network Plan 步行道路系统图

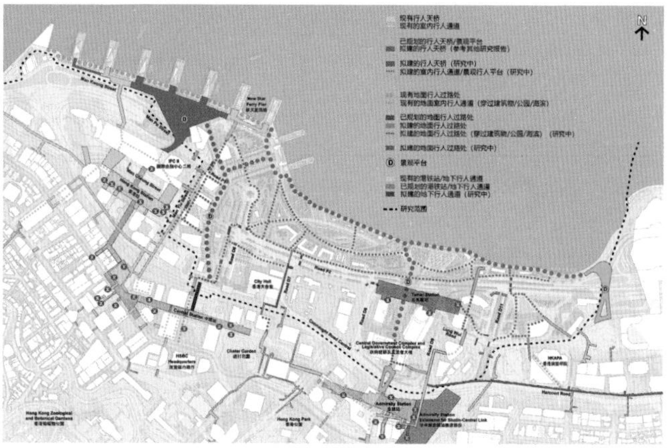

步行网络

Building Height Profile and Ridgeline 建筑物高度及用地轮廓

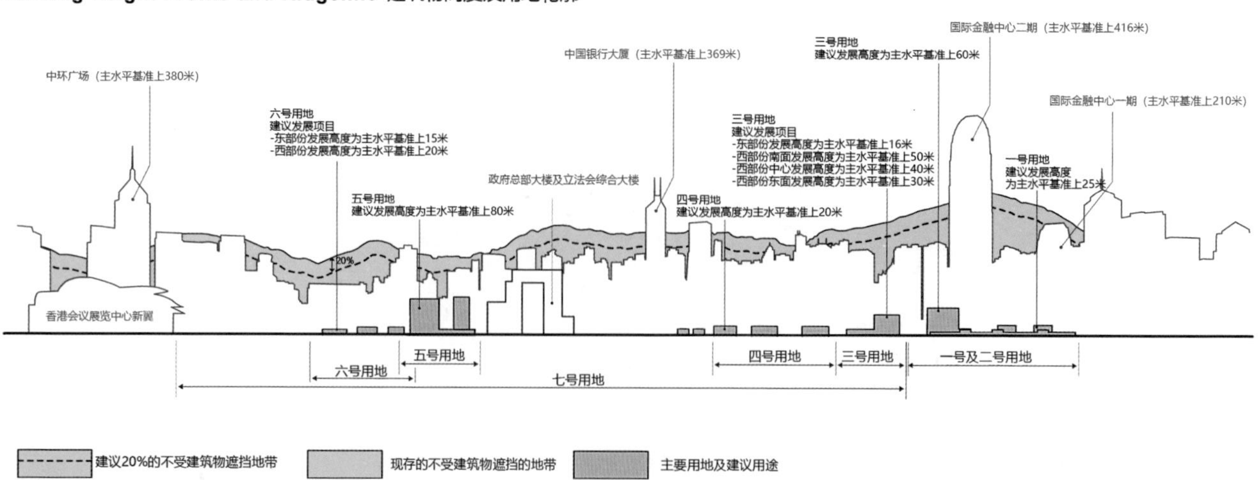

图4-28 优化后香港湾仔城市设计中的各专题设计图

生活都是有机、复杂且多样的。阿尔多·罗西（Aldo Rossi）在《城市建筑学》中同样对“城市建筑体的复杂性”[①]作出了详细的论述，认为城市具有各种复杂元素的集合特性。同样，城市作为一个动态演进的复杂有机系统，其空间载体与问题也处于动态发展的过程中，动态发展意味着精细化城市设计必须关注时间维度，正如雪瓦尼（H.Shirvani）在《城市设计程序》（*The Urban Design Process*）中提到“设计应涉及城市构架中各主要元素间关系的处理并在时间和空间两方面同时展开，也就是说城市的诸多组成部分在空间角度的排列并置，并由不同的人在不同的时间进行建设”。城市随着时间变化不断发展，新问题、新现象不断涌现，技术、理论更新迭代，当传统城市设计方法不能解决现有城市问题时，新的城市设计方法、技术，甚至是新的学科便孕育而生，精细化城市设计方法也呈现出这样一种动态性的发展。精细化城市设计方法不仅包含通过设计手段对城市空间物质形态的干预与操纵，也包含政策导控、管理实施、辅助设施等多种方法，是一个综合的过程，也是一个不断纵深的过程。

图 4-29　香港湾仔地区街道空间实景照片

因此，在精细化城市专题剖析中，往往通过理解城市载体空间本身及承载问题、目标与载体类型等要素的复杂性与多样性，应重视技术工具的发展与运用，关注时间维度上不同阶段问题的发展与变化，针对不同专题的特征、条件、需求等采取不同的研究方法。常见的精细化城市专题剖析方法见表 4–2。

表 4–2　常见精细化城市专题剖析方法示例

常见精细化城市专题剖析方法示例	具体内容
实地调查分析	包括文献资料调研、实体环境调研、行为认知调研、数据采集调研等。其中行为认知调研分为言说类与观察类，言语类包括问卷调研、访谈调研、认知地图法等，观察类包括行人计数法、动线观察法、行为迹象法、图像识别法等
“时空 – 行为”关联分析	该方法主要抓取某一类型的城市载体空间与某一关键行为之间的主要矛盾进行研究，同时研究它们在某些特殊时间分布上的矛盾，并将其关联分析
典型样本对比分析	选取多个典型样本进行对比研究，例如通过对不同城市、地区的同一类空间载体进行对比，或者同一城市不同地理条件下的某一类空间载体进行对比。对比分析的内容包括空间要素、设计手段、人群行为、主要数据差异等。通过对比研究发现规律、共性与差异
专题评价与评估分析	通过设定相应的指标、标准、程序，采取科学的方法，对研究对象进行评价、评估。其中评价标准分为可度量的（Measurable）、不可度量的（Nonmeasurable）、一般性的（Generic），并且通常情况下，这几种标准是交织的，精细化城市设计对评价要素的选择应以问题为导向
实践与模拟分析	实践分析指通过现场实验、案例应用等方法分析、验证问题，模拟分析指基于 Anglogic 等工具在剖析过程中进行模拟。将仿真模拟结果与实践结果比较，往往能较好指导专题结论的验证说明、调整优化
归纳与演绎分析	归纳问题、数据、现象、理论等一系列专题研究成果，概括其中的一般规律、关联、机制等，再通过演绎运用到专题研究的空间设计，回应空间需求，解答空间问题

① （意）阿尔多·罗西. 城市建筑学 [M]. 黄士钧，译. 北京：中国建筑工业出版社，2006.

4.4 设计专题示例

4.4.1 专题示例1：公众感知导向的城市空间特色专题研究（感知与城市类）

（1）感知与城市类专题概述

精细化城市设计的感知类专题重点关注城市空间带给人的感官与知觉体验。其中感官涉及人在生理层面的直接感受，与人的身体感受器官紧密相关，包括视觉、听觉、味觉、嗅觉、触觉等，例如城市空间的美学品质、风貌、景观、环境艺术等视觉层面内容，声景观在内的听觉层面内容，空间互动装置等触觉层面内容。正如G·库赖（Gordon Cullen）在《城镇景观简编》（*The Concise Townscape*，1961）中认为应用"视觉序列"（Serial Vision）来构筑城镇景观，通过眼睛的视觉感知（Visual Sensibility），形成一系列基于视觉记忆的城市空间，从而进行城市的美学创作。知觉则代表人体大脑在接受感觉器官传递的信息后产生的思考、情绪、感觉、记忆等，涉及心理层面的内容，例如城市空间的场所精神、文化认同感、归属感、亲切感、安全感等内容。

在城市设计发展过程中，传统城市设计在感知问题方面注重以视觉感官为主的城市空间形态塑造，以古典时期的欧洲广场、街道等为代表，通过对城市公共空间的比例、材质、色彩、装饰等要素的把控，带给人视觉感官上的美学体验。现代主义城市设计往往在视觉感官的基础上加入了知觉体验，强调通过视觉感知形成认知记忆、情感、精神等，以凯文·林奇的城市空间认知理论为代表，将路径、节点、边界、标志、区域五要素作为形成城市空间认知的基本指标，而段义孚（Yi-Fu Tuan）在《恋地情结：对环境感知、态度和价值的研究》中运用现象学的方法讲述地方对人的情感支撑，从经验与感知出发讲述"地方认同"的缘由，如家乡带给人的亲切感与归属感。同时，随着技术进步，在城市设计中对于听觉、味觉、嗅觉、触觉的营造与把控也逐渐成为可能，以声景（Soundscape）的发展为例，通过计算机声音模拟、噪声屏蔽装置、声源识别等技术降低环境噪音、营造舒缓情绪的自然声音，从听觉感官切入试图营造健康的人居环境。

在当代城市发展中，感知类专题在城市设计中仍处于重要的地位，多伦多、纽约、新加坡、上海、香港等各大城市设计导则中，对城市天际线、建筑立面、街道尺度、城市家具式样等视觉感知要素的把控已成为基础内容，从宏观高度、界限的划分到色彩、样式、做法的统一与分类，感知类专题正指导城市设计策略生成、实施管控迈向精细化发展。同时，正如精细化城市设计强调视觉感知空间与非视觉感知空间两类空间载体，除传统视觉感知要素外，在计算机成像、数字仿真等技术支撑下，对于虚拟空间的感知也在逐渐成为城市设计感知类专题的新方向。

（2）专题示例概述

公众感知导向的城市空间特色评价模型及实证——以武汉市主城区为例①

该专题研究针对以往城市空间特色研究以专家精英视角为主导的状况，强调公众才是城市空间特色的感知主体。通过城市空间特色公众感知机制的分析，构建了以可识别性、审美属性、可意性、活力、活动支持为核心的评价指标体系，以及环境属性量化解析、公众行为数据采集、环境—行为耦合分析的指标量化途径，建立了公众感知导向的城市空间特色评价基本模型。结合武汉市主城区案例的应用，该专题研究有效解决了以往城市空间特色评价中公众感知因素缺位且难以指导规划设计决策的瓶颈性问题，为应对我国快速城镇化进程中的特色危机提供了新的思路。

① 专题示例选自：兰文龙，段进，杨柏榆，李佳宇，姜莹. 公众感知导向的城市空间特色评价模型及实证——以武汉市主城区为例[J]. 城市规划，2021，45（12）：67-76.

（3）专题示例主要内容

①剖析当前城市空间特色研究与实践问题

该专题研究广泛调研国内外城市空间特色研究的缘起、过程、热点与现状，梳理城市意象（City Image）、场所精神（Genius Loci）、地方依恋（Place Attachment）、场所特色（Place Identity）等各时期代表性研究成果，通过我国城市空间特色研究历程梳理，利用 VOSviewer 软件梳理脉络，阐述我国“权力审美”“精英审美”影响城市设计实践带来的问题，并总结城市空间特色研究与实践开始向公众感知属性转向，但基于公众感知属性的转向并没有系统支撑机制，需要通过建立公众感知导向的空间特色评价模型进一步深入，以更好地指导城市设计实践，因此建立专题研究。

②构建公众感知导向的城市空间特色评价模型

该专题研究分析城市空间特色公众感知多方面影响因素，以及影响因素之间的内在逻辑与相互关系，梳理城市空间特色公众感知机制（图 4–30）。在此基础上进一步拓展，紧密围绕公众感知城市环境的两条核心途径——视觉和活动，进一步明确城市空间特色公众感知的影响因子，建构评价指标体系（图 4–31）。然后根据不同指标的特性对指标体系进行量化，具体包括环境属性量化解析、公众行为数据采集和环境—行为耦合分析等三方面。

③展开公众感知导向下的武汉市主城区空间特色评价

该专题研究对武汉市主城区进行公众感知导向的空间特色评价，首先通过自然山水、历史人文、都市建设三方面特色资源的全面梳理，结合资源竞争优势分析，明确两江交汇、百湖之市、十字山水、荆楚汉派、通商开埠、工业先驱、华中都会、九省通衢、科教重镇 9 类基础性城市空间特色，并以此为依据，划分 62 处特色载体作为评价对象；然后基于可识别性、审美属性、可意性、活力和活动支持五个公众感知核心指标，利用环境属性量化解析、公众行为数据采集和环境—行为耦合分析途径，对特色载体进行从单因子到复合因子、从个体到整体的逐一评价，并结合 GIS 软件进行评价结果的数字化呈现、分析与验证，形成城市设计问题矩阵；最后结合评价结果显示的突出问题，分不同影响因子进行有针对性的规划导控（图 4–32）。

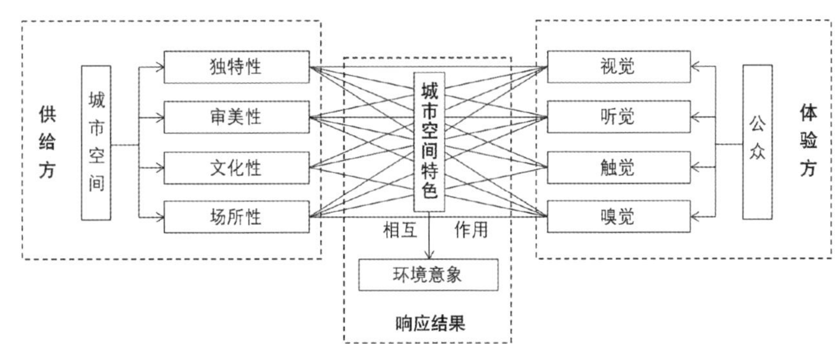

图 4–30　城市空间特色公众感知机制示意

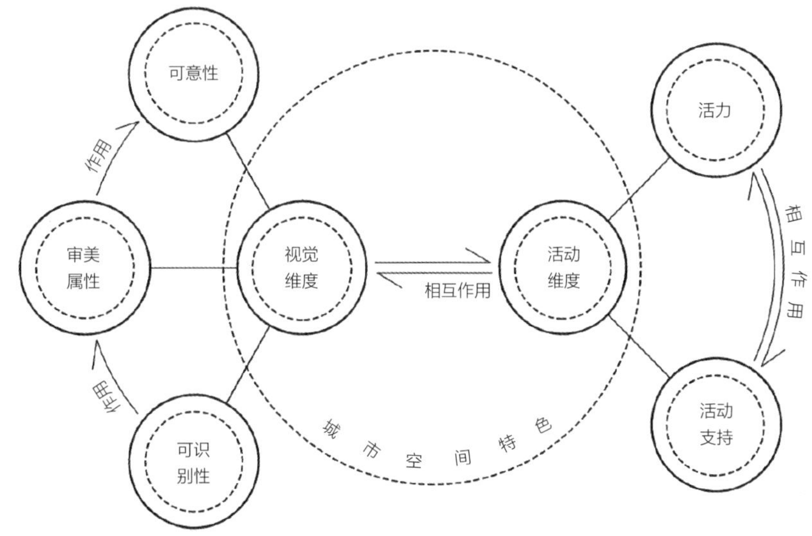

图 4–31　城市空间特色评价指标体系

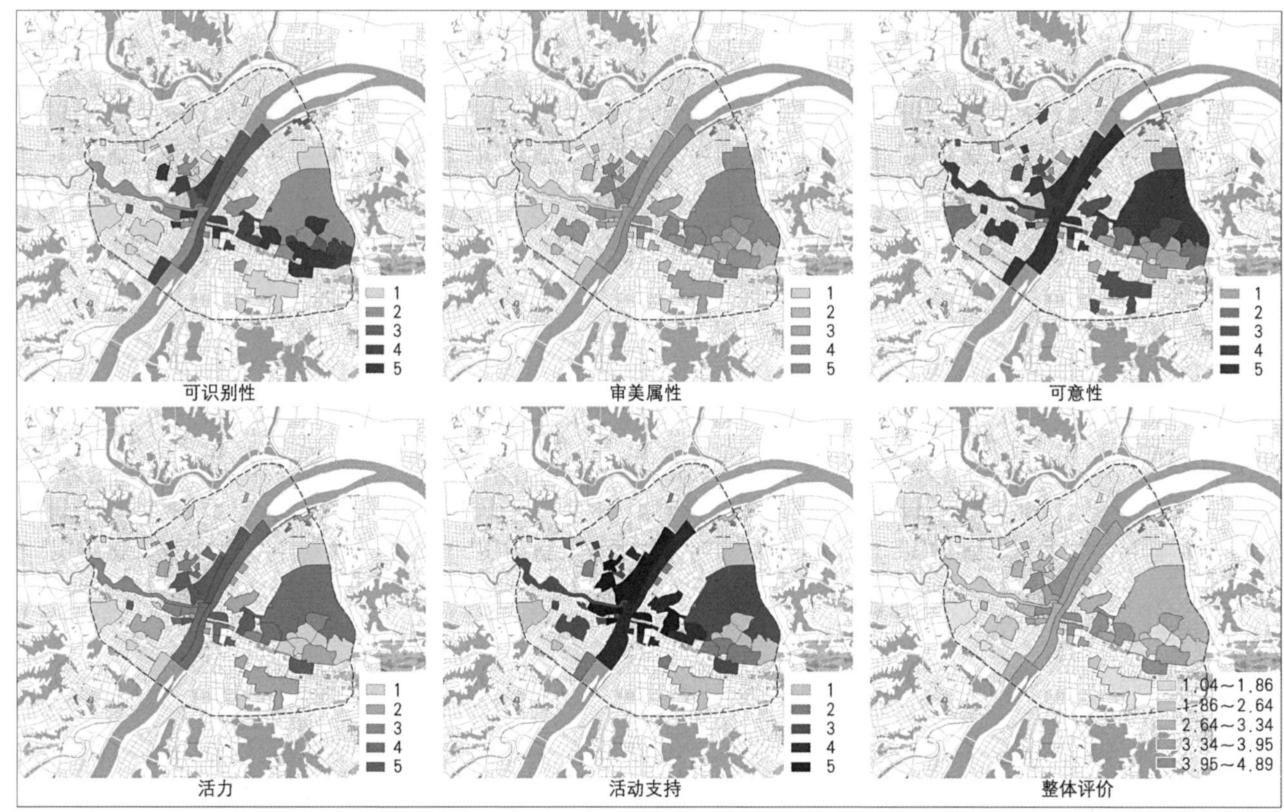

图 4-32　基于 GIS 的城市空间特色评价结果呈现

（4）专题示例阶段成果

该专题研究通过公众感知导向的城市空间特色评价模型的建立，明确了武汉市主城区空间特色评价流程，为武汉市主城区空间特色专题研究提供重要方法。同时，通过对武汉市主城区空间特色进行了全面评价，提出了武汉市主城区空间特色提升设计对策与建议，以9类基础性空间特色中评分最低的“百湖之市”为例进行导控示意，该地区活力和可识别性是经评价得出的导致公众感知困难主要原因，因此专题研究针对湖泊“活力不足、感知度差、临水不见水”等问题，分宏观—城市、中观—社区、微观—场所提出相应的规划设计策略建议，包括“9+6城市滨水公共中心”“15min 蓝绿生活式激发滨湖地区活力”“江湖连通”“城市绿色纤维织补”等，通过将湖泊融入网络化的城市慢行路网与景观绿网，增加其连通性与视觉敏感性，以“活动性可入”（Activity Access）与“视觉性可入”（Visual Access）的方式强化公众对湖泊的感知。

4.4.2　专题示例2：城市交通节点空间综合增效专题研究（效益与城市类）

（1）效益与城市类专题概述

精细化城市设计效益类专题主要探讨通过城市设计的空间操作手段配置、整合资源，从而实现由经济效益、社会效益、环境效益、交通效益、文化效益构成的空间综合效益的提升①。城市效益包含各种经济、社会、文化

① 褚冬竹，黎柔含．城市交通节点空间综合增效设计思路与方法 [J]．建筑师，2021（6）：19-30.

活动等在城市中产生的经济性和非经济性效果和利益，本质是一种投入产出的对比关系，也决定了城市发展的价值取向[①]。例如城市设计专题中的经济效益评估、经济可行性分析等过程，便是以经济效益提增为目标导向所进行的前期研究。

对空间综合效益的追求体现在城市设计发展历史的各个阶段，早期的现代主义关注以功能与技术发展为支撑的经济效益、人本主义导向下对城市公共空间质量的关注体现了对社会效益的追求、绿色城市设计则重视通过景观生态设计等手段来实现生态平衡、节能减排等环境效益……城市空间效益类专题除对空间营建成果本身的关注外，还关注物质空间支持或影响下各类活动产出的效果与价值。因此，将空间要素与可量化的效益指标对应，将各效益子项综合权衡从而寻求空间要素配置方法，是效益类专题研究的重要思路。例如在某新城开发中，将教育、医疗、文体等空间设施的配置数量与地区预计增长就业岗位、创造财政收入等经济效益指数挂钩，通过系列评价标准预测城市设计实施后的效益提增，从而对城市设计策略的制定与实施产生指导作用。同时，对效益类专题的重视也体现在例如轨道交通等具有强功能性城市基础设施的开发中，以 TOD（Transit-Oriented Development）开发为代表，该类研究聚焦投入与产出关系，将开发效益与土地利用强度、功能空间分布、公共空间质量、大型综合体等影响要素关联研究。

在精细化城市设计专题剖析中，将效益与空间关联分析、评估进而指导策略生成的过程，需要经济学、社会学、生态学等多学科协作与共融，从而促进以问题和空间需求为导向的经济、社会、环境、文化等多个效益子项的协同发展。此外，在时间维度上效益的体现往往贯穿精细化城市设计专题—专策—专管的全过程，一些效益子项在城市设计项目落地后很长时间才能逐渐显现，例如长期的生态修复过程等，因此在专题研究中充分考虑效益作用的时间阶段以及在作用时对专题—专策—专管过程的反馈与修正。效益专题同样以问题为导向，通过对空间问题、需求、条件的剖解，确定设计过程中需要提增的效益优先级，例如环境复杂的交通节点改造过程中对交通效益的强调，在充分权衡各效益优先级的基础上实现其他效益子项如经济效益、社会效益的相互牵引与联动，从而实现城市空间综合效益的最大化。

（2）专题示例概述

城市交通节点空间综合增效设计研究[②]

交通节点作为城市动态运行系统的关键地段，兼具公共交通基础设施与城市公共空间两个基本属性。随着城市集约程度和系统化运行要求的不断提升，由于在交通节点其范围内不仅交通行为高密频繁，更表现为空间组织立体多变、建筑功能综合交织，对更大范围的城市运行系统的影响性日益增大，使交通节点也成为实现城市空间综合效益的瓶颈点、机会点和驱动点。针对这一特定空间类型，系统阐释其空间综合增效发展目标的内涵、构成和标准，剖析城市设计实现交通节点增效的操作路径，提出城市交通节点综合增效设计思路，阐释该方法体系的总体框架、设计思维和权衡流程。

（3）专题示例主要内容

①作为“效益源”的城市交通节点发展属性与特征梳理

通过文献、案例等资料调研，梳理城市交通节点在成为城市“效益源”的同时，兼具交通基础设施与城市公共空间两个基本属性，伴随技术爆发、经济增长、城市发展历经“植入→扩容→协同→迭代”几个飞跃性进化过程（图 4-33）。

---

① 黄琪，曹卫东．泛长三角地区城市效益时空格局演变 [J]．城市问题，2016（10）：44-50.

② 本专题示例选自：褚冬竹，黎柔含．城市交通节点空间综合增效设计思路与方法 [J]．建筑师，2021（6）：19-30.

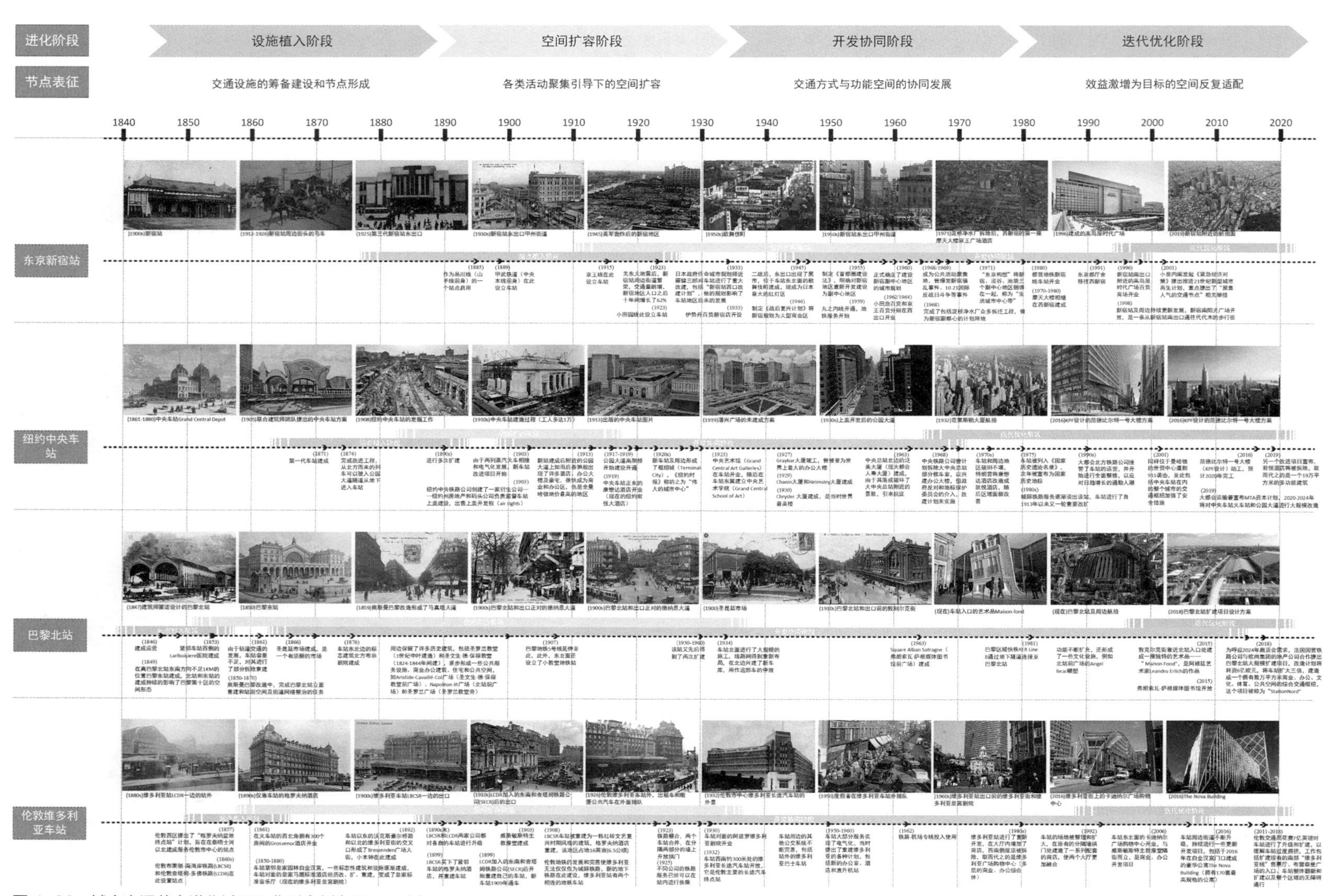

图 4-33 城市交通节点进化过程及典型案例发展历程分析

②城市交通节点空间综合效益内涵与构成辨析

基于以上梳理，分析城市交通节点空间综合效益除了包含交通设施建设运营产生的自身效益，还包含交通方式带动的土地开发收益、商业零售效益、公共民生利益与环保节能效率等，体现了多效益特性（Benefit Characteristic），可分为交通效益、经济效益、社会效益、环境效益和文化效益五个紧密且微妙关联的子项（图 4–34）。

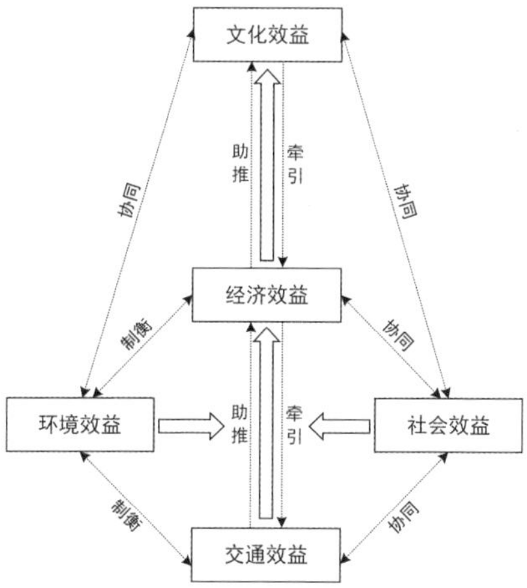

图 4–34　城市交通节点综合效益的 5 个子项关联图

③城市交通节点空间综合效益的标准和指标

在回顾相关文献并进行实证调研的基础上，我们进一步总结和完善城市交通节点空间综合效益的具体标准，为城市交通节点空间综合增效理论研究、设计决策、实施执行提供基础性参考。

（4）专题示例阶段成果

①建立“效益—空间”关联的设计思维

在科学认识交通节点空间综合效益的系统构成、各效益子项的内在联系、综合增效具体标准及（非）空间指标、各类（非）空间指标及其影响要素的基础上，形成的“综合效益—效益子项—具体标准—评价指标—空间要素”各层级关联的城市交通节点综合增效设计的“效益—空间”关联思维。

②建立综合效益专题下精细化城市设计总体框架

城市交通节点空间综合增效设计基于“专题精研—专策精深—专管精控”的精细化城市设计理论方法建构其总体框架（图 4–35），实现了理论研究、技术支撑、设计手段和建设管理的总关联。其中，“效益—空间”关

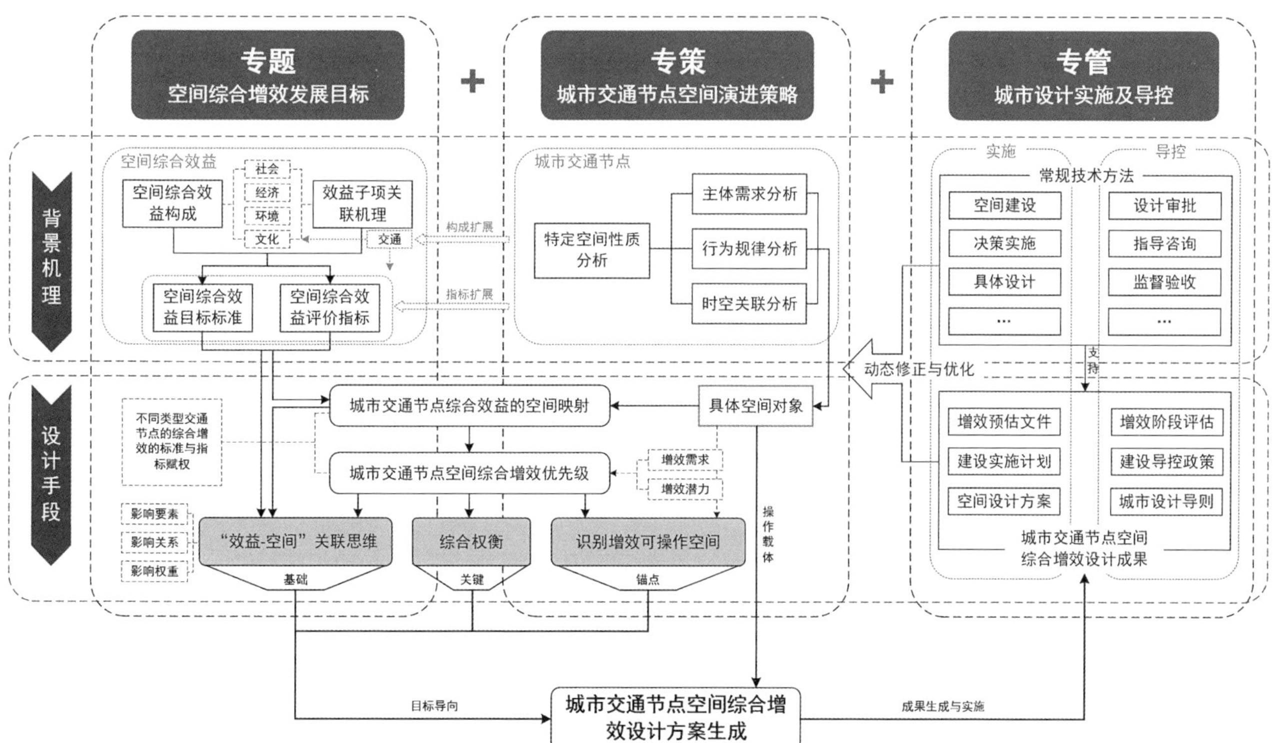

图 4–35　城市交通节点空间综合增效设计总体框架

联设计思维是基础，识别节点增效可操作空间是锚点，综合权衡各空间策略的增效可行性机理是关键。

③确立“特色—动态—综合”的权衡流程

在此基础上，提出城市交通节点空间综合增效设计的决策权衡过程中，应遵循“特色子项—动态层级—综合联动”的原则：特色子项，指根据不同城市交通节点的特色优势和增效需求，在设计中识别其特色效益子项，发挥某个或某些特色效益的主导和优先价值；动态层级，指不同城市交通节点空间综合增效目标会呈现五个效益子项的主次需求级，设计过程可动态调整特定对象的增效优先级；综合联动，指应综合协调城市交通节点空间综合效益的交通、经济、社会、环境和文化五个效益子项的牵引、协同、制衡、助推等内在影响关系，使五者加成实现城市交通节点空间综合效益最大化。

4.4.3 专题示例3：郑州市捷径空间避险疏散专题研究（安全与城市类）

（1）安全与城市类专题概述

精细化城市设计安全类专题侧重于通过对城市安全需求、威胁要素、运行规律等方面的研究，探寻防止危险城市安全灾变的发生、保障城市安全运行的策略。面对城市中发生的事故、卫生、社会、自然灾变，从抵抗、消解、利用的角度应对是包括城市设计在内的建筑学长久以来的方法[①]。蔡凯臻、王建国提出的“安全城市设计”概念，将心理安全、行为安全、防卫安全、灾害安全归纳为基本内容[②]，亦是理解安全类专题内容的重要切入角度。

安全是城市空间应当具有的基本品质，是城市良性运行的基本保障。从居于山丘之上的雅典卫城到“筑城以卫君，造廓以守民”的中国古代筑城思想，城市发展对于安全的思考从未停止。随着城市空间需求的不断演进，对于城市安全的理解与侧重也随之变化，在近现代城市发展中，除军事上的城市防卫安全外，与人们日常生活中息息相关的预防犯罪、减轻灾害、行为安全保障等安全议题也逐渐发展。在精细化城市设计涉及的安全与城市类专题中，“灾变”作为自然及社会发展中不可避免也不可或缺的系统调适的一部分，在安全与危机博弈中有着重要的位置。“灾变”是包含人类在内的整个自然、社会的异动、转化、重塑，也是城乡建设与治理实践中的攻坚克难对象。灾变本身的成因、机理、应对及修复具有极大的复杂性和差异性，在单个学科范畴内很难得到全面阐释和解答，但以某个学科为视角，仍可以观察和认知灾变，并在该学科职能范围内提出应对策略。面对灾变，不同学科指向共同目标，但具体攻关内容与技术措施则存在明显差异，如灾害学视角下的灾变研究偏向对自然和人为灾害的成因和影响机制剖析，用以灾害风险预测和应急管理[③]；而在包含城市设计领域的建筑学视角下讨论灾变，则应从灾变与空间载体、人居环境交互影响机理切入，在建筑学职能范围内针对灾变的隐患、发生、发展及灾后恢复全程，梳理已纳入建筑学研究范畴内的常规灾变、学科交叉视域下的既有灾变和未来存在转化风险的其他灾变，明确灾变类型及其破坏形式、应对方式、典型事件并建立其与城市安全的关联，成为城市备灾的前提。综合国内外各类备灾方案和安全城市体系，可建立基于建筑学视角下的城市灾变类别（图 4-36）。各个类别因其性质不同与建筑学的联系密切程度不同。部分类别灾变与建筑学联系紧密，如声污染、光污染、热污染、地震、火灾、工程事故等，甚至促进相应次级学科或建筑规范标准形成并发展；部分类别灾变与建筑学有一定联系，如

① 褚冬竹，顾明睿. 灾变的意义：从城市安全到建筑学锻造 [J]. 新建筑，2021（1）：4-10.

② 蔡凯臻，王建国. 基于公共安全的城市设计——安全城市设计刍议 [J]. 建筑学报，2008（5）：38-42.

③ 柴康，刘鑫. 基于模糊聚类分析的综合管廊多灾种耦合预测模型 [J]. 灾害学，2020，35（4）：206-209.

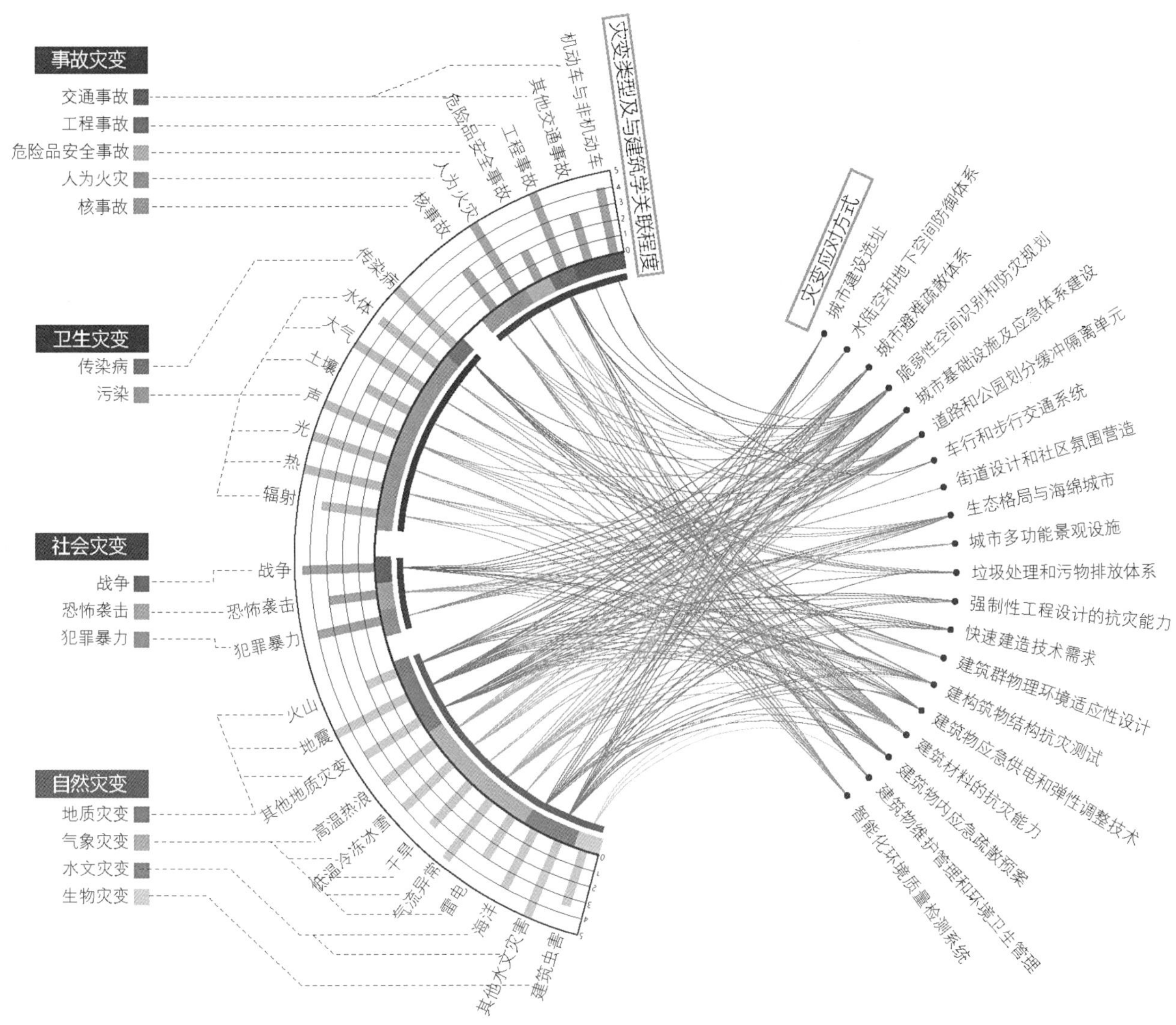

图 4-36　灾变类别简图（柱状图高低定性地表达与建筑学的联系密切程度）

火山、战争、核事故、土壤污染、交通事故等，可以利用其有效解决一定程度上的问题，但由于灾变破坏力过强或建筑学并非起决定性作用的学科，削弱了二者的联系程度；还有部分灾变与建筑学联系微弱，建筑学只能起到一定的辅助作用。各个不同程度的关联也见证着城市、建筑学、灾变的生存与发展历程。

城市设计安全专题的精细化纵深内容丰富，在灾变安全方面，精细化方向包括性能精细化（如建筑结构、物理环境设计时针对灾害风险提供对应的性能定量优化）、空间精细化（如防疫、防灾、反恐的城市缓冲隔离单元和街道空间设计）及评价精细化（如公共建筑和公共空间的安全评价体系量化研究）。同时，在精细化城市设计背景下，管理因素对安全专题的落实与保障也尤为重要，在安全空间设计的落实、执行、监管等方面达到“专管”，并结合实时监控、图像识别、AI 分析等结合现代数字化手段与工具，是安全专题下精细化城市设计不断创新发展的重要方向。

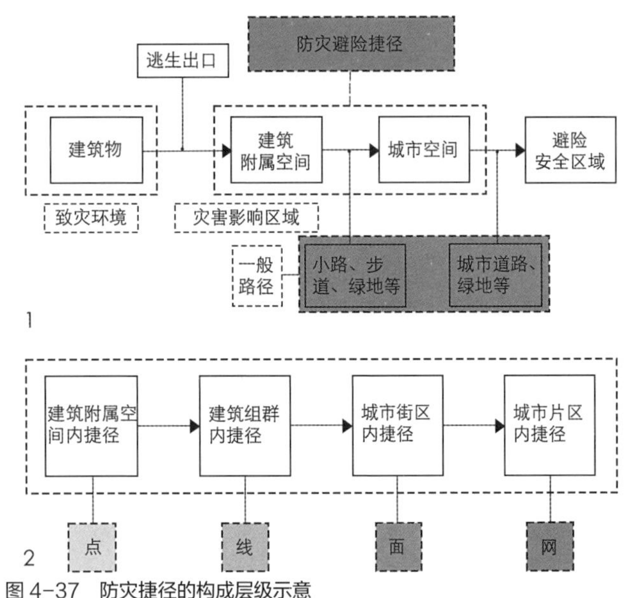

图 4-37 防灾捷径的构成层级示意

（2）专题示例概述

基于捷径空间的郑州市城市中心区避险疏散专题研究[①]

该专题研究从城市中心区面临的高风险等诸多现实问题切入，提出利用中心区捷径空间辅助避险疏散的城市设计思路，据此建立相关研究专题。以郑州城市中心区为空间对象，统筹城市环境设计、空间句法分析和疏散模拟仿真等多种研究方法，对捷径优化前后的防灾疏散能力变化进行研究，发现捷径空间的建立和完善能够有效缩短疏散时间、提高疏散效率，为提升城市中心区的防灾、抗灾能力提供了新的设计思路与方向。

（3）专题示例主要内容

①城市中心区空间特点与防灾问题剖析

该专题研究剖析城市中心区因其高密度、高容积率、高聚集、高风险因素叠加的特点，存在高致灾、孕灾风险的问题。进一步提出城市中心区捷径空间具有高效、短距和认知安全的特点，这些特征符合使用者对时间、效率的追求，更可提供特殊情况下的空间避险疏散。因此分析城市中心区捷径空间的特点，总结归纳该空间内的灾种与防灾诉求，为构建具体空间策略做准备（图 4–37）。

②建立捷径空间避险疏散优化原则与评价测度指标

我们直接选取郑州市三个典型城市中心区为研究对象，首先通过研究提出避险优化原则，包括增加各公共空间捷径数量、通过空间结构立体化视线分层疏散捷径、捷径空间功能多元化等。再基于空间句法相关理论衍生出疏散捷径选择度（Choice of Evacuation Shortcut，简称 CES）和避险区域整合度（Integration of Safety Area，简称 ISA）两个测度指标，用以确定人群避险疏散活动与空间形态之间的联系。

③提出策略建议并进行疏散模拟验证

根据上诉测度指标评价后将捷径空间疏散价值划分为高、中、低三个等级，以此指导建立避险疏散捷径的空间设计策略生成，主要涵盖新建、改造和强化三类内容。再对优化设计策略进行疏散模拟仿真，对捷径优化前后的防灾疏散能力变化进行对比。证明捷径空间可明显缩短疏散时间，同时城市中心区的空间结构、功能弹性和路径形态等因素造成了不同个体之间在相同疏散规模下优化结果的差异及变化规律，为提升城市中心区的防灾、抗灾能力提供了新的研究思路与方向（图 4–38）。

（4）专题阶段成果

该专题研究提出基于防灾疏散诉求，将捷径从建筑与城市空间中分离出来作为独立的空间类型进行研究，强调此类空间所具备的独特避险疏散能力。通过专题研究确定了疏散捷径空间优化原则与测度指标，提出了避险疏散捷径的等级划分和设计策略；在具体空间研究中针对所选择的三个城市中心区提出了具有针对性的疏散捷径具体设计方法和局部地区设计方案，并对优化前后的疏散时间进行了仿真模拟分析，为基于捷径理念的城市中心区防灾城市设计提供方法指导。

---

① 该专题示例选自：谷溢，吴欣彦，曹笛．基于捷径空间的城市中心区避险疏散研究——以郑州市为例 [J]．新建筑，2021（1）：36–40.

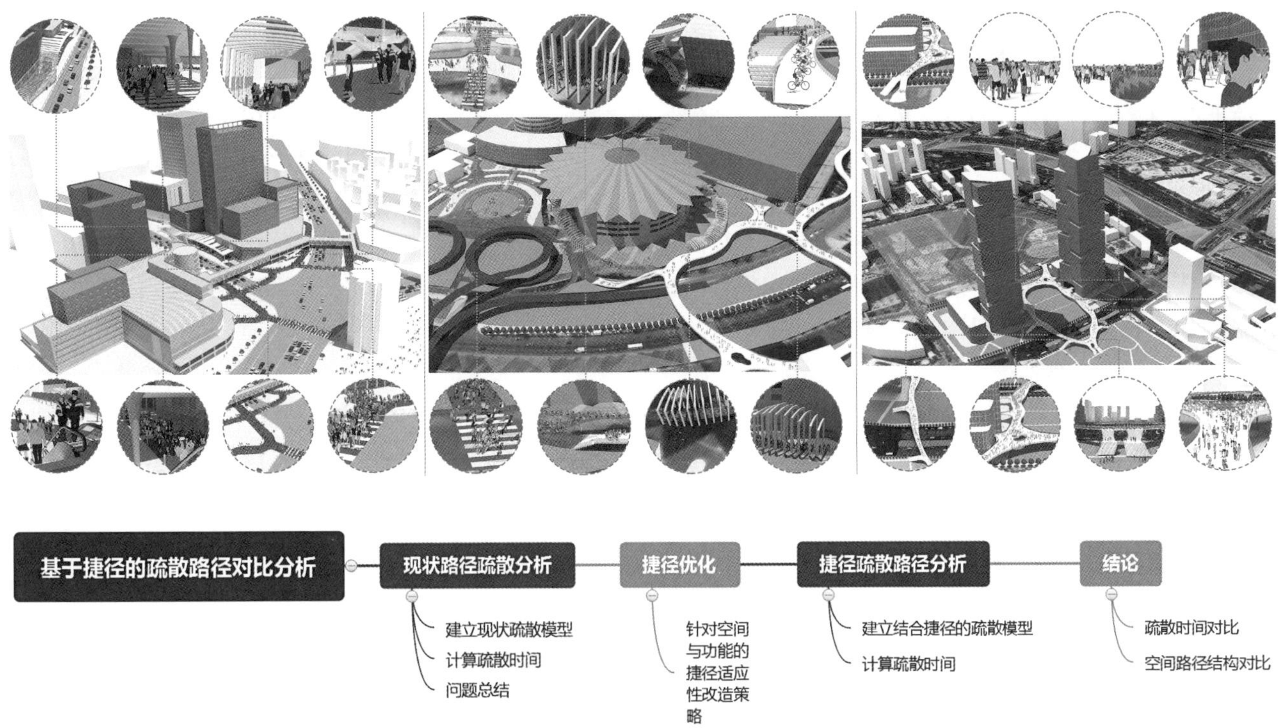

图 4-38　局部空间捷径优化方案（上）和模拟仿真思路（下）

4.4.4　专题示例4：山地传统社区空间环境整治更新专题研究（文化与城市类）

（1）文化与城市类专题概述

精细化城市设计文化专题主要的内容，一方面包含对城市历史街区、城市历史建筑、城市地段等遗产的保护与利用研究；另一方面则指通过城市文化设施的建设、城市文化空间的梳理等方式来激活城市文化生活、文化活力与文化自信。其中历史遗产也包含在城市文化空间之中，是激活城市文化的重要单元。若将城市系统比作生命体，其中物质空间是骨肉与器官，那么城市文化便是其生命的灵魂，正如刘易斯·芒福德（Lewis Mumford）在《城市文化》中提到“城市是文化的容器，专门用来储存并流传人类文明的成果。”

人类对于文化的渴求深刻植入城市空间营建的方方面面，城市空间转型无不伴随着物质与文化的共同演进。从西方的庙宇、剧场到东方的古典园林、会馆等，众多文化空间对城市发展产生深远影响。在对历史遗产等文化空间的保护与利用类专题方面，1964 年由联合教科文组织（UNESCO）颁布的《威尼斯宪章》，提出了文物古迹保护的基本原则并指出遗产“不仅包括单个建筑物，而且包括能够从中找出一个独特的文明、一种有意义的发展或一个历史事件见证的城市或乡村环境”，至今不同国家和城市对历史遗产的保护与利用已发展成城市设计营建的重要一部分，在进行城市设计时，根据不同遗产保护级别选择保护、改造、部分改造等设计手法尤为重要，也成为文化类专题讨论的关键。除需要严格遵守保护和修复准则的城市历史遗产保护外，在近年来的城市更新研究与实践过程中，城市中的历史街区、老旧社区、特色社区也都承载着城市的历史记忆，成为城市极具文化潜力的城市文化单元。这些区域在进行城市更新设计时，往往遵循有机更新、微更新等理论原则，提倡渐进式、小尺度、精细化、尊重原有场所文脉，利用建筑、场地、景观和公共艺术等改造对象，采用重现场景、新旧并置、融合植入等多元手法进行，为激发城市文化活力提供新的场所与思路[①]。

随着城市物质文明的高度发展与新空间类型的诞生，一些如城市基础设施的具有强功能性、技术性的城市功能空间也逐渐显现出文化特性，例如针对轨道交通类基础设施的文化类专题，讨论如何利用交通空间设计容纳或连接周边文化设施、公共空间等，激发城市文化效益。同时，网络媒体、社交平台等技术支撑的信息时代到来，也为城市空间的文化传播带来了新机遇，城市设计学科通过与传播学、新媒体、艺术等文化领域的合作，分析文化传播受众的空间行为心理特点、结合大数据等提高传播精神的精准性、丰富空间文化传播的方式方法等也成为文化类专题的新内容。在文化成为新一轮城市发展的重要资源之际，以人为本、将文化视作公众应当享有的权利与福祉，是精细化城市设计文化类专题的原则与方向。

（2）专题示例概述

山地传统社区空间环境的整治更新策略——以重庆嘉陵桥西村为例[②]

该专题研究以重庆嘉陵桥西村为空间载体，提出山地传统社区的概念，分析其空间、历史、文化特征，对嘉陵桥西村的现状主要问题及特征进行提炼，提出以“空间”“历史”“文化”作为更新要素并进行专题研究。在此基础上，建立社区空间环境整治更新的整体框架，以宜居性和文化性为目标，从主题文化、空间环境、文化节点三个方面提出具体更新策略。

（3）专题示例主要内容

①山地传统社区概念及特征分析

首先通过重庆山地城市背景分析明确山地传统社区概念，是指建造于山地地形环境之中、建成历史较悠久、具有山地传统空间特色、通过步行组织交通、其建筑及空间环境较衰败以及管理较开放的邻里居住单元。进一步总结重庆山地传统社区的特征，包括：形成传统街巷院落的空间特征，掩藏大量历史遗迹的历史特征等。

②重庆嘉陵桥西村文化资产梳理与空间问题挖掘

通过深入调研，设计者梳理了重庆嘉陵桥西村现状，整理社区蕴含的丰富文化资产，包括宋子文旧居（怡园）和鲜英旧居（特园）。并剖析重庆嘉陵桥西村存在的现状问题，除绿化及环境卫生较差、空间特色不鲜明而缺乏活力外，还存在文化内涵未得以挖掘的关键问题。虽然在文保单位入口处设置了标识，但对居民进行抽样调查发现，了解怡园及鲜英两处抗战遗址相关历史人物、历史事件等历史信息的居民甚少（图 4-39）。

③重庆嘉陵桥西村更新要素专题剖析

在以上问题剖析的基础上，提出空间、历史、文化作为更新要素，进行专题研究。提出“空间”是“硬件”，是满足居民居住生活基本需求的形式和功能要素。“历史”和“文化”是“软件”，是寄寓空间以“精神”的社会要素，是满足社区居民生活和居住的“魂”。其中，“历史”是延续社区历史文脉、挖掘社区历史价值，“文化”是通过塑造社区邻里文化，提升社区归属感。

（4）专题示例阶段成果

①提出山地传统社区空间环境整治更新整体框架

通过对社区空间、历史、文化三层更新要素的研究，提出山地传统社区空间环境整治更新以社区路径、社区节点、社区边界、社区标志等要素组成整体空间骨架。社区路径包括 1 条文化旅游路线和 4 条生活路线。社区节点包括社区主要出入口、怡园历史文化展示中心、社区公共活动中心、社区老年活动中心（鲜英旧居马房部分）、

---

① 褚冬竹，阳蕊．线・索：重庆城市微更新时空路径与实践特征 [J]．建筑学报，2020（10）：58-65.

② 本专题示例选自：李和平，肖洪未，黄瓴．山地传统社区空间环境的整治更新策略——以重庆嘉陵桥西村为例 [J]．建筑学报，2015（2）：84-89.

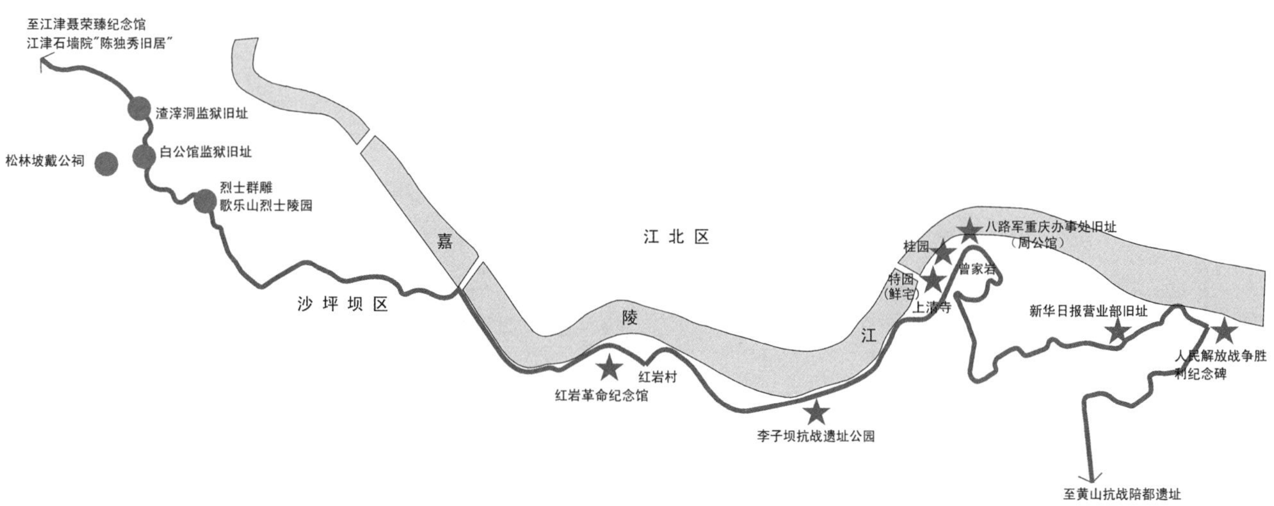

图 4-39　特园（鲜宅）在重庆抗战文化走廊的空间关系

社区物业管理中心（鲜英旧居客房部分）以及若干居住院落。社区边界包括社区外部景观界面、主要路径两侧垂直界面等。社区标志主要包括社区入口形象标志、道路指示牌、抗战遗址及其标牌等。通过梳理，空间环境整治整体上形成“一轴四环七节点多院落”的空间结构（图 4-40）。

②提出山地传统社区空间环境的整治更新策略

在专题研究基础上，借鉴当前西方人本主义思想和国内“小规模渐进式”更新理念，以居民为组织核心，以保护和利用社区历史建筑、延续社区肌理、整治绿化环境为主要内容，从社区主题文化划分、街巷空间环境整治、社区文化节点整治与展示等提出更新措施。

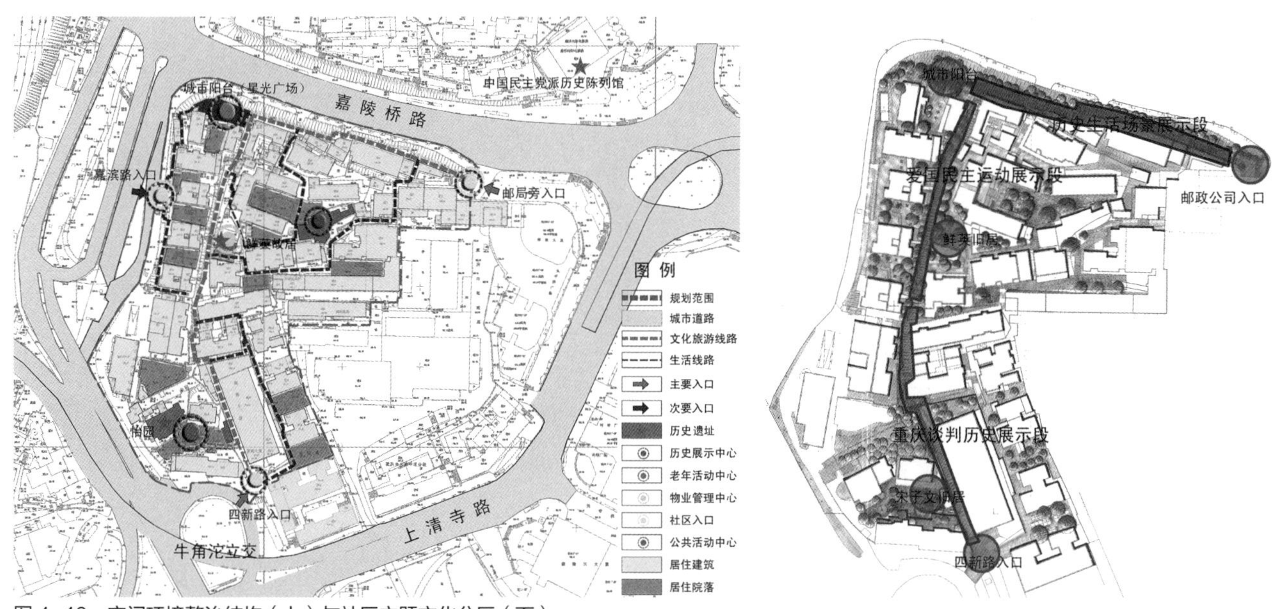

图 4-40　空间环境整治结构（上）与社区主题文化分区（下）

4.4.5 专题示例5：重庆西站片区城市设计交通专题研究（交通与城市类）

（1）专题示例概述

重庆西站片区城市设计[①]

重庆西站枢纽是重庆三大主枢纽之一、西南地区最大的铁路综合交通枢纽，在承担关键交通职能的同时拥有生态、文化、产业等丰富发展资源，代表重庆未来城市的核心竞争力（图 4–41）。该专题研究以重庆西站片区为空间载体，通过梳理该区域在交通、功能、产业等方面的核心现实问题，进一步研判空间发展机遇、条件以归纳设计问题，确立以交通为主的设计专题并展开深入研究，逐步指导重庆西站在交通组织、步行通达、公共空间优化等多方面的专策生成与成果实现。

（2）专题示例主要内容

①重庆西站片区核心现实问题剖析

通过大量现场、数据调研发现，西站片区主要存在“站城割裂，有站无城”“快慢失衡，有散无聚”“功能冗杂，产业缺位”“资源阻断，魅力不显”等现实问题。主要指西站站前片区被大量的快速机动车干道割裂，加之部分道路改造施工以及两侧配套路网建设滞后的影响，站前片区路网衔接不畅（图 4–42）。同时，受交通廊道分

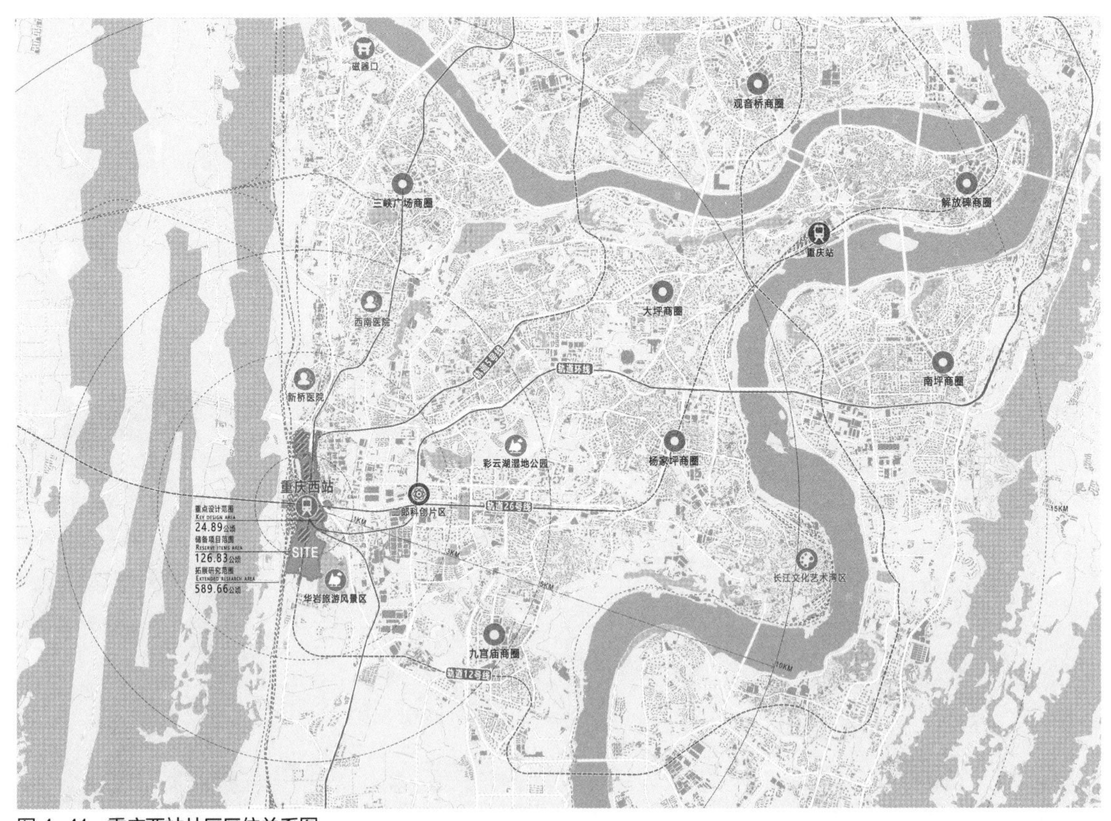

图 4–41　重庆西站片区区位关系图

① 本案例选自《重庆西站片区城市设计》（国际竞赛第一名），设计单位：重庆市设计院有限公司，设计时间：2022，项目主创：褚冬竹、楚隆飞、王大刚等。

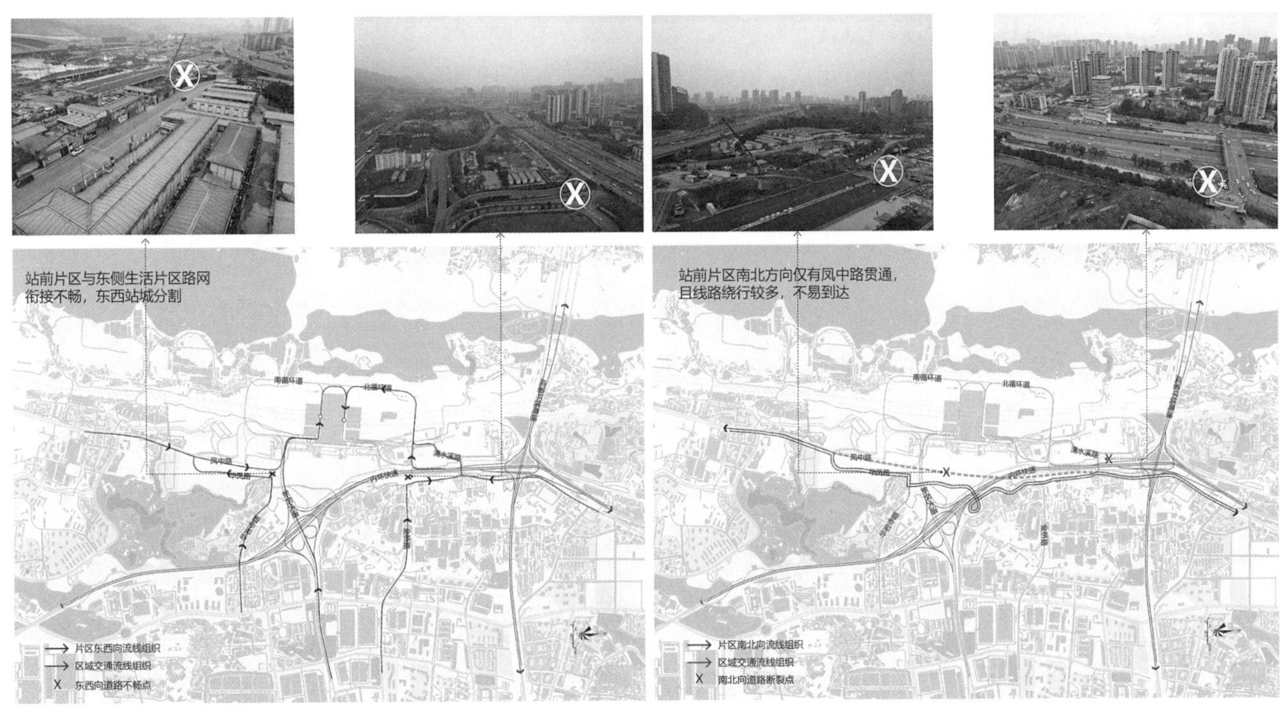

图 4-42　站城割裂交通问题剖析图

隔影响，站前区用地破碎、慢行系统缺失，难以吸引人流，更阻断了山水自然资源视线，影响业态分布与产业发展。

②重庆西站片区空间发展设计问题研判

从成渝层面、重庆层面、区域层面梳理片区的发展机遇与条件，剖析其与核心现实问题的矛盾与关联，提出“创新枢纽，活力西港”等空间发展定位。进一步通过深圳高丽高铁综合交通枢纽地区、上海虹桥商务核心区等相关城市设计案例的分析与比较学习，提出“站城关系织补”“改善区域交通”“构建立体交通”“优化内部道路功能”等系列空间设计问题，确立以交通优化为主的城市设计专题。

③重庆西站片区城市设计交通专题精研

对设计专题中的系列子项进行研究，将西站片区的交通空间基础视为空间发展的“韧性底盘”，通过未来交通需求预测、交通优化模拟、步行可达性分析等研究手段（图 4–43），从区域网络到节点空间、从车行交通到公共交通、从地上空间到地下空间，分层次确立系列交通问题的设计手段（图 4–44）。在解决基本交通通行问题后，针对交通割裂导致的站域活力缺失问题提出“漫游走廊”“趣味场景”等设计建议，将步行路径与绿色景观、休闲商业等场景交织，在进一步提升片区通达性的基础上引导趣味回游、远眺观景等更具活力的交通行为生成（图 4–45）。

（3）专题示例阶段成果

①形成交通专题研究下的关键设计策略体系

根据专题研究与方向建议，提出“韧性底盘”“漫游走廊”“趣味场景”等系列交通通达设计策略，形成从基础交通职能保障到交通活力激发的完整设计策略体系，为片区产业创新、自然资源利用等其他关键发展领域提供刚性城市设计骨架。

②形成重庆西站片区精细化城市设计专题研究、设计策略等系列成果体系

在深入专题研究与关键设计策略提出后，形成完整设计提案、设计文本、图集等，涵盖用地规划优化、业态布局、开敞空间系统、空间形态、综合交通系统、服务设施系统、地下空间系统、投资估算、城市设计管控建议等更加精细要素领域，为重庆西站片区精细化城市设计实施与发展蓝图实现奠定基础（图4-46）。

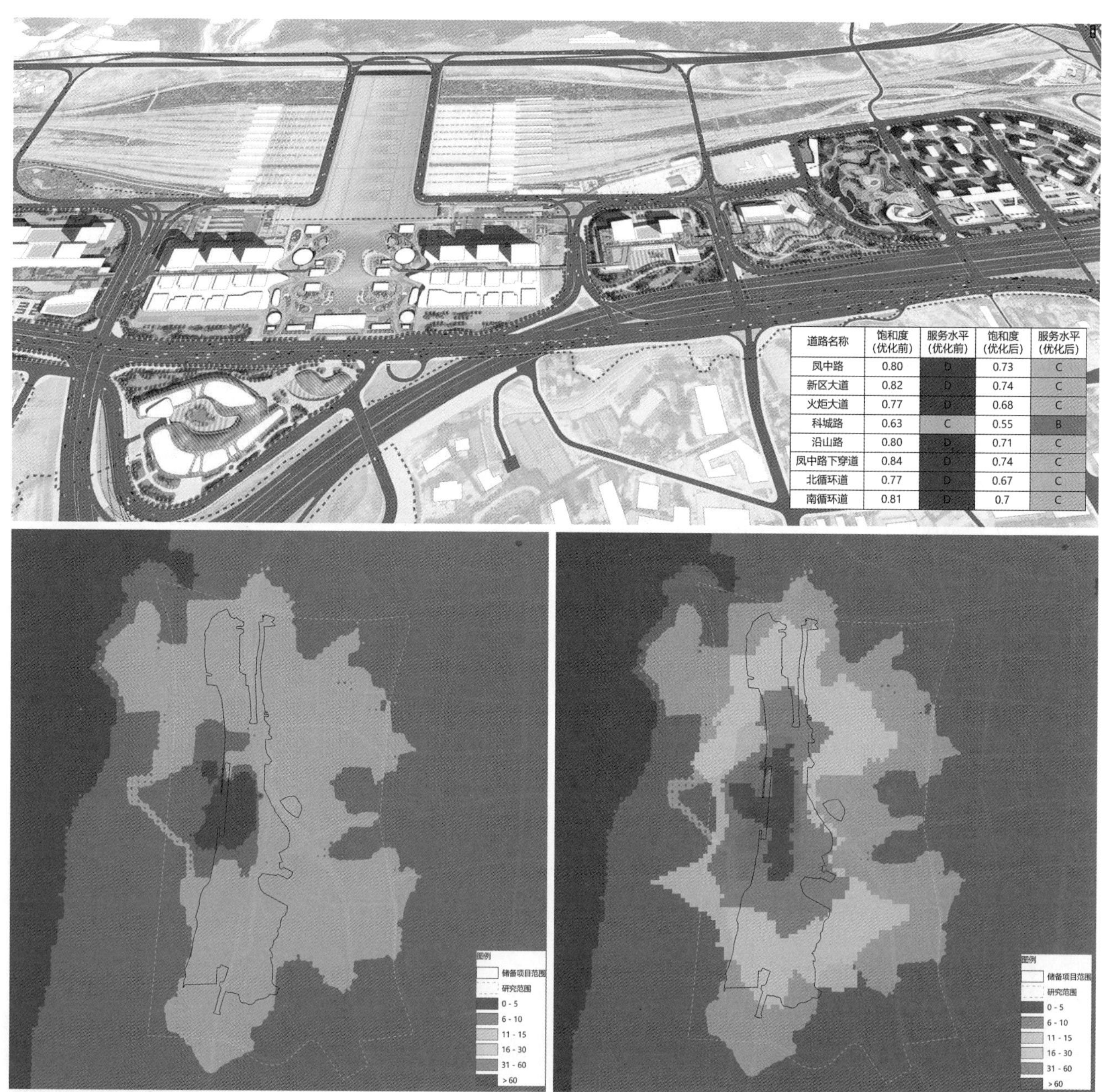

道路名称	饱和度（优化前）	服务水平（优化前）	饱和度（优化后）	服务水平（优化后）
凤中路	0.80	D	0.73	C
新区大道	0.82	D	0.74	C
火炬大道	0.77	D	0.68	C
科城路	0.63	C	0.55	B
沿山路	0.80	D	0.71	C
凤中路下穿道	0.84	D	0.74	C
北循环道	0.77	D	0.67	C
南循环道	0.81	D	0.7	C

图4-43 交通优化分析图
上：交通优化模拟；下：优化前（左）后（右）步行可达性对比分析

图 4-44　交通专题下的设计策略图示
上：道路功能规划图；中：道路交叉口管控示意图；下：公共交通规划图

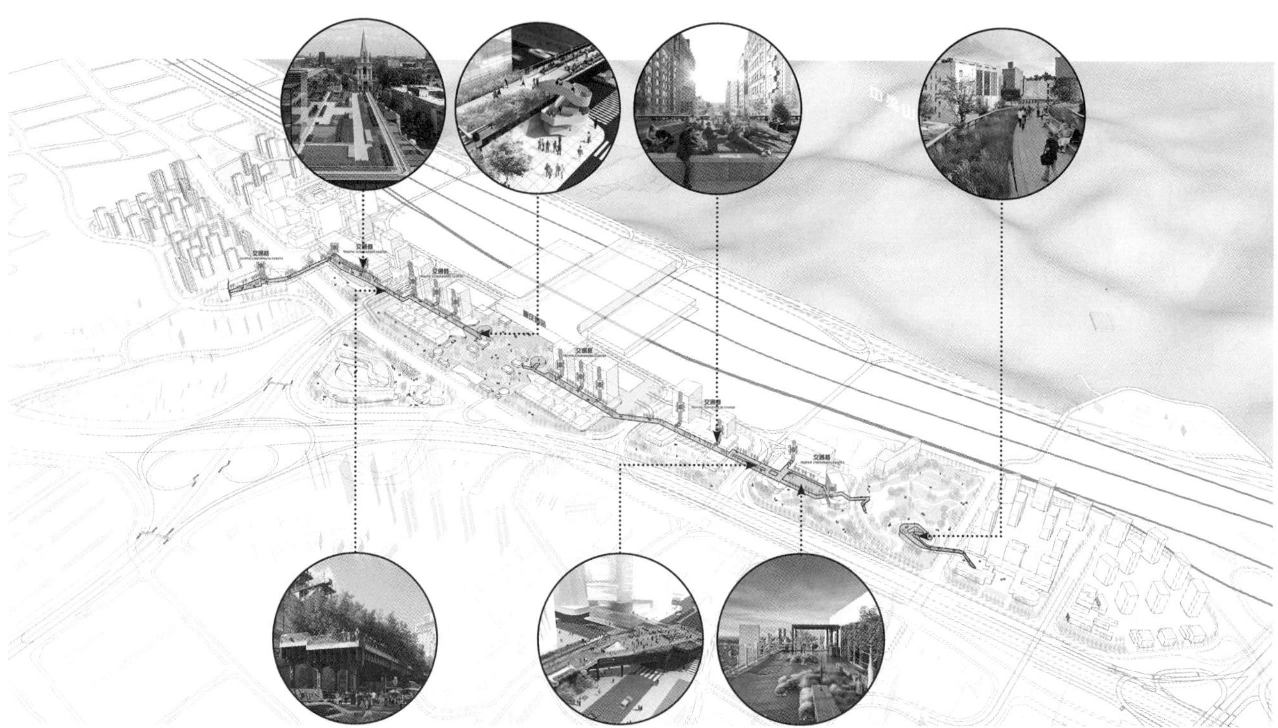

图 4-45 空中连廊设计分析图

图 4-46 重庆西站片区城市设计效果图
左：鸟瞰效果图；右：地下环廊效果图

思考题

1 空间的界定方式与技术发展有何关系？

2 强调空间可以由非视觉因素确定这一观点的意义是什么？

3 现实问题与设计问题的关系是什么？试举例说明。

4 确立设计专题的意义是什么？设计专题如何在城市设计全过程产生作用？

5 专题精研的方法与技术工具有哪些？试举例说明。

6 除了本书中的示例，请再列举 3~5 个设计专题。

第 5 章
精细化城市设计的专策纵深

5.1　设计专策与空间生产

5.1.1　空间生产的涵义、依据与原则

城市设计不仅涉及物质空间创造或优化，也包含从历史、文化、生态、安全等不同的角度进行空间的策划、组织、实施和管理，而精细化城市设计更是需要在丰富的设计专题指向下纵深，进一步提出城市设计的专项应对策略，即设计专策，它包含设计方案、设计导则、实施计划、导控政策等一系列精细化城市设计成果。在精细化城市设计“专题—专策—专管”的技术路径中，“专策”具有重要的联系意义：一方面，专策作为专题阶段的纵深发展，需要从现实问题、设计问题逐步过渡到明确的空间生成方式；另一方面，专策作为专管的前置阶段，又需要将空间生成方式以若干可操作、能执行、易监管的技术表达形式和系列制度文件呈现出来，以保证关键性的“目标—问题—解决”逻辑链能够顺利推演实施。

因此，对于精细化城市设计这一技术手段而言，“专策纵深”是全流程技术体系中直接指向空间生产问题的阶段，是城市空间生产在城市设计中的重要环节。列斐伏尔（Henri Lefebvre）认为，空间生产在理论上具有两方面涵义，即“在空间中的生产（Production in Space）”和“空间本身的生产（Production of Space）”[①]。“在空间中的生产”是物质空间生产的必然方式和基本形式，一切生产实践都必须以特定的物质空间为载体。更进一步，城市化的迅猛推进导致城市空间急剧膨胀，生产力的发展使得城市支撑体系不断完善，人们的空间营建能力也随之提升，突破了工业生产的物理空间限制，由此提升和拓展了人们对空间的认知能力与边界，各类新型空间逐步生成，开启了城市空间从“空间中的生产”到“空间本身的生产”的转型升级之路。

空间生产是总体性的，它涵盖了全球化、国家及城市和个人感知空间，是社会生产方式、社会关系和政治意识的综合体现，同时也蕴涵着人们对身体本能和精神感受的双重追求。列斐伏尔的“空间生产”作为一种体现社会关系和物质生产动态过程的实践概念，不仅是事物所处场景地域的设计经验摆置，更是一体化的空间形态、物质结构和社会生产态度的同构[②]。城市作为政治、经济、人口和各类生产资料的聚集地，其空间形态是城市设计理念和设计方法综合作用的结果[③]，也是反映社会需求与社会关系的物质载体。在社会生产力和生产关系的相互影响下，生产方式直接影响社会关系和物质生产活动，并逐渐向日常生活中渗透。人们依托社会关系在空间中呈现自己，又将新的社会关系投射于空间中，空间生产在这样的循环过程中，不断满足人们生存发展的需求。

空间生产思想和实践策略与社会、时代和城市使命的发展主题密切相关。城市空间形态也因地域、文化背景的不同，表现出共性与差异并存。城市设计中的空间生产以城市物理空间和社会空间作为操作对象，将人的需求与空间既有条件作为空间的生成原点和设计出发点。在价值导向上，以人民的公众利益为核心，兼具历史文化延续与生态可持续发展的保障责任[④]；在生产方法上，尊重人与自然关系的演进规律和城市文明发展规律；在技术上，以新兴数字技术为支撑，重视跨学科交叉合作，全方位带动城市空间整体发展；在组织方式上，以专业人士主导引领，促进公众参与，从使用者的角度出发，建立安全、生态、健康、可持续、法治的城市空间系统，持续追求人类社会与自然关系平衡的最优解。

---

① 包亚明．现代性与空间的生产 [M]．上海：上海教育出版社，2003.

② 孙全胜．空间生产——从列斐伏尔到福柯 [J]．江汉大学学报（社会科学版），2015，32（4）：89-95+126.

③ 童明．变革的城市与转型中的城市设计——源自空间生产的视角 [J]．城市规划学刊，2017（5）：50-57.

④ 韩冬青，冷嘉伟．城市设计基础 [M]．北京：中国建筑工业出版社，2021.

5.1.2　设计专策推动下的空间生产

人类的生产实践大致包含物质财富生产、社会关系生产和精神文化生产等三个层次，在城市载体空间中展现为空间形态多样化和空间生产多元性。城市在不断发展的过程中持续驱动城市空间结构、空间形态、功能相互交织、影响和制约。面对空间生产过程中的城市问题，如何随着空间生产形式的演变动态转换应对策略，是精细化城市设计在设计专策阶段需要关注的重点议题，在生产形式上主要包含三个方面：

（1）功能转换推动空间生产。城市设计语境下的空间生产首先意味着对持续变化的功能需求的回应，其中既包含新空间的创造，也包含旧（既有）空间的转型。从新空间创造的角度理解“生产”是易懂的，也是城市发展过程中依据功能、技术、文化、制度等多样条件驱动或制约下的推演过程。城市旧空间作为城市发展的重要组成部分，在其发展过程中面临空间功能无法继续满足城市发展需求的困境，旧空间的功能转换和再利用成为突破“存量时代”城市发展瓶颈的重要手段。例如，后工业时代背景下的城市转型和产业升级，遗留了大量的工业棕地[①]，棕地生态修复和空间功能的再利用成为精细化城市设计的重要议题。在智利比尼亚德尔马市，城市早期粗放式发展导致生态环境受损、公共空间质量下降、街区枯燥乏味等问题。Sasaki 事务所在该市的拉斯萨利纳斯（Las Salinas）项目中实践了以空间功能转换推动空间生产的精细化城市设计（图 5–1）。城市设计从不同层次探讨了城市空间的形式和功能，将断裂的滨海和山地交通重新连接，利用地面高差发展立体交通，打通山地社区到海洋的视觉和物理连接，推动交通一体化发展（图 5–2）。同时，分析生态系统的特性和关联性，运用雨水管理、碳排放控制、微气候调节、植物多样性保护等策略，实现了棕地功能转换和生态复育。

图 5–1　智利拉斯萨利纳斯方案鸟瞰图 | 设计：Sasaki

① 棕地（Brownfield Site）指被遗弃、闲置或不再使用的前工业或商业用地及设施，这些地段的利用或再开发可能会受环境污染的影响。

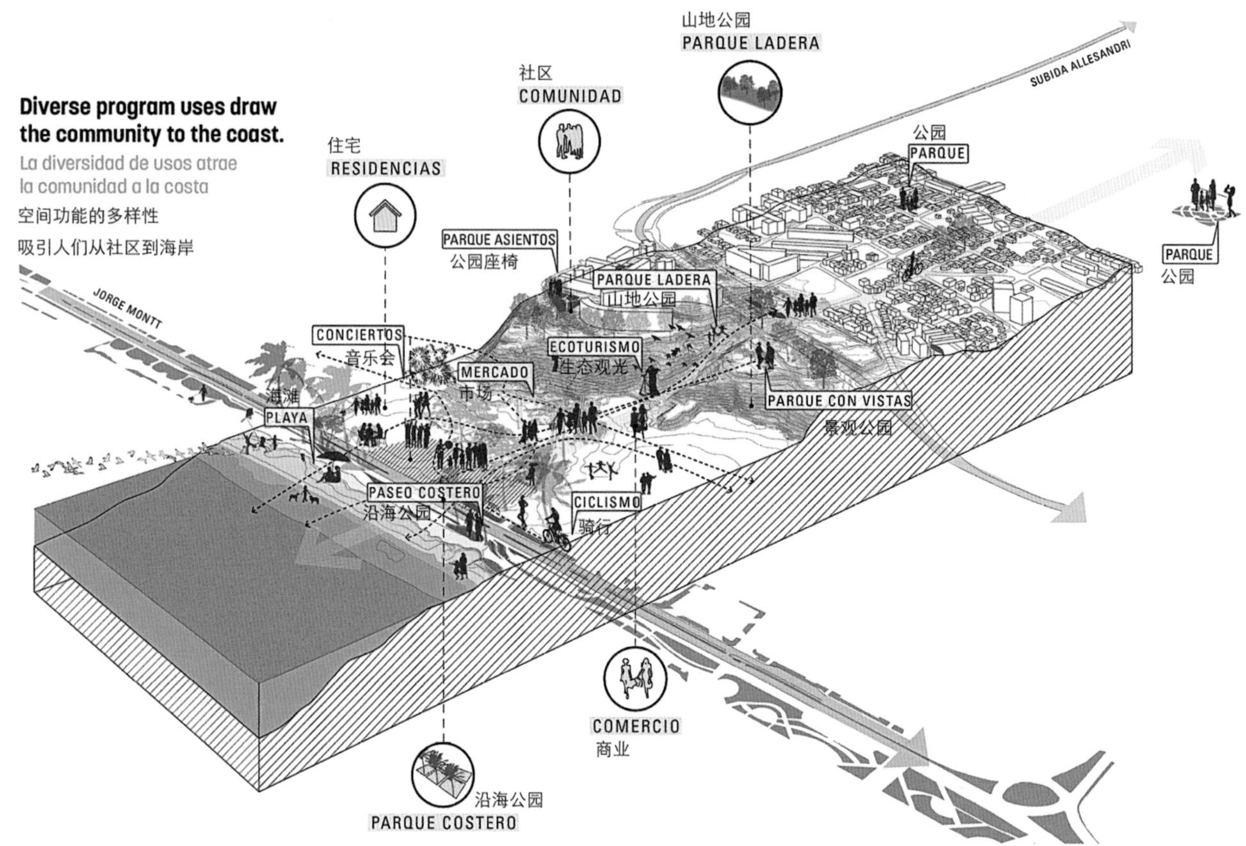

图 5-2 智利拉斯萨利纳斯一体化交通方案

（2）空间重构推动空间正义。空间正义是空间生产及资源分配时公民空间权益和社会公正的体现，它包含人们对空间资源和空间产品的生产、占有、利用、交换和消费的正义[①]。人们在物质空间环境中活动时产生个体空间行为，个体差异带来行为差异，最终表现为空间差异。追求空间正义并不是要消除空间差异，而是注重空间的平等性、包容性和规范性。要实现空间布局合理和资源分配公平，需要以空间重构的手段来推动实现空间正义，其核心在于空间资源的人性化配置。运用设计专策维护城市公民权利，以尊重、公平、共赢为原则，保障社会活力，使人们可以相对自由地进行空间生产和空间消费。例如，在重庆轨道交通 2、3 号线牛角沱站城市"零余空间"[②]重构概念性设计中，通过挖掘区域内零余空间的多元潜力，结合现有城市公共空间构建以站点为核心的空间体系，探索打破空间隔离性、粘合空间碎片化路径，串联区域内步行系统，优化轻轨站接驳效能，增加零余空间公共服务设施建设等手段，构建了具有城市活力和正义的共享空间（图 5-3）[③]。

（3）政策优化推动空间治理。乔纳森·巴内特（Jonathan Barnett）在《作为公共政策的城市设计》一书中率先提出了将城市设计作为公共政策的理念，并在 1970~1980 年代的纽约再开发过程中，运用多样化政策管理手段来加强组织公共部门与私有部门之间的密切合作。设计专策以公共利益为出发点，通过制定责任监督和利益协

① Edward W. Soja. Seeking spatial justice[M]. Minneapolis: University of Minnesota Press, 2010.

② 零余空间指城市建成区范围内零碎、分散、利用效率低下的小型开放空间、外部空间。

③ 褚冬竹，何瀚翔，王雨寒. 零余空间辅助轨道站外客流释压策略研究 [J]. 西部人居环境学刊，2022（4）：122–129.

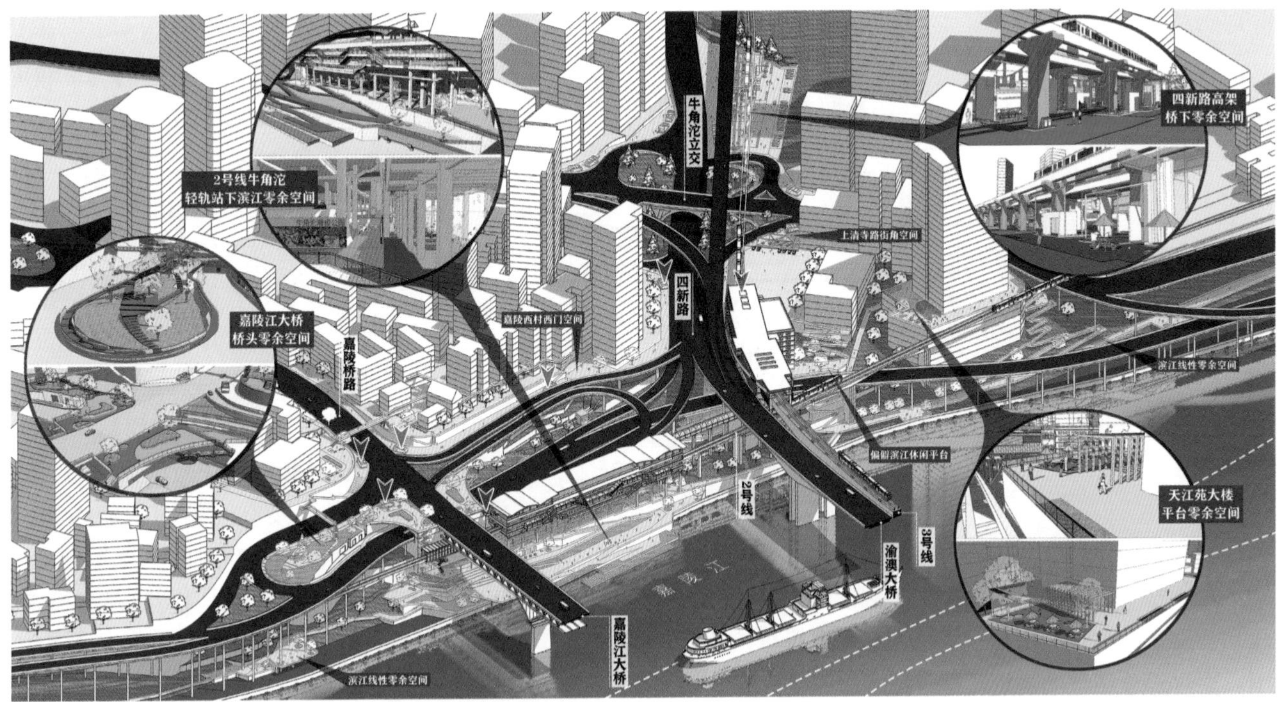

图 5-3　重庆轨道交通 2、3 号线牛角沱站城市零余空间重构概念性设计

调政策优化治理措施，完善空间治理相关政策制订、实施、反馈和评价的迭代优化模式，提高城市空间治理能力和治理体系建设水平。政策优化在构建畅通利益表达渠道的同时建立完善的听证制度，鼓励社会群众组织积极参与，充分发挥精细化城市设计在各个利益群体之间的纽带作用，保障城市综合效益协调发展。“政策优化”在实践中表现出与“设计控制”类似的特征，通过制定保障政策、标准和设计导则改善城市内部空间的复杂关系。政策优化推动城市空间环境治理并融入到城市空间培育和发展进程中，这种培育和治理城市空间的范式，超越了物质空间的营建方法和原则，转向追求更宏观领域内的有机形态和更高的社会价值。

5.2　设计专策的确定

5.2.1　设计专策类型特征

空间作为城市高质量发展的载体，是设计专策的主要操作对象。设计专策重点关注城市空间形态和社会公共价值的实现。空间操作方法是设计专策的具象表达，主要包含四种特征类型：空间功能复合、空间活力激发、空间特性塑造和空间持续发展，据此来对专题载体空间 (视觉感知空间和非视觉感知空间) 进行形态干预。

(1) 空间功能复合。在土地集约化利用的大背景下，城市空间功能复合化成为大势所趋。功能复合的本质是系统综合，即综合交通、经济、技术、制度、环境等问题。设计专策依据人们的行为需求整合空间要素，通过复合空间原有功能和新增功能，提高空间利用率。例如，在城市交通与公共空间日趋一体化的今天，短途交通衔接空间已成为复合型城市公共空间的典型，其目的是在轨道交通站点与目的地之间建立快捷、高效率的联系，以解决轨道交通的“最后一公里”问题，其衔接过程可概括为“站—步—车”，即从站点出口出发，经由步行，到达

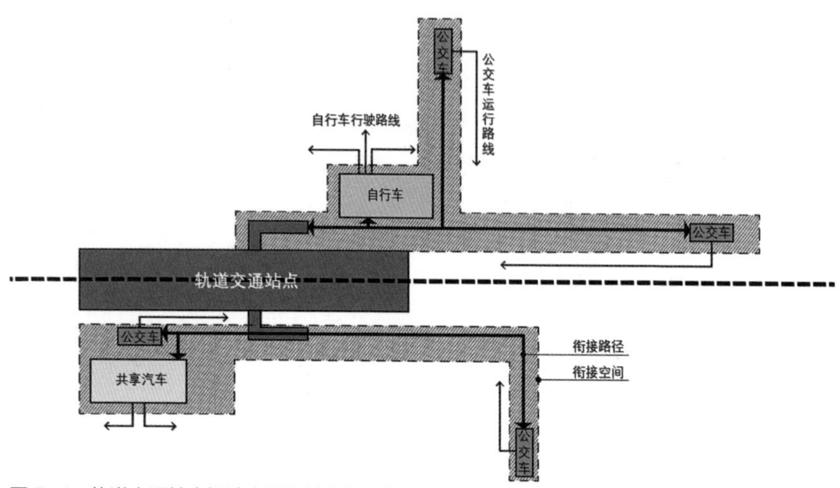

图 5-4 轨道交通站点短途交通衔接空间示意图

短途交通停放设施[①]（图 5-4）。此类空间需要兼顾各相关方的诉求和责任，主要涉及“硬件基础”“衔接效率”“衔接安全”“运营持续”四个方面的多主体一体化衔接（图 5-5）。依据站点建设时序和精细化城市设计内容，设计者需要同时将运营管理介入到各个程序中，梳理出轨道交通站点短途交通衔接设计技术路线，作为设计专策的依托（图 5-6）。在重庆轨道交通 1 号线大学城站短途交通衔接空间精细化城市设计中，针对现状存在的“公共交通供给不足”“过街时间长”“站内流线混杂”和“环境设施配套简陋”等问题提出五项设计专策：①建立区域微枢纽。建立公交车和自行车衔接、共享汽车和出租车 / 网约车衔接通道，提升站点周边换乘便捷性。②扩展步行辐射范围。通过设计适宜的步行尺度、打造空中慢行廊道、建立步行空间连续性、梳理非机动车道等措施提升慢行环境质量。③强化立体综合利用。利用高架站点的空间特点，打造立体化交通兼顾土地综合利用，形成地下—地面—地上三层立体空间系统。④塑造视觉标志空间。通过塑造标志性空间提升环境等级。⑤统筹近期、远期规划。根据现有空间条件进行分期建设计划，并预留一定的灵活性确保空间发展需求，以提升空间弹性（图 5-7）。

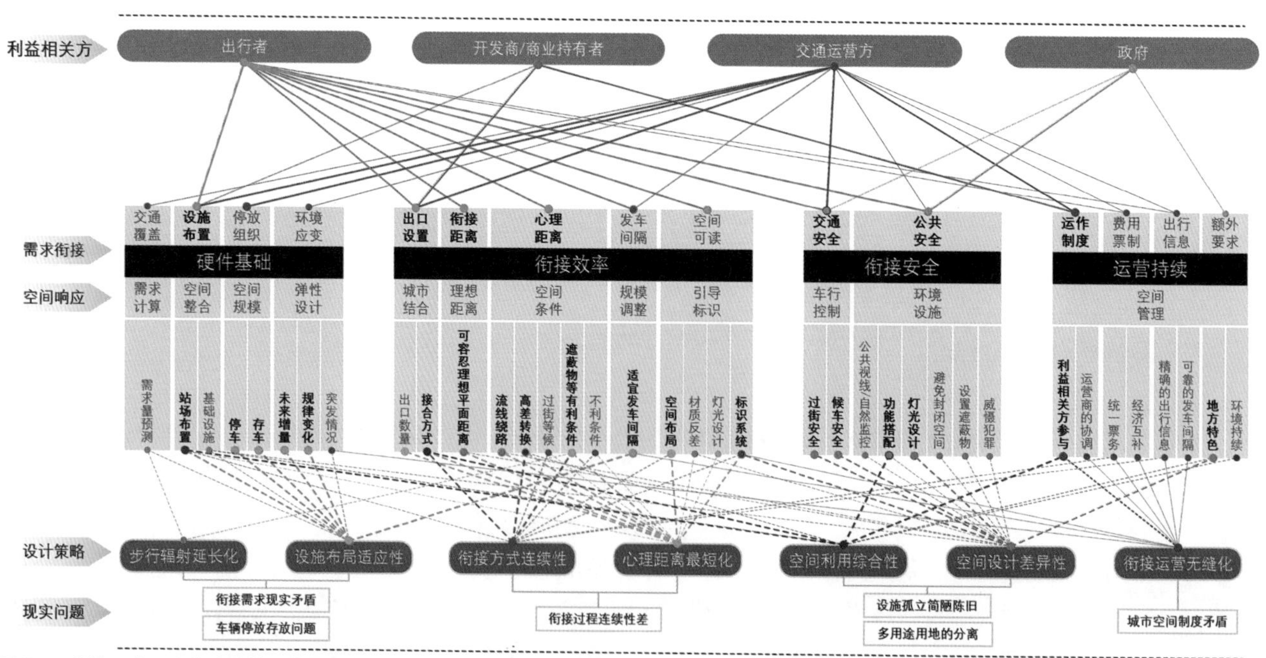

图 5-5 “站 - 步 - 车”多主体一体化示意图

① 参见喻焰硕士论文研究，导师褚冬竹：喻焰．轨道交通站点短途交通衔接与空间对策研究 [D]．重庆：重庆大学，2018.

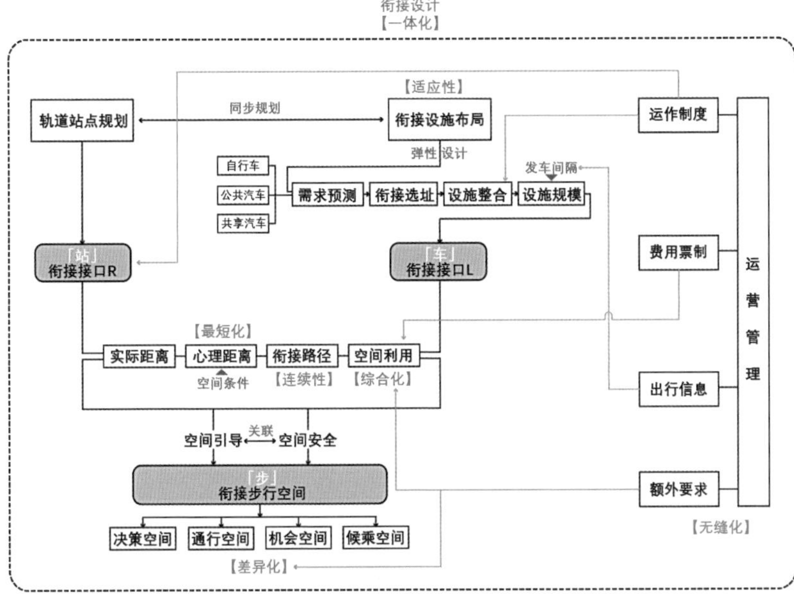

图 5-6 “站 – 步 – 车”一体化设计技术路线

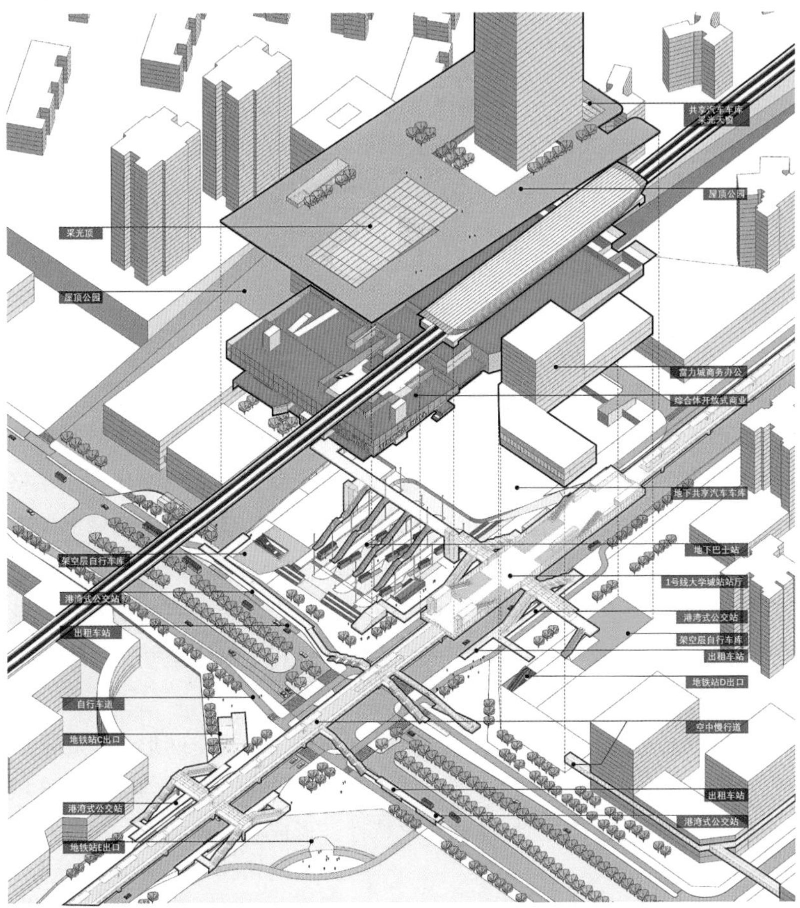

图 5-7 重庆轨道交通 1 号线大学城站短途交通衔接空间立体分解轴侧图

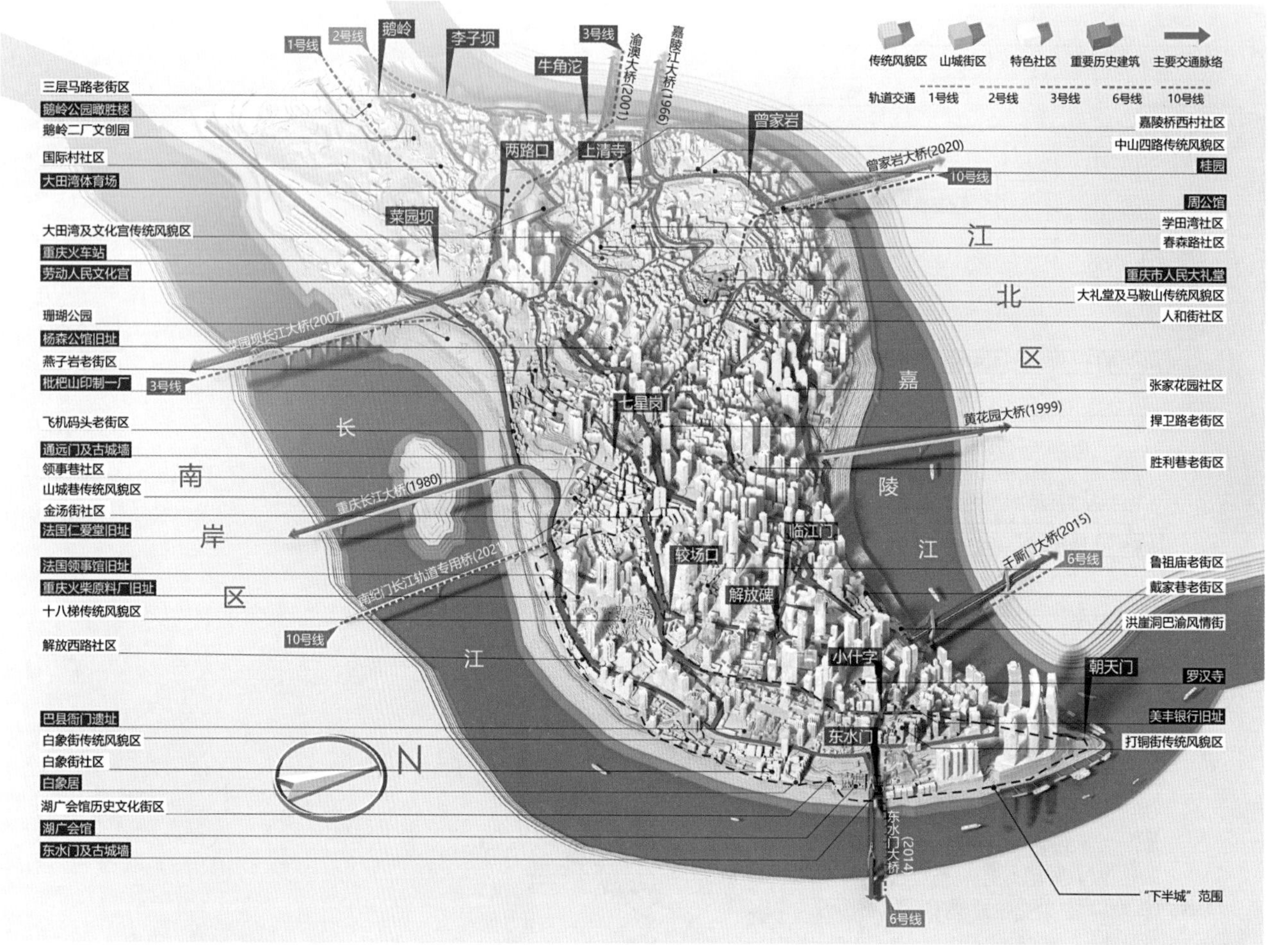

图 5-8 重庆渝中半岛城市更新空间脉络

（2）空间活力激发。城市发展遵循一定的脉络和轨迹，经历了千百年的时间，城市传统肌理中存储了丰富的城市文化与记忆，能够鲜活地反映地域文化。在旧城区中，因城市公共空间匮乏、商业高强度开发和文脉断裂等突出问题，导致城市空间形态碎片化与空间活力丧失，发展停滞。例如，山地城市发展受复杂高差变化和山水格局的影响，在城市建设时往往面临山地步行体系不完整的问题。在重庆的城市更新中，如何建立实用高效的城市空间及联系网络，激活空间活力，成为重庆长期建设发展必须依存的“基底”问题（图 5-8）。以渝中区山城巷及金汤门传统风貌的精细化城市设计为例，在延续传统街巷原始空间、场景的基础上，设计梳理打通街巷空间脉络，通过融合、对比、植入、替换等手法，以建筑、场地、景观和公共艺术为手段，进行了城市空间活力激发的创新与探索①（图 5-9）。

（3）空间特性塑造。精细化城市设计需要清晰的目标定位以塑造城市特色，强化城市自身空间形态、功能匹配度与其他城市的差异性。即从城市主体特色功能切入，对其所在的特定自然山水环境关系、城市内部功能区域和空间发展时期等相互关系进行分析，挖掘城市的空间特性、时间特性和文化特性，形成具有地域性、时代性和

① 褚冬竹，阳蕊．线·索：重庆城市微更新时空路径与实践特征 [J]．建筑学报，2020（10）：58-65.

图 5-9　重庆山城巷及金汤门传统风貌区鸟瞰效果图 | 规划设计：重庆市规划设计研究院

动态性的设计策略。例如，因山地高低跌宕，重庆市区内大量交通基础设施外露显现，增加了可供更新利用的特色空间资源。其中，九龙坡区鹅公岩大桥桥头立交下原本巨柱林立、消极不便，近年在景观、配套、安全等方面逐步改善，将其提升为重庆首个桥下坡地立体公园，更利用桥下抗战时期防空洞改造为博物馆，成为极富山城特色的健身、文化、教育场所（图 5-10）。

（4）空间持续发展。空间可持续发展格局变化是空间因素和人为因素综合作用的结果，城市“精明增长”很大程度上契合了空间可持续发展理念。精明增长有三个基本元素：首先，健全城市空间地域结构与功能，破解城市发展困境。其次，通过对公共空间的设计控制，实现城市物质空间环境和社会空间合理布局。最后，梳理物质空间及其载体空间的关系，构建“时空压缩”背景下的城市要素跨尺度流动通道，促进城市高效发展。设计专策通过对城市空间环境的动态演变分析，探寻空间格局变化的规律，平衡“PRED①”之间的关系，揭示人为因素对空间形态格局变化的影响机理，提升空间开发利用水平，遏制城市无序发展，推动空间可持续利用。例如，在重庆朝天门片区的半岛尖端精细化城市设计研究中，为了提升半岛空间安全，设计从“事前预防—事中抵御—事后恢复”的空间韧性视角推动城市空间可持续发展。结合半岛尖端城市空间特点，从系统整合、节点复合、立体融合、韧性弥合等四个方面提出半岛尖端的空间安全韧性设计专策（图 5-11）。系统整合：构建系统性的交通空间系统安全专项规划，通过对道路、景观、建筑、市政设计等各要素进行全面提升，协调交通效益和社会效益，平

① 1970 年代初，国际社会为优化生存环境、协调人与自然共生，提出了人口 - 资源 - 环境 - 发展（即 PRED，Population、Resource、Environment 和 Development）问题研究。

衡效率与休闲、通勤与游赏。节点复合：解决各个交通节点之间的联系同时承担起城市空间形态和景观营造的作用、例如将小什字交通节点的散集功能与周边土地的商业、居住功能复合，实现节点间功能的转化互馈。立体融合：采用立体营建的精细化思维，形成多基面的交通层次，适应特殊地形的活动需求。如建立立体通道衔接千厮门嘉陵江大桥，解决高差割裂问题，提升连通性。韧性弥合：交通空间安全设计从整个“城市公共安全规划”时期便应开始介入，从而参与整个城市交通空间韧性的建立。在朝天门广场设置可变性基础设施以适应灾时空间变化，提升空间抵御强度。

图 5-10 重庆九龙坡区鹅公岩立交桥下漫步公园

图 5-11 重庆朝天门片区半岛空间安全韧性设计专策

5.2.2　设计专策确定方法

在专策确定之前，需要识别不同类别设计专题、载体空间的特点和基础问题。通过综合评价分析城市物质空间系统、社会组织系统和设计外部性等问题，确定专策亟须解决的核心问题和专题目标方向，制定任务清单，建立多方参与、多专业协同的综合策略解决机制，得出相对明确的解决路径、步骤与手段。精细化城市设计专题到专策的推演发展过程中，设计重心从方向性、问题性研究逐步转向更具体的空间解答对策和技术措施，同时要进一步探索空间议题与社会、文化、经济、环境等其他方面目标或制约条件的关系，并在这样互动关联、往复推敲的过程中逐步明晰设计专策。此阶段不仅需要将城市轴线、视线和连续性等空间目标逐步回应，更需要加强对社会综合效益目标的追求，实现形体塑造、环境改善、经济提升、社会和谐等逐层递进的目标。

在专策纵深阶段，“目标建构—逻辑分析—设计深化”反复迭代循环，在此基础上进行设计、比选、评价，逐步提出清晰可行的策略构思。设计策略的实现途径和呈现方式并非固定，需要设计师在既有城市环境的制约条件下，以具体空间载体对象为起点，基于专题目标方向，理性分析操作对象的客观条件，解读空间机理特征以推演空间生产的发展方向，并据此提出创新性的设计策略方案，实现精细化城市设计所追求的社会目标和价值。

（1）专策目标建构。精细化城市设计目标是对未来城市空间所要达到的结果的观念构想和城市现实状态与期望状态的统一[①]，它是引导城市发展的内驱力。专策目标建构并不是设定新的目标，而是将精细化城市设计的顶层“总目标”分解为更具体的“分目标”，随着设计的深入，再将分目标分解为“子目标”，形成一个层层剖解、环环相扣的目标体系。在专策目标建构时要廓清和理解主要矛盾，按照问题的紧要程度对设计专题排序，优先挖掘迫切待解决的共识性问题，分析影响目标实现的关键因素，才能在设计时做到纲举目张、有的放矢，保障设计过程各有侧重又相互协调、整体推进。

（2）专策分析逻辑。城市系统的构成要素复杂多样，难以用一种高度秩序化的模式来建立某种僵化的专策形成模式。虽然设计者确定专策的过程不尽相同，但依然遵循事物认识序列的基本规律。首先将专题载体空间分层级分析，随着空间层级的改变，同一空间的影响因素所起到的主导作用也会有所差别。空间影响因素相互作用、动态演变，在设计时需要针对遇到的具体问题，具体分析其主导影响因素，保证专策目标的必要性可行性和真实性。进一步，对专策的子目标提出相应的实现路径和解决策略。将抽象的设计策略转译为对城市空间形态的操作方法，实现对城市空间结构、空间形态、功能设施、交通布局、生态景观等多方面优化。

（3）专策设计深化。专策设计深化聚焦于城市的总体性、框架性、特色性、专项性、管控性等策略内容，在设计目标的引导下，统筹设计方案落地实施工作，并适当预留一定的弹性操作空间。总体性设计专策是对城市整体格局及土地使用、功能布局、交通组织等对城市整体发展有显著影响的核心内容；框架性专策是对城市道路交通系统、滨水系统、绿地生态系统等具有贯通成网要求要素的策略设计；特色性专策是通过充分利用城市风貌特色资源，合理激发城市特色资源优势，如历史文化保护、滨海、河流湖泊、山地等特色自然资源开发利用等策略设计；专项性专策是针对城市设施，如城市家具、景观小品、城市夜景、道路断面等专项类对象的策略设计；管控性专策则通过统筹组织各类空间要素，平衡各参与方的利益和需求，旨在明确项目的建设条件与实施落地的衔接要求。

---

① 刘斌，王春福．政策科学研究 第 2 卷 政策研究方法 [M]．北京：人民出版社，2000.

5.3 专策对专题的延续和细化

5.3.1 从专题到专策的推演线索

专策阶段以问题定位和实施执行的关联为基本推演依据，探究空间与策略之间的隐含秩序，在这个过程中，如何根据专题特定问题或系统性问题制定解决策略和行动准则；如何通过人为加强或减弱干扰因素对城市本体的影响权重，生成具有综合效益的空间系统；如何在实施过程中实现政策初衷和执行实效，成为讨论精细化城市设计的线索性议题。

设计专策作为一个综合的问题解答过程，它以专题问题为推演起点，通过建立核心问题—次级问题—解答序列来架构逻辑链分析体系。核心问题遵循专策目标指向，其范围相对广泛且关联多个子问题，处于决定事物发展的支配地位，关键问题的解答过程也常常伴随着其他问题的消除①；次级问题则进一步结合设计、建造和管理等各节点工作制定清单，综合城市空间发展构成的诸多要素，建立多方参与、多专业协同的综合干预策略，促进城市系统内外力量的良性互动。解答策略通常在城市“软件”“硬件”和外部性策略三方面体现。在物质空间系统上，利用空间布局和功能组织优化空间形态和物质环境等城市“硬件”设施；在社会组织系统上，针对空间内涵的精神文化、行为心理、意识特征和政治、经济关系等问题进行“软件”营造；在公众与建设主体实施城市设计的收益平衡上，提出城市设计外部性问题的精细化解决策略。具体优化策略包括：倡导公共参与设计、科学安排空间结构、编制设计导则和技术规范、补强资金激励或抑制规则、建立健全权属控制机制和筹资机制等②。

例如，深圳湾超级总部基地重要街道城市设计（设计：AUBE 欧博设计），街道作为城市的重要组成部分成为呈现城市超前性与示范性的一道崭新课题。项目的精细化城市设计通过梳理场地限制条件及重难点，发掘了四个核心问题：①如何针对不确定因素和快速建设发展的需求，制定约束条件？②如何协调与黏合城市多系统叠合的复杂性？③如何根据城市的超前性、示范性和实施性，进行弹性预设？④如何协调高效率与舒适体验的矛盾性？进一步以“所有人的街道”为设计主题，以“共享的温度街道”为核心目标，制定设计导则，为设计专策提供明确的指引和评价体系③，最终生成了四项设计专策：①多维复合。针对地面、地下、地上进行流线梳理，找出关键节点，通过不同开放程度的空间粘合，形成地上地下联动的活跃街区（图 5–11）。②空间重置。主要践行三个观念的转变：从“主要重视机动车通行”向“面关注人的交流和生活方式”转变；从“道路红线管控”向“全街道空间管控”转变；从“强调交通功能”向“促进城市街区发展”转变（图 5–12）。③智慧街道。运用智慧科技管理街道，设计弹性可变的道路断面，为街道预留功能转变空间，提升街道使用效率（图 5–13）。④要素控制。设计通过合理管控街道公共空间、建筑前区、绿化设计、通行系统等核心要素，并根据时间和需求纳入超前性要素，形成界面有序、人性化尺度、空间多样化的街道节点完善体系，同时保障了街道未来弹性空间的预留，致力于打造属于“所有人的街道”（图 5–14）。

---

① 甄霖．“问题树分析法”区域发展研究的有效分析方法 [J]．科研管理，2000，（9）．

② 董禹，董慰．凯文・林奇城市设计教育思想解读 [J]．华中建筑，2006（10）：120–123．

③ 在本书的 6.2.1 中对该项目城市设计导则的制定进行了详细阐述。

图 5-12　深圳湾超级总部基地重要街道设计专策：空间重置 | 设计：AUBE 欧博设计

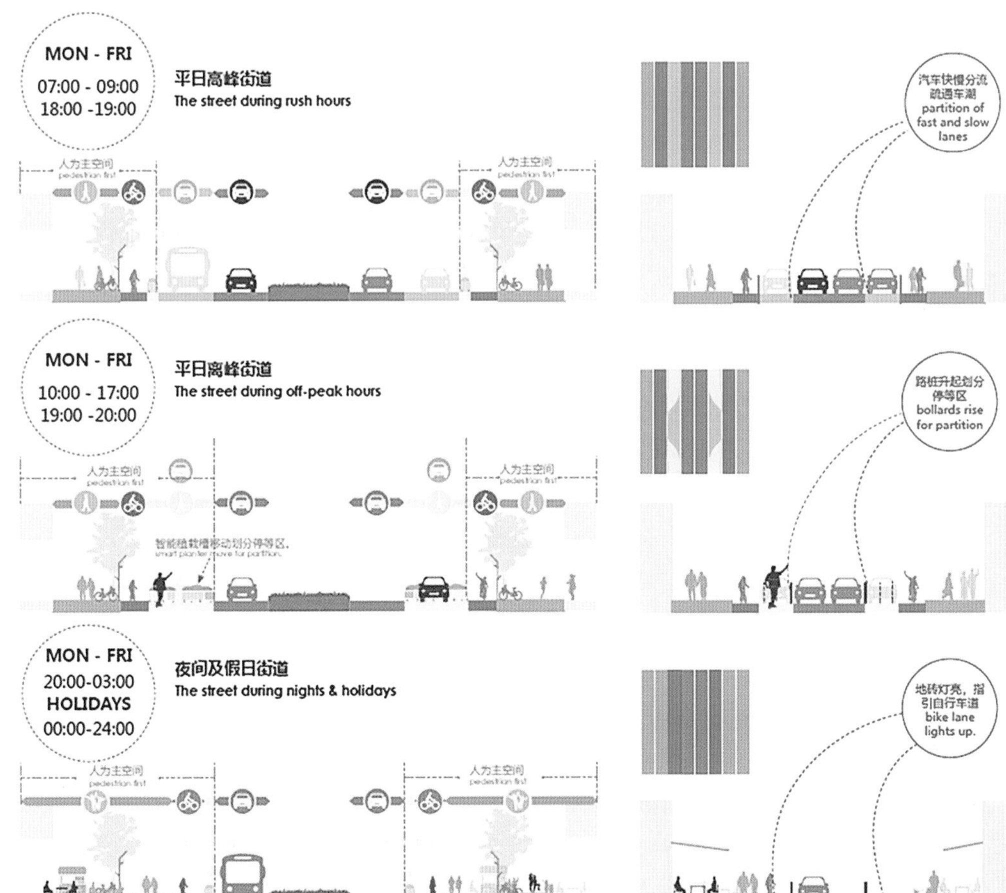

图 5-13　深圳湾超级总部基地重要街道设计专策：智慧街道

图 5–15 雄安新区启动区城市设计 | 设计：SOM 与 TLS 联合体

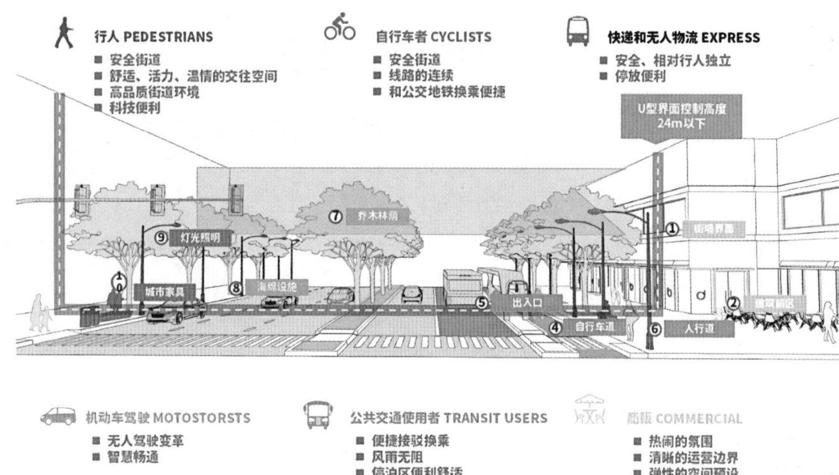

图 5–14 深圳湾超级总部基地重要街道设计专策：要素控制 | 设计：AUBE 欧博设计

5.3.2 目标导向与问题导向

精细化城市设计专项策略编制的思维方式一般可分为两类，即目标导向型和问题导向型。目标导向型思维从顶层愿景入手，在对专题的现实背景分析研究的基础上，确定发展目标，勾勒目标愿景蓝图，明确现实状态与目标愿景间的具体差距，制定障碍消除的具体措施，从而实现设计目标。问题导向型思维从现实问题入手，从中找出核心矛盾，据此提出解决问题的方案。两种思维的区别主要表现在以下几个方面：①设计切入点不同。前者以明确的发展目标切入，根据现实与理想之间的差距来制定设计策略；后者以核心问题为出发点切入，寻求自下而上地、渐进地解决现实与理想之间矛盾的策略。②应用场景不同。前者多见于新城区的增量设计中，需要有明确的愿景蓝图，而后者则常应用于城市存量更新设计中，需要助力城市高质量发展。③系统维度不同。前者体现远见和系统，通常追求全面、协调，而后者注重回溯和聚焦，更加强调针对性。

例如，雄安新区启动区城市设计是典型的目标导向型城市设计（图 5–15）。SOM 与 TLS 联合体方案提出“生息之城”的设计目标，致力于将其打造成为新时代高质量发展的创新示范城区，建设成为全国样本和京津冀世界级城市群的重要极核。城市设计目标被细化为四个方面：①自然生活方面，修复改善城市生态环境，引领中国生态文明建设，构筑环境优美、蓝绿交织的新型生态城市。②都市生活方面，营造适应未来人民生活的公共环境和活动场所，弘扬中华传统文化，打造一座凝聚中华文化智慧的国际城市。③人性化生活方面，完善绿色便捷交通，提升公共服务配套，打造环境友好型社区，通过现代宜居的生活方式吸引北京非首都功能疏解人员，集聚全球顶尖人才。④未来生活方面，展示中国引领世界发展的核心科学技术，培育创新城市文化、开拓未来智能城市发展。设计专策针对以上分目标，提出了构建城绿融合空间格局、塑造城市特色风貌、打造便捷高效交通系统、营造活力宜居公共环境、建设优美自然生态景观、推进城市绿色智能发展等六个子目标。

图 5-16　重庆渝中区解放碑 - 朝天门步行大道城市更新设计总图 | 设计：重庆市设计院

又如，重庆渝中区解放碑—朝天门步行大道的城市精细化设计则遵循问题导向思维（图 5-16）。设计初期从现实问题出发，通过分析场地现状，总结提出了以下几点问题：①场地人流拥挤，步行空间存在安全隐患。②公共开放空间步行节点断裂，街道整体活力缺乏。③街边广告店招尺度各异，布置散乱，色彩混杂。根据以上问题，设计者首先梳理步行大道周边商业、文化、娱乐、办公等各种城市功能模块，优化人车流线，在保证车行通行需求的基础上，将空间优先分配给人行道和公共活动空间，保障人车通行的安全性和舒适性。其次，重视次支路网建设，织补人行流线使商业人气不被隔断，盘活背街小巷，畅通步行路线微循环。同时整理街道广告店招的造型、色彩、尺度与城市街道环境相协调，丰富步行环境体验以缓解人们的行走压力和枯燥感（图 5-17）。

图 5-17　重庆渝中区民族路改造后

在精细化城市设计实践中，目标导向与问题导向的区别并非是绝对的。在增量设计中往往面临着非目标指向但必须解决的基础问题，如新城的防洪防涝；而存量设计中也有可能设定一个目标并研究如何将其实现。在设计时还需要结合设计项目的实际情况解析问题，立足全局，建立项目的整体目标框架，在框架控制下分析寻找现状存在的问题，选择核心问题和重点问题予以解决[①]。将问题导向与目标导向的设计专策相结合考虑，既可以避免“就问题论问题”的“短时”和“视野

① 段进，季松. 问题导向型总体城市设计方法研究 [J]. 城市规划，2015，39（7）：56-62，86.

狭小”问题[①]，又能防止目标理念脱离实际难以转译，从而强化了精细化城市设计的科学性和实效性。

5.3.3 专策的系统整合工作

长期以来，城市规划体系从方便管理的角度，通过划分控制线的方法把城市要素分割成不同的城市系统，并将其分配到各个专业进行分门别类的设计：但这种以还原论为主导的现代主义规划理论逐渐难以适应城市面临的日益复杂问题。在理论和实践层面，综合整体的方法逐渐取代了以模式语言分析为主的研究方法。事实上，城市的现实问题可能涉及多个方面，解决问题的专策也会调动不同的系统。城市可持续发展重视自然系统对社会经济发展的基础作用，强调城市人工系统与生态自然系统的协调共生；城市高铁、城际客运和地铁等多种轨道交通的发展，要求强化站城融合体系的建设；城市精明增长战略强调土地资源的集约、紧凑利用。设计专策需要将城市看作可解读的关联性整合系统，它们大致包括四类[②]：生态系统与人工系统的整合、公共系统与私有系统的整合、既有系统与新增系统的整合以及地下系统与地上系统的整合。

（1）生态系统与人工系统的整合。生态系统与人工系统的有机融合，既有利于优化城市生态系统，又能促进构建和谐相融的城市自然生态网络。此类整合方式主要有四种：①建筑与绿化地景融合。如代尔夫特理工大学校园图书馆建筑主体的屋顶被设计成一个巨大的楔形单坡斜面，建筑主体隐藏于校园草坪斜坡之下，这种处理方式不仅将校园绿地延续到了图书馆屋顶，还给学生提供了休闲散步、聚集和交流的场所（图 5-18）。②绿地与交通空间立体整合。如旧金山跨海湾交通枢纽中心（Salesforce Transit Center）作为高铁地下车站和高架公交车站，兼具交通枢纽、商业、零售、休闲娱乐等功能。建筑屋顶设置了 2.18hm^2 的公园，承担分散人流和丰富人们出行体验的功能，利用绿色植物吸收公交车排放的 CO_2，为人们提供一个舒适、愉悦的公共空间（图 5-19）。③公园与轨道交通站点联动。如二子玉川站位于东京世田谷区，区域紧邻遗址公园，但可达性不强。站点区域城市设计以站体为出发点，将遗址公园作为特色目的地，充分结合站点周边建筑灰空间和自然环境，巧妙利用建筑物二层大平台、商业、住宅、写字楼的公共空间与公园自然顺畅连接，实现城市公共资源最大化共享（图 5-20）。④滨水空间与城市公园整合。如莫克利（Moakley）公园是波士顿最大的滨海开放空间之一，城市设计通过调研水体现有植被和市民游憩分布状态，了解空间机会和制约条件，提出气候适应的设计专策。通过引进本地植物来更新沿海沼泽、海洋灌木和沙丘，创造复原力景观以减缓风暴潮和海平面上升。创造了一系列公共休闲空间来丰富公园功能，如冒险游乐场、社区建筑、野餐观景台、柔性草坪等，为市民提供一个更安全、更有弹性、更健康的滨水绿地开放空间（图 5-21）。

（2）公共系统与私有系统的整合。城市公共系统包括公共空间、市政管廊、公共交通等，整合公共系统与私有系统，不仅需要实现公共系统的通畅连贯，还需要关注私有利益的保护和价值提升，实现公私双赢，此类整合方式主要包含：①建筑底部设置公共空间或公共通道。如香港汇丰银行大厦底部完全开敞，形成供市民使用的公共广场和公共穿行空间，在疏导步行交通的同时加强了城市通风，提升了城市整体效率与质量（图 5-22）。另一方面，此举也塑造了透明开放的银行形象，市民可以任意穿越总部大楼，为消费者塑造了一种公开、透明、可信任的感觉。②轨道交通站点与建筑一体化衔接。如日本东京涩谷站汇集了 9 条交通线路，是世界上日均换乘人数排名第二的巨型交通枢纽，站点交通人流量巨大。设计通过构筑与车站中心地区基础设施相连接的多层

① 徐明．问题导向方法在经济欠发达地区城市设计中的应用——以新疆阿勒泰市为例 [J]．城市发展研究，2011，18（8）：125-128.

② 卢济威．城市设计创作：研究与实践 [M]．南京：东南大学出版社，2012.

图5-18　荷兰代尔夫特理工大学校园（尖塔草坡建筑即为图书馆）

图 5-19　旧金山跨海湾交通枢纽中心 | 设计：Pelli Clarke & Partners（上：剖透视图，下：实景鸟瞰）

图5-20　东京二子玉川站点周边鸟瞰图 | 设计：ria

图 5-21 波士顿莫克利公园鸟瞰 | 设计：Stoss

图 5-22 香港汇丰银行大厦底部通道

次步行网络，强化地区的环游性和连续性，结合站点周边地形和街区空间特点，置入城市竖向交通核，建设一体化衔接的大规模步行网络，以达到疏导客流的目的（图 5-23）。③私有空间部分开放为公共空间。如东京国际会议中心由一个梭形体量和四个大小渐变的方形体量和组成，建筑师 R·维诺尼（Rafael Viñoly）基于对周边活动人群行为的仔细探寻，在两种体量的建筑之间设置了一个尺度宜人的城市广场，巧妙地将会议中心私有空间部分开放为公共空间，联系了场地周边有乐町站和东京站大量人流，为人们提供了一个轻松惬意的步行换乘空间（图 5-24）。

（3）既有系统与新增系统的整合。城市发展是一个动态的过程，新旧关系是其必然会面对的问题，处理城市空间的新旧关系，也就是对既有系统与新增系统的整合。这类整合方式通常有以下三种：①重新利用。重新利用是既有空间更新的常用手法，以旧空间为载体植入新功能、新空间，以适应需求的变化。如美国波士顿 I-93 公路下方的 INFRA-SPACE 1 项目，位于城市历史工业区，场地存在严重的土壤、噪声污染和公共开放空间不足等问题。设计团队将雨水基础设施结合桥下景观来处理公路带来的大量雨水径流；将固体废物截留，减少对当地水

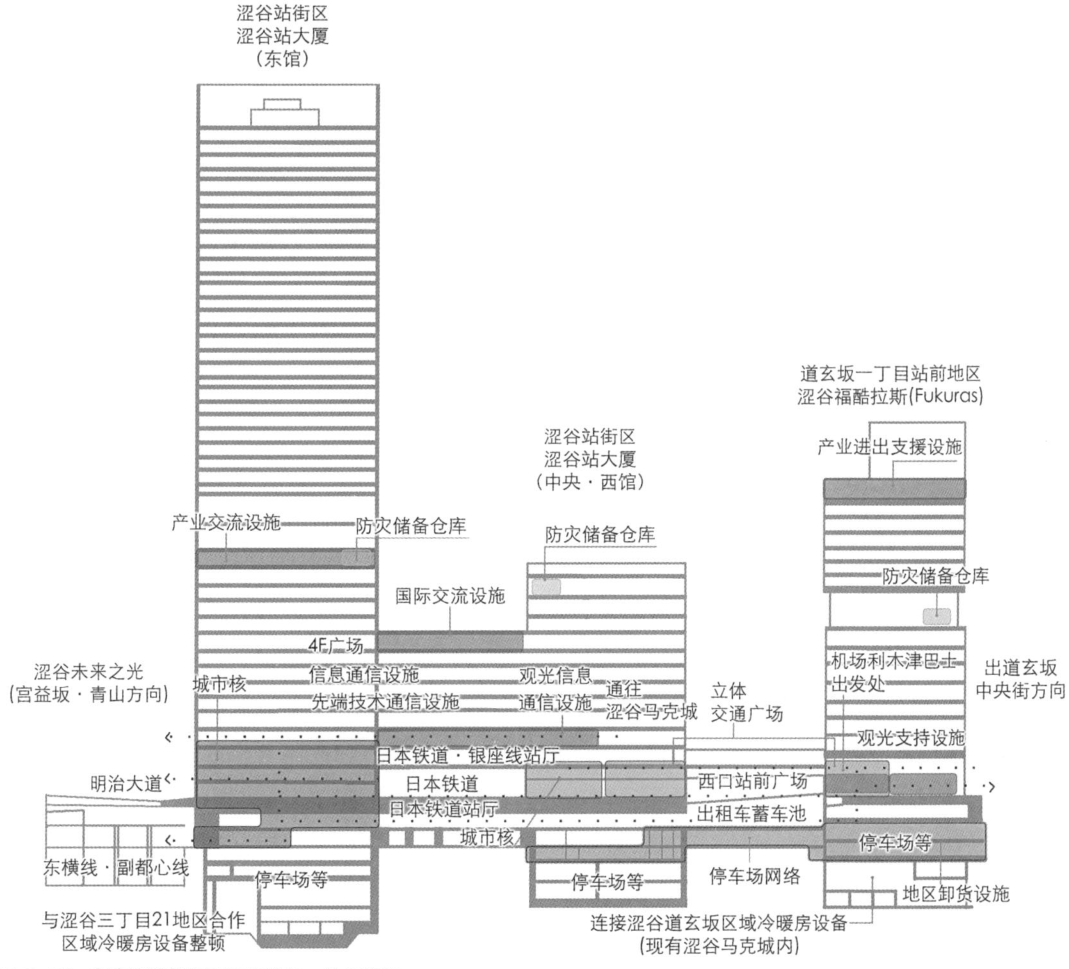

图 5-23　东京涩谷站与周边建筑的一体化衔接

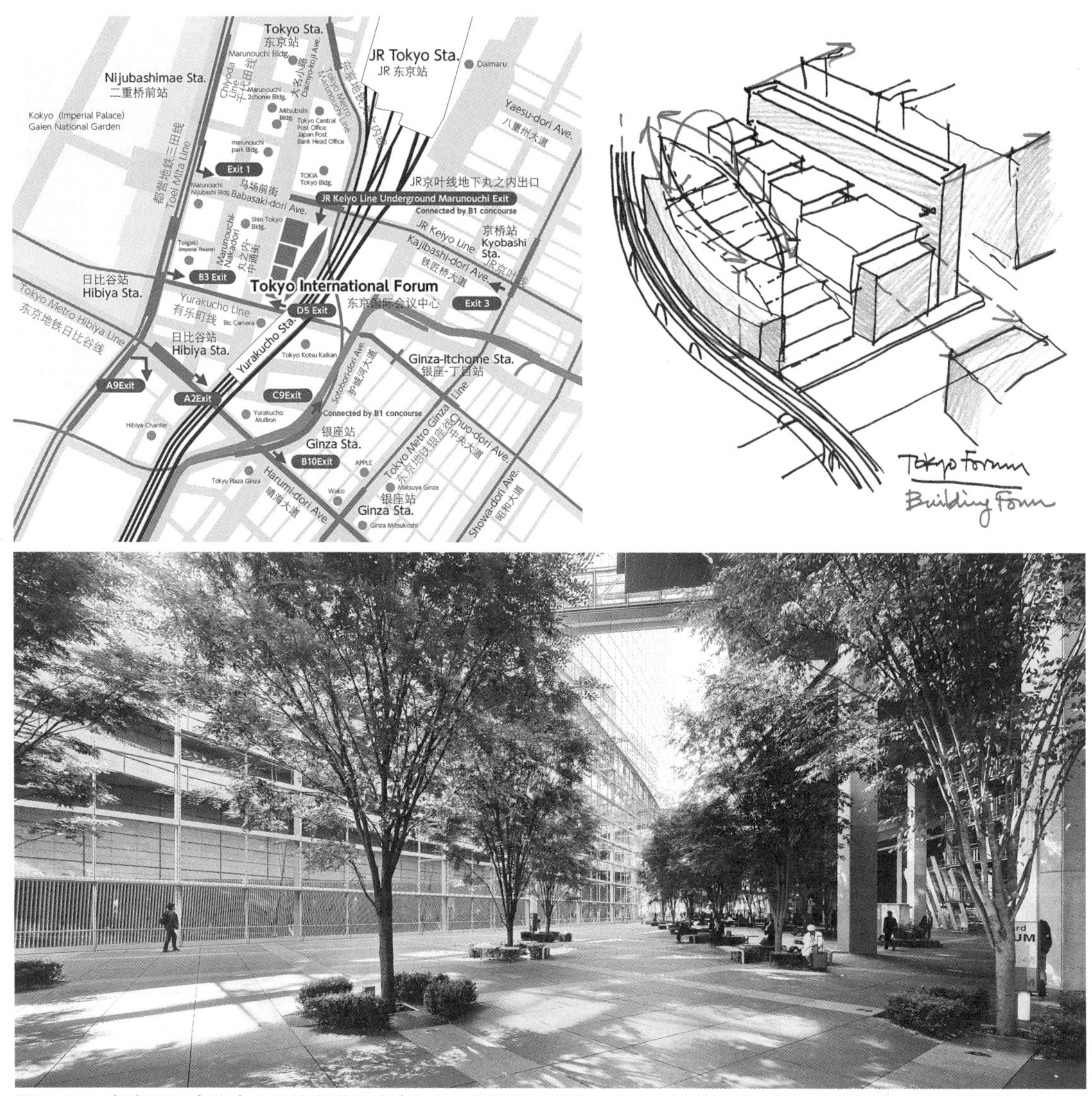

图 5-24 东京国际会议中心公共步道系统（左上：环境关系总图，右上：设计草图，下：公共通道实景）| 设计：Rafael Viñoly 建筑事务所

域和土壤的污染；通过改造照明和监控系统建立安全基础设施等策略，植入多功能生态型城市空间，整合了既有系统和新增系统内部的空间—视觉—心理的感知联系（图 5-25）。②衬托共生。在衬托共生中存在两种情况：一种是以旧为底，新增地标；另一种是以新为底，既有点睛。如英国伦敦国王十字火车站改造前是一座破败的工业遗产，遗留了大量废弃历史建筑，公共空间匮乏、区域形象不佳。项目更新设计时以原有城市肌理为本底，营造地标建筑，在车站西侧新建半圆拱形大厅，将国王十字站打造成极具表现张力的建筑，从空中鸟瞰如同一颗“跳动的心脏”（图 5-26）。又如东京丸之内则是将东京站既有站体建筑作为高强 CBD 开发的点睛之笔，在高层簇团为背景的衬托下，更加凸显东京站的核心地位（图 5-27）。③批判重建。如波茨坦广场是德国柏林一个重要的公共广场，具有浓烈的历史文化气息。第二次世界大战后，广场几乎被夷为平地，直到东西德合并后才得以重建。波茨坦广场的重建顺应原有城市肌理，沿用了具有代表性的八角形和星形路网格局，以内城网格规划作为城市基

图 5-25　波士顿 INFRA-SPACE1 项目 | 设计：Landing Studio
（a：总平面图，b：基础设施断面图，c：实景）

图 5-26　改造后的英国伦敦国王十字火车站西广场鸟瞰图

图 5-27　东京站丸之内城市周边

本“结构”，充分尊重老柏林的街坊尺度（50m×50m×28m），依循原有短而窄的街道和密路网，以辐射状通向城市四面八方（图 5-28）。波茨坦的批判性重建，鼓励将传统与现代结合，在保留大部分传统的路网的紧凑结构基础上，重新建立了建筑和街道的发展新模式（图 5-29）。

（4）地下系统与地上系统的整合。在土地资源紧张的城市环境中，土地高效复合利用、地上地下一体化开发是常用的设计策略。一方面，地下系统需要通过地上系统引入自然光、景观、人流等要素；另一方面，地上系统需要依靠地下系统解决交通和功能问题，丰富空间体验。此类整合方式主要有：①地下系统通过地上系统引入自然光。如德国斯图加特火车总站位于地下，在更新设计时取消了原进入车站的 5 条南北向线路，重新设计了 8 条在地下贯穿的东西线路，创新性设计了天窗“城市之眼”，将大量自然光线引入地下空间，同时起到自然通风的作用（图 5-30）。②地下系统通过地上系统引入人流。如日本爱知县名古屋荣轨道交通站点，在设计时建造城市地标“水之太空船”吸引人流（图 5-31）。站区通过连接交通设施、汇聚客流和提供相关交通服务，以公共交通设施与土地开发一体化的建设模式汇聚人流，实现土地资源的高效利用。③地上系统通过地下系统解决部分城市问题。如在日本横滨站的城市设计中，站点片区建立了高密度、高连续性、立体化的交通系统，通过构建枢纽空间价值产业生态，围绕交通站点枢纽站形成紧凑的空间功能布局，区内 5 个车站、12 条线路，将站点与周边地区交通紧密衔接。运用建筑综合体室内的商业、交通的竖向立体叠加释放轨道动能，打造功能多元的地上地下一体化系统（图 5-32）。

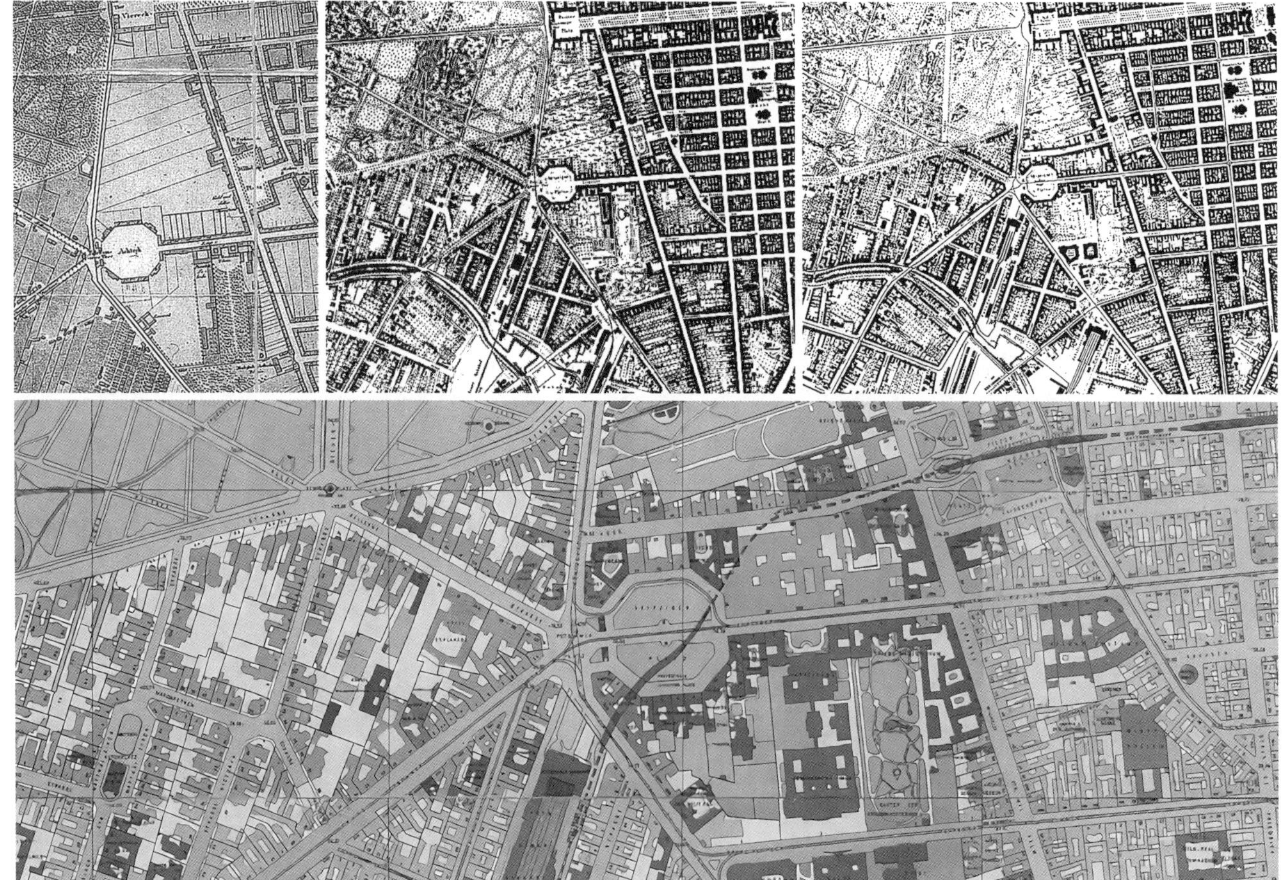

图 5-28 波茨坦广场周边肌理变迁（上从左至右：1800 年左右，1867 年左右，1888 年左右；下：1910 年施特劳布计划中的莱比锡和波茨坦广场）

图 5-29　波茨坦广场重建后鸟瞰图

图 5-30　德国斯图加特火车总站地下“城市之眼”

图 5-31　日本名古屋荣“水之太空船”

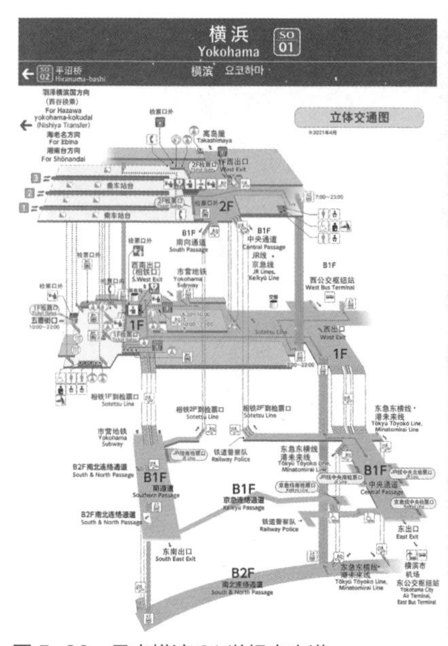

图 5-32 日本横滨 21 世纪未来港
（左：剖面交通图，右：综合体室内，商业、交通的竖向立体叠加）

5.4 专策为专管预留条件

5.4.1 精细化城市设计内容向管控要素转化

（1）从设计到管控之必要性

精细化城市设计的专策工作虽然包含了各类城市要素和系统的整合，且从整体和系统层面针对城市设计专题提出目标导向型和问题导向型的专策，但其作用角色更类似于“导演”，通过提出实现目标或解决问题的整体思路和框架，作为后续各项具体工程设计的重要依据和指导。因此，精细化城市设计专策本身，并不像真正的“演员”那般参与到具体的工程设计及城市设计目标愿景落地实施中，而且专策工作的内容和落地实施往往会面对众多技术条线、设计单位乃至不同的业主和行政主管部门等。因此，精细化城市设计的专策工作就要为后续的专管工作预留好条件，实现专题、专策内容和信息完整、精确、高效地传递到后续具体实施中去，亦是精细化城市设计全过程工作的关键内容，涉及精细化城市设计成果通过现有的法定化手段实现的关键步骤，实现城市设计或专策从“非法定化”向“法定化”的转译。

从世界范围看，城市设计基本形成了两种管控方法，一种是条文约定式的管控方法，即在规划标准和规范下，根据发展目标，以城市设计为手段，确定具体控制指标，如确定建筑高度、贴线率、退界距离等，例如美国、德国等国家是采用此种管控方法；二是程序保障式的管控方法，即在法定文件中表述为发展目标与政策以及设计必须达到的特征与效果，鼓励使用多种途径达到设计目的，一般没有详细的管控图则，但用定性或示意图的方式表达，例如英国、荷兰是采用此种管控方法[①]。

① 关烨. 基于协商过程的城市设计管控方法探索——以三林滨江南片地区附加图则编制为例 [C]//. 面向高质量发展的空间治理——2020 中国城市规划年会论文集（07 城市设计）.

我国在改革开放之后，为适应城市开发中以土地划拨转向出让管理为核心的转变，以原有详细规划为基础，通过引入美国的区划技术和城市设计的弹性实施策略，形成了一套控制性详细规划的范本，开始了适应市场经济开发的探索和实践。1990 年颁布的《城市规划法》奠定了控制性详细规划的法定地位。在改革开放以来快速城市化过程中，控制性详细规划较好地适应了城市土地市场化的环境和需求，得到了相关部门的积极推动。《城市设计管理办法》虽以部门规章的形式明确了城市设计地位，且已有部分城市也尝试了城市设计的立法和独立体系建设，但总体而言城市设计立法的体系构建和完善还需时日。在一段时期内，城市设计的管控和实施依然需要通过将其核心内容转化到既有的法定规划体系之中，特别是以控制性详细规划为基础和成果，这也是近期提升城市设计管控的有效手段之一。需要注意的是，当前控制性详细规划的内容对于部分城市设计要素，特别是关注空间使用者的行为与感知等方面的内容关注度还有待进一步提升。这部分内容亦是我国城市发展转入存量优化阶段应该关注的重点。因此，当前阶段精细化城市设计内容、管控要求的转译与编制，与控制性详细规划的要求相匹配就显得格外重要[①]（表 5–1）。

表 5–1 中国现阶段控制性详细规划和城市设计异同比较

比较内容		控制性详细规划	城市设计
相同	引进内容	始于 1980 年代中国改革开放初期，市场经济体制形成的过程中	
	概念来源	都源于美国区划技术，“控制”的概念从对传统区划的学习借鉴和改良入手，城市设计概念则从美国城市设计学科的理论体系中引进的	
	项目性质	都针对城市的局部地段，是同一个层面的设计项目	
	价值观	都通过城市土地和空间资源的配置，通过功能布局，保证城市生活、公共安全、公众利益、社会公平	
	设计概念	城市设计分宏观、中观、微观三个层次或总体城市设计、区段城市设计、地块城市设计	
	设计过程	都以城市总体规划为依据，通过对功能与形态设计探索开发的可行性，再转译成可操作实施的控制指标和导控策略	
	控制技术	以硬性的规定性指标和弹性的指导性原则、设计原则，实行“软硬兼施”的控制策略	
不同	参与人员	城市规划师	以建筑师或有设计背景的规划师领衔的多专业的“城市设计集群”
	概念理解	城市设计是控制性详细规划中综合控制指标体系的一部分	城市设计是一门独门的学科，是联系城市规划和建筑学之间的“桥”
	思维方式	以规划思维为主导，以控制指标和控制图则来管控实施	规划思维与设计思维并重，以设计导则将控制指标和弹性实施策略结合起来
	关注重点	以土地使用为主，是对城市土地资源配置和对开发行为的控制	以使用者行为、空间形态研究为主，重视城市整体景观特色的塑造
	法定地位	法定规划内容	非法定规划内容

（2）管控要素的转化与形成的重要方法——定性、定量、定边

控制性详细规划，以城市总体规划、分区规划为依据，以城市设计等为支撑，关注城市空间资源配置和开发行为控制，侧重于运用指标体系体现规划意图，直接服务于城市规划管理。目前，在大多数城市，城市设计或精细化城市设计是编制控制性详细规划的重要前置工作之一。鉴于城市设计成果多以图形表达为主的特点，因此设

① 金广君．城市设计：如何在中国落地？[J]．城市规划，2018，42（3）：41–49．

计成果在向管控要素转化和形成的过程中往往具有以下挑战：从具象图形到抽象条文，从定性判断到定量明确，从意向表达到确定空间等。因此，结合控制性详细规划管控要素编制特点，在设计成果向管控要素转化和形成的过程中，通常可参考“定性、定量、定边”的方法。

定性是指在一定框架内对设计成果的内容进行约定，明确土地、空间功能等属性。例如土地使用性质、城市空间肌理特征（如小街区密路网、沿街界面等）、标志物位置、地块交通出入口方位、公共服务设施配套标准、立体慢行网络布局等。

定量是指一般在定性控制的基础上，进一步借助数据或可量化指标，明确、指导、约束设计成果内容中关于土地、空间形态等方面的内容。例如土地的容积率、建筑密度、绿地率、建筑高度、停车位数量要求、公共空间面积、公共连通道路宽度等内容。

定边是指设计成果内容中空间范围、形态边界等内容，同时也包含对具体的定性和定量判断划定的边界和范围。例如确定土地地块的边界、范围和布局，自然生态蓝绿空间[①]与城市空间交织的边界、城市道路与基础设施与土地地块的边界，以及通过“应该”或“不应该”的条文约束开发建设，或制定具体的数据限值，如建筑最大高度、公共通道最小宽度等。

借鉴“定性、定量和定边”的方法与思路，对于精细化城市设计成果中的图形语汇开展必要的“提炼”和“转译”，通过可落地的位置、数量、角度、比例等管控与引导语汇，将其转换成规范化文件，以便于规划管理人员以及后续具体设计人员的理解和使用。

需要注意的是，相比较控制性详细规划，精细化城市设计的特殊之处还在于，它常常还会涉及许多难以直接操作的形态构思，例如效果图、总平面图、空间系统结构图示等；有些城市设计还会关注空间使用者的环境体验、环境品质，以及所处城市的历史文化等，例如建筑形式、体量、风格、色彩以及群体建筑组合的天际线和制高点等内容，因而产生诸如贴线率、退台、街墙、曝光面、建筑风貌样式、建筑前区等设计技术性内容（表 5–2、表 5–3）。

表 5–2　不同区域城市设计重要管控内容

地区类型	空间系统	控制要素
公共活动中心	功能业态布局的系统性	地上 / 地下各层商业设施空间范围，地上 / 地下各层其他设施空间范围，地上 / 地下建筑主导功能
	公共界面的连续性	建筑控制线、建筑控制线后退距离及贴线率
	步行空间的连续性	公共通道，连接通道
	广场绿地的系统性	广场形式、范围、面积，绿地范围、面积
	街道尺度的宜人性	建筑高度和道路宽度的比例
	空间标志性的特色	标志性建筑高度、材质、色彩，屋顶形式
重要滨水区与风景区	滨水公共空间的开敞性	滨水公共空间的尺度，广场形式、范围、面积，绿地范围、面积
	步行空间系统的连续性	公共通道，连接通道，公共通道端口

① 绿地 + 水系。

续表

地区类型	空间系统	控制要素
重要滨水区与风景区	滨水天际线的适宜性	建筑高度
	滨水界面的有序性	建筑面宽占地块总面宽的比例
	滨水岸线的亲水性	滨水标高
交通枢纽地区	地区交通流线畅通性	机动车流线，非机动车流线，人行流线，公共通道，连接通道，广场形式、范围、面积
	地上和地下立体空间联系性	公共垂直交通，地下标高
	空间的可识别性	标志性建筑，广场形式、范围、面积，建筑风貌
历史风貌地区	广场绿地的系统性	广场形式、范围、面积，绿地范围、面积
	步行空间系统的连续性	公共通道，连接通道，公共通道端口

表 5-3　上海城市设计建筑形态管控要素

类别	图例	名称	释义	补充说明
建筑形态		建筑控制线（可变） 建筑控制线（不可变）	控制建筑轮廓外包线位置的控制线	沿道路红线、绿化用地（G）边界、广场用地（S2）、公共通道及其他公共空间的边界设置
				红色虚线表示线位不可变，蓝色虚线表示线位可变，在建设项目规划管理阶段，可根据具体方案确定
				当建筑控制线与公共通道边界或广场等开放空间边界重合时，后者可省略绘制
				当建筑控制线不标注贴线率时，表示建筑可贴线建设，也可不贴线建设
				当可变的建筑控制线一侧标注贴线率时，则表示无论该建筑控制线的线型如何，均应满足贴线率要求
	3M,60%	建筑控制线后退距离及贴线率	贴线率指建筑物紧贴建筑控制线的界面长度与建筑控制线长度的比值	沿建筑控制线可根据城市设计对公共空间的要求标注贴线率
				贴线率一般为下限值，特殊情况下可为上限值，但应在通则中注明
				贴线率计算以《上海市控制性详细规划技术准则》中的内容为准
		建设控制线范围	指建筑控制线以内的建设控制范围	与建筑控制线结合使用，指由建筑控制线围合的、可建设多层及高层建筑的建设范围
		建筑塔楼控制范围	指建筑控制线以内，高度大于 24m，且空间形态上相对于建筑裙房高度较为突出的建筑塔楼的控制范围	塔楼的外轮廓投影线不得超出范围，塔楼的控制高度有特殊要求的，可在通则中根据城市设计予以明确
				塔楼位置应标注长度及宽度尺寸
		标志性建筑位置	指在特定区域可以建设的建筑高度，不同于地块建筑控高的标志性建筑，其在高度、形态等方面居景观风貌核心地位	标志性建筑位置依据城市设计确定，数量应予以控制，一般一个地区以一到两处为宜；可为高层建筑，也可为低层、多层建筑
				塔楼位置应标注其长度及宽度尺寸

续表

类别	图例	名称	释义	补充说明
建筑形态		骑楼	指沿街建筑的二层以上部分出挑，其下部用立柱支撑，形成半室内人行空间的建筑形态。可跨红线、公共通道，也可位于地块内部	沿建筑控制线内侧示注该图例，表示沿该建筑控制线规划设计为骑楼的形制 骑楼宽度、高度根据功能需求而定，图上可不表达；若表达，则应在通则及文本中明确宽度，高度的上 / 下限值
		建筑重点处理位置	指在公共空间或景观视线占据重要位置的建筑界面，需在建筑方案中重点把控	根据城市设计结论，在景观视线或公共活动重点位置沿线标示该图例 为引导性指标，如有特殊的设计要求规定应在图纸通则和文本中明确
		保留建筑	指除历史风貌区规定的保护建筑外，其他需被保留的一般建筑	应在图纸地块控制指标一览表的备注栏中注明保留建筑的名称

示例 1：美国纽约巴特利公园城

巴特利公园城（图 5–33）位于纽约曼哈顿西南哈德逊河沿岸的狭长地块，南侧为巴特利公园，东侧为西部大道，临近纽约世贸中心原址，总占地约为 $37hm^2$。到 21 世纪初，该片区已基本建成。巴特利公园城内功能较为混合，其中南北两侧区域以居住建筑以及学校等配套设施为主，中部以商业办公建筑连接世贸中心，滨河空间还留有开敞公园绿地、游艇码头等设施。巴特利公园城的开发由巴特利公园城开发机构（Battery Park City Authority）主导。1979 年，由库铂及埃克斯塔事务所（Cooper，Eckstut Associates）开展城市设计方案，延伸了曼哈顿地区原有的小街坊、密路网空间形态，形成了操作灵活、易于实施的基本方案。后续在 1989 年和 1994 年以城市设计方案为基础，编制完成了其中居住片区导则（Battery Place Residential Area Design Guidelines，1989）以及北部居住区城市设计导则（North Residential Neighborhood Design Guidelines，1994），并从导则中 提出了对建筑控制的具体要求。以 1989 年的居住片区导则（Battery Place Residential Area Design Guidelines）为例，其主要控制区域为巴特利公园城南部区域。除了规定了地块面积和最大建筑面积外，城市设计导则从多个要素提出对建筑的控制：

①首层平面功能。导则中根据不同街块建议了建筑首层平面内餐厅、零售商业、社区设施、办公等不同功能的分布。其中建议零售商业和办公功能沿中部街道两侧设置，餐厅和社区设施鼓励靠近滨水公园一侧，为游客提供便利和活动场所。同时建议建筑首层沿中部道路西侧设置拱廊，并确定各建筑大堂的位置。

②停车和停车入口。导则中规定地块中设置停车区域的范围，需对中部道路及支路退距 10~50 英尺（约 3~15m）；同时规定了地块停车入口位置，开口宽度不能过大（图 5–34）。

③体量控制。导则对建筑的体块控制包括了几个方面：建筑密度、建筑形态。其中建筑形态控制中了规定了建筑街墙位置，从而形成连续的空间街道空间。街墙根据不同位置设置了 60~85 英尺（18~25m）以及 100~135 英尺（30~41m）两种高度范围，同时确定了塔楼位置以及各地块裙房和塔楼的最大建筑高度。

④建筑形象。导则通过多个方面进行对建筑形象控制，其中包括立面材质、色彩、屋顶处理、女儿墙、装饰线、拱廊、阳台、灯光、标识等多个方面。其中对立面材料的控制中要求较多地使用石材、砖作为立面材料，形成砖石风格建筑，从而呼应纽约传统立面风格，禁止采用玻璃幕墙。

建筑色彩上要求以暖石材颜色为主，在特殊位置如建筑入口可精细设计。而金属构件的颜色则要求采用黑

图 5-33　巴特利公园城鸟瞰图

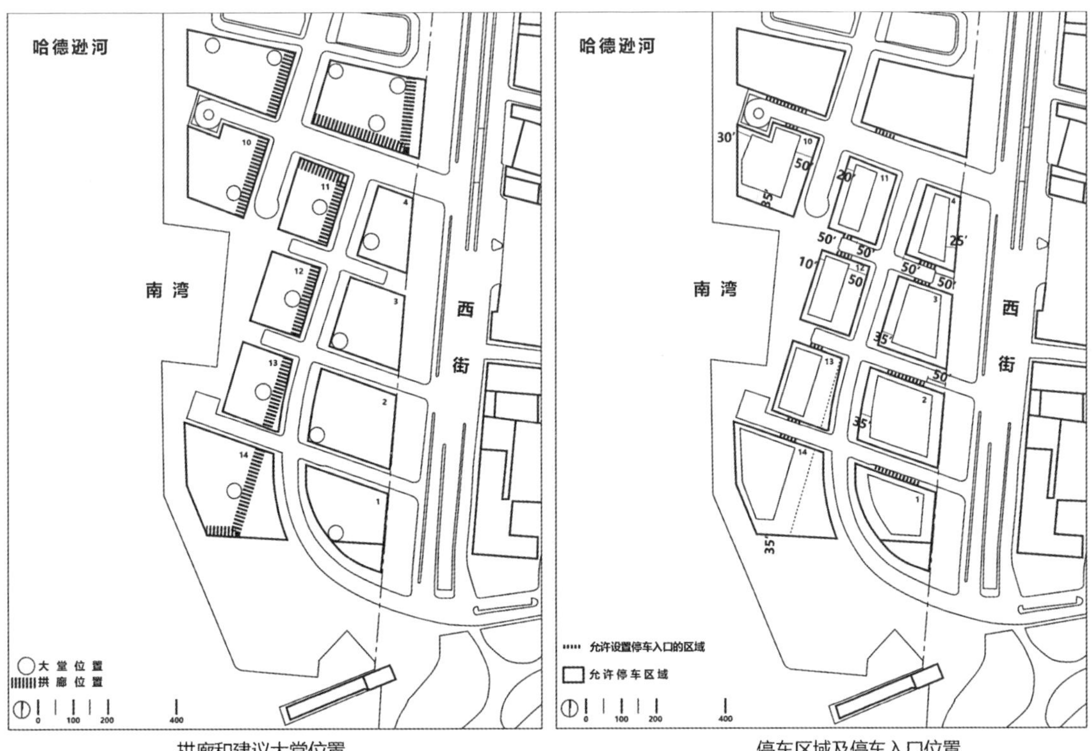

拱廊和建议大堂位置　　停车区域及停车入口位置

图 5-34　巴特利公园导则示意（一）

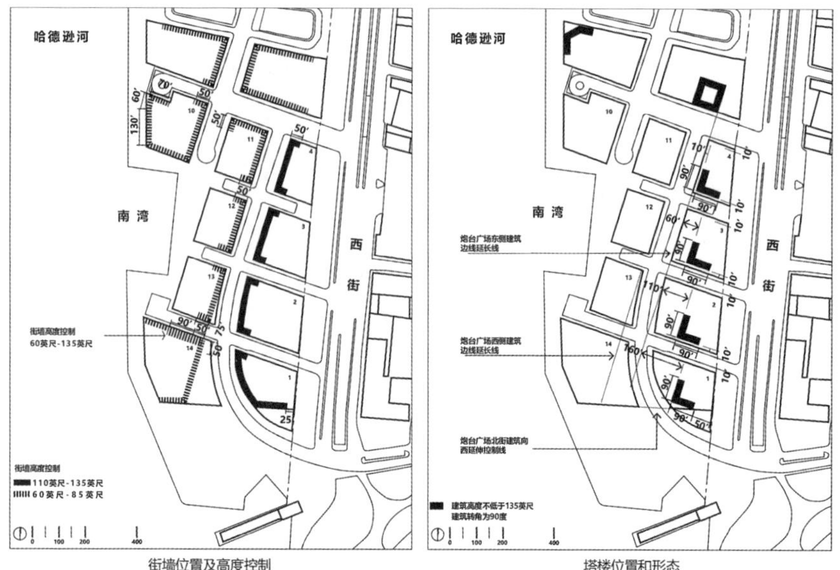

图 5-35　巴特利公园导则示意（二）

色或灰绿色。在建筑立面底部需设置石材基座，东侧较高裙房须在 75~85 英尺（22.8~25.9m）高处设置装饰线呼应西侧较低建筑；同时要求屋顶顶棚立面应该统一设计，建议屋顶可以设计成缩进的形式；在街墙上部的女儿墙则建议采用石材元素；对于首层拱廊要求至少进深不少于 12 英尺（3.6m）、高度不少于 20 英尺（6m）。同时要求规定了建筑的开窗间隔，禁止连续开窗；同时对不同立面的墙面率也有不同的控制要求（图 5-35）。

示例 2：上海虹桥商务区核心区

上海虹桥综合交通枢纽汇集了上海地铁 2 号线、10 号线以及 17 号线，地下通勤人流量巨大。核心区遵循 TOD 思维，通过合理的地下路径设置，方便地铁通勤人流直达商务区地块内部，同时也提供了枢纽商务出行人流的快捷通道。此外，地下商业空间设计，实现了多首层化的街区商业氛围，形成类似室外步行街的购物环境。基于城市设计编制的设计导则，针对地下步行通道系统的控制包括（图 5-36）：

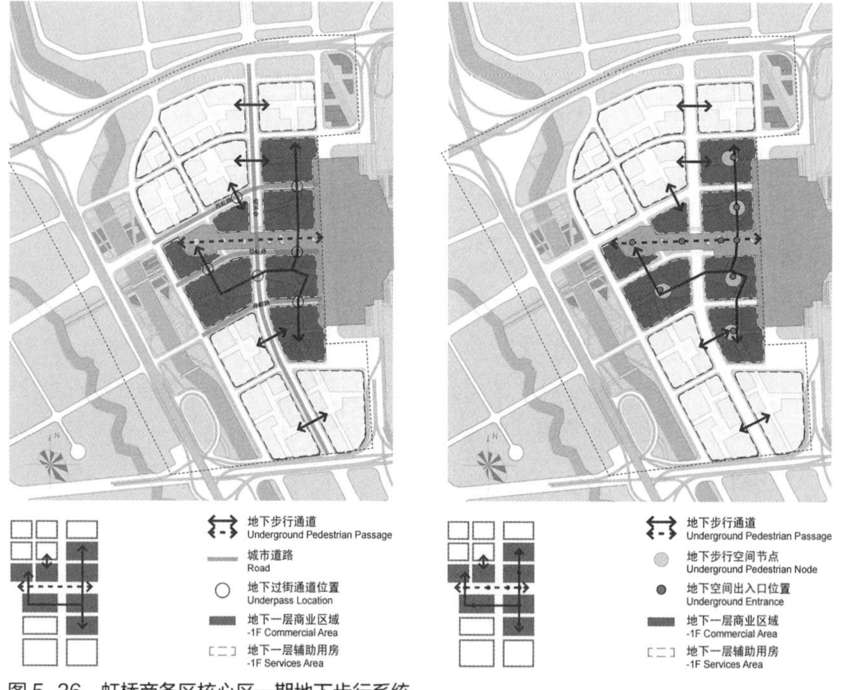

图 5-36　虹桥商务区核心区一期地下步行系统

①地下步行通道除商业休闲景观轴下的东西向步行轴线之外，另有两条南北向步行轴线，形成两纵一横的地下步行系统格局。地下步行通道的位置结合街坊公共通道布置。②地下步行系统穿越 4 条城市道路：申长路、苏虹路、邵虹路、舟虹路。提供了地下步行道路的方式，缓解地面人行与车行交通的矛盾。③地下步行通道结合地面广场的位置布置通往地面的出入口，中轴绿化带内的 D09、D10、D18 地块各布置 1~2 个出入口，其余广场各布置 1 个出入口。④地下步行空间应避免过于乏味单一的空间感受，可以地下空间出入口的位置布置空间节点，营造有节奏变化的趣味性步行空间。⑤控制地下主要步行通道，宽度：8~10m，中轴标高：–9.35m（绝对标高：–4.53m），其余标高：–6.00m（绝对标高：–1.18m）。

管控要素的转化和形成，是将精细化城市设计的成果，通过描述“条文”化，便于前期成果的传递和后续设计的指导及管控。一般在建设项目流程中，管控要素在规划阶段确定并纳入控规、附加图则或后续的土地出让条件中。这种方式的优点是在流程上较为清晰，缺点是如果较早地锁定了管控要素，部分设计条件可能和土地出让后开发主体的开发建设策划相违背，导致一些项目在土地出让后需要进一步调整规划。因此，精细化城市设计，尤其是针对成片地区的整体开发项目、较为大型的独立项目或建设条件复杂的项目，可以分阶段、分层次，经过多次推敲，综合多方意见确定管控要素。此外，对于“定性、定量、定边”的思路和方法，在考虑精细化城市设计的过程中还应该注重弹性空间预留，在定性的时候可以试探给予一定的灵活性，定量的时候设置一定的范围，定边的时候更加精细。需要注意的是，还可以在条文的基础上，结合设置程序保障式的一些流程和手段，综合完善管控要素的形成和动态调整过程（表 5-4）。

表 5-4　常见的精细化城市设计管控要素

管控要素类型	具体内容及特点
指标类要素	指标类要素包括建筑功能、容积率、建筑密度、建筑高度、绿地率、建筑退界、停车配建。指标类要素一般来源于法定规划文件，即总规、控规、土地出让合同。指标类要素一般为强制性管控要素
城市空间形态的刚性和弹性管控要素	刚性和弹性管控要素，一般针对空间形态，在各类规划图则或导则中予以确定。针对空间形态的刚性管控要素，需要以具体量化的形式，例如贴线率、开口率、窗墙比、通透度、各类通道净宽净高条件等；弹性管控要素是难以量化衡量的管控要素，如建筑色彩、立面风格、材质等，需要通过弹性评分机制予以落实
整体平衡要素	指在一定区域和条件内，根据实际开发建设情况，对管控指标进行整体核算。整体指标符合管控条件规定后，将指标拆分到各个子项进行落实，拆分后的单个子项仅符合整体指标系统指定的原则，不再重复复核管控条件。例如区域整体绿地率指标达到管控要求，将绿化面积拆分到各个单地块，可根据不同地块建设条件不同而有所差别
共建共享要素	指在一定区域和条件内，通过各类配套设施的共建、共管、共用，体现集约高效的开发建设。共建共享项目，如交通和停车设施、能源中心的共建共享等。单地块设计无法体现共建共享项目的整个系统，需要通过整体设计，对整个系统进行设计确定，并对各个单地块的责权定点定位定量明确

5.4.2　管控要素的分级分类

我国城市规划体系根据城市规划在各种层次上的标准细分了多种空间层次。各地也在分层开展城市设计实践，并将不同层级的城市设计与规划进行联系。目前总体城市设计是宏观上城市的空间发展和风貌塑造的总体标准，是下级层次的设计根据，因此要进行高水平的编制和认真的程序审批；区段性城市设计是对局部开发的预先规划，严格遵循总体设计标准；小地块城市设计是要按照以上两层的设计，具体分析项目的立体形态布局，它的制定过程需要富有弹性，能够灵活适应市场经济的发展；专项城市设计是对某个系统和问题的分析，具有多种形式和丰富的内容，针对不同对象，应运用相应的编制和实行办法。因此，不同层级的城市设计关注重点不同，管控重点和管控颗粒度也不同，因此在管控要素亦会体现分类分级的特征。此外不同层级的城市设计之间的有效衔接，亦会促使城市设计理念、策略精确传导，实现城市设计愿景，强化城市设计作用，减少因随意开展或多次变更城市设计导致规划管理混乱（图 5-37）。

示例：广州市总体城市设计

《广州总体城市设计》是广州面向 2035 总体规划的重要组成部分，旨在让市民能感受到城市发展过程中城市

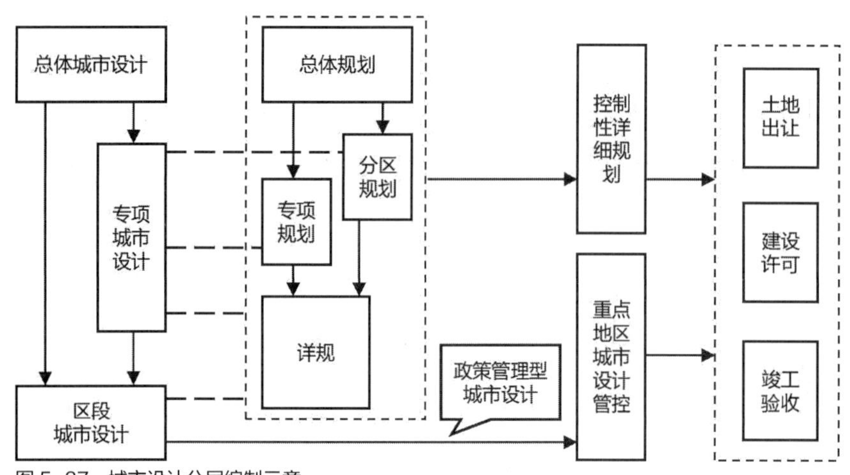

图 5-37 城市设计分层编制示意

品质的同步提升。为此，广州市国土资源和规划委员会搭建了“院士领衔、专家支撑、多专业参与”的项目组织架构，聘请了中国工程院院士、东南大学教授王建国为项目顾问，广州市城市规划勘测设计研究院与东南大学城市规划设计研究院有限公司联合编制，编制过程中集结了规划、建筑、景观、市政、生态、交通等各专业力量共同参与（图 5-38）。

总体城市设计中提出，实施珠江两岸道路景观贯通工程，重点贯通珠江西航道—前航道至黄埔大桥北岸，全长 60km，改善滨江沿线的公共性、可达性，将市民引向云山珠水、山水田海。重点塑造 14 个滨水公共空间，赋予不同空间主题，沿珠江前航道打通珠江活力水环。同时塑造北起燕岭公园、南至海珠区南海心沙岛，全长 12km 的世界级现代城市中轴线。项目要提升广州东站、天河体育中心、花城广场、广州塔、海珠湖公园等重要节点空间品质，管控轴线两侧天际线轮廓和建筑风貌，构建功能复合、景观独特、体验丰富的重要城市公共空间轴线（图 5-41）。

图 5-38 广州市总体城市设计总体三维图

5.4.3　各类界面的初步划分

城市设计的对象一般会涉及生活、生产及生态用地。虽不能单纯从地块数量和设计范围的大小上来区分城市设计与单项设计，但总体而言城市设计的目标对象往往呈现出区域特征，包含多个用地。针对这种区域特征，精细化城市设计在面对区域整体开发时，设计范围内通常一个城市设计构想难以独立地开展。从开发实际上来看，由于用地属性的多样，用地产权相互交织，会导致报批报建及建设管理的界面相互交织。如上海虹桥商务区核心区、世博央企总部基地、西岸传媒港等项目，其开发模式、产权划分方式均不同。因此在精细化城市设计的过程中，特别是在制定专策及专管精控的过程中，不可避免地会要求在规划设计、建设管理等周期前，依据土地权界，确定设计、建设乃至后期运营管理的界面。界面厘清是精细化城市设计专管及落地实施工作中重要的基础。

界面包括产权界面、设计界面、建设界面、运维界面、管理界面等。界面是开发模式延伸，从开发模式规定的产权划分方式出发将界面细化。其中产权界面是其他界面的基础。为设计合理、方便建设和运维，各类界面往往无法完全重合，为确保下一步工作顺利进行，需要在专策中期进行详细约定。各类界面的划分，应在开发模式基础上，进一步细化到每条边界，应以图示加说明的方式表达，成果须各子项开发单位确认备案。在各类界面厘清过程中，应特别关注一般常由政府承担的道路红线、公共绿化绿线、河道蓝线的地下、地面、地上在内的土地、设计、建设、管理权属。

5.5　设计专策示例

5.5.1　专策示例1：上海虹桥商务区城市设计中的策略

（1）专策示例概述

上海虹桥商务区位于上海西部，邻近国家会展中心和虹桥枢纽，初始面积约 86km²，后扩容到 151.4km²，其中主功能区面积 26.3km²。根据建设目标，上海虹桥商务区核心区一期 1.43km²，共 11 个地块。上海虹桥商务区定位形成以总部经济、贸易机构、经济组织、商务办公为主体业态，会议、会展为功能业态，酒店、商业、零售、文化娱乐为配套业态的产业格局[①]（图 5-39）。

图 5-39　项目与国展和虹桥枢纽的位置关系

虹桥商务区紧邻虹桥枢纽，如何引导巨量人流、组织步行交通？核心区土地价值潜力巨大，但又受到航空限高的限制，如何挖掘土地价值，高效利用土地？作为上海乃至华东门户，核心区如何打造富有特色的现代化商务区空间和城市形象？通过设立行为与城市、效益与城市、感知与城市几类主要专题，对以上诸多精细剖解与研究，项目逐步实现从专题到专策的推演与生成。

（2）专策示例主要内容

①行为与城市类专策：打造互联互通现代化商务区步行体系

第一，建立立体步行系统（图 5-40）：为了引导巨量步行人流、合理组织步行交通，虹桥商务区核心区构建

① 刘智伟．虹桥模式——上海虹桥商务区核心区Ⅰ期发展特点剖析 [J]．上海建设科技，2016（6）：9-13.

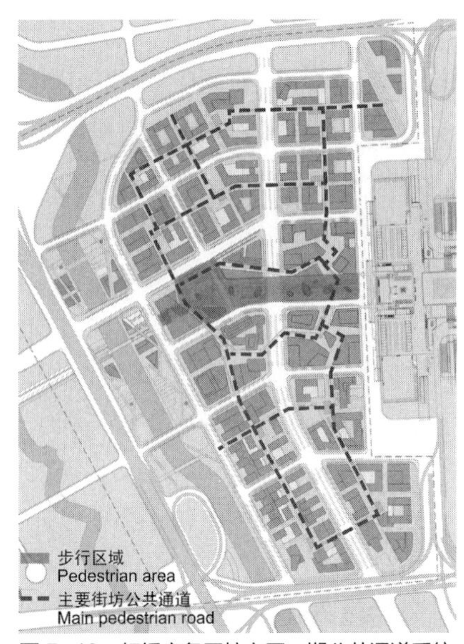

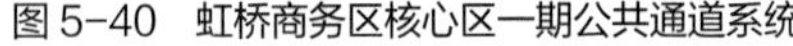
图 5-40 虹桥商务区核心区一期公共通道系统

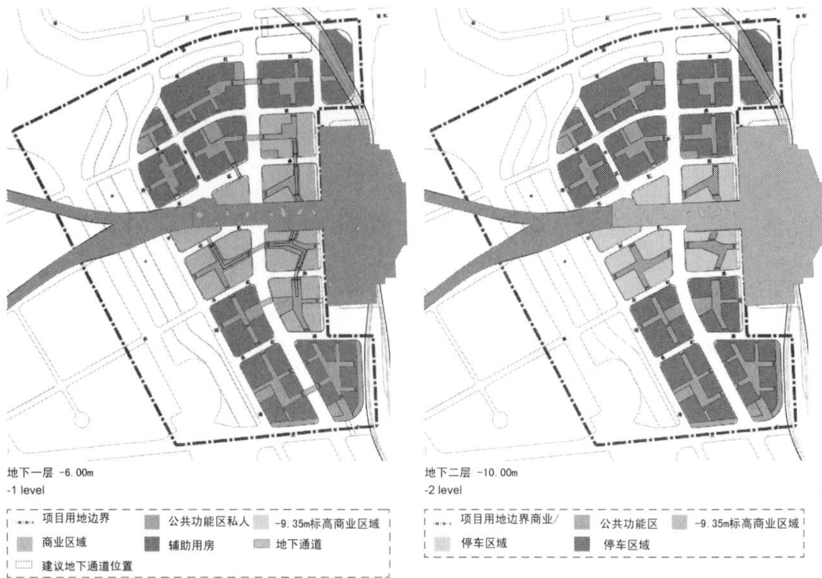

图 5-41 虹桥商务区核心区地下开发平面

了一套立体步行系统，从地下、地面、空中三个维度打造互连互通的现代化商务区步行体系。第二，构建地下步行通道系统：虹桥枢纽汇集了上海 3 条地铁线路，因此通过合理的地下路径设置，方便地铁通勤人流直达商务区地块内部，同时也提供了枢纽商务出行人流的快捷通道。此外，进行地下商业空间设计，实现多首层化的街区商业氛围。第三，地面预留公共通道并控制道路转弯半径：核心区通过预留公共通道串联主要公共空间，形成舒适宜人的地面步行网络，并通过控制道路转弯半径，营造安全的街道步行环境。第四，形成空中二层步廊体系：提前规划建设二层人行步廊系统，核心区一期共设 6 座人行天桥，总长约 378m。

②效益与城市类专策：高强地下空间开发利用

为了挖掘土地价值、发挥枢纽区位潜力，核心区采取高强地下开发的策略，采用了“统一编制规划，各地块地上地下统一出让，整体开发”的建设模式，形成冰山模式商业布局（图 5-41）：地下商业为主和地上 1/2 层的底商为辅的商业布局模式。以 7 号地块为例，地上商业面积与地下商业面积的配比为：1690/13173 ≈ 1/8 比例，形成倒挂布局。高强地下开发在挖掘土地价值的同时，也带来了采光、通风等实际问题，通过一系列技术手段落地策略，例如在采光问题方面，采用主动与被动采光相结合的方式：主动方式通过光纤管或镜面反射等方法将自然光引入地下建筑，被动方式通过下沉式广场、中庭、天井、天窗和侧窗等采光[①]。

③感知与城市类专策：街道高宽比控制、建立庭院体系

在“集约高效、活力宜人、环境友好、形象有力”的规划理念下，该类策略从人的视觉等感知要素出发，对街道高宽比进行控制。例如核心区控制适当的地块尺度和路网密度，地面街道宽 20m，建筑限高 43m，形成一个 1∶2 高宽比例的舒适城市剖面空间。同时，鼓励地下开发，并制定统一的地下层高标准控制：B1 层高 6m、B2 层高 4m；B2 层步行系统宽 8m，净高要求大于 4.5m。此外，核心区还通过庭院体系的打造，建立起环境友好、活力宜人的城市形象。通过各个地块内建筑、植物、构筑物围合成庭院，虹桥商务区核心区组织形成开敞式的城市空间，构建成相互联系的庭院体系（图 5-42）。

① 彭芳乐，乔永康，李佳川．上海虹桥商务区地下空间规划与建筑设计的思考 [J]．时代建筑，2019（5）：34-37.

图 5-42 虹桥商务区庭院空间

（3）专策示例阶段成果

通过虹桥商务区城市设计专策生成，形成具体的城市设计方案，指导城市建设工作的实施展开。专策的制定与《虹桥商务区规划建设导则》（2020）共同为城市设计建设实施与继续发展提供引导，在导则中，对虹桥商务区的步行系统、公共通道、庭院体系等要素进行了精细导控，体现了上述行为与城市、感知与城市、效益与城市的策略体系，成为专策生成的成果延续。

5.5.2 专策示例2：重庆城市半岛滨水节点安全设计策略[①]

（1）专策示例概述

半岛对城市空间形态、交通系统、出行方式等有着深刻的基础性影响，并形成了一类具备差异性空间要素的城市（区）类别。半岛滨水交通节点及邻近片区作为在系统汇聚、网络连接、视觉焦点、公共安全等方面影响深远的敏感地段，其空间承载能力与各类步行需求的矛盾日益显现。重庆菜园坝站节点以菜园坝长江大桥桥头空间为核心，铁路运输、综合商业、小型制造业、居住、公园围绕其周围。作为重庆现代发展道路上的重要铁路运输节点，菜园坝片区正在面临新旧铁路基础设施更替、公共空间提质升级、交通体系亟待完善等任务，以实现从交通职能走向综合职能的跃升。

该系列策略的提出建立在城市半岛边界节点空间特征及步行安全影响专题研究基础上，在对节点内外空间特征、内部瓶颈空间、节点对外涌现效应、步行安全空间影响因素等方面研究的基础上，提出了以重庆菜园坝站节点为载体，以安全为目标的空间设计策略。

（2）专策示例主要内容

①高频——路径空间行为安全优化策略

针对个体行为剖析层面，注重在个体特征（年龄影响、个体差异）、空间需求（有无行李、行李大小）、行为影响（漫游驻足、快速通过）三个层面进行铺装、围栏、扶手、步行连续宽度、坡度、空间照明等物理介质的优化，消除瓶颈空间。此外，强化城市安全管理范围和尺度，力求最大化减少个体自身行为不当造成的安全事故。

① 专策节选自：褚冬竹，曾昱玮. 边界、瓶颈与涌现：基于步行安全的半岛滨水节点城市设计优化 [J]. 当代建筑，2021（12）：25-31.

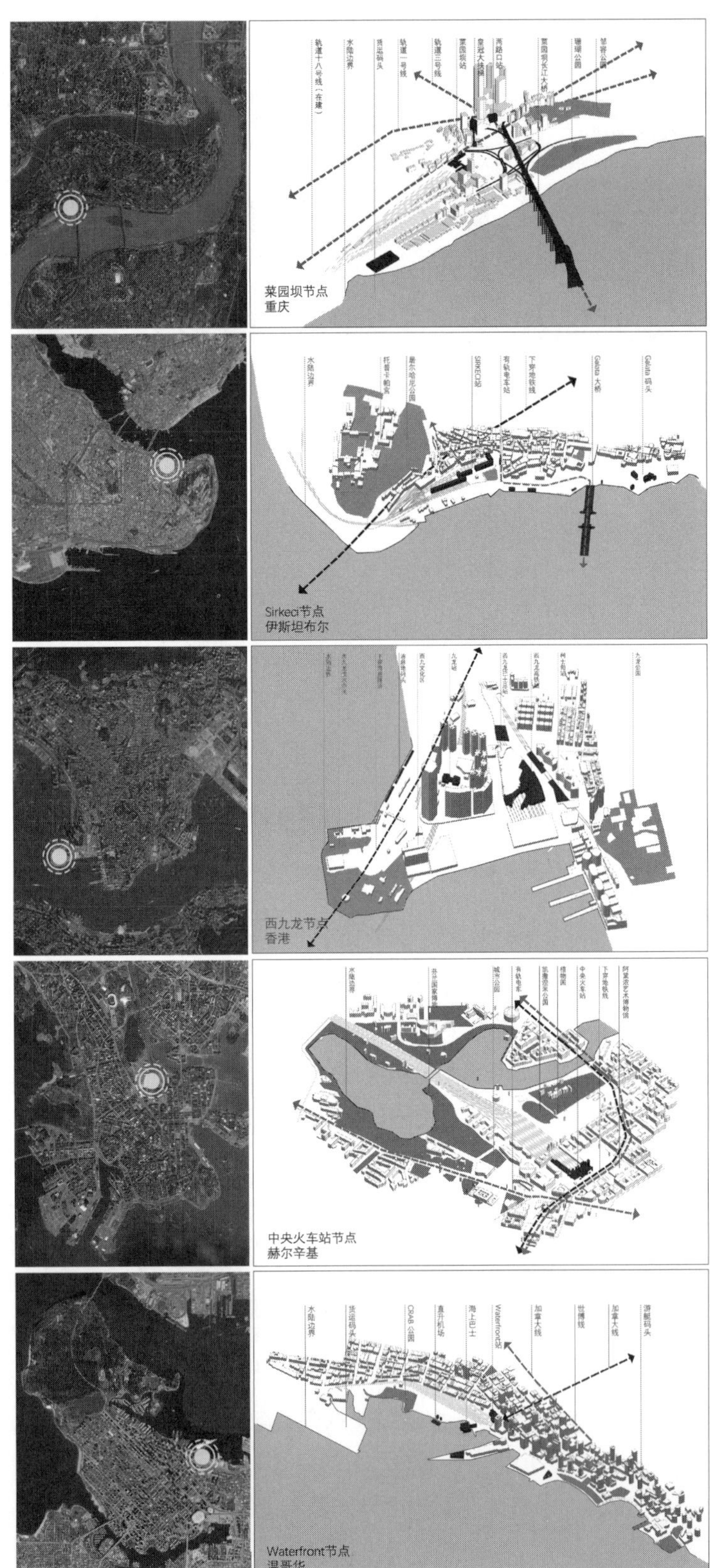

图 5-43　样本城市半岛关键性滨水交通节点

针对步行系统中人群瓶颈、事故灾害出现的高频区域、路径，采用公共交通与街道更新设计，以增强公共步行心理安全，确保滨江区的最大公共可达性，疏通沿岸视觉通廊，同时扩展节点内部通往滨水公共空间的主要街道，形成人群汇聚空间。同时建立以菜园坝站为核心，以滨水商业、城市绿地为边界的“节点—边界”建设模式，构建紧凑、集约的城市空间形态，维持较高强度的开发，在充分满足行人交通需求的同时，保证便捷、友好的街道与步行环境（图 5-43）。

②高发——重点地段灾害安全化解策略

针对节点特征，通过划分灾害高发重点地段，使每一个地段具备单独抗灾能力，以间隔协同工作的方式增强整体系统的韧性。为提升地段韧性和生态恢复能力，适度增加滨水步行区域可泛洪土地（floodable lands）与可浸区百分比。通过桥梁护堤形成步行体系，配以可移动式挡墙、集成照明进行辅助，提高行人心理安全感。根据岸线布置多样性草本植物、耐盐植物与草坡以适应不同水位，增加社区景观与滨水空间联系。结合滨江季节性洪水的影响（常年水位标高 170m），设置适应水位变化的多层级步行系统。根据水位从低到高分别设置滨水步道（标高 175m）、亲水步道（标高 180.5m）、景观步道（187m）、护堤步道（标高 195m），形成日常步行、游览观光、健身慢跑的毛细网络，与现存的珊瑚公园步行体系充分连接，并兼具临时疏散作用。在不同标高的步道之间设置生态梯级湿地，减小沿岸设施受水体冲击，并形成良好滨水景观。

③高质——复合空间心理安全提升策略

设计强调空间利用的兼容性和宽容度。通过对高架桥下的空间植入，增加滨水新型业态，形成对外交通多位一体复合的区域，减少边界中的消极空间，形成独特的滨水目的地空间。利用城市滨水零余空间，将城市公共活动

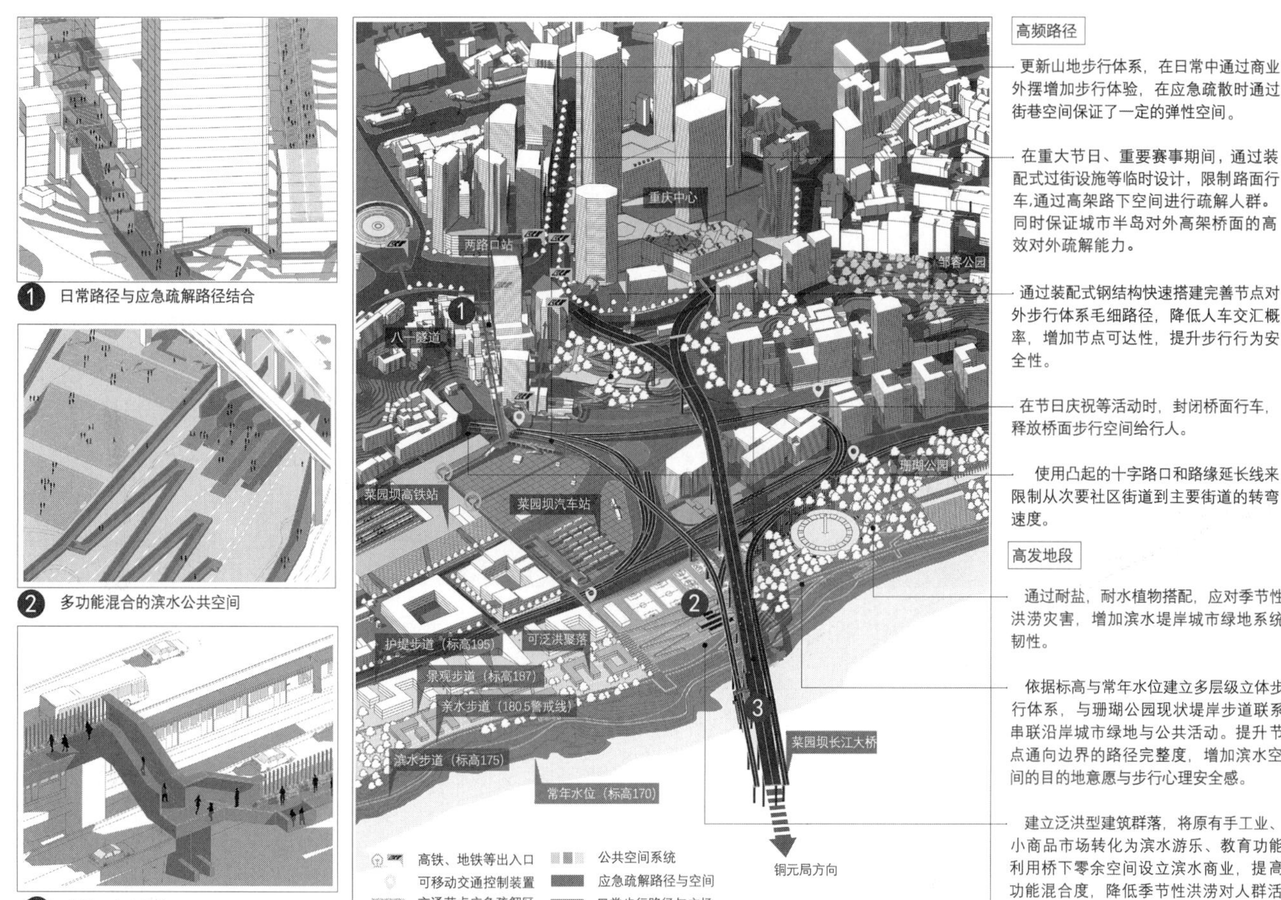

日常路径与应急疏解路径结合
多功能混合的滨水公共空间
跨桥面安全设施
高频路径
更新山地步行体系，在日常中通过商业外摆增加步行体验，在应急疏散时通过街巷空间保证了一定的弹性空间。
在重大节日、重要赛事期间，通过装配式过街设施等临时设计，限制路面行车，通过高架路下空间进行疏解人群。同时保证城市半岛对外高架桥面的高效对外疏解能力。
通过装配式钢结构快速搭建完善节点对外步行体系毛细路径，降低人车交汇概率，增加节点可达性，提升步行行为安全性。
在节日庆祝等活动时，封闭桥面行车，释放桥面步行空间给行人。
使用凸起的十字路口和路缘延长线来限制从次要社区街道到主要街道的转弯速度。
高发地段
通过耐盐，耐水植物搭配，应对季节性洪涝灾害，增加滨水堤岸城市绿地系统韧性。
依据标高与常年水位建立多层级立体步行体系，与珊瑚公园现状堤岸步道联系，串联沿岸城市绿地与公共活动。提升节点通向边界的路径完整度，增加滨水空间的目的地意愿与步行心理安全感。
建立泛洪型建筑群落，将原有手工业、小商品市场转化为滨水游乐、教育功能。利用桥下零余空间设立滨水商业，提高功能混合度，降低季节性洪涝对人群活动影响。
重庆中心
两路口站
鄠睿公园
八一隧道
珊瑚公园
菜园坝高铁站
菜园坝汽车站
护堤步道（标高195）
可泛洪聚落
景观步道（标高187）
亲水步道（180.5警戒线）
滨水步道（标高175）
常年水位（标高170）
菜园坝长江大桥
铜元局方向
高铁、地铁等出入口
可移动交通控制装置
交通节点应急疏解区
公共空间系统
应急疏解路径与空间
日常步行路径与广场

图 5-44　重庆菜园坝节点步行安全城市设计

（市民健身运动）融入其中，带动节点片区活力。节点外部功能混合度是节点—边界一体化建设的保障。通过特色、多样的混合功能，丰富节点对外步行路径片区，使节点本身的交通重要程度得以加强，同时增强节点对外目的地意愿。以整体思维，整合节点场域内的多种自然滨水资源、公共活动，形成节点与边界一体化活力片区，提升节点片区内在价值（图 5-44）。

（3）专策示例阶段成果

该系列专策的提出为以半岛边界交通节点为特征的城市设计提供了具体的操作思路与方法，有助于城市设计在半岛局部特性区域正确方向的确立，避免千篇一律的城市更新模式。同时针对同类型空间——重庆菜园坝节点进行了步行安全城市设计，为该地区城市设计工作提供了策略参考。

5.5.3　专策示例3：伊斯坦布尔历史半岛保护与利用设计策略

（1）专策示例概述

伊斯坦布尔历史半岛三面环水，一面是城墙（建于 413 年，之后不断修建），市中心是通向帝国的陆路交通的发散点；一条东西向的要道向城门扩展（图 5-49）。历史半岛在发展过程中，始终占据着伊斯坦布尔人口最为

图 5-45 君士坦丁堡时期半岛空间复原图
1 迪奥多西二世城墙；2 黄金大门；3 阿卡迪奥广场；4 迪奥多西一世广场；5 君士坦丁一世广场；6 马格诺宫；7 桑蒂・塞吉奥和巴克斯；8 卡潘尼尔竞技场；9 奥古斯塔翁；10 圣索菲亚教堂

密集的居住区域中心商业区。而快速的城市化、工业增长与移民人口压力，严重破坏了历史城市的结构。在对快速的"现代化"建设进行反思后，从 20 世纪 30 年代开始伊斯坦布尔在保留历史建筑、历史街区、基础设施方面进一步推进，形成在现代基础设施发展基础上的历史半岛保护与利用设计策略体系。

（2）专策示例概述

①现代化与历史保护平衡的专策目标构建

从 1936 年亨利・普罗斯特提出 Prost 城市发展计划（指导思想是现代化与历史保护的平衡）开始，陆续出台了《大伊斯坦布尔监管计划》《1/50000 比例伊斯坦布尔市区监管计划》《1/5000 比例伊斯坦布尔历史半岛保护法规分区计划》《1/5000 比例历史半岛（米诺努—法蒂赫）保护管制分区计划》等[①]。1985 年，历史半岛中四个重点片区进入联合国教科文组织世界遗产名录，从而抑制了伊斯坦布尔的盲目发展，使半岛历史风貌得以延续，有效调整传统商业、行政与服务职能。基于保护原则，对景观绿化、步行通道、交通工具等进行优化与改良，构建现代设施完整的历史半岛，逐步勾勒出现代化与历史保护平衡的城市设计专策目标。

②基于历史半岛形态整体梳理的专策分析逻辑

在旅游、环境改善和基础设施完善等一系列城市需求的持续发酵下，基于历史半岛整体梳理的城市新形态逐渐被提上议程。在长期历史发展中形成多个重要空间节点的伊斯坦布尔，是"多核生长"[②]的半岛城市演进模式典型代表，系列城市设计策略对多个核心区的景观、基础设施、公共空间等进行优化，将历史半岛形态中的重要空间要素——边界、尖端、核心三者进行梳理，构建出现代设施日趋完善的历史半岛。从半岛边界、核心区、步行网络等形态要素出发建立的策略体系包括：在对于半岛边界的塑造项目中，形成 Yenikapı 转运站和 Archaeo-Park

① Çiğdem Çörek Öztaş, Merve Aki. Istanbul Historic Peninsula Pedestrianization[R]. EMBARQ Turkey, 2014.

② 多核生长的重要特征为"多核多义"，即半岛可能拥有多个不同职能、定位与意义的核心，其尖端也可能作为一类核心存在。

区项目等开放边界的典型代表；在几个核心区的现代化更新和网络的梳理中，基于《苏丹艾哈迈德旅游计划》对圣索非亚大教堂（Hagia Sophia）、圣索菲亚广场（Hagia Sophia Square）及苏丹艾哈迈德清真寺周边的交通、公共空间进行梳理、部分建筑进行改造；在网络体系更新中启动了历史半岛步行网络整治提升项目……历史半岛沿着整体策略逻辑不断更新，成为一个时空交错下古代文明与现代形式交织的全球化城市。

③针灸式城市更新下的专策设计深化

在以边界、尖端、核心等半岛空间要素为策略逻辑的基础上，以针灸式城市更新的方式继续深化各要素空间策略。在对于半岛边界的塑造项目中，以 Yenikapı 转运站和 Archaeo-Park 区项目为典型代表。项目旨在建设一个与开放空间相结合的大型交通枢纽，梳理滨水边界的交通体系，将高速公路，铁路和水路系统与人行步道相结合，形成南北半岛"整体互连"，以此打破半岛历经希腊、罗马、拜占庭、奥斯曼帝国和现代化文明后的城市肌理的碎片化；并通过公共空间和交通体系的整体渗透复兴半岛边界逐渐衰落的部分区域，创造"非排他性"24h 公共活动区。在此次项目进行中，面临的更大问题是在其开发过程中发掘了古代狄奥多西斯港口的遗迹，关于历史遗产保护和现代化开发之间的平衡度量催生了 2012 年针对该区域城市设计的国际竞赛。在此次竞赛中，艾森曼建筑师事务所等三份方案同获一等奖（图 5-46），为进一步的半岛边界营建提供了参考。

几个核心区的现代化更新和网络的梳理同样是历史半岛营建的重要议题。1978~1980 年基于《苏丹艾哈迈德旅游计划》进行了苏丹艾哈迈德（Sultanahmet）地区的更新。自 1930 年起，该地区的一部分历史环境被生硬地拆除以建造新的市政设施，导致密集、混乱的街区不能满足车辆的通行，这与该地区在世界历史上的重要性背道而驰。项目将现有的部分旧建筑物改建为酒店、梳理出清晰的公共空间体系，以满足历史半岛的旅游发展，并将老街区与 Sultanahmet 沿海公路进行连接重组车辆交通，以减轻该地区的繁重行人交通（图 5-47）。

图 5-46　Yenikapı 转运站和 Archaeo-Park 区国际竞赛一等奖（部分选图）

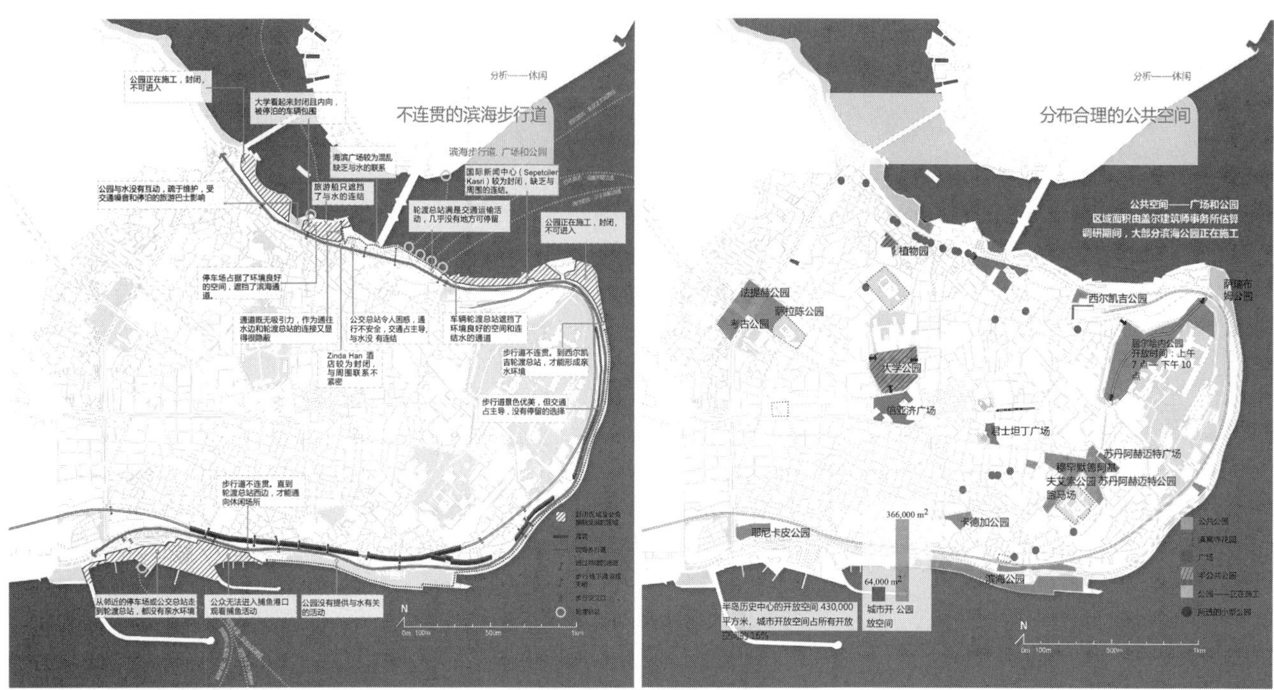

图 5-47 《伊斯坦布尔公共空间与公共生活》对于历史半岛边界交通和公共空间体系的研究

思考题

1 设计专策在“专题 - 专策 - 专管”体系中起到什么样的作用?

2 设计专策有哪些类型?起到什么作用?

3 为什么需要将设计专策转换为专管?

4 从设计到管控转换过程中，有哪些思路和方法?

5 除了本书中的示例，请再列举 3~5 个设计专策。

第 6 章

精细化城市设计的专管实施

6.1 精细化城市设计的管控思路

6.1.1 专管机制的设计与建立

精细化城市设计专管机制是指在城市设计成果完成之后，为达成既定建设目标，运用市场、政策、法律、自治等手段，通过量化城市管理目标、细化管理准则、明确职能分工等方法，实现深入、精细的管理模式，进而形成的一系列专门化、精细化管控方法和技术制度，是对城市设计成果的落实与保障。从全流程视角看，专管机制的设计应作为精细化城市设计需要高度关注并与设计成果紧密结合的部分。

城市设计通过功能组织、场所营造、空间塑形等手段来参与和推动经济效益和公共利益的平衡。在城市建设高速发展阶段，建设以大规模、高效率为目标，管控机制通常以提高审批效率为出发点，管控方式和深度宜简化。城市建设趋于平稳和完善的过程中，为塑造更好的城市空间品质，形成更宜居的生活环境，城市设计需要在有限的空间资源中完成品质的精细化提升，由此需管控机制精细化地引导配合，形成设计专管机制。

设计专管机制须建立在一定的社会基础、经济基础和技术基础之上，需要适应不同的社会发展阶段、经济环境和管理机制。当城市处于城市化发展中后期，进入相对平稳发展阶段，城市目标从强调速度与规模向以人为本，强调生态属性、人文属性，建立宜居城市转化。经济发展水平也达到相应层次，人民对城市生活有了更高的要求。这一阶段城市建设强调复合与多样、有一定的空间密度和功能混杂，对于公共设施、公共空间、自然生态有了更高的要求。精细化的管控机制可以使城市建设逐步由完成独立项目向处理多条线复杂问题转化，形成更加广泛、多样的设计专策，也要求有针对性、适应性的专管机制建立。同时，包括工程技术与管理水平在内的技术基础也是实现专管机制的重要保障。

例如，英国在经济形势较好时，政府收紧对地方的授权。规划管理相对严格，公众参与更加充分，更加追求公平全面、可持续的社会发展。然而 2009 年以来，经济持续低迷，产业发展疲软，政府提出复苏经济、授权于民等执政宣言。规划方面的具体手段包括简化规划审批程序，削弱规划控制。规划管理政策以发展为要务，进一步将权力地方化，重视地方自主性，社区有权自主制定邻里规划。同时，管控机制限制公众参与的条件，缩小公众参与范围，以提高项目落实的效率。

专管机制的设计，要强调解决“谁来管”“落实怎样的条件”“以什么样的工作方式”等基本问题，即确立专管主体、专管条件和专管制度。

（1）专管主体。专管主体的确定，解决的是“谁来管”的问题，专管主体牵头城市设计后续实施工作的组织、协调、落实。这里的主体，不仅限于建设实施主体，而是促成精细化城市设计落地的责任主体、权益主体。不难想象，委托城市设计师进行精细化城市设计研究的主体（委托方），理应成为专管主体，但多数情况下，委托方仅代表某一个群体的利益，不能在建设实施过程中客观地做出决策和指导建设。例如，城市管理者牵头的精细化城市设计，代表的是自上而下的规划诉求，优势在于有管控的行政权限，而缺点在于缺乏来自市场及基层个体的利益诉求，不能完全代表未来真实的使用者。开发建设单位或具体使用者组织编制的精细化城市设计，体现了公众参与性，而实施过程中缺乏管控权限，会受到各类规章制度及多审批条线的限制。因此，专管机制中的主体需要根据具体项目判断确定。专管主体需要被赋予相应权力，机制的推进体现在具体项目的落实过程中。

示例 1：上海市微更新试点，把公共空间开发成为具有景观、休闲、运动等生活功能的空间，充分改造闲置空间，满足多种功能需求。其实施机制由各区政府牵头，街道组织，市民参与。在实施工作过程中，各方各司其职，充分体现利益主体的诉求（图 6-1）。

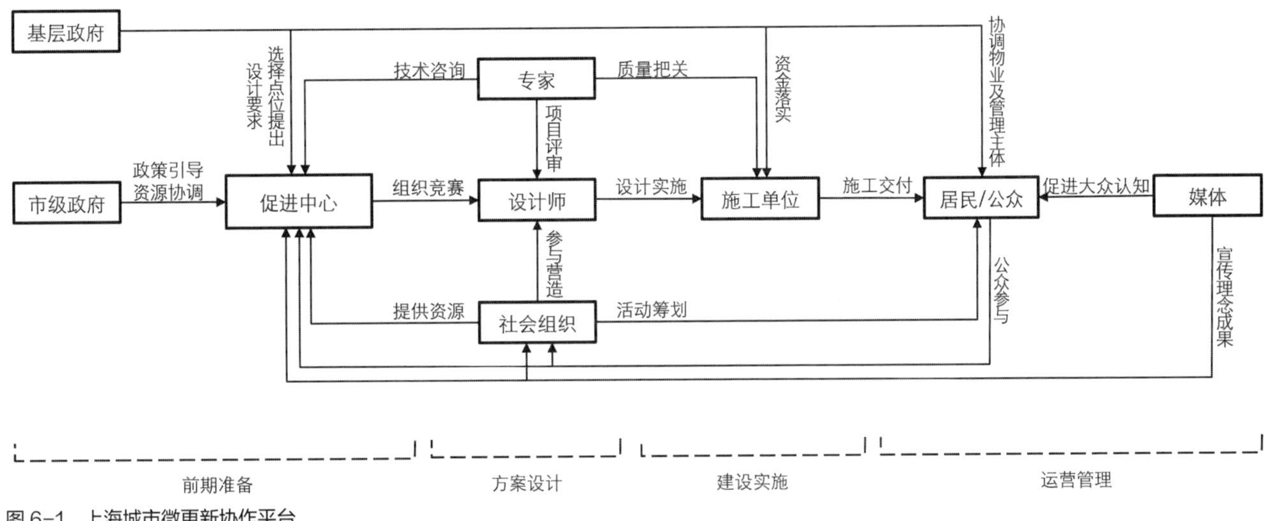

图 6-1　上海城市微更新协作平台

示例 2：纽约哈德逊城市广场（Hudson Yards）的建设形成了自下而上、多方决策，在社区、公众和开发主体之间建立城市规划协商机制；纽约市政府牵头成立哈德逊广场基础设施公司和哈德逊广场开发公司。作为项目开发的主体运作机构，两者与城市规划部门、纽约大都会运输署以及相关市、州机构共同合作。同时公众、社区对项目的开发与财政资金进行监督并积极参与其中，建立多方协商的开发运行机制，推动多方共赢（图 6–2）。

图 6–2　纽约哈德逊广场航拍图

示例 3：杜伊斯堡景观公园（landscape park Dnisburg-Nord）位于德国杜伊斯堡市，公园总占地面积 2.3km^2，集休闲娱乐、文化教育、景观、商业、产业服务等功能于一体。项目采用了公私协作的开发模式，以有限的政府投资吸引私人资本投入：政府投入的启动资金的主要用途是土地开发，投资治理水体，改善滨水区环境质量。政府买入滨水地带的土地，建造基础设施，进行开发前期准备，然后将熟地卖给开发商，由私人资本进行建设，同时由政府指定的公共机构与其他相关的私人机构和非营利机构通力合作，共同完成开发（图 6–3、图 6–4）。

示例 4：日本六本木山六丁目地区位于日本六本木新城，总占地面积约为 12 万 m^2，建筑面积约为 15 万 m^2，具有居住、工作、娱乐、学习、文化、交流等多项功能。在推进一体化实施的工程项目期间，同时推进东京都政府和产权人（单位）及相关权力者的意见统一，最终以森大厦株式会社为组织主体，联合朝日电视台等 500 位土地所有者共同进行再开发，达成在组织机制上的成功（图 6–5、图 6–6）。

（2）专管条件。城市设计阶段区别于后续直接面向实施的建筑设计、环境设计阶段，并不是所见即所得，而

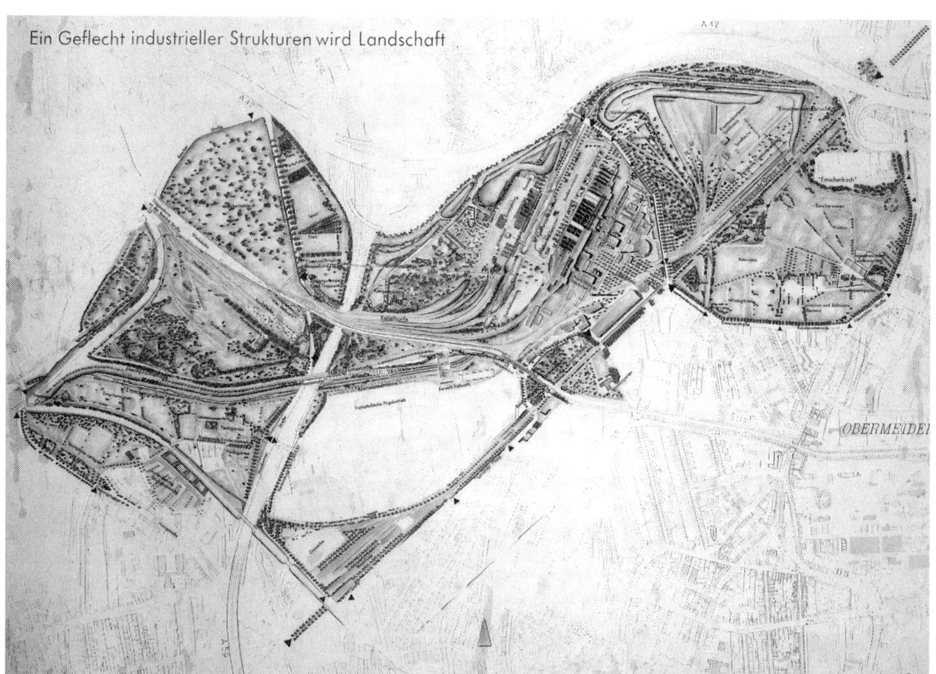

图 6-3 德国杜伊斯堡景观公园总平面图

图 6-4 德国杜伊斯堡景观公园实景

图 6-5 日本六本木新城航拍图

图 6-6　日本六本木之丘开发前后对比

是要将专题、专策的研究成果通过专管条件，传达给后续建设性设计环节。精细化城市设计实施方案中，哪些需要纳入专管条件，管控到什么程度，通过什么形式，是精细化城市设计需要回答的问题。在专管条件中，配合专管制度的建立，管控类型可以分为“条文约定型”和“程序保障型”两种[①]。条文约定型的管控类型一般纳入法定规划或有法律效力的各类约定文件，其具体条款根据发展目标提出并明确控制指标，如建筑高度、贴线率、退距、禁开口段、公共通道等，形成供管理者监督执行的审查依据。这类管控程序严谨、高效、便于操作，但也可能影响建筑师的创造发挥，在规避不合格建筑设计方案的同时，也可能抑制了优秀方案的产生。程序保障型的管控类型，向下传递的是开发建设的目标、策略、与引导实施建议，以及未来管控监督的流程。这类管控条件以定性描述、示意图等方式表达，鼓励建筑师通过多种途径达到设计目的。在建设项目管理阶段，建筑师有较大的弹性发挥空间，但需要管理者对建筑设计方案有更专业的评价与把控能力。

北京、上海、深圳等地区已分别出台了各自的控规编制体系，对有关空间形态的设计内容进行了约定。以上海为例，《上海市控制性详细规划技术准则》对规划强制性内容做了明确规定，包括划定用地界线，明确用地面积、用地性质、容积率、混合用地建筑量比例、建筑高度、住宅套数、配套设施、建筑控制线和贴线率、各类控制线等。针对地区需要开展城市设计，部分空间管控条件纳入附加图则，包括屋顶形式、建筑材质、色彩、连通道、骑楼、标志性建筑位置、内部广场位置、滨水岸线形式等（图 6-7）。

（3）专管制度。专管制度是专管条件得以实施的保障制度，尤其是在程序保障型的管控类型中，专管条件为实施预留了充分的发挥空间，为确保城市设计目标落实，必须配合完善的制度保障。除传统法定规划中，土地出让条件、方案审批流程、竣工验收流程等制度外，在现有的管理工具中，专家评审制度、主管部门联审制度、规划实施平台管理制度、总设计师负责制度等，均为专管条件向全过程、多专业、灵活性的方向发展提供了制度保障。针对特定区域，体现城市整体运行的效益性、公共性、公益性，制定切实有效的专管制度，将成为未来城市精细化管理的趋势。好的专管制度也逐渐流程化、法定化，成为法定规划建设流程迭代更新的环节。

示例 1：日本东京都政府大楼开发完成后，针对周边规划的再开发地块内的中小型建筑林立、土地权利人众多这些开发难点，采用与以往不同的开发项目模式。项目必须与土地权利人达成协议，从与土地权利人达成一致

① 上海市规划和国土资源管理局，上海市规划编审中心，上海市城市规划设计研究院．城市设计的管控方法 [M]．上海：同济大学出版社，2018：39.

1. 建筑高度分割线的表达方式

建筑高度分割线适用于地块内不同高度区域的划分，如沿街高度控制、滨水地块划分高度梯度、住宅区内划分高层区域与多层区域等情形。应使用淡蓝色细实线表达，并满足以下三个要求：

应标注建筑分割线与道路红线或建筑控制线的距离。

应在区域内以蓝色数字标注各区域的建筑限高

各区域的高度限高不得超过普适图则的建筑限高。

2. 塔楼控制范围的表达方式

在建筑高度分割线划分的区域进一步叠加淡蓝色网格填充，表示该区域内的建筑采用塔楼建筑形式（高度大于24米，且空间形态上相对于其他建筑或裙房较为突出），

塔楼的外墙轮廓不得超出高度分割线划示的范围，高度应符合高度分割线对应高度。

3．标志性建筑位置的表达方式

在建筑高度分割线划分的区域进一步叠加“*”，表示该区域内可建设高度、形态等方面居景观风貌核心地位的建筑。

标志性建筑数量应予以控制，一般一个地区以一到二处为宜；

标志性建筑可为高层，也可为低多层、外观特色较为突出的建筑。

标志性建筑的外墙轮廓不得超出高度分割线划示的范围，高度应符合高度分割线对应高度。

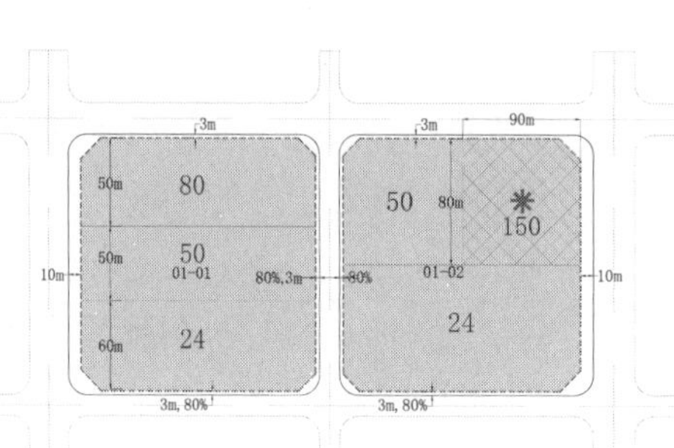

示例：

01-01地块的建筑塔楼控制范围内，由南向北高度上限分别为24米、50米和80米。

01-02地块的建筑塔楼控制范围内，南侧高度上限为24米；西北角区域高度上限为50米；东北角区域高度上限为150米，应建设塔楼建筑，且形态具有标志性。

4. 重要界面的表达方式

重要界面适用于对功能、视觉或者尺度等要求较高的道路或公共通道界面。应在建筑控制线外侧使用玫红色实线表达，并在图则文字部分结合城市设计对其沿街功能正负面清单、底层透明率、每百米出入口数、标高、外摆、立面设计等提出具体控制要求。

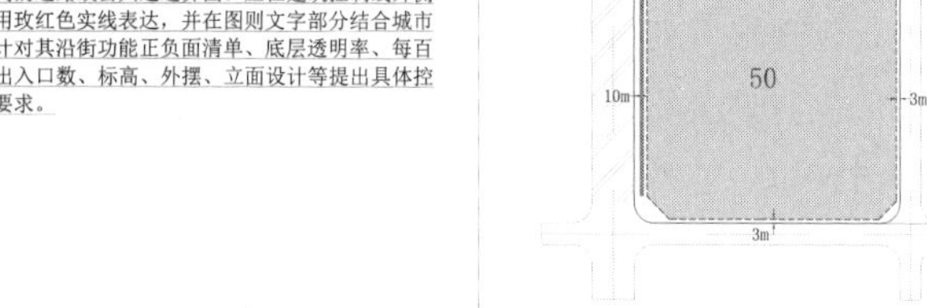

示例：沿慢行优先道路划示重要界面

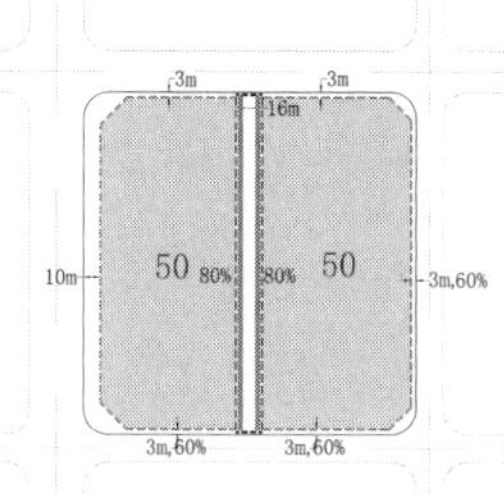

示例：沿公共通道两侧划示重要界面

5. 骑楼的表达方式

骑楼适用于通过沿街建筑的二层及以上部分出挑，其下部用立柱支撑，形成半室内人行空间的建筑形态。常运用于公共活动集中的街道和公共空间周边，以形成宜人的空间尺度。

应在建筑控制线内侧使用黑色折线表达。骑楼挑空部分的进深和高度一般在规划实施阶段确定，图上可不表达；当进深和高度有控制要求时，应在图则文字部分明确进深、高度的具体要求。

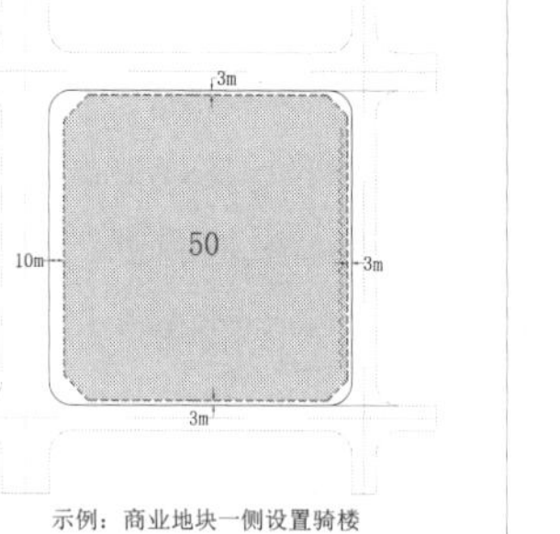

示例：商业地块一侧设置骑楼

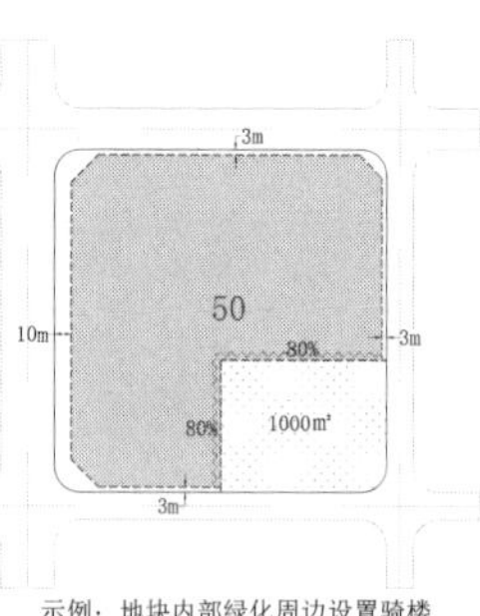

示例：地块内部绿化周边设置骑楼

6. 现状保留的其他建筑的表达方式

指除需要保留的历史建筑外，其他需被保留的一般建筑。应在建筑外轮廓内以灰色网格填充表达，并在普适图则地块指标控制一览表备注栏中注明建筑名称。

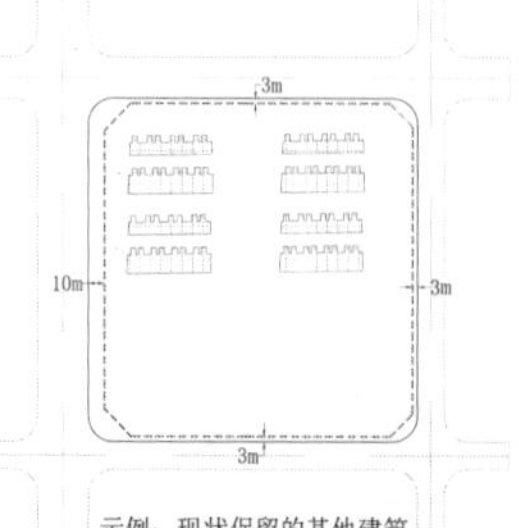

示例：现状保留的其他建筑

图例

- 红线
- 蓝线
- 道路中心线
- 地块边界
- 尺寸标注
- 标高
- 公共绿地
- 城市广场
- 轨道交通边线与控制线
- 建筑控制线（可变）
- 建筑控制线（不可变）
- 建筑控制线后退距离及贴线率
- 建设控制范围
- 建筑高度分割线及对应高度
- 建筑塔楼控制范围
- 标志性建筑位置
- 骑楼
- 重要界面
- 现状保留的其他建筑
- 色相调和
- 色调调和
- 公共通道(可变)
- 公共通道（不可变）
- 连通道（可变）
- 连通道（不可变）
- 端口(可变)
- 端口(不可变)
- 地块内部广场范围(可变)及最小面积
- 地块内部广场范围(不可变)及最小面积
- 下沉广场范围（可变）及最小面积
- 下沉广场范围（不可变）及最小面积
- 地块内部绿化范围(可变)及最小面积
- 地块内部绿化范围（不可变）及最小面积
- 桥梁(可变)
- 桥梁(不可变)
- 禁止机动车开口段
- 慢行优先道路
- 轨道交通站点出入口
- 公共垂直交通
- 机动车出入口
- 地下车库出入口
- 出租车候客站
- 公交车站
- 地上各层空间建设范围(可变)
- 地上各层空间建设范围(不可变)
- 地下各层空间建设范围(可变)
- 地下各层空间建设范围(不可变)
- 地上/地下各层商业设施空间范围及面积
- 地上/地下各层其它设施空间范围及面积

图 6-7　上海市控规编制中的空间要素示例

意见的地块开始，逐步实施，且由于产权的原因，新建成的项目在总平面布局和外观上也与以往项目不同。例如，1995 年竣工的新宿爱之岛大厦，项目涉及众多土地权利人，且开发前的既有物业性质多样。多栋建筑组合的布局形式能最大限度满足不同权利人的各类需求，确保各有合适的功能和流线。由于土地权利人的多样性，新宿爱之岛大厦在功能复合方面更加丰富，除办公、住宅外，沿街面和围绕室外广场的底层界面都设置了大众化的商铺，富有城市氛围（图 6–8）。

示例 2：张家花园位于上海静安区，占地面积 4.38 万 m^2，建筑面积 6.25 万 m^2，功能集传统建筑、文化、商业、住宅、休闲娱乐于一体。项目注重多方协调、多专业协作，综合考量不同使用人群，完善与公共利益相对应的体制机制，强调政府、市场、社会三位一体，合理发展的模式。在规划研究先行基础上，围绕政策、法规以及市、区正在推进的相关工作，落实规划管控要素的法定化衔接。项目采用现状保留、保护性征收①、保护性开发三种类型的保护更新方式。政府主导保护性征收，注入地区活力同时探索并保留一定比重的居住功能，为整个地区的动态更新提供发展弹性；确定功能后进一步明确空间形态协调、容量和高度控制及增加公共空间等附加形态，从而对地块进行保护性开发，注重多方协作，动态协调推进（图 6–9、图 6–10）。

图 6–8　东京新宿爱岛大厦航拍图

专管机制设计流程形成之后，需要通过机制宣贯、搭建平台、建立工作制度等方式推动执行。在实际执行过程中，对专管的条件和工作机制进行修正和校核，并定期进行评估，使精细化城市设计成果更加贴近实际需求，工作机制运转更加高效。

示例 3：上海北外滩核心区，在城市设计研究阶段，整体设计将地下空间、地面步行系统、连廊系统等分专题精细化研究，在控规附加图则中增加“实施运营要求”，并明确构建设计总控机制，将总控机制作为规划实施的要素之一，辅助专管机制建立。经授权的专业团队对核心区整体方案设计和建设进行指导和把关，确保公共部分统一设计、统筹实施，引导各地块私有部分协调统一，最大程度保障区域发展战略的高品质实现（图 6–11）。

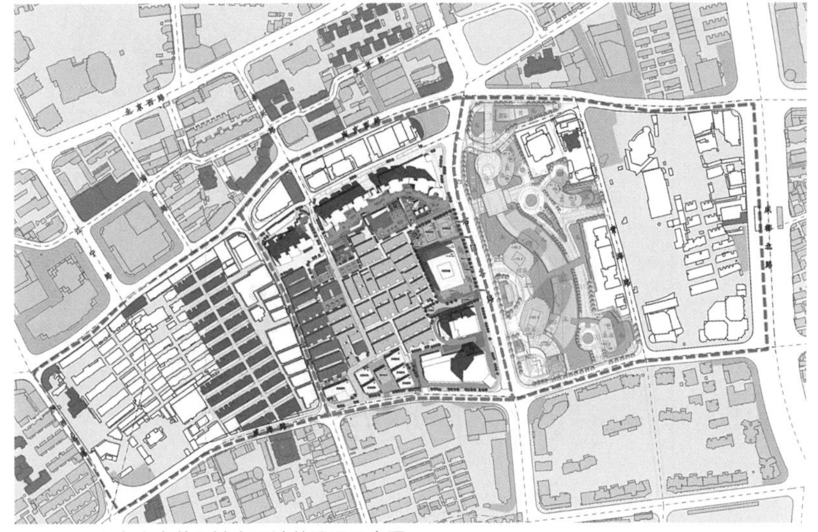

图 6–9　上海张家花园城市设计总平面示意图

① 保护性征收，经规划确定需要成片或局部保护、保留的地块，通过征收但不拆除其内建筑的形式实施土地储备的方式。

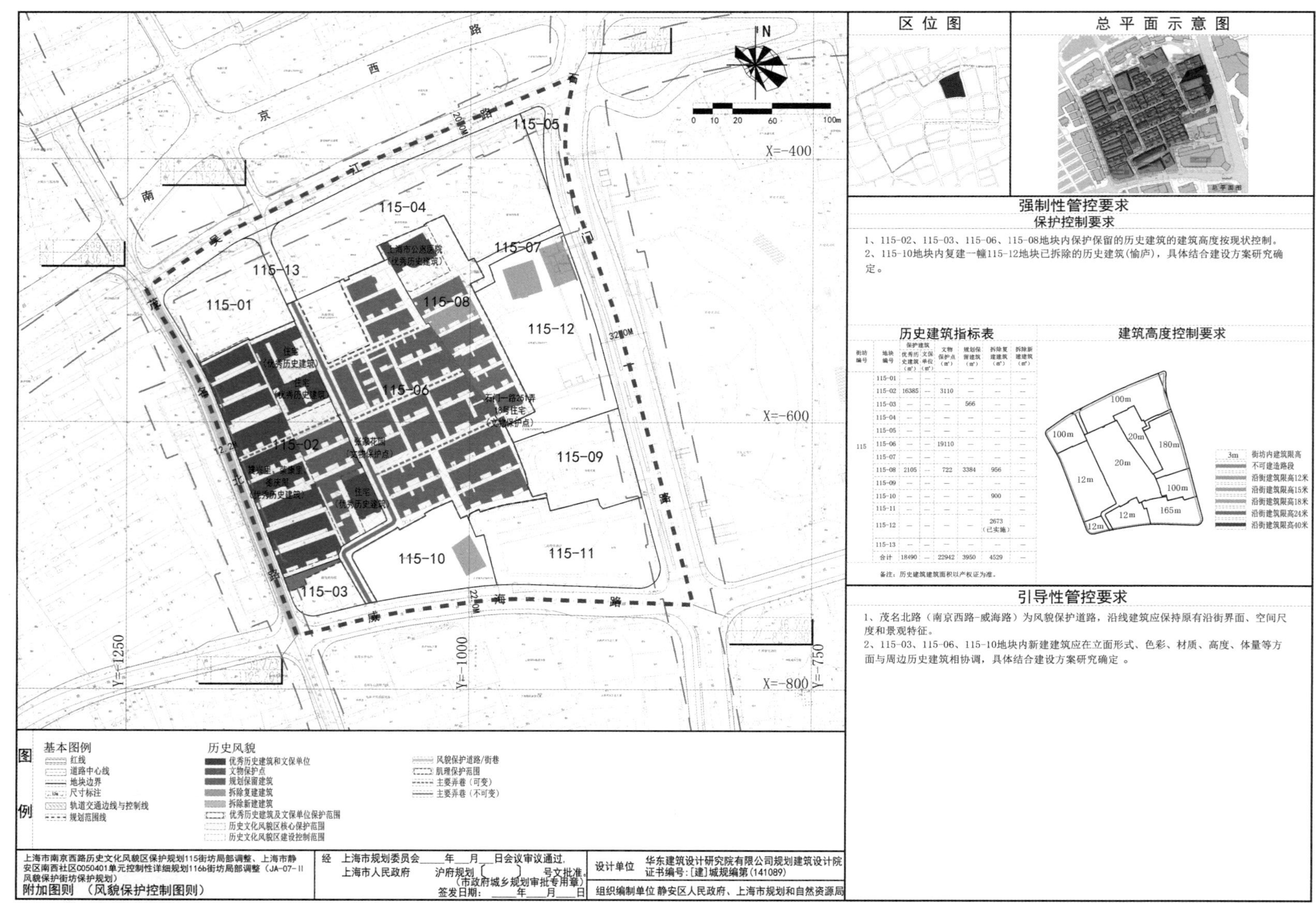

街坊编号	地块编号	保护建筑 优秀历史建筑（m²）	保护建筑 文保单位（m²）	文物保护点（m²）	规划保留建筑（m²）	拆除复建建筑（m²）	拆除新建建筑（m²）
115	115-01	—	—	—	—	—	—
	115-02	16385	—	3110	—	—	—
	115-03	—	—	—	566	—	—
	115-04	—	—	—	—	—	—
	115-05	—	—	—	—	—	—
	115-06	—	—	19110	—	—	—
	115-07	—	—	—	—	—	—
	115-08	2105	—	722	3384	956	—
	115-09	—	—	—	—	—	—
	115-10	—	—	—	—	900	—
	115-11	—	—	—	—	—	—
	115-12	—	—	—	—	2673（已实施）	—
	115-13	—	—	—	—	—	—
	合计	18490	—	22942	3950	4529	—

备注：历史建筑建筑面积以产权证为准。

图 6-10 上海张家花园控制性详细规划附加图则

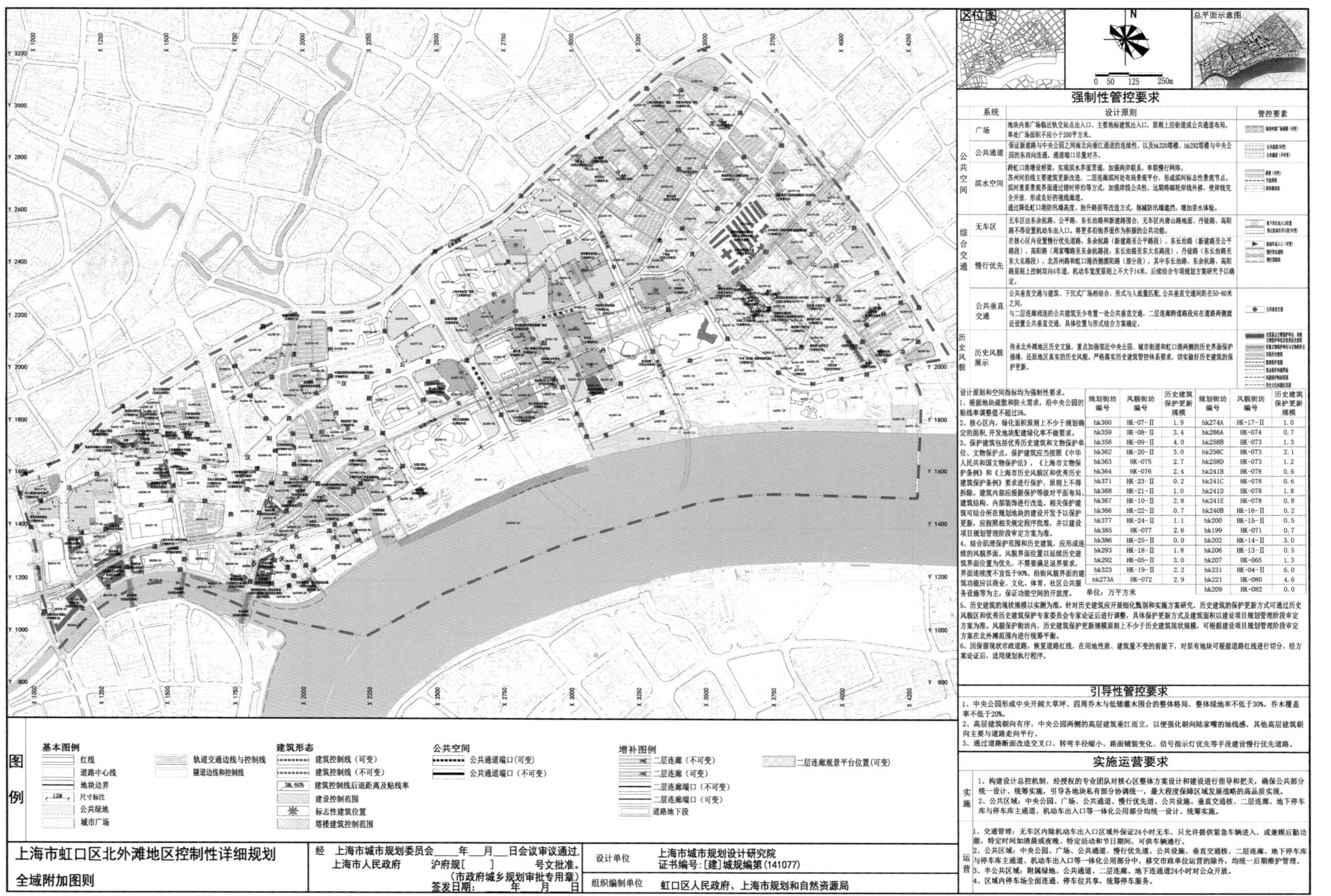

区位图　总平面示意图

0 50 125 250m

强制性管控要求

系统		设计原则
公共空间	广场	地块内部广场临近轨交站点出入口、主要地标建筑出入口，原则上沿街道或公共通道布局。单处广场面积不应小于200平方米。
	公共通道	保证新建路与中央公园之间南北向垂江通道的连续性，以及hk320塔楼、hk292塔楼与中央公园的东西向连通。通道端口尽量对齐。
	滨水空间	跨虹口港增设桥梁，实现滨水界面贯通，加强两岸联系，串联慢行网络。 苏州河沿线主要建筑更新改造，二层连廊滨河处布局景观平台，形成滨河标志性景观节点。 滨河重要景观界面通过错时停泊等方式，加强岸线公共性，远期将邮轮岸线外移，使岸线完全开放，形成良好的视线廊道。 通过降低虹口港防汛墙高度、抬升路面等改造方式，削减防汛墙遮挡，增加亲水体验。
综合交通	无车区	无车区由东余杭路、公平路、东长治路和新建路围合，无车区内唐山路地面、丹徒路、高阳路不得设置机动车出入口。将更多沿街界面作为积极的公共功能。
	慢行优先	在核心区内设置慢行优先道路，东余杭路（新建路至公平路段）、东长治路（新建路至公平路段）、高阳路（周家嘴路至东余杭路段，东长治路至东大名路段）、丹徒路（东长治路至东大名路段）、北苏州路和虹口港西侧溧阳路（部分段），其中东长治路、东余杭路、高阳路原则上控制双向4车道，机动车宽度原则上不大于14米，后续结合专项规划方案研究予以确定。
	公共垂直交通	公共垂直交通与建筑、下沉式广场相结合，形式与人流量匹配，公共垂直交通间距在50~80米之间。 与二层连廊相连的公共建筑至少布置一处公共垂直交通，二层连廊跨道路段应在道路两侧就近设置公共垂直交通，具体位置与形式结合方案确定。
历史风貌	历史风貌展示	传承北外滩地区历史文脉，重点加强邻近中央公园、城市街道和虹口港两侧的历史界面保护修缮，还原地区真实的历史风貌。严格落实历史建筑管控体系要求，切实做好历史建筑的保护更新。

设计原则和空间指标均为强制性要求。

1、根据地块疏散和防火需求，沿中央公园的贴线率调整值不超过5%。

2、核心区内，绿化面积原则上不少于规划确定的面积，开发地块配建绿化率不做要求。

3、保护建筑包括优秀历史建筑和文物保护单位、文物保护点。保护建筑应当按照《中华人民共和国文物保护法》、《上海市文物保护条例》和《上海市历史风貌区和优秀历史建筑保护条例》要求进行保护，原则上不得拆除。建筑内部应根据保护等级对平面布局、建筑结构、内部装饰进行改造。相关保护建筑可结合所在规划地块的建设开发予以保护更新，应按照相关规定程序批准，并以建设项目规划管理阶段审定方案为准。

4、结合肌理保护范围和历史建筑，应形成连续的风貌界面。风貌界面位置以延续历史建筑界面位置为优先，不需要满足退界要求，界面连续度不宜低于90%。沿街风貌界面的建筑功能应以商业、文化、体育、社区公共服务设施等为主，保证功能空间的开放度。

规划街坊编号	风貌街坊编号	历史建筑保护更新规模	规划街坊编号	风貌街坊编号	历史建筑保护更新规模
hk360	HK-07-Ⅱ	1.9	hk274A	HK-17-Ⅱ	1.0
hk359	HK-08-Ⅱ	3.4	hk286A	HK-074	0.7
hk358	HK-09-Ⅱ	4.0	hk258B	HK-073	1.3
hk362	HK-20-Ⅱ	3.0	hk258C	HK-073	2.1
hk363	HK-075	2.7	hk258D	HK-073	1.2
hk364	HK-076	2.4	hk241B	HK-078	0.6
hk371	HK-23-Ⅱ	0.2	hk241C	HK-078	0.6
hk368	HK-21-Ⅱ	1.0	hk241D	HK-078	1.8
hk367	HK-10-Ⅱ	2.8	hk241E	HK-078	0.8
hk366	HK-22-Ⅱ	0.7	hk240B	HK-16-Ⅱ	0.2
hk377	HK-24-Ⅱ	1.1	hk200	HK-15-Ⅱ	0.5
hk385	HK-077	2.6	hk199	HK-071	0.7
hk386	HK-25-Ⅱ	0.0	hk202	HK-14-Ⅱ	3.0
hk293	HK-18-Ⅱ	1.8	hk206	HK-13-Ⅱ	0.5
hk292	HK-05-Ⅱ	3.0	hk207	HK-065	1.3
hk323	HK-19-Ⅱ	2.2	hk231	HK-04-Ⅱ	6.0
nk273A	HK-072	2.9	hk221	HK-080	4.6
			hk209	HK-082	0.0

单位：万平方米

5、历史建筑的现状规模以实测为准。针对历史建筑应开展细化甄别和实施方案研究，历史建筑的保护更新方式可通过历史风貌区和优秀历史建筑保护专家委员会专家论证后进行调整，具体保护更新方式及建筑面积以建设项目规划管理阶段审定方案为准。风貌保护街坊内，历史建筑保护更新规模原则上不少于历史建筑现状规模，可根据建设项目规划管理阶段审定方案在北外滩范围内进行统筹平衡。

6、因保留现状市政道路，恢复道路红线，在用地性质、建筑量不变的前提下，对原有地块可根据道路红线进行切分，经方案论证后，适用规划执行程序。

引导性管控要求

1、中央公园形成中央开阔大草坪、四周乔木与低矮灌木围合的整体格局，整体绿地率不低于30%，乔木覆盖率不低于20%。

2、高层建筑朝向有序，中央公园两侧的高层建筑垂江而立，以便强化朝向陆家嘴的轴线感，其他高层建筑朝向主要与道路走向平行。

3、通过道路断面改造交叉口、转弯半径缩小、路面铺装变化、信号指示灯优先等手段建设慢行优先道路。

实施运营要求

实施

1、构建设计总控机制，经授权的专业团队对核心区整体方案设计和建设进行指导和把关，确保公共部分统一设计、统筹实施，引导各地块私有部分协调统一，最大程度保障区域发展战略的高品质实现。

2、公共区域：中央公园、广场、公共通道、慢行优先道、公共设施、垂直交通核、二层连廊、地下停车库与停车库主通道、机动车出入口等一体化公用部分均统一设计、统筹实施。

运营

1、交通管理：无车区内除机动车出入口区域外保证24小时无车，只允许提供紧急车辆进入，或兼顾后勤功能，特定时间如清晨或夜晚、特定活动和节日期间，可供车辆通行。

2、公共区域：中央公园、广场、公共通道、慢行优先道、公共设施、垂直交通核、二层连廊、地下停车库与停车库主通道、机动车出入口等一体化公用部分中，移交市政单位运营的除外，均统一后期维护管理。

3、半公共区域：附属绿地、公共通道、二层连廊、地下连通道24小时对公众开放。

4、区域内停车场全面连通、停车位共享，统筹停车服务。

图例

基本图例：红线　道路中心线　地块边界　尺寸标注　公共绿地　城市广场　轨道交通边线与控制线　隧道边线和控制线

建筑形态：建筑控制线（可变）　建筑控制线（不可变）　建筑控制线后退距离及贴线率　建设控制范围　标志性建筑位置　塔楼建筑控制范围

公共空间：公共通道端口(可变)　公共通道端口（不可变）

增补图例：二层连廊（不可变）　二层连廊（可变）　二层连廊端口（不可变）　二层连廊端口（可变）　道路地下段　二层连廊观景平台位置(可变)

上海市虹口区北外滩地区控制性详细规划

全域附加图则

经 上海市城市规划委员会____年__月__日会议审议通过，上海市人民政府 沪府规[ ] 号文批准。（市政府城乡规划审批专用章）签发日期： 年 月 日

设计单位：上海市城市规划设计研究院 证书编号：[建]城规编第(141077)

组织编制单位：虹口区人民政府、上海市规划和自然资源局

图 6-11 上海北外滩控制性详细规划附加图则公示版

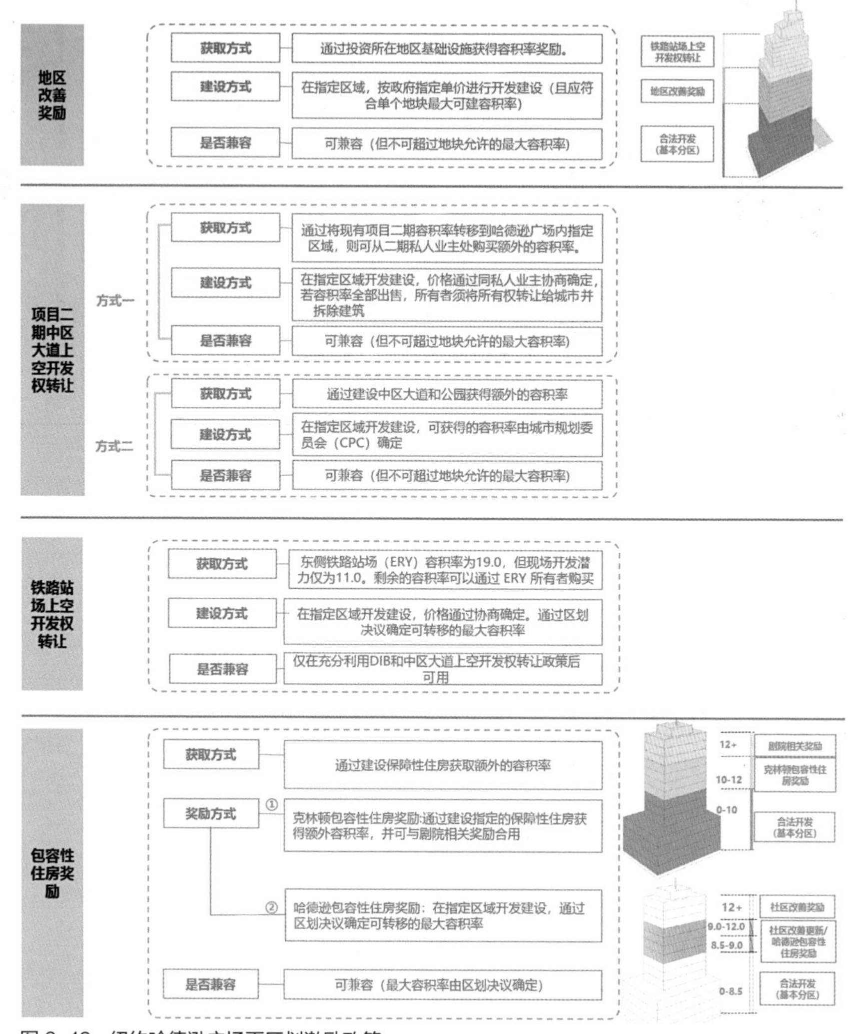

图 6-12 纽约哈德逊广场再区划激励政策

示例 4：纽约哈德逊广场弹性再区划制度规定，原以住宅为主的区域基本维持原有容积率，片区北侧和东侧以高容积率混合开发为主，同时结合开放空间、绿化地带，形成碗状分布形态；第十大道与第十一大道之间的南北向纵轴和交通走廊横轴以高容积率商业区为主进行再规划。创新的弹性容积率政策，体现了实施过程中对专管条件的修正，提升了区域建设的主动性，从而增强了整体活力（图 6-12）。

6.1.2 专管机制建立的时效性

城市设计成果的实施大致可分为两种情况：①规划阶段的城市设计，是依托各个阶段法定规划成果，通过公共部门对私有领域进行控制，从而达到城市设计实施的目的；②建设阶段的城市设计，直接形成方案参与到建设过程中。这就造成越前期、越宏观的城市设计，由于成果深度不足以及相应阶段的法定规划体系的限制，最终能落地实施的具体内容越少；而越接近建设阶段，外部的边界条件越清晰，限制越具体，城市设计本身受到更多的限制，难以提出更高的标准和目标。专管机制建立的时效性，是建立在精细化城市设计区别于建筑方案设计的基础上。方案设计直接指导实施，是设计思维的图纸语言转化，设计内容即落实内容，因此主要在设计工作的中后期，建设实施之前。城市设计主要作为方案设计前各阶段研究和解决问题的工具，可以应用于城市发展建设的各个阶段。即使是精细化城市设计，通过专策完成向实施端的深化研究，也只是城市设计阶段成果的一部分，仍然需要面向实施图纸的转译。关注阶段性工作需解决的问题，也就形成不同时期专管机制的时效性需求。

不同阶段精细化城市设计面对的问题、研究内容和研究深度不同，专管机制建立也体现出特定的时效性。在实践中，会出现“做得早了做不深，做得晚了没有用”的情况。因此要在不同的时期，制定相应的专管条件和适宜的专管机制。基于国内现有的规划管理及建设实施流程，不同时期的精细化城市设计可以纳入不同时期的约定性文件。

各国城市设计的实施方式基本分为两类：一类是将城市设计要素化之后形成指标或者条文，纳入管控条件；另一类是将城市设计本身纳入管控流程，通过后续的审查和研判来保证落实。前者最终形成法规形式的成果，如美国部分行政区的区划法；后者是将城市设计全盘作为后续工作的依据，如荷兰城市形象设计规划（Image Quality Plan）。

在我国的法律体系下，城市设计的执行主要按照条文规范的形式，通过前期严谨的约定后执行阶段严格的管控来实现。在这一语境下，各阶段专管机制的建立，需要确定实施主体、执行内容、执行方式、奖惩制度、监督体系，依托法定文件、协议、条件等形式的约定性文件，在设计和建设周期内通过监管机制形成闭环。这种方式体现了城市建设工作的公平性和高效率，同时造成了精细化专题和专策成果的损失，因此国内各地也纷纷探索条文性要素的弹性空间，以及建立城市设计的非条文性实施监管机制。精细化城市设计的专管研究，既要考虑专管条件的甄别和转译，也要同步对实施的机制做出框架性的建议。

基于我国的法定规划体系，城市设计成果一般会根据不同阶段不同深度，转译纳入总体规划、详细规划和专项规划，总体规划是详细规划的依据，是相关专项规划的基础。在规划体系内，前后阶段的衔接较为清晰，但也存在前一阶段目标定位缺乏专题的精准、结论不合理，或缺乏专策的纵深，导致后续工作受到各种限制、无法落实的情况。在规划向方案设计转换的过程中，实施遇到的困难更加明显。一方面由于方案设计面对的条线关系更加复杂，另一方面也受到实施主体个性化的需求影响。如果城市设计阶段无法做到精细、精准，专管方式不能做到严谨和合理，城市空间和各条线关系的组织将难以达到理想的效果，造成经济效益和社会效益的损失。依托我国的规划和土地管理体系，从规划研究到建设实施，有多个阶段可以介入专管思路：

（1）专管机制建立在土地合约前。我国的土地实行公有制，土地的使用权通过合约形式投入开发建设。合约形成前，也就是“规划研究阶段”，研究成果可以通过提炼成文，纳入控规及开发建设的合约条件，未来通过对设计方案的审批，以及对建成项目的验收来保障执行。这阶段的约定条件，由于纳入法定规划，执行力度最强。但是对于落入控规及土地出让合同的具体内容，也最为谨慎。由于建设实施和未来运营管理的主体尚不明确，对于城市空间影响最大的功能定位问题难以给出精准的答案。对于那些在土地合约前尚未确定的条件，可以通过控规说明书、城市设计导则等形式，为后续执行留有依据。

（2）专管机制建立在方案审批前。在土地出让后，方案审批前，建设主体明确，有利于精细化城市设计研究的推进。这阶段的精细化城市设计研究，以功能定位研究为基础，直接解决设计、建设中的现实问题，更有针对性，但是这个时期对于专管机制的建立，难以取得法定地位。由于法定规划各项条件已经落定，精细化城市设计研究结论要以非法定的协议、导则形式传达，并通过技术协调落实。部分成片开发的项目，由一个主体开发建设，则精细化城市设计研究结论可以直接纳入方案，得以落实。大部分情况下，此阶段的专管机制，建立在上

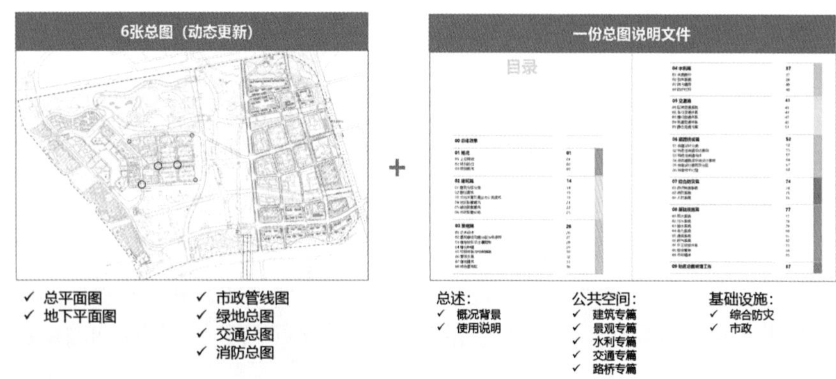

图 6-13 上海三林滨江片区规划实施平台总图成果

位实施平台机制（如依靠地区政府、管委会等平台机制），或各方权益的博弈中（如作为规划审批的谈判条件）。

（3）专管机制伴随建设阶段。由于在上述两种情况下，专题选择的精准、专策研究的纵深和专管的有效性，在时效上相互冲突，越接近实施阶段，精细化城市设计的专题和专策越具有落地性，而专管越缺乏执行力，因此部分成片开发项目在实施初期便建立相应的平台机制或全过程咨询服务机制，在研究尚未达到一定深度的情况下，通过管理机制为未来进一步研究打好基础。

示例 1：上海三林滨江片区，在土地出让期间建立规划实施平台工作机制。通过平台主体牵头，专业技术团队从总体视角出发的研究与部分地块建筑设计同步进行。设计管控阶段，一部分单体建设指标，如绿地率等，需要区域统筹，必须以规划实施平台前期经审定的技术文件作为依据，通过技术协调，也同步落定了地下空间整体开发其他总体设计要求。该项目成为土地出让后，精细化城市设计通过设计技术协调形成的专管机制，得以落实的案例（图 6–13）。

示例 2：成都天府新区总部商务区，城市设计研究与土地出让同步进行，部分地块在出让协议中预留一定时间，作为规划条件可补充的弹性期限，期间可以开展精细化城市设计与单体建设方案研究之间的对接与协调工作（图 6–14）。

示例 3：英国伦敦国王十字车站（King’s Cross Railway Station）在开发之初就确定了指导准则，该项目的利益相关者自 2001 年以来一直处于共同工作、及时协调的状态。在总体规划起草之前，领头开发商安爵（Argent）在《人类城市的原则》中就确定了国王十字地区的规划愿景为“城市中不断变化的、自然的一部分。”利益相关方以细心且有创意的解决方案来规划、设计、管理，以避免多用途方案中的噪声、交通和停车等问题（图 6–15）。

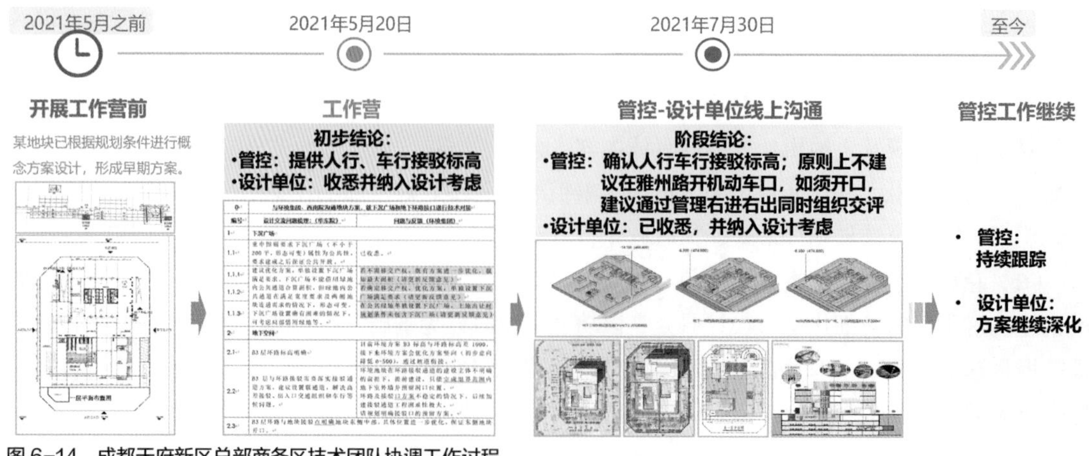

图 6–14 成都天府新区总部商务区技术团队协调工作过程

国王十字车站开发历程

设计编制阶段	年份	事件
第一阶段：私人开发商主导的以商业开发为导向	1976	大伦敦开发规划首次定义国王十字地区为一个拥有公共交通枢纽的商务办公区
	1987	英国铁路局（BR）邀请四家房地产开发商参加投标
	1987	国王十字铁路地块集团（KXRLG）成立，汇集了租户协会，居民团体，中小企业，无家可归者团体和其他人，以满足各种需求。
	1988	由诺曼福斯特主持规划设计的伦敦城市更新财团（LRC）中标;LRC提交的规划执行纲要与卡姆登自治区的社区规划纲要大相径庭
第二阶段：政府、私人开发商与公众的博弈	1996	伦敦战略规划指南将国王十字地区确定为五个"中心区边际关键机会"之一
	1996	决定将应该第一条高铁-英吉利海峡隧道铁路线（HS1）的终点站转移到国王十字车站，LCR被英国政府选中建造和运营这条高铁
	2000	伊斯灵顿自治区政府提交部分街区的规划申请，主要内容为办公室开发。遭到强烈反对。
第三阶段：以城市公共利益为导向联合开发计划	2001	发展伙伴协会成立（KCCLP）
	2004	初步规划提交
	2006	大纲规划许可
第四阶段：规划实施阶段	2007	开始实施

图 6-15　伦敦国王十字车站发展历程

6.1.3　专管机制建立的针对性

专管机制的建立，应对不同精细化城市设计项目，将有针对性的专题及专策研究结论通过管控机制落实。不同的项目中对专管机制的管控主体、管控转译、监管闭环形式，应有所差异，从而形成有针对性的专管机制。在专管机制建立过程中，应有针对性地考虑专管主体的能级与权限、项目特征、城市设计目标要求、建设复杂程度、所在区域现行的工作机制条件及管理水平等因素。

（1）从专管主体的维度。一般项目中，由实施主体委托专业技术团队进行精细化城市设计后，形成设计研究结论，并归纳成为管控条件，由实施主体负责对管控条件的执行进行监管。较为复杂的项目，精细化城市设计的专业技术团队会对管控条件提供解释和审核咨询工作。特殊情况下，例如对于成片地区整体开发项目，面对多业主、多条线、规模大、建设条件复杂的情况，则采用各方平台组织、设计团队全过程服务的工作机制，或总设计师终身负责制，为精细化城市设计的专管落实提供服务。

（2）从管控转译的过程维度。专管工作主要分为设计引导阶段和实施监督阶段。设计引导主要完成成果的转译，从精细化城市设计的空间语言转化为管控语言。管控内容提取应基于专题和专策的结论。由于各个阶段精细化城市设计的成果，往往呈现完整的空间形态，需要甄别哪些是现阶段结论性的“真实”的内容，哪些是辅助理解的“虚拟”的内容。例如旨在研究街道空间的精细化城市设计，其研究成果中和街道空间相关的，包括沿街功能、街廓、步行空间尺度、界面，将被选择作为管控的内容，而成果中建筑形式、车行组织等只能作为辅助理解的内容，不具备纳入管控的价值。管控语言的转化，一方面应完善和精准，以利于设计思想的传递，另一方面也要严谨和无歧义，为监管提供便利。

（3）从监管闭环的形式维度。实施监管通过各方的工作机制，监督、管控、辅助以达成实施结果。精细化城市设计需要在专管机制中，针对研究成果制定专有的工作机制，将落地实施的方案纳入研究范围，形成成果的一部分。工作内容包括：①对相关方责权关系的梳理，如牵头实施主体、需要给予支持保障的公共管理部门、相应的技术服务团队、专家团队、建设单位、运营单位、业主方、城市民众等主体之间的责权关系；②对工作目标及工作内容的量化，如形成设计导则或者合同、协议等依据文件；③对工作流程的制定和明确，如设计校核的节点、校核方式、遇到争议问题的决策方式等。

示例1：上海针对城市更新项目成立了上海市城市更新中心。该中心主持城市更新的各项工作，确保旧改方式“留改拆并举，以保留保护为主”，明确风貌保护区域“一房一策”。上海针对明确成片开发项目建立规划实施平台，由企业承担综合实施主体的工作，组织专业服务团队，对成片地区进行精细化城市设计研究，并指定专管规则，由规划实施平台、固定专家委员会监督执行。

示例2：上海顶尖科学家国际社区，为打造特定功能的顶级社区，简化规划控制刚性要求，通过概念规划和总体城市设计稳定区域发展目标，将管理手册形成弹性约束的管控条件，为精细化城市设计有针对性地服务特定人群预留条件（图6–16、图6–17）。

示例3：日本东京丸之内地区，公私合营模式（PPP）：政府与社会团体合作，建立“利益共享、风险共担、全程合作”的共同体。社会团队、地铁运营机构、区政府和都政府共同完成指导手册，包含愿景、准则、方案等。以公民协作为基础，达成民众共识的“街区再开发”：各社会团体关注和主导社会问题，之后共同推动地域活化、环境改善、社区创生等，最后与政府共同讨论远景与方案，为实现东京都中心的持续性发展而共同努力（图6–18、图6–19）。

图6–16 上海顶尖科学家项目总体城市设计效果图

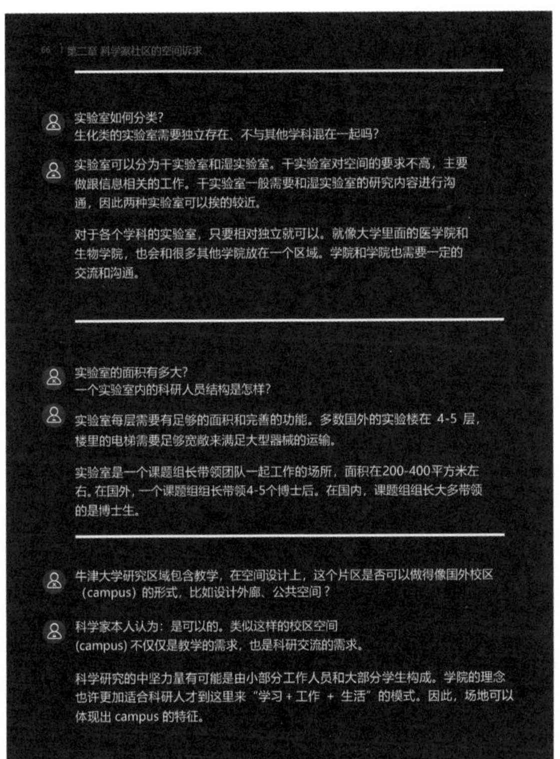

实验室如何分类？
生化类的实验室需要独立存在、不与其他学科混在一起吗？

实验室可以分为干实验室和湿实验室。干实验室对空间的要求不高，主要做跟信息相关的工作。干实验室一般需要和湿实验室的研究内容进行沟通，因此两种实验室可以挨的较近。

对于各个学科的实验室，只要相对独立就可以。就像大学里面的医学院和生物学院，也会和很多其他学院放在一个区域。学院和学院也需要一定的交流和沟通。

实验室的面积有多大？
一个实验室内的科研人员结构是怎样？

实验室每层需要有足够的面积和完善的功能。多数国外的实验楼在 4-5 层，楼里的电梯需要足够宽敞来满足大型器械的运输。

实验室是一个课题组长带领团队一起工作的场所，面积在200-400平方米左右。在国外，一个课题组组长带领4-5个博士后。在国内，课题组组长大多带领的是博士生。

牛津大学研究区域包含教学，在空间设计上，这个片区是否可以做得像国外校区（campus）的形式，比如设计外廊、公共空间？

科学家本人认为：是可以的。类似这样的校区空间(campus) 不仅仅是教学的需求，也是科研交流的需求。

科学研究的中坚力量有可能是由小部分工作人员和大部分学生构成。学院的理念也许更加适合科研人才到这里来“学习 + 工作 + 生活”的模式。因此，场地可以体现出 campus 的特征。

咨询团队与科学家的访谈

访谈关键词

本项目借鉴

1　一个课题组（PI）面积在 200~400m²。
2　实验室分干实验室和湿实验室，彼此关联，各学科实验室相对独立。
3　根据实验室具体要求确定建筑层高，并选择电梯空间能满足实验室需求的建筑尺寸。
4　学院（campus）理念可以应用片区规划与设计，牛津大学高等研究院未来会有许多教育形式的功能和活动带入。

图 6-17　上海顶尖科学家项目对使用者需求的细化分析

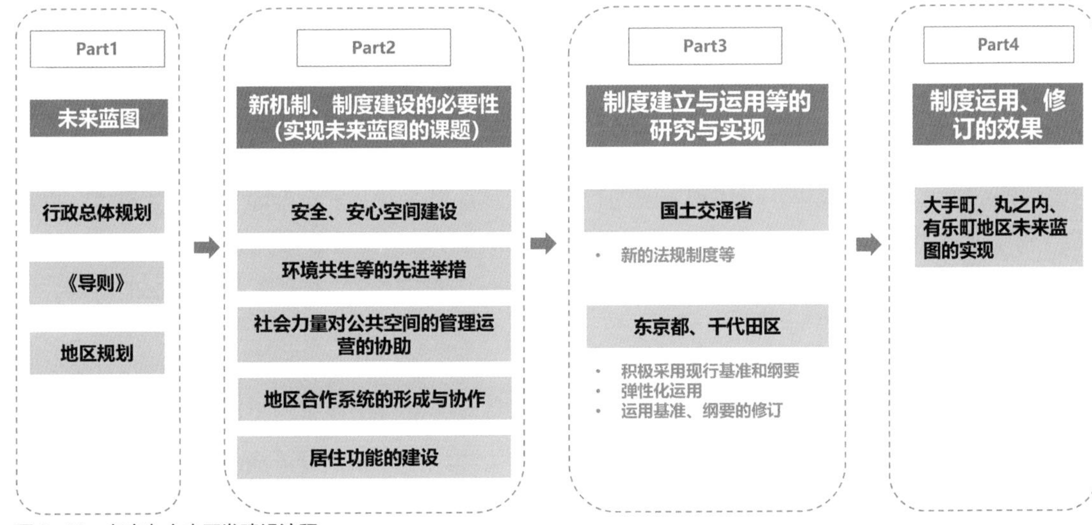

图 6-18　东京丸之内开发建设流程

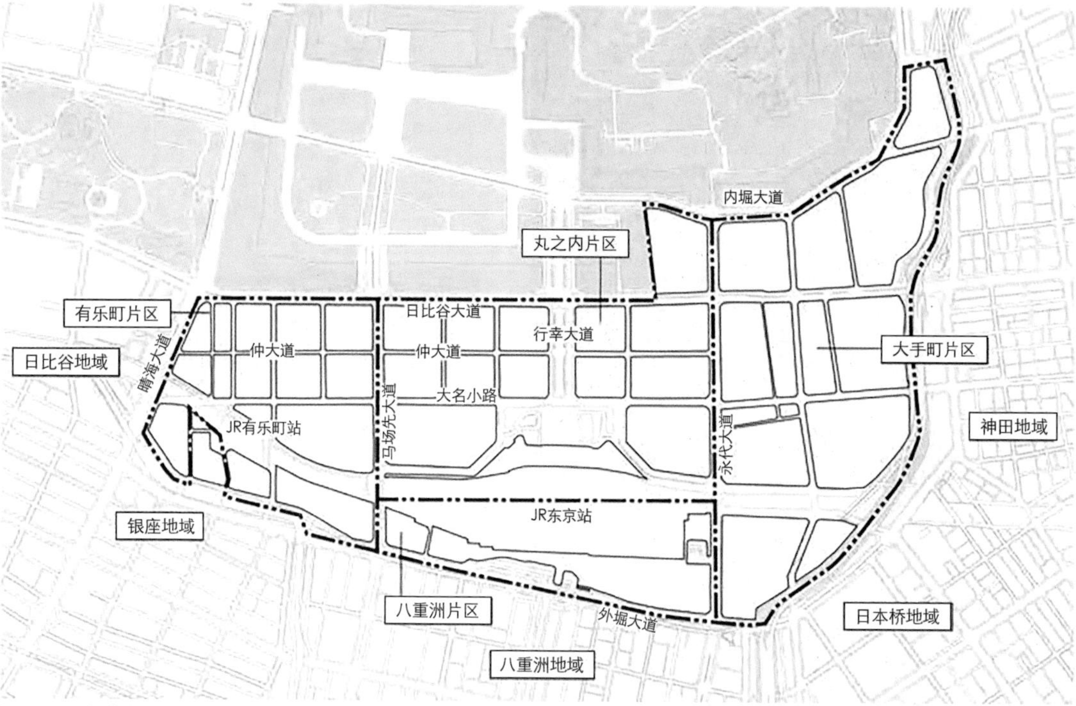

图 6-19 东京丸之内区域范围

6.2 精细化城市设计的管控内容

6.2.1 专题研究目标的专管落实

（1）专题目标形成管控条件

影响城市设计实施效果的重要因素之一，是对关键技术问题缺乏前期预判或解决方案缺乏评判标准。精细化城市设计达到一定的研究深度后，不仅限于城市的三维形态意向，还应提前将未来实施过程中遇到的关键技术问题前置，通过专策研究得出结论，保证专题目标可行无偏差。专题确定的目标定位，形成管控条件，并通过专管机制向实施建设阶段传递。专题的研究成果，以体现城市的行为方式、环境效益、安全保障等目标为重点，以城市设计形态为表象。精细化城市设计，虽然落于形态，而缘起于城市的经济、社会、文化背景和人们的行为方式、心理需求，最终的城市设计形态仅是基于上述背景和需求的空间表达形式之一。因此，专题目标的落定，不仅限于空间形态，还包含功能引导、运营方式等。

专题目标需要在各阶段城市规划法定文件和技术约定文件中表达。在实施建设过程中，建设者、设计者、管理者等各参与方对法定规划中的目标定位进行解读，通过各方权益的博弈，最终以城市建设的物质形态呈现。整个过程中，各阶段城市设计专题成果不断向实施端传递，最终由建设方组织设计和建设形成。在过程中多个环节的主观理解，容易使最终结果与整体规划目标定位有所偏差。2010 年后各地的城市规划管理机制，纷纷在探索是否可以通过增加管控条件，自上而下地将规划定位目标传达得更全面、准确而严控和量化容易将目标和策略混淆，限制了后续的方案设计。在专管成果中，目标的落实应以定性引导为主，辅以机制保障、指导和监督，对于具体实现目标的措施，应提出建议。

示例 1：斯图加特新城（Stuttgart）位于德国巴登—符腾堡州（Baden-Württemberg）斯图加特市，集商务、办公、居住、休闲旅游等功能为一体，地下为交通枢纽。为确保实施阶段符合各方利益诉求，项目建设用地的定位和划分在规划阶段进行了严谨的开发咨询研究，包括不动产市场的经济分析、风险评估和产业定位研究。项目综合考虑成本、投资、产业发展，以功能开发研究的成果为前提条件，进行城市设计方案的比选。实施阶段仅在形态、空间关系上形成控制条件，同时符合各方博弈所确定的未来开发内容的配置要求。

示例 2：深圳湾超级总部基地重要街道城市设计及导则编制项目中，通过对研究区域问题的锁定，形成了一系列专题目标，包括打造活力街道、绿色街道、文化街道、未来街道，并解决道路现状的诸多问题。项目最终形成城市设计导则，将专题研究进行提炼，形成街道风貌和特色要素，构建专管阶段技术成果的基本框架。控制条件通过风貌指导文件、要素系统、特色导则和通则进行稳定（图 6-20~ 图 6-22）。

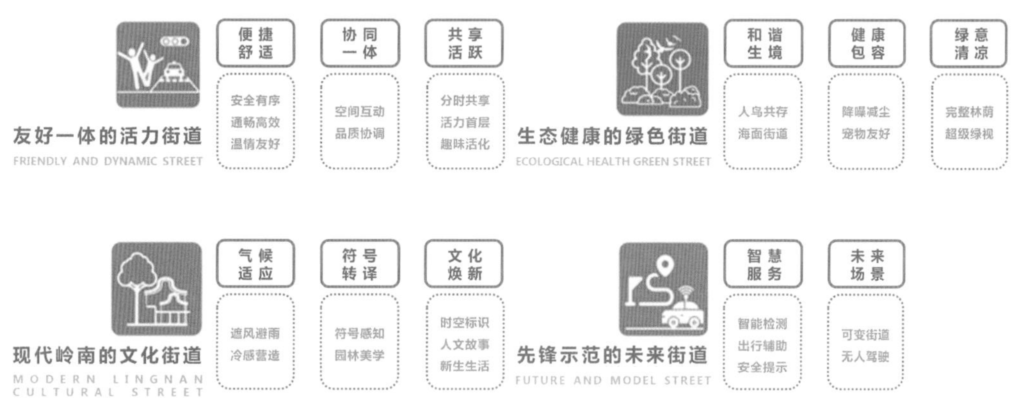

图 6-20　深圳湾超级总部基地街道专题设计目标

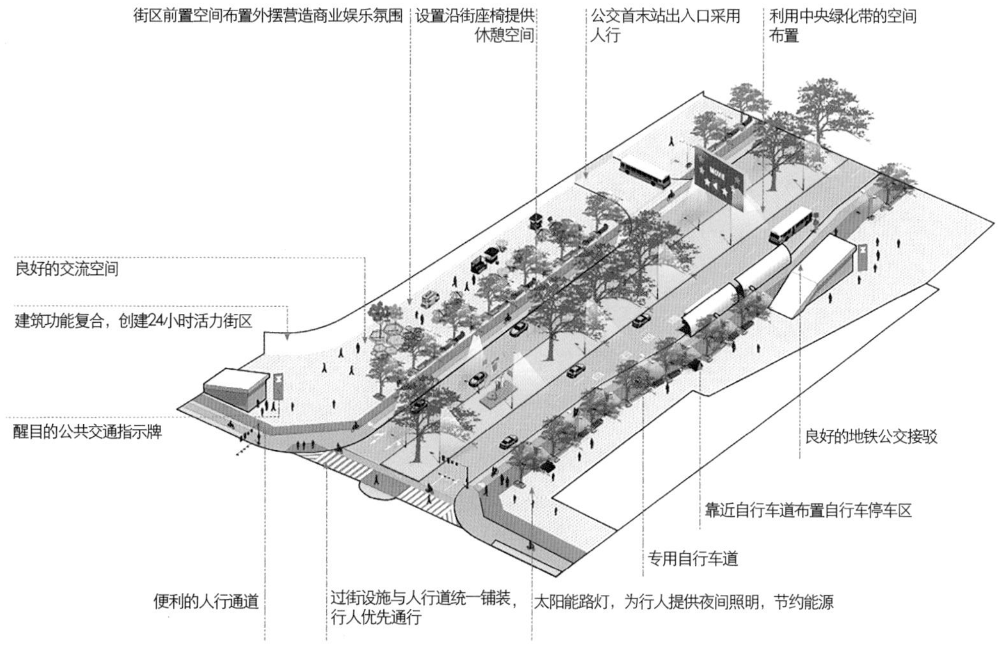

图 6-21　深圳湾超级总部基地街道管控要素示意

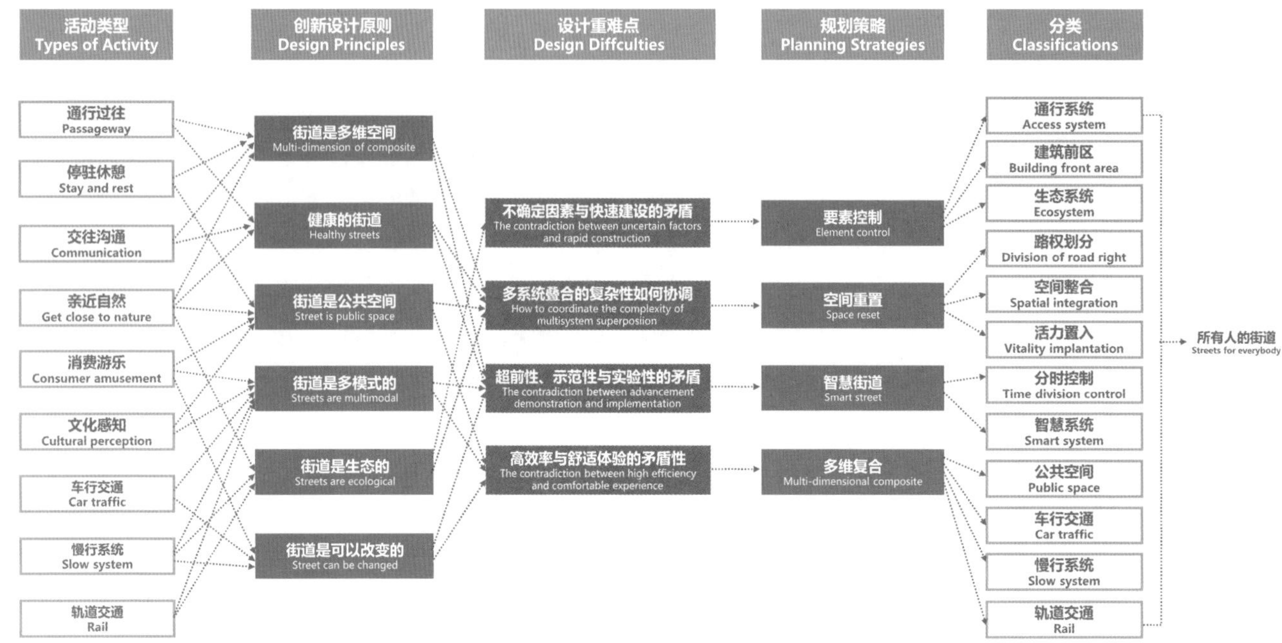

图 6-22　由专题形成导则的工作思路

（2）专题目标形成控制强度

专题研究形成的目标是需要动态维护的目标：首先，经过各级规划、土地转让、方案研究，到实施落地，需要一定的时间周期，整个城市建设的周期中，外部条件，如经济、文化、各类自然突发事件等因素的影响，目标定位也在动态变化；其次，专题研究是一个需要具备前瞻性视野的研究，前瞻性的结论带来一定的不确定性，建设落地乃至投入使用都需要有一定的适应性。动态的外部条件和内部技术水平的变化，导致专题的结论只能形成未来实施的一个框架性的指导方向。当把专题目标纳入专管条件的时候，需要保有底线并留有优化空间。

专题目标形成控制强度，遵循“底线强控，目标引导；近期强控，远期引导”的原则。底线，指涉及公共利益、公共安全的最低要求，或为达到特定目标，必须满足的基本要求。目标，指完全达到专题研究所设想的效果，甚至超出预期效果所要做的进一步的努力。“目标引导”的原则，并不单是考虑现实因素会在理想目标的基础上打折扣，同时也考虑外部因素会对专题形成的目标进行修正，一味地严控将违背城市发展规律，造成目标难以落实或社会资源的浪费。也就因此有“近期强控，远期引导”的原则。需要注意的是，所谓“近期”，并不仅仅指临近开工动土的时期，城市建设的整个过程是从宏观到微观、从研究到落实，一步一步接力的过程，在专题研究进入“下一步”之前，即为近期，“下一步”需要完成的任务目标，在上位专题研究中的结论就可以成为强制性控制条件了。

（3）专题目标形成设计指导研判标准

对设计的监督和指导是专管重要环节，也是精细化城市设计实施落地的闭环。由于城市的复杂性，城市建设面临的问题是多样的，怎样因地制宜地执行专管阶段的设计监督和指导，需要以专题研究结论作为评判标准。实施阶段，具体的设计方案如何研判，特定节点是需要精致典雅还是醒目张扬，需要重点打造内部品质还是公共空间，都以专题给出的目标定位为依据。

例如，位于上海市静安区东北部的东斯文里共有 2～3 层砖木结构石库门住宅 388 幢，南北共计 13 排，每排

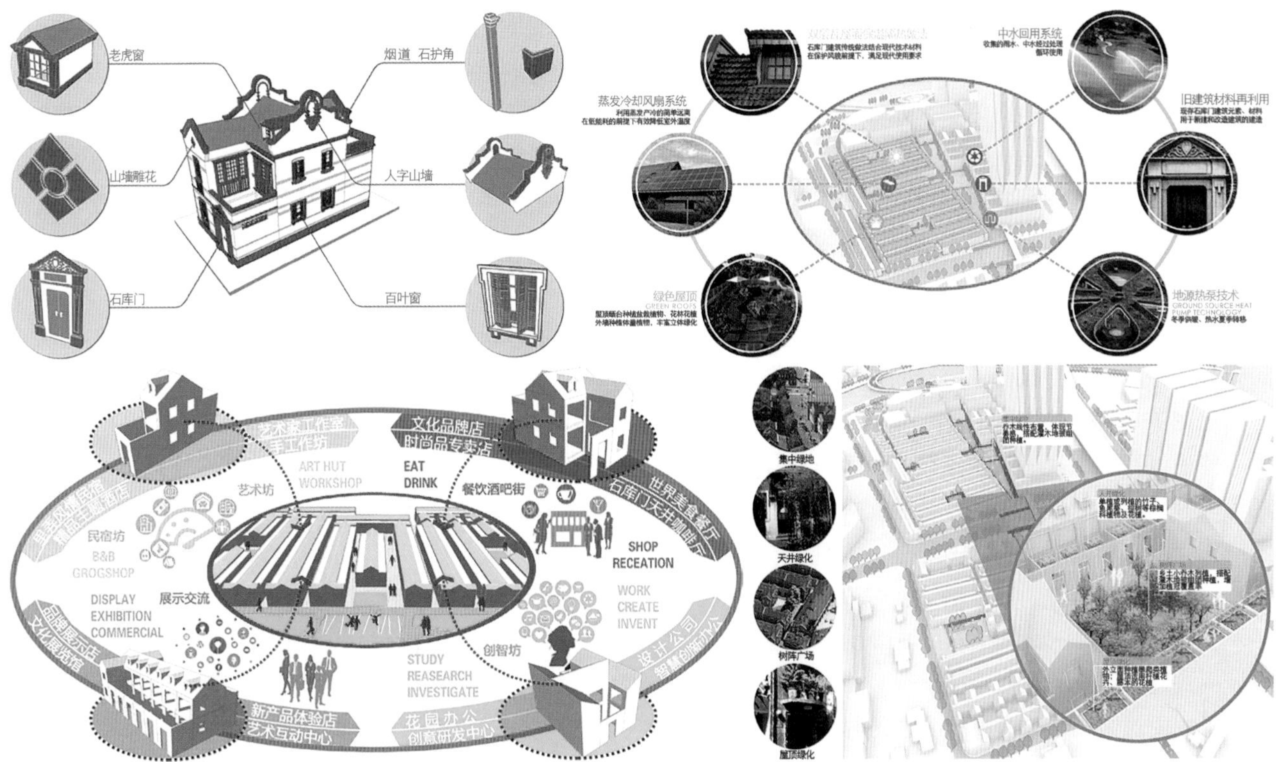

图 6-23　上海东斯文里改造策略

由 17～25 幢组成，功能包括文化、居住。区域城市设计以保留历史风貌为主要目标，风貌保护成为管控机制建立的出发点。建立风貌保护开发权转移机制是实现对历史街区和一般历史建筑进行保护非常关键的一步，增加了规划实施的可操作性和可实施性，而这种弹性机制可以化解新老建筑间开发和保留的矛盾，转化历史保护为规划亮点。在其更新过程中要充分调动社会各类资源，不断扩大利益团体，考虑未来更新与发展的各个阶段。在东斯文里项目中，保留历史建筑的总量作为不计入原地块容积的奖励。在规划设计发展进程中，广泛征集意见、邀请多方参与，在方案阶段邀请多个规划设计单位进行设计并经过多位有关专家评定（图 6-23）。

6.2.2　专策成果内容的专管落实

专策作为管控条件的有效支撑，从两个方面体现：其一是针对专题提出的目标，形成设计要素。例如，针对城市风貌要求较高的区域，在专题阶段提出公共空间效果和品质的目标，在专策阶段可以针对专题目标进行拆解，形成街道断面形式、行道树种类、建筑立面色彩材质等设计要素；其二是针对专题目标在实施阶段将遇到的技术难点，提出底线技术措施，证明专题目标的可行性。两方面的支撑作用，为未来建设实施提供参考，为监督管理提供依据，也避免限制方案设计思路。由于专策研究的纵深，专管对专策的落实也体现为多种形式。

（1）专策提出的技术策略。专策技术策略一般通过成果直接纳入和转译间接纳入两种形式参与后续的专管实施。提出技术难点相应的解决方案是最为直接的干预实施的做法，在实践中也是效率最高的做法。即在专管机制中，将专策提供的设计成果作为建议方案的形式纳入成果文件，同时确保了精细化城市设计的可行性。随着实施推进，前期研究的外界条件和实施主体的变化，导致专策技术方案的调整，因此直接纳入的方式必须有容错的机制保障。转译的方式，是将专策技术策略中的关键问题，转化成图则、说明等形式，规避了信息的冗余造成后续不必要的协调工作。转化而成的图则、说明必须精准、严谨，必要的时候需附专策研究文件作为补充说明。

（2）专策提出的协同关系。体现专策纵深的一个重要维度，就是整合利益相关方的诉求和专业技术条线的关系。如果说专策阶段是从图面上平衡各类协同关系，呈现一个相对完善的愿景，那么在专管阶段要将已整合的完善结果再拆分成任务，并明确相关方的工作内容、责任、工作衔接关系。在专管中，拆分任务、划分界面、以专策为基础制定实施计划、统一衔接做法等，是从城市设计到落地实施的关键环节。

（3）专策提出的解决方案。部分专策研究结论中，涉及以实施的时序、界面划分等工作方式为原则，这部分内容自身对专管机制提出了直接的要求。部分专策研究中，多方协调机制在研究阶段已经建立，相关方在后续的实施过程中均应参与执行、监督或管理的工作，在后续的专管机制中，将形成研究阶段工作方式的延伸。

示例 1：成都东部新区城市设计中，提出通过架空连廊，形成全域贯通的立体慢行系统。在建设过程中，连廊需要通过建设地块、市政道路、公园绿地等项目协同设计建设形成，而各个地块建设主体、开发时序不一。在城市设计阶段，对连廊形成专策研究，研究对连廊系统的走向、通行宽度需求、连廊下空间净高、衔接节点的技术措施，提出了基本的要求。通过专策研究成果，纳入设计导则，形成连廊设计的底线要求，论证了区域立体慢行系统目标的可行性，确保精细化城市设计的落地实施（图 6–24）。

示例 2：上海三林滨江项目城市设计对街道空间进行了细化研究，以生态宜人、慢行优先为目标，针对街道空间内的建筑界面、底层功能、铺装、绿化、街道家具、转角空间、休憩广场等设计要素进行细化和整合。在实施阶段，通过将街道空间拆分为建筑界面与退界空间、沿街绿地空间、市政道路空间分项目建设实施。三部分内容通过设计任务书，将街道研究要素拆分传达。其中市政道路先行设计建设，绿地空间深化设计后作为建筑地块的边界条件，待建筑地块设计完善并于绿地项目对接后最后实施（图 6–25）。

示例 3：奥地利维也纳都市花园项目（Urban Gardening Planning in Vienna）的规划、实施过程中，体现了多元主体的参与及灵活空间的使用。从城市设计研究阶段起始，行政主体、公众主体、专业规划设计师形成联合工作的平台机制，协作形成“自上而下”与“自下而上”的结合，细化城市公众协作主体并解决各阶段核心议题，使工作机制从专题、专策阶段就介入，自然衔接到实施阶段的专管机制中（图 6–26）。①

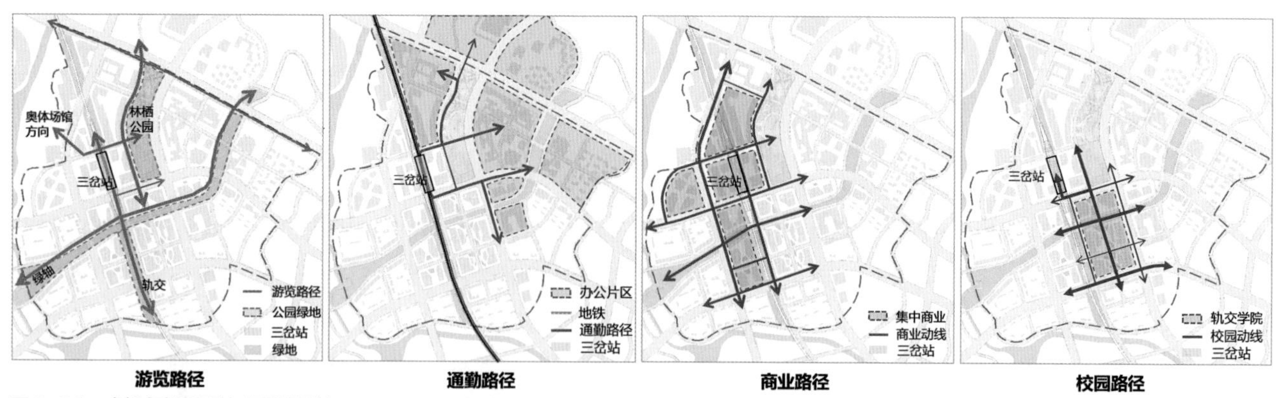

图 6–24　成都东部新区连廊系统设计

① 李帅，彭震伟．基于多元主体的城市绿地空间协作规划实施机制研究——以奥地利维也纳都市花园为例 [J]．国际城市规划，2020（9）：1–16.

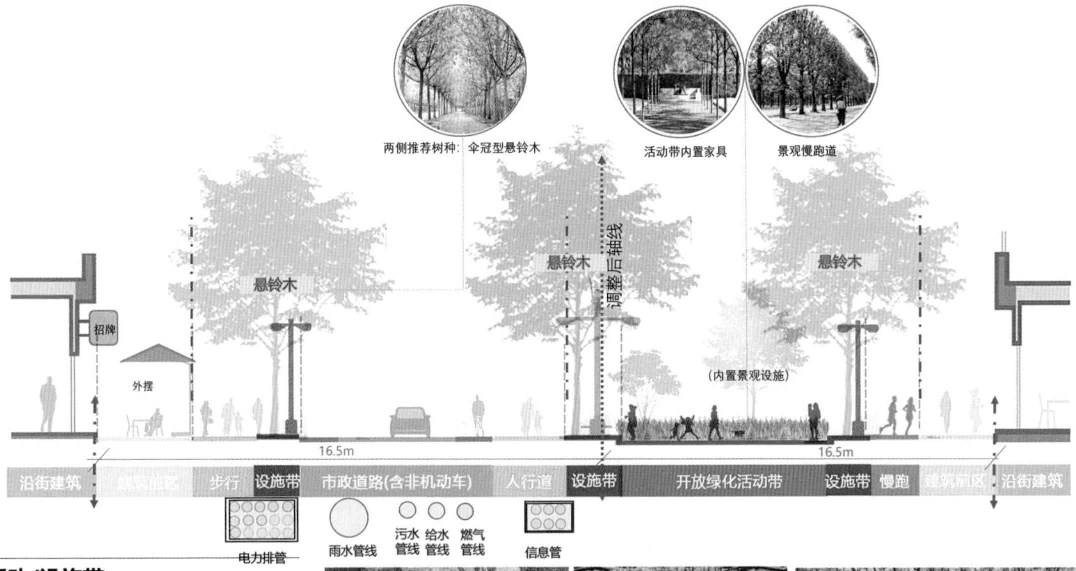

两侧推荐树种：伞冠型悬铃木
活动带内置家具
景观慢跑道
悬铃木
悬铃木
调整后轴线
悬铃木
招牌
外摆
（内置景观设施）
16.5m
16.5m
沿街建筑　建筑前区　步行　设施带　市政道路(含非机动车)　人行道　设施带　开放绿化活动带　设施带　慢跑　建筑前区　沿街建筑
电力排管　雨水管线　污水管线　给水管线　燃气管线　信息管

□ 绿化活动/设施带

延续法式公园景观氛围，打造花园林荫道

（1）15m开放绿化隔离带打造整体景观花园氛围，周边硬质铺地可采用相似设计语言，形成整体统一性；

（2）活动带内置**景观家具**，带内小路宽度不低于1.5m，内部以小型乔灌木为主；

（3）照明设施、电信箱、路灯、座椅、垃圾桶等**市政设施**，应统一进行设计。

图 6-25　上海三林滨江街道风貌设计

图 6-26　维也纳都市花园项目形成的协作机制

6.3 精细化城市设计的管控方法

6.3.1 要素管控思路

要素管控思路是通过条文化描述精细化城市设计的成果，便于前期成果的传递和后续设计的指导及管控。一般建设项目流程中，管控要素在规划阶段确定并纳入控规及其附加图则以及出让条件中。这种方式的优点是在流程上较为清晰，缺点是容易过早地锁定了管控要素，部分设计条件和土地出让后开发主体的开发建设策划相违背，导致许多项目在出让后需要进一步调整规划。精细化城市设计，尤其是针对成片地区整体开发项目、较为大型的独立项目或建设条件复杂的项目，可以分阶段、分层次，经过多次推敲，综合多方意见确定管控要素（表 6-1）。

例如，在上海三林滨江片区项目中，前期规划研究阶段由规划主管部门、一级开发平台公司、规划设计团队、建筑设计团队共同参与，部分管控要素以法定形式纳入控规规划图则，由规划主管部门进行审查；另一部分管控要素通过设计导则的形式确定，经规划主管部门认可后，由规划实施平台核查。

表 6-1 管控要素来源、形式及确定时机

管控要素来源	形式	确定时机	管控手段
法定文件	控规（文本、图则）	控规编制阶段	行政审批
	规划条件（土地出让合同）	土地出让阶段	行政审批
	各类招商合同及协议	招商过程中	技术管控
技术文件（非法定）	城市设计导则（文本、图则）	城市设计研究	行政审批 / 技术管控
	各类协议	设计建设全过程	技术管控
法律法规及标准	法律规范条文		行政审批

常见的管控要素主要以三种形式确定：①法定文件，包括规划文件（控规文本、图则及附加图则），以及土地出让条件；②非法定的城市设计导则或图则（根据编制时机和组织编制主体不同，执行力度有所差别）；③现行法律法规。为形成精准的管控要素体系，实现优化城市空间、业态、综合形象的目标，精细化的管控要素体系，除对包括建筑功能、容积率、建筑密度、建筑高度、绿地率、建筑退界、停车配建指标等的各类基本指标体系进行规定外，还进一步对空间形态、建筑风貌、跨红线的一体化设计等内容进行约定。常见的精细化城市设计管控要素要表达的内容包括：

①指标类要素——指标类要素包括建筑功能、容积率、建筑密度、建筑高度、绿地率、建筑退界、停车配建等。指标类要素大多来源于法定规划文件，即总规、控规、土地出让合同等，一般为强制性管控要素。

②城市空间形态的刚性和弹性管控要素——刚性和弹性管控要素，一般针对空间形态，在各类规划图则或导则中予以确定。针对空间形态的刚性管控要素，需要以具体量化的形式，例如贴线率、开口率、窗墙比、通透度、各类通道净宽净高条件等；弹性管控要素是难以量化衡量的管控要素，如建筑色彩、立面风格、材质等，需要通过弹性评分机制予以落实。

③整体平衡要素——指在一定区域和条件内，根据实际开发建设情况，对管控指标进行整体核算。整体指标符合管控条件规定后，将指标拆分到各个子项进行落实，拆分后的单个子项仅符合整体指标系统指定的原则，不需再重复符合管控条件。例如区域整体绿地率指标达到管控要求，将绿化面积拆分到各个单地块，可根据不同地块建设条件不同而有所差别。

④共建共享要素——指在一定区域和条件内，通过各类配套设施的共建、共管、共用，实现集约高效的开发建设。共建共享项目，如交通和停车设施的共建共享、能源中心的共建共享等。无法通过单地块设计体现共建共享项目的整个系统，需要通过整体设计，对整个系统进行设计确定，并定点、定位、定量明确各个单地块的责权。

（1）管控要素的要素分类、分级管控思路

不同精细化城市设计项目的管控要素，根据实际需要可以按照不同的分类形式形成体系。由于城市开发建设的特点，具体的管控要素在整个开发建设过程较长，涉及主体多，在过程中受边界条件、市场条件、各级相关方等动态变化的影响，必然也会留有一定的弹性空间，从而形成分级管控思路。但是要素体系尤其是管控要素的大类应基本稳定，并且城市片区开发目标应前后一致。管控要素分类方式参考以下标准：第一，以功能片区分类，如社区片区、景观绿地片区、市政配套片区等；第二，以技术要素和形态要素分类，如风貌管控和技术标准等；第三，以专业系统分类，如建筑、交通、绿化、消防、结构、机电、其他专项等（表6-2）。

表6-2 要素分类方式示意

分类方式	类别
按公共性分类	基础性要素、公共性要素、公益性要素
按专业分类	规划、建筑、景观、交通、市政、水利、防灾、智慧城市
按项目分类	建设用地、公园绿地、市政道路、水利水系、预留用地
按城市功能分类	城市肌理、公共空间、交通组织、业态布局、建筑风貌

管控要素分级的方式，可按照区位重要性，如分为核心管控类、重要管控类、一般管控类，或按照管控要素的来源分级，如通过法定审批的为强控要素，通过专家评审论证的为引导性要素（表6-3）。也可按照正面清单和负面清单分级，根据管控强制程度，正面清单分为“应”“宜”，负面清单分为“不宜”“禁止”。专题和专策成果在实施落地阶段，应根据实际情况选择分类分级标准，制定管理要素体系，明确要素清单，确定管控要素内容，并在整个开发建设过程中指导设计，以及进行设计的复核。在实际项目中，管控要素除清单化之外，还可以将各类管控要素进一步以图则、说明书或任务书等形式，纳入具体建设项目。

表6-3 城市设计管控性与设计性内容的比较

城市设计类型	管控性内容（指标管控）	设计性内容（效果引导）
总体城市设计	风貌特色区域 自然资源保护 历史资源保护 高度分区 色彩分区	目标定位、空间形态、功能结构、景观风貌、天际线、建筑风貌、交通组织、开放空间系统、市民活动组织、重要片区设计

续表

城市设计类型	管控性内容（指标管控）	设计性内容（效果引导）
区域城市设计	高度控制 视线通廊 界面控制 色彩分区	目标定位、空间形态、功能结构、用地布局、景观风貌、天际线、开放空间、建筑形态、交通组织、地下空间、公共艺术
地块城市设计	界面控制 建筑控制 开放空间 地下空间	目标定位、空间形态、空间结构、功能布局、景观风貌、天际线、建筑意向、交通组织、节点设计、场地设计、环境艺术、色彩设计

（2）管控要素的执行与调整

当精细化城市设计出现在城市建设的不同阶段时，管控要素侧重点、工作机制都有所差别。管控要素的执行方式与调整需求也不尽相同。在我国规划体制下，根据不同尺度下的精细化城市设计，管控要素的执行方式大体可以分为五类（表 6–4）。

表 6–4　不同尺度下管控要素执行策略

管控要素	研究尺度	执行策略
策略研究	以较大区域或城市片区为研究对象，形成的管控要素，如城市区域色彩、绿地系统、智能化系统、照明控制等	通过文字描述、效果引导方式实施
重点区域研究	为支撑重点区域开发模式的城市设计研究，一般通过公开竞赛的形式征集方案，为后续决策提供依据	进一步深化后，纳入开发计划或编制设计导则，以图文引导为主
控规辅助研究	伴随城市规划的编制进行城市设计的研究，一般出现在控制性详细规划的前期工作中	管控要素纳入相应阶段的规划法定文件，通过设计管理推进执行
修建性详细规划	一般支撑多地块跨道路的整体设计，在设计前期先形成修建性详细规划成果	在开发建设主体不变的情况下，一般修建性详细规划本身作为成果形式，直接进行深化并实施，部分修详在后续还经历任务分解，则形成修详的文字说明及图示，指导实施
城市环境改善	城市更新项目中，为改善环境品质而进行的设计研究，一般除了注重城市环境的改善，还考虑公众参与、公共空间的维护管理、经济可能性和社会因素	一般城市设计方案可以直接指导实施，部分更新项目中要素纳入导则

城市设计管控实施过程是不断校正的过程，体现了建设项目单体与城市环境整体的关系。随着城市发展不断演进，建设项目所处的环境条件、时代背景也在不断变化。建设项目从城市建筑研究阶段开始，到建设完成投入使用，通常需要经历很长的时间，部分区域整体开发，时至最后一个建设项目完成，需要十几年的时间。虽然前期研究需具备一定的前瞻性，仍然不可避免地在设计中后期有对前期管控要素调整的需求。早期的建设项目，管控要素来源于规划条件，即控规法定文件，调整管控要素即是调整控规，需要经过调规流程。其中含有规划条件、土地出让、设计研究三者在时序上的矛盾。随着精细化城市设计提出了更广泛的管控要素，专管机制也根据不同的时机、不同的问题和矛盾提出了更具有适应性的工作方式，使弹性控制、动态调整成为可能。在专管机制中，对于前期成果须进行理性反思和调整。一般基于以下情况，对设计管控条件提出的、属于城市建设的正向调整，应予以研究考虑：

①对规划条件的深入解读，通过设计变更提升品质。与规划理念一致的情况下，设计方案需要对部分管控条件进行调整，例如在统一标高、高贴线率的街道，容易出现区域识别性问题，可以通过局部开放公共绿地或广场，形成标志性空间节点，也就需要局部调整贴线率；功能贴线优于空间贴线也是推敲和调整贴线率的原则。

②修正管控条件中的误区。随着方案推敲深化，设计边界条件完善，验证出管控条件中的疏漏，例如，规划地下连通道，受地下地铁线路、管线、管廊、水系等条件限制，经过论证确实不可行的情况。

③适应社会背景，上位变更或重大事件。由于设计、建设周期长，在建设过程中，出现重大事件，例如，新增规划地铁线路、区域能级整体提升，为提升地铁站点的使用效率，优化城市天际线，而局部地块提高开发强度。

④技术或规范变更。规范调整前后，应根据实际情况取舍管控要点，或制定过渡方案。

在具体的管控要素调整工作中，越是量化的、刚性的、集中体现了城市资源分配公平性的管控要素，在整个要素体系中越是严肃。因此，对于不同属性的管控要素及其管控力度，采用分级管理的原则。从要素管控的严格程度分为指标性要素变更、刚性要素变更、弹性要素变更和管控力度调整四个层级，管控的严格程度逐级递减，也就意味着调整的研判过程严格程度逐级递减。

a．指标性要素的变更。针对指标性要素，包括建筑用地范围、建筑功能、容积率、建筑高度，一般属于法定规划的严控要素，需要通过调整控规手段进行调整。依据城乡规划法，修改控制性详细规划的，组织编制机关应当对修改的必要性进行论证，征求规划地段内利害关系人的意见，并向原审批机关提出专项报告，经原审批机关同意后，方可编制修改方案。修改后的控制性详细规划，应当经本级人民政府批准后，报本级人民代表大会常务委员会和上一级人民政府备案。指标类要素的变更，原则上将变更规划条件，国有土地使用权将收回，重新出让或划拨。

b．刚性管控要素的变更。当管控要素已随精细化城市设计各个阶段，纳入控规图则或土地出让条件的刚性管控要素，不涉及指标要素的刚性管控要素。调整后的法定刚性管控要素，不能违反现行的法律法规和地方规范。调整内容应符合上文对管控条件调整变更的几种情况。修改和调整法定刚性管控要素，需经过原编制单位技术论证，确认复核管控条件变更的几种情况，并编制调整方案，向规划主管部门提出专题报告，由规划主管部门认可后备案。

c．弹性管控要素的变更。弹性管控要素不属于强制性管控要素，执行方式可以视项目具体情况而定，也就无需更新原始图则、设计导则、协议等文件。然而弹性管控要素并不等于不控。弹性管控要素仅是提供一个引导性方向或完成度的范围，是有一定边界条件的弹性。执行过程中如果经过专题论证，认为已经固化的设计要点仍然需要变更的，应重新组织专题论证，形成书面形式的变更成果。部分弹性管控要素既包含弹性属性也包含刚性属性，例如，可变地下连通道的设置，其位置、形式、宽度等设计要素均为弹性管控要素，但不可以取消，若根据项目实际情况无法实施，确需取消的，应执行刚性管控要素的变更流程。

d．管控力度的调整。管控力度调整，一般是指原刚性管控条件，在实践中不能完全覆盖管控范围内的所有情况，需调整为弹性引导。管控力度调整中涉及法定管控要素的、合约性管控要素的，应执行刚性管控要素的相关流程。

6.3.2　工作拆解方法

精细化城市设计是系统性的解决问题以达到目标，并理性深化研究实施关键节点的过程。这个过程是以结果为导向，设计成果也是对建设结果的呈现，所呈现出的结论，是多条线、无界面整合的结论。而实际的城市设计建设工作，还存在设计、实施工作任务的拆分、专业的协作，从长期角度来看，还将面临管理、运营、转让移交等多个维度的工作界面。各个环节的工作中，均涉及责任、义务、利益的关系。因此需要城市设计工作者理解城市运作的复杂过程，在专管机制建立时将各方权责拆分清晰，形成高效有序的协作机制。

工作拆解思路，在精细化城市设计角度，以空间上的界面划分为基础。主要包括权属界面、设计界面、建设界面、运营界面、管理界面等。界面的划分原则，从侧面体现了精细化城市设计项目关注的重点。早期的城市建设，是线性推进的工作过程，在城市设计向实施建设转化的过程中，以权属界面为基础，严格区分红线内外责权的主体，建设实施、运营管理全部依据权属边界。清晰的界面也将城市空间碎片化，围墙加道路打造的城市公共空间难以激发活力，部分公共资源得不到释放，随着城市高密度集约化发展的趋势，严格的权属边界无法形成空间和设施共建共享，也造成了社会资源的浪费。尤其是在城市核心区，轨交站点周边、城市滨水空间、复合功能商务街区等形式的项目中，从顶层机制设计中如何推进形成良好的城市开发空间形象，如何将地块内公共空间释放，如何细化私有公共空间的形成方式，如何建设诸如能源中心、公共停车场、人防系统等共建共享设施，成为精细化城市阶段一直在探讨的课题。

精细化城市设计阶段，将城市作为整体，对于城市空间形成系统性的考虑。从整体视角推动空间集约整合、建设合理高效、运营管理流线和责任清晰，但各类界面往往无法完全重合。在专管机制建立初期，应在开发模式基础上，进一步细化、厘清每条边界，在这个过程中应特别关注建设地块与外部公共性用地，如道路红线、公共绿化绿线、河道蓝线之间的衔接关系，并且应特别关注地下、地面、地上私有公共空间之间的互联互通。根据实际情况确定不完全重合的边界条目、界面的具体位置和责任主体，并以图示加说明的方式表达，成果须各子项开发单位确认备案。具体要点如下：

（1）权属界面的划分。依据开发模式的多样性，权属界面划分方式多样。权属界面的划分应尽可能对应未来运营管理的界面。权属的私有难以保证空间的开放，即使可以形成开放空间，也难以保证空间的连续性。在合理的尺度下，应遵循运营边界完整原则。

（2）设计界面的划分。当设计界面与权属界面不完全重合时，应遵循：①体系完整性原则，界面划分保证同一体系的设计内容完整；②边界共同设计原则，涉及衔接的边界，需要相邻两个子项共同设计，协商完成，设计成果图纸也需要包含相邻子项设计的内容，或包含边界局部；③重要节点统一设计原则，涉及区域整体效果的节点应统一设计至方案深度，再将设计成果分别纳入所在子项进行深化设计；④共建共享设施统一设计原则，共建共享专项应独立设计，或在统一规划理念下由所在子项牵头设计，其他相关子项配合。其中公共衔接部分如市政道路红线范围内的地下空间、地上地下连通道、地上平台等，可纳入相邻地块统一设计[①]。

（3）建设界面的划分。建设界面遵循工程的合理性，并遵循尽可能简化的原则：①界面交接复杂区域由一个主体代建；②同一设计界面由一个主体代建；③共建共享项目由所在地块代建。

例如，上海徐汇滨江西岸传媒港项目，在开发模式上希望尽可能强调地下空间的互联互通，因此将整体地下空间划分为一个权属边界，在实施过程中，由于地上建筑的竖向结构、垂直交通、设备机房仍然要纳入地下空间，因此城市设计阶段在工作拆解方案中，严格划分了各个相关主体的产权、设计、建设和运营界面。例如城市核 Urban Core、疏散楼梯、出地面坡道等上下贯通的设计事项仍然需要跨产权界面设计，保证体系的完整性。在建设过程中，地下空间中地上权属的部分，由地下空间建设单位统一代建。平台层由一家物业公司统一运营管理（表 6–5、图 6–27）。

---

① 上海建筑设计研究院有限公司. 区域整体开发的设计总控 [M]. 上海：上海科学技术出版社，2021.

表 6-5 上海西岸传媒港项目界面清单划分表（以设计界面为例）

楼层	部位																
	公共				EJK-GNO 街区										FLM 街区		其他
	市政道路	平台（红线内）	平台（道路上空）	沿龙腾大道、云锦路广场	Urban core	地下机动车·自行车停车场坡道	塔楼（>28m）投影范围/地上建筑核心筒及前室	地上用机房及管线	地下用OA·EA	地下用疏散楼梯	地上机动车·自行车停车场	地下机动车·自行车停车场	地下商业	能源中心配套设施/区域雨水收集灌溉系统	FLM 街区（红线内）	FLM 街区（道路范围）	其他全部（室内、室外空间）
2F		西岸	西岸		西岸	—	—	—	—	—	—	—	—	西岸※4	平台：土地受让人设计西岸审核、整合	平台：土地受让人设计西岸审核、整合	土地受让人
1F	西岸	—	—	西岸方案设计土地受让人整合深化设计	西岸	西岸土地受让人※1	—	—	西岸土地受让人※1	西岸土地受让人※1	土地受让人西岸审核、整合	—	—	西岸※4	室外：土地受让人设计西岸审核、整合	西岸	室外：土地受让人设计西岸审核、整合 室内：土地受让人设计
B1F		—	—		西岸	—	土地受让人西岸※1	土地受让人西岸※1	西岸	西岸	—	西岸※2	西岸※2	西岸※4	土地受让人西岸审核、整合	土地受让人西岸审核、整合	西岸※2
B2F		—	—		西岸	—	土地受让人西岸※1	土地受让人西岸※1	西岸	西岸	—	西岸※2	西岸※2	西岸※4	土地受让人西岸审核、整合	西岸※3	西岸※2
B3F		—	—		西岸	—	土地受让人西岸※1	土地受让人西岸※1	西岸	西岸	—	西岸※2	西岸※2	西岸※4	土地受让人西岸审核、整合	土地受让人西岸审核、整合	西岸※2

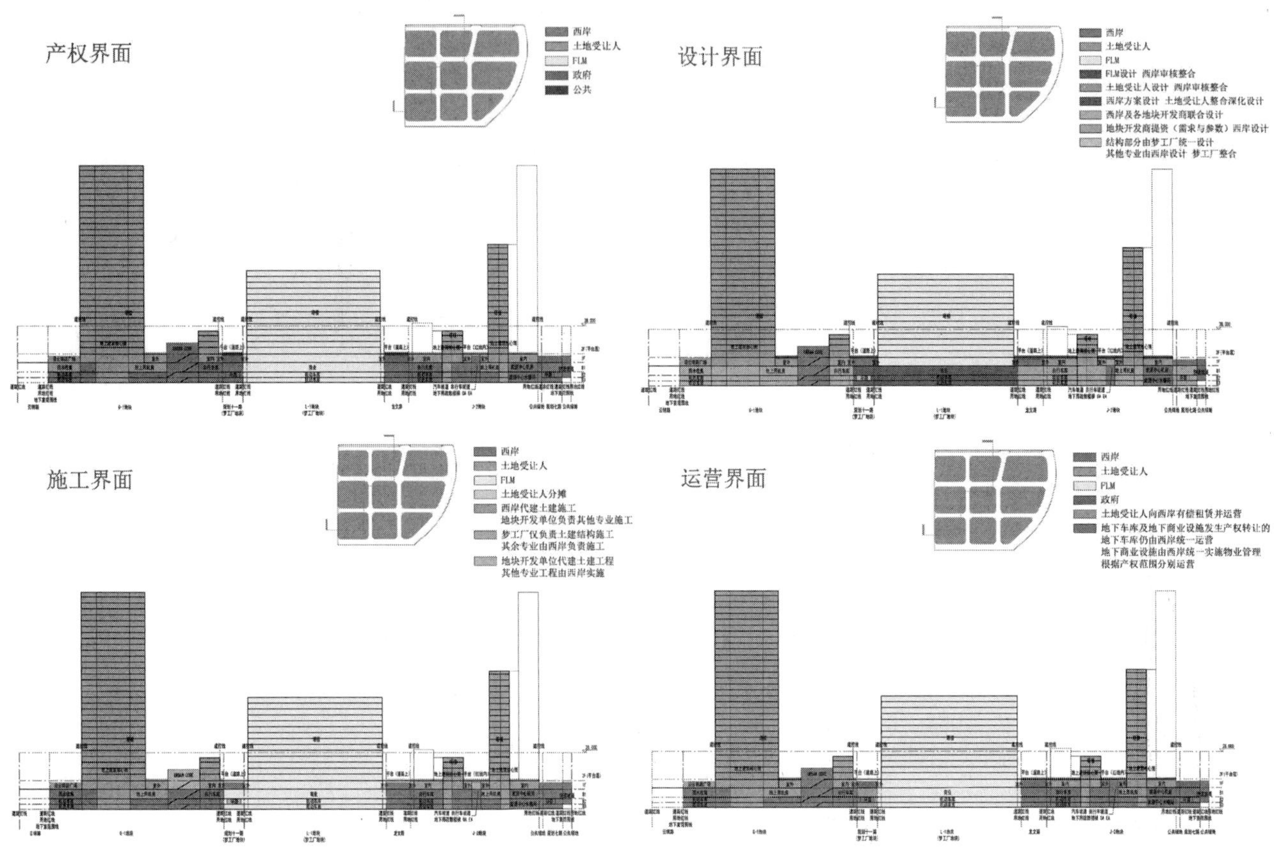

图 6-27　上海西岸传媒港项目产权、设计、施工、运营界面清单划分示意图

6.3.3　伴随式协作方法

在要素化的管控体系下，明确的工作拆分后，由于执行主体的转换，仍然存在不同语境下语义的偏差。越来越多的精细化城市设计，落地实施中会纳入城市设计者伴随式全过程参与的方式。在专管机制的设计中，应考虑伴随式协作参与者是谁，以怎样的方式提供什么样的协作。

协作参与者一般是精细化城市设计编制的主体，以顾问专家、技术支撑团队、管理者或相关民众的身份，接入后续的实施工作。针对城市空间形态、风貌效果和实施难点问题集中的区域，以专家协同专家团队的方式介入后续工作的情况较多。例如历史保护街区的城市设计和实施，针对城市设计中对历史记忆的还原，大到城市肌理，小到一砖一瓦的质感色彩，都是形成整体空间效果不可忽略的要点，在实施过程中需要有相关经验的专业人员提供意见和参与决策。针对专业协同较为复杂的区域，一般由专业技术团队或管理平台介入作为协作的主体。例如轨交站点周边设计，涉及市政、交通、建筑、景观等多方协作，精细化城市设计阶段已形成的协商共识，需要精确地传递到实施层面。在社区治理和城市微更新中，区域内的民众对实施效果有很强的主观意愿，尤其是在工作方式中就纳入民众参与机制的精细化城市设计项目中，公众作为利益相关方应考虑在实施中有参与意见和持续发声的路径。

伴随式协作的工作方式，根据主体的不同，可以纳入各阶段的专业审查、专家咨询，也可以设计独立的协作方式。几种形式均须在专管机制设计中明确，以便于参与的各方明确自身的职责。经过设计的协作方式，分为重要节点自上而下的校核、定期的交流商议和根据实施需要自下而上地申请等几种工作形式。在项目审查、项目校核、技术咨询、意见参与等形式的选择上，应与精细化城市设计关注的核心问题相匹配。例如，风貌品质要求较高的片区，由于对效果的把控能力需要较高的专业素养，可以考虑专家引领的全过程协作方式；城市核心区轨交站点附近，对于多专业整合的技术要求较高，可以考虑总设计师技术团队全过程协作方式。协作是多个主体共同参与的过程，专管工作机制的建立往往需要一定周期的磨合，根据具体的项目情况不断完善。

图 6–28　三亚崖州湾城市设计效果 | 设计：华东建筑设计研究院有限公司

示例 1：三亚崖州湾城市设计跟随多专项规划研究同步进行，城市设计团队依据空间形态及专项规划研究整合成果，形成管控要素，并编制图则，后续跟踪实施，对实施方案进行全过程校核（图 6–28、图 6–29）。

示例 2：长三角区域水乡客厅项目，前期城市设计团队，除负责整体空间形象组织之外，还配合深化水系、绿道、市政等方面的专题研究，并汇总成为整体规划成果。在后续的实施过程中，引入规划土地总控技术团队，从不同专业视角进一步精细化挖掘城市设计中的关键问题，并形成总控管控文件，指导后续实施。这个过程中，前期城市设计团队作为专家顾问全程参与（图 6–30）。

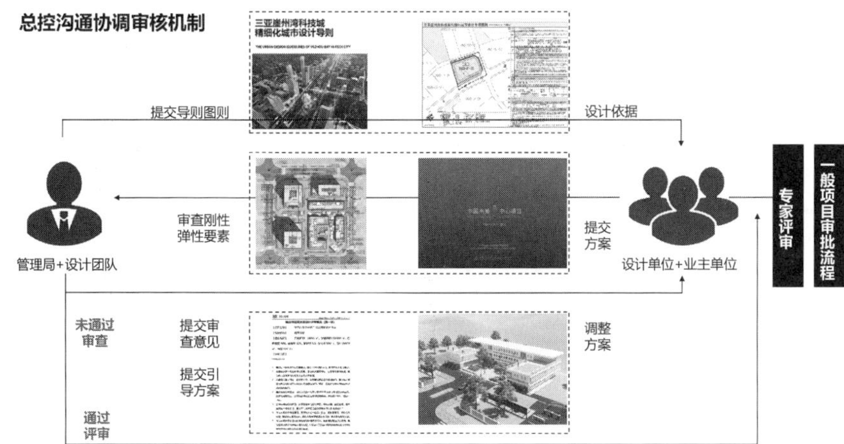

图 6–29　三亚崖州湾城市设计及工作机制

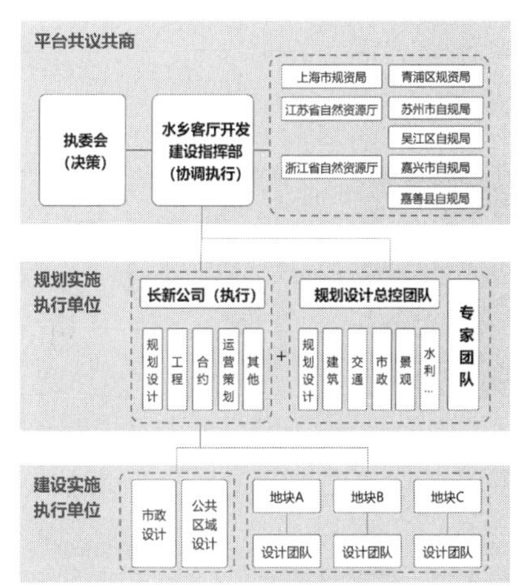

图 6–30　长三角水乡客厅项目规划土地总控架构

6.4 城市设计的精细化实施管控机制

6.4.1 法定制度协同

依托法定规划实现城市设计控制是指：城市设计的编制结合法定规划开展，以及将城市设计内容纳入总体规划、详细规划和专项规划中，利用法定规划编制的同步、修正和筛选来实现城市设计落地。

在我国，城市设计可以通过对法定规划进行引导的方式与规划编制和实施过程同步进行，也可以通过的行政许可程序修正法定规划、辅助条例、指标的确立，① 来指导城市设计落地，后期往往结合“一书两证”阶段的设计审查和行政许可管理来落实（图 6–31），从而保证上一阶段的研究成果（主要是刚性要素）的实施。

针对城市设计中空间形态的落实，比较普遍的做法是在控制性详细规划阶段增加城市设计或方案验证的内容，并取得向下传导的法定化途径。在 2020 年 5 月发布的《国土空间规划城市设计指南》征询意见稿里，明确了城市设计“贯穿于国土空间规划建设管理的全过程”，也在国土空间规划的总规、详规、专项规划阶段分别给予了城市设计内容和深度的指导意见。

利用法定规划编制阶段的同步研究、相互矫正和主动筛选来实现城市设计落地，具体有以下途径：首先，在用地和规划编制阶段，为了确保指标合理，后续的城市发展进程可控，通常会进行城市设计方案的征集，从城市形态、功能布局、交通容量、环境容量等方面做综合性的分析并编制可视化的成果进行讨论；其次，编制过程将城市设计内容纳入控规图纸和文本中，如在控规成果中增加以图则为单元的城市设计导则，用以辅助单元空间形态引导，或通过城市设计或专项研究提出附加的规划控制要求，形成附加图则；最后，通过开发建设主体与规划管理部门的协商，将整体空间引导、包括公共空间体系、高度分区、重点地块布局、区域交通体系、容积率、高度、密度和绿化率等，对法定规划进行修正和深化，从而更合理地服务于城市设计落地过程。

在实践中，城市设计研究工作对空间的管控，在控制性详细规划的管理过程中体现得最为突出。这一阶段管控要素的选取，可以针对地块层面，不仅对土地性质、强度等指标进行落实，更进一步可以对跨红线实施的要素，如地上地下连通道、慢行系统、连廊、公共停车场等提出明确的建设要求，针对区域开发的品质和建设目标也能给予指导性的意见。虽然引导性要素在建设阶段还需要进一步的解读，但是在整个法定制度协同的过程中，控制性详细规划阶段可以说是对城市设计还原程度最高的一个阶段。因此，该阶段城市设计研究落实，必然与当地控制性详细规划的编制深度、要素

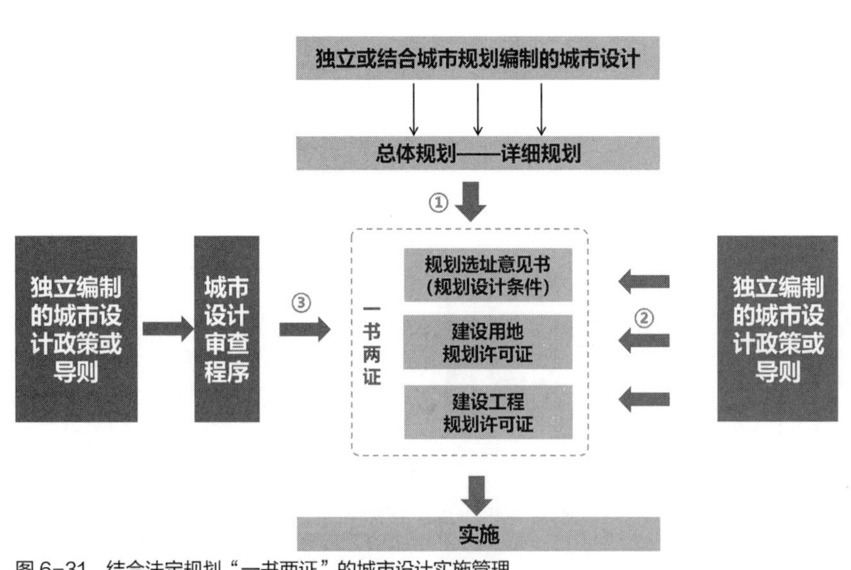

图 6–31 结合法定规划“一书两证”的城市设计实施管理

① 如规划用地平衡表、附加图则、地块控制指标、配套设施规划一览表等。

提取工作机制、专项规划的完备程度等密切相关（图 6–32）。

我国以公有制为基础，中央集权与地方分权相结合。法定规划协助城市设计落地符合我国国情要求，它能保证城市设计在更大尺度范围内的可控性和合理性（图 6–33）。然而，尽管我国已经通过“设计控制”和“规划许可”等途径得到了不同程度的设计实施，但是通过与国际经验的比较可以发现，这种单纯以法定规划为指导的方式还存在着诸多不足，体现在：

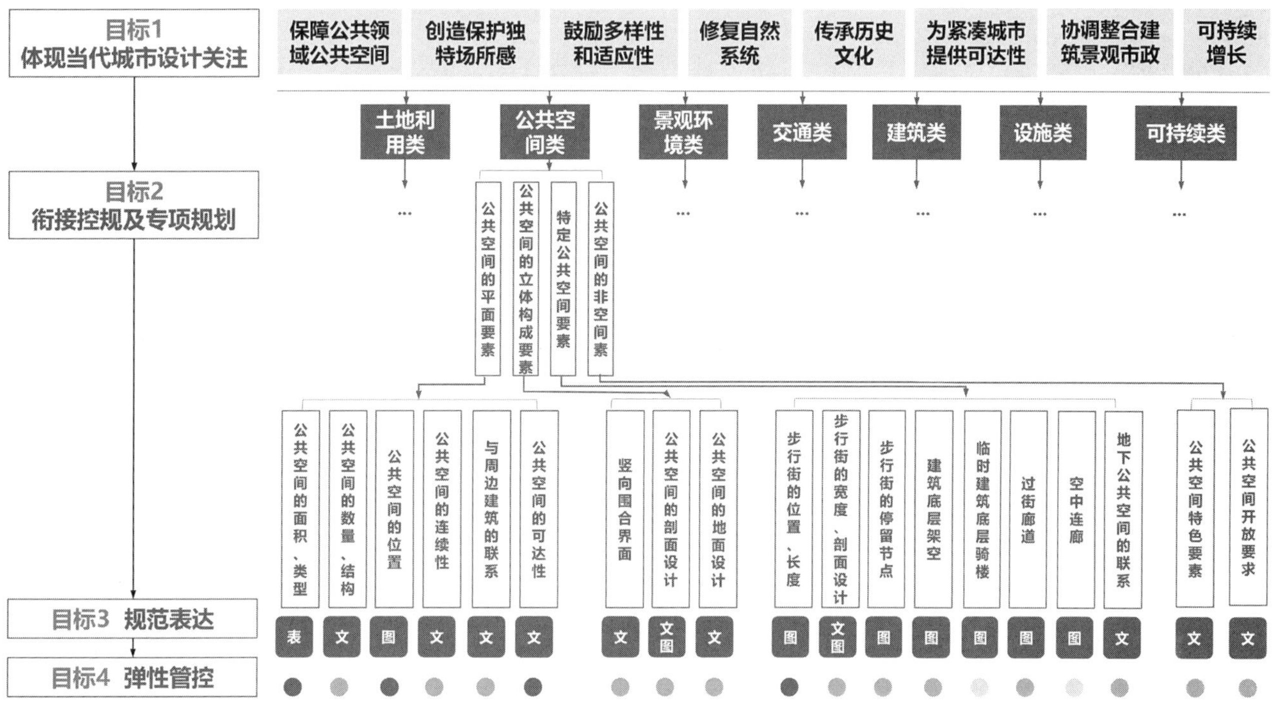

图 6–32　城市设计要素管控和规划衔接的生成过程（以公共空间为例）

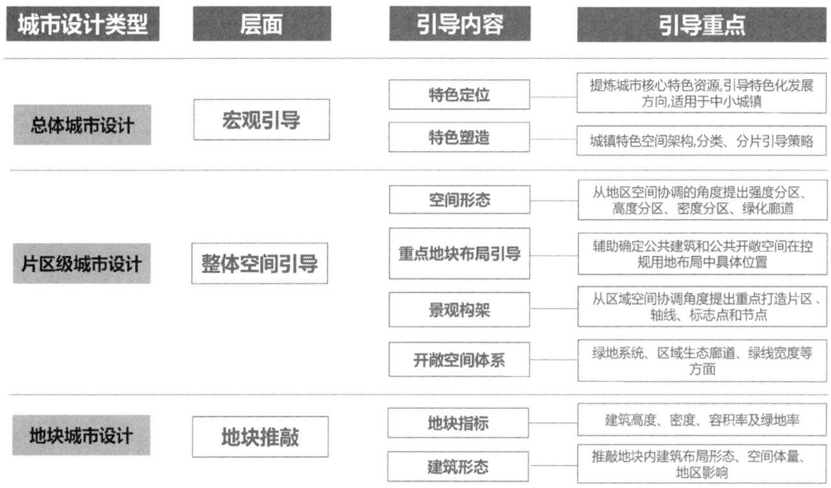

城市设计类型	层面	引导内容	引导重点
总体城市设计	宏观引导	特色定位	提炼城市核心特色资源,引导特色化发展方向,适用于中小城镇
		特色塑造	城镇特色空间架构,分类、分片引导策略
片区级城市设计	整体空间引导	空间形态	从地区空间协调的角度提出强度分区、高度分区、密度分区、绿化廊道
		重点地块布局引导	辅助确定公共建筑和公共开敞空间在控规用地布局中具体位置
		景观构架	从区域空间协调角度提出重点打造片区、轴线、标志点和节点
		开敞空间体系	绿地系统、区域生态廊道、绿线宽度等方面
地块城市设计	地块推敲	地块指标	建筑高度、密度、容积率及绿地率
		建筑形态	推敲地块内建筑布局形态、空间体量、地区影响

图 6–33　城市设计与法定规划的关系

（1）尽管多数规划主管部门已意识到城市设计与规划衔接的重要意义，但由于我国的城市设计作为一项研究工具，对这项工作具体应用的相关技术方法多样，深度不一：有些地区与各阶段法定规划同步衔接，有些只单独与重点地区的控规衔接，还有些未明确具体的衔接阶段和内容，随意性较大。部分地区虽然组织城市设计工作，但目标和实施机制并不明确，也不能提供足够的上位指导或其他专业专项的支撑，导致原成果内容出现重复或矛盾，也即是专管机制落实的内容需来源于专题、专策的原因。

（2）针对一些区域开发城市设计，如刻板地沿用现行规划设计模式——仅关注规划设计条线下用地功能及空间形态，缺乏城市中多个系统的整合思维，并且在后续的管控中——法定规划、实施方案、施工方案在三个阶段相对独立，会造成诸多矛盾。

（3）传统规划设计管控，在适应未来多种开发模式的需求方面还在探索阶段，针对不同区域的实际问题，采用统一的规划手段，可能导致诸多上层规划理念难以落实，甚至对法定规划进行频繁调整，削弱了控规的严肃性。

6.4.2 导则指引与诠释

我国20世纪90年代早期将“城市设计导则”概念引入，并作为部分城市规划管理中的辅助工具，虽然没有法定化，但是在实际工作中其作用已得到认可。实际上，在不同的城市建设范围内，尤其是在较为重要的城市建设区域，导则已经成为设计的前置条件。例如在上海虹桥商务区，由虹桥管委会组织编制的设计导则已经作为项目审查的依据之一，通过管委会在行政许可中的话语权得到落实。

作为城市设计实施建立的一种技术性控制框架，设计导则是实现城市设计目标和概念的具体操作手段，是对未来城市形体环境元素和元素组合方式的文字描述①。设计导则的成果形式多样，但主要包括设计说明、图纸、附件等。不同阶段的城市设计导则编制，管控内容和设计内容有所差别。

作为辅助城市设计由专题目标、专策成果转译为专管语言的形式，城市设计导则较为灵活的形式，更加便于将城市空间的美好愿景与日常的规划管理联系起来。城市设计导则的地位，预示着其编制质量将直接影响城市空间的实施品质。针对城市设计导则的编制，应注意以下要点：

（1）城市设计导则应逐步规范化。通过精准的文字和图示的叙述，城市设计导则一般能保障城市空间形态的基本秩序和城市公共空间的基本品质。但由于城市设计导则不属于法定规划体系，对于其成果的审查往往不如法定规划严格，因此应确保城市空间的“底线”管控的必要性和精准性，针对环境品质引导要素，尤其是以“宜”“建议”“相协调”等定性引导时，导则阶段应同步考虑具体的实施路径和机制保障，避免管控要求在开发实施过程中被忽视。

（2）城市设计导则在城市建设管理一般流程中不具有法定地位，在实际项目实施过程中容易存在和规划管理衔接脱节的现象，因此城市设计导则应通过各种手段，纳入建管的流程中，确保在建设中可以落实城市设计研究成果。

6.4.3 平台协商机制

平台协商机制是指多方参与、共同协作的工作方式。城市建设过程中，涉及多方的责任、权力、利益，而多数情况下的城市设计，作为规划阶段的研究工具，仅体现自上而下的单方诉求，缺乏来自市场、民众自下而上的

① 胡辉. 浅析城市设计导则的作用与编制原则[J]. 中外建筑，2011（5）：66-67.

参与。在精细化城市设计编制阶段，通过建立政府、主管部门、实施主体、业主、民众等多方参与的平台机制，可以综合考虑利益相关方的诉求，使专题和专策更具针对性；在实施阶段，平台协商机制提供多维视角的集体决策，起到监督和修正的作用，并确保方案的时效性；在运营和后评估阶段，也能更加客观有效地评估精细化城市设计的实施效果。

建设项目通过实施平台协商机制管理，重点关注区域性的空间形态、基础性的开发条件、公共性的功能配置、动态性的建设时序、程序性的机制保障，让城市设计实施落地更可控。不同于以往以执行控规为主要目标的城市建设，规划实施平台以推动实施为导向，通过地区总图和建设项目设计方案审查，整合开发、设计、建设、运营、管理力量，充分发挥实施主体能动性，实现建设项目全生命周期管控的管理制度和工作机制。

规划实施平台对综合实施主体统筹、协调、管理、服务能力要求较高，且涉及专业服务团队、专家委员会、项目实施库管理的多方配合，具体项目管理实践的操作可控性因不同项目实际情况而异。

示例 1：上海市规划和自然资源局印发的《关于开展建设项目规划实施平台管理工作的指导意见（试行）》和《上海市建设项目规划实施平台管理工作规则（试行）》的通知，提出了建设项目规划实施平台的概念。在此之前，通过搭建平台，形成政府、企业、技术团队共同推进项目的工作机制，在全国乃至国外都有实践和探索。例如各类成片开发项目，为实现区域整体目标而建立的管委会、指挥部、重大项目建设管理办公室等组织方式，均属于多方参与的平台机制。

上海的规划实施平台，以“围绕重点、市区一体、协同推进、主动服务、便捷高效”为原则，由市、区政府选定综合实施主体，并明确统筹、协调、管理、服务职责，综合实施主体进一步精选专业服务团队及专家团队，作为规划实施平台的核心人员。同时，市、区政府或管委会的相关部门加入平台协同工作，共同推进建设项目高品质和高效能的实施（图 6–34）。

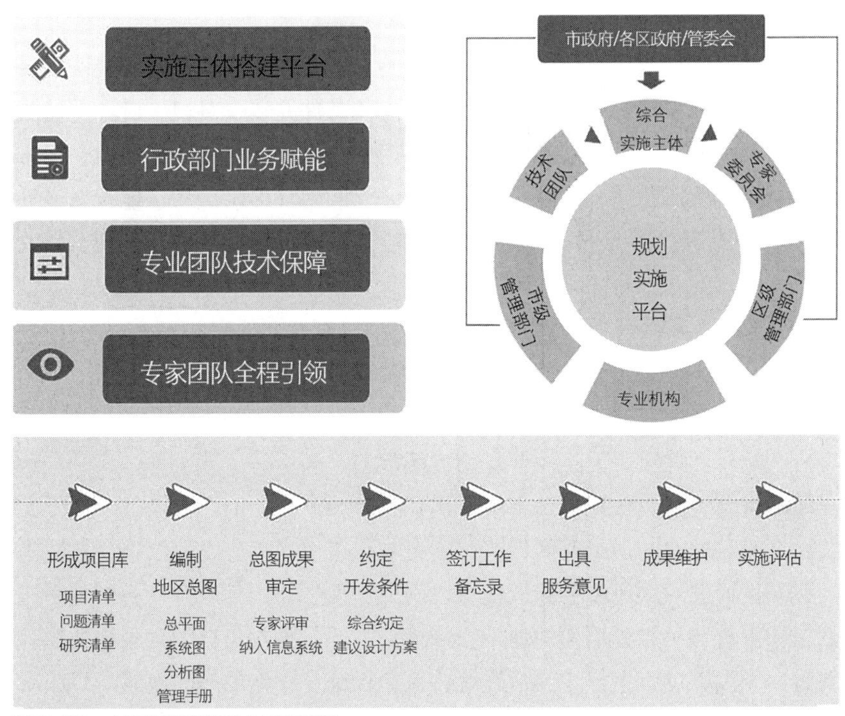

图 6–34　上海规划实施平台工作流程

图 6-35 上海徐家汇空中连廊效果

示例 2：上海徐家汇空中连廊，在城市设计过程中，将不同的更新单元融合在一个系统中，引导不同的实施主体形成利益共同体而保证实施目标。徐汇区政府和市规划局协同指导地上步行系统的建设，在二层连廊城市设计方案受老城区地下管线、地铁区域的复杂情况和多幢特定产权单位建筑的牵涉的情况下，良好的组织机制保证了顺畅的多方沟通交流和问题解决。这种机制解决了不同权力部门或行政单位由于利益不同而行动不一的问题，往往事半功倍（图 6–35）。

6.4.4 合约及协议保障

我国的土地为国家所有，建设用地的开发需要签订土地出让合同或合作协议书，其中对出让宗地的规划条件，如建设用地使用性质、城市公共绿化用地面积、建筑控制规模、建筑控制高度，以及宗地各项市政设施建设标准、甲方拆迁、施工范围内的场地管理、乙方的权利和义务边界范围、交付土地的期限及标准等多项内容做出了详细规定。主要监管主体在土地使用权取得和核定规划条件阶段，征询相关部门、结合规划实施研究阶段编制的开发建设导则通则，明确相关控制要素和控制指标、并纳入土地出让条件，各级建管委协助规土局提出控制要求和控制指标建议。

土地出让条件与法定规划条件类似，都是在正式展开实施建设之前，需要将条款稳定，并且同样是受法律保护的文件，其中条款相对简约，以刚性要素为主。与法定规划不同的是，土地出让条件并非仅对城市设计中的指标和空间进行约定，同时可以纳入更广泛的约定，例如建设标准的约定、开发模式的约定、招商条件的约定、未来运营维护主体及运营维护界面的约定。如上海北外滩的综合约定（土地出让条件的附件）中，将宗地开发设计前需进行国际竞赛纳入条款。因此在城市设计的专管阶段，可以利用各种手段，综合性地考虑要素落实的渠道，并通过各类合约确保执行。

例如，虹桥商务区根据两个主体发挥作用的不同，土地开发属性分类为“自留土地——以政府为主体开发”“出售土地——以企业为主体开发”“出租土地——政府企业共同开发”。在开发过程中政府和开发企业是两个重要的主体。政府是区域各项公共事业的管理者和建设组织者，因此更关注综合平衡各类社会需要和社会目标。企业作为市场主体具有自己独立的经济利益，因此更关注土地开发的经济效益。

其中，地下空间开发建设采用“统一编制规划，各地块地上地下统一出让，整体开发”的建设模式。地下空间规划从控制性详细规划的层面进行编制，并对各地块的地下空间标高、通道参数、退界等提出控制指标。除了开发规模外，虹桥商务区一期的地下空间控制性详细规划还特别强调地块之间的连通性。为规范开发商的地下空间开发利用，虹桥商务区一期在土地规划过程中进行了控规层面的地下空间规划，并将控规指标纳入各地块出让合同中，包括地下空间用途、边界、开发量、开发深度、退界、连通性等，从而保证了规划的顺利实施。

政府主导的自上而下的体制是“高效”和“良效”的重要保障。上海虹桥商务区管理委员会在虹桥商务区一期规划建设过程中，通过地下空间来破解因限高而产生的空间困境的计划是项目成功的决定性因素之一。在具体实施方面，上海市政府不断完善地下空间使用权问题，消除开发商的投资建设疑虑，提高了开发地下空间的积极性。同时，为解决地下空间控制性详细规划的法律效力不明确的问题，管委会将地下空间控规指标和图则一并同地面控规纳入到各地块的出让合同中，并以此审查开发商提供的建筑设计方案是否满足相关指标，确保规划的实施。政府的宣传、督导和开发商自身对土地资源稀缺的认识，使得虹桥商务区一期的开发商对地下空间都展现出积极的态度，所有地块都开发到地下三层，几乎所有地块都在地下二层设有下沉式广场，整体形成了较好的地下空间内部环境。

6.4.5　设计总控管理协调机制

城市建设发展到现阶段，呈现出多专业、多部门和多元主体的高度集成特性，建设实施的周期拉长，并具有很强的政策性、制度性和不确定性，对城市设计及建设者提出了较高的综合管理能力、总体协调能力、项目实施经验的要求。为补充建设主体的综合能力，确保项目高效落实，国内多个大型片区项目在开发建设过程中引入了总控管理模式。设计总控是为落实城市设计和控规目标，从规划到建设实施的全过程控制、整合全专业的技术咨询服务工作。总控管理从前期标准制定阶段、方案设计落地阶段到建设施工实施阶段、动态评估优化阶段，通过技术支撑、沟通协调、项目管理三位一体的总控模式，对区域开发进行全过程管控和技术托底。这种设计总控管理机制打破了传统规划上四条红线的束缚[①]。

各地区对于设计总控工作的重点有所区别，但主要集中在以下几方面：

（1）技术工作重点在于进一步解读上位规划依据，针对即将实施的项目进行再解读，优化、深化或调整各类管控要素，明确设计建设目标，对于区域开发中系统性问题、重点区域以及稳定重大边界条件，开展专题研究，增补设计文件，如建筑风貌专项、竖向土方专项、道路交通专项等内容。

（2）针对具体项目，总控执行主体统筹安排建设计划，切分设计、建设、管理界面，搭建总控机制平台，形成对内、对外的沟通协商平台。

（3）总控执行主体委托的技术团队编制设计总控的相关技术文件，基于专题研究梳理协调的边界条件及主要矛盾，明确各类界面关系，确定技术标准，建设总控管理的技术说明和相关图纸。

（4）总控执行主体委托的技术团队全过程提供专业技术咨询，以确保建设实施的品质，并解决实践中的具体问题。

（5）总控执行主体委托的技术团队全过程动态维护总控技术成果，定期更新修订，定期评估。

项目设计总控的特点决定了其可以有针对性地解决片区或大型项目建设过程中的问题，适用于管理难度大、开发周期长、参建单位多、技术要求高、投资规模大、信息量大的项目。其打破了传统宗地开发在时间、空间、专业、政策等方面的限制，强调规划、设计、建设、运管的统一，协调政府、市场多个主体。总控执行主体编制的开发建设导则细则可以通过区政府会议法定化，从而指导项目实施。

受多方因素制约，总体设计与分地块建设、总体进度与各单项工程进度控制均有难度，导致实施过程的周期可能较长。总控技术工作涉及专业领域众多，涉及红线内外、地上地下、公共空间、设施与开发单元，涉及投资、建设、运维等多重维度，搭建内外部协调平台并建立长期动态维护更新机制需要各个主体的积极配合，并及时按需动态调整。

① 上海市绿色建筑协会，华东建筑设计研究总院编著. 从规划设计到建设管理 绿色城区开发设计指南 [M]. 北京：中国建筑工业出版社，2019.

6.4.6 设计师负责制

1951 年，美国建筑师格罗皮乌斯（Walter Gropius）提出了建筑师协作概念，是总师制度的早期构想。随着实践发展，陆续出现：美国总设计师协作组、法国“协调建筑师”、日本“主管建筑师学做设计法”、德国“专家顾问团”等制度，以保障城市设计成果落地。其中“协调建筑师”在法国的城市开发建设控制体系中旨在衔接开发控制和建筑形态设计之间的断层，在城市设计项目实施与设计管控一体化及组织协调方面起到了重要的作用。

设计师负责制服务的区域可聚焦于城市和社区两个层面，对应精细化城市设计的不同尺度。城市层面，应对一定范围的城市建设，从最初的城市设计起始，到后续实施阶段多主体、多条线的建设管理和技术咨询，确保城市设计的要点得以实施；社区层面，一般通过责任规划师、社区规划师等形式，参与城市的更新和治理，在城市更新、微更新视角介入城市建设工作，成为衔接管理、实施、民众的桥梁（表 6–6）。

表 6–6 相关总设计师制在北上广深的常态化实践对比表

类型	北京市核心区责任规划师	上海市地区规划师	广州、深圳总设计师
地区	北京东城、西城、海淀	上海黄浦区、外滩、虹桥商务区	广州琶洲、南沙 深圳湾超级总部基地
发起方	区规划国土分局 责任街区主管部门	市规划行政管理部门	市规划国土资源局
职责	全过程伴随式技术咨询服务	行政沟通、技术咨询、公众协调	技术协调、专业咨询、技术审查
项目特征	历史街区	重点地区、特定地区	重点地区
工作内容	基础性研究、规划编制、项目审查、指导实施、实施评估、公众参与、社区营造	规划前期研究、规划编制、规划实施	规划前期研究、协助建立机制、参与决策、协调管理
实施主体	政府	开发建设主体	开发建设主体

设计师负责制的设立，弥补了城市设计管控要素的时效性问题，在条文化的法定体系中，能够完善城市建设治理体系以及规划落地的实施性问题。总设计师的伴随式设计服务，可以缝合城市宏观的稳定的设计目标和微观的发展的建设诉求，协调多层次、多维度的利益主体，并通过专业服务规避现实的技术问题。应对复杂系统的协调关系，它能实现以公共利益为根本的多方利益平衡。但仍有以下一些局限：

（1）依靠总设计师或总师团队的主观判断，在具体事项中带有一事一议的色彩，城市空间建设实施效果与总设计师或总师团队的实际能力直接相关。

（2）总设计师制度在当前法定规划体系下，其工作介入依然依托法定的土地出让条件和设计方案审查等方式来实现，在参与城市设计管理的过程中，仍然有自上而下的色彩，未能参与市场行为的利益博弈。

（3）总设计师的“责”“权”“利”等内容尚缺乏较为清晰的考评标尺与完善的机制设计。例如，广州琶洲的总设计师实践，由于总设计师的话语权没有受到个别建设方重视，同时，总设计师的地位缺乏法律依据，会出现诸如建设方“先斩后奏”将规划保留的现状池塘填平进行开发建设的违规操作。另外，总设计师是否应当承接当地建设项目，也是需要根据实际情况讨论的话题。

6.5 城市设计精细化管控实施示例

6.5.1 专管示例1：德国汉堡港口新城精细化管控实施方法

（1）多维度视角的专管概述

城市的建设和更新，是个长期的动态过程，其中不仅仅存在多个相关参与方、多个专业协同，也存在长时间周期影响下带来的社会、经济、文化条件的动态更迭。从参与主体维度，在城市设计和建设中，尤其是既有城市空间的更新和特定目标、标准下的城市设计，往往会涉及政府、投资者、公众多方不同的诉求，传统的自上而下的规划和建设，往往忽略真实的“主体”，即运营者和使用者的需要，尤其是后者支撑区域活力，却经常成为“沉默的大多数”，缺乏表达观点的平台。从专业协同维度，非感官要素，如看不见的基础设施、隐形的经济效益，在空间形态主导的城市设计中往往被忽视。从时间维度，城市的设计从整体视角在建设前相对短时间内形成了成果，完成城市设计需要通过具体项目设计和建设过程，这是一个长期的过程，这个过程中各项要素的变化会不停地修正城市设计成果。专管机制，必须建立在上述多维度视角的综合评价基础之上。

（2）专管示例概述

汉堡港口新城位于德国汉堡，早期依托港口繁荣起来，但随着海运业衰退，汉堡政府开始思考海港城未来的发展。1998 年，港口城正式举办了城市设计国际竞赛，荷兰 KCAP 建筑及规划事务所赢得了比赛，并受委托在之后的 25 年长期参与港口新城的规划、设计和建设工作。整个设计区域占地面积将达到 157 万 m^2，其中陆地面积 127 万 m^2，新城将以现代都市的面貌回归到“汉堡市中心”的范畴中，使汉堡城区面积扩大 40%。功能集合了居住、休闲、旅游、商业和服务业。汉堡港口新城城市设计将可持续性、文化聚集地、社会发展、公共空间和基础设施作为建设的主题。为了适应多维的城市发展目标，创造长期的城市活力，汉堡港口新城采用了一系列的管控工作策略（图 6–36）。

图 6–36　德国汉堡港口新城总体规划（2000 年）

（3）专管示例主要内容

①固定开发主体跟踪，固定专业团队跟踪

在2000年，基于城市设计方案的总体规划编制完成，吸引了大量的建设投资资金。2004年，早期负责土地收购的港口与区域开发有限公司更名为汉堡港口新城有限公司（HafenCity Hamburg GmbH）成为区域开发的固定开发主体，负责城市与港口政府专用资金以及区域内的地产收入的支配。资金与地产收入主要用于新城的道路、广场、码头、桥梁、公共景观等基础性工程建设，以及区域的招商工作。汉堡港口新城有限公司，在区域城市建设的同时，组织专业团队动态研究城市化和区域可持续发展的诸多事项，形成了工程师、城市规划师、地产开发商、经济学家、文化学者、人文科学和社会科学家、地理学家和景观规划设计人员跨领域紧密合作的跨领域专业团队。与此同时，荷兰KCAP事务所在城市设计后，持续跟踪项目的深化和建设情况（图6-37）。

②渐进式的规划编制

汉堡港口新城整体被进一步拆解成十个不同的街区，旨在体现每个街区自身的独特之处。10个街区从整体上，呈现自西向东、从北往南的分批开发态势。每个分区均需要港口新城公司组织编制建造规划（Bebauungsplan）。从实际编制情况可以发现，规划单元并不完全按照组团范围，而是根据开发进程的实际需求推进编制。在同一愿景框架下动态推进的规划编制，适应了城市动态发展的需要（图6-38）。

③项目孵化过程

由于从提升区域特色和活力的角度出发，整个片区城市设计提倡功能的高度混合，也就需要不同类型的运营主体或者业主在项目中合作完成开发。这个过程是开发模式、经济利益、空间形态磨合的过程，但从规划设计一个角度入手难以达成目标。在项目中引入一种孵化式的操作过程，具体工作流程如下：在港口新城公司的要求下，每个建设用地均须进行开发者的方案竞标，包括对地块价格的认同、建筑群规划设计的设想。由政府及港口新城公司组织评审团进行研判，能为区域带来最佳价值的开发方案取得用地开发的权力，并在深化研究后正式签订开发合同。深化研究期即交接期（Handover Period），约一年时间。开发者需要与港口新城公司聘请的专业团队密切合作，细化设计方案，并听取公众的意见，形成稳定的规划文件，签订合同并启动项目的设计建设。

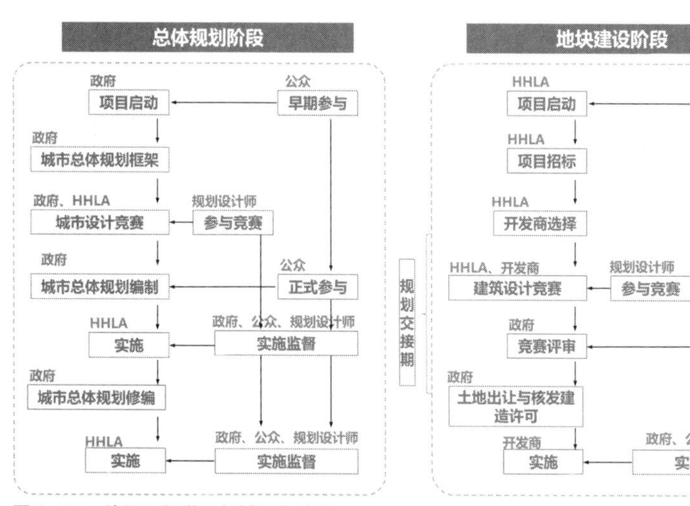

图6-37 德国汉堡港口新城工作流程

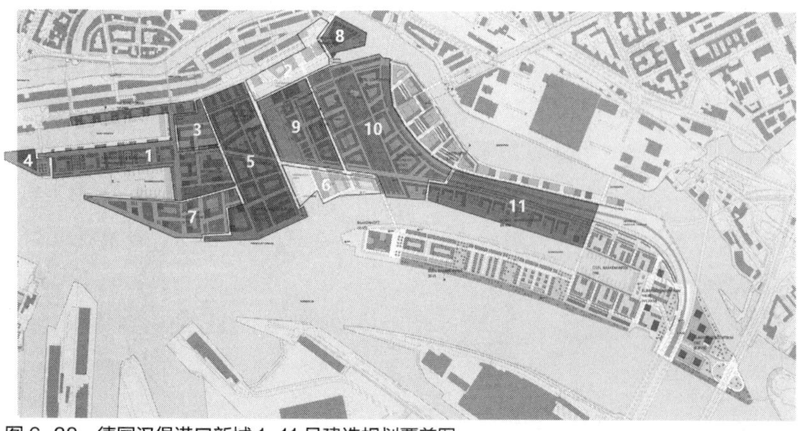

图6-38 德国汉堡港口新城1-11号建造规划覆盖图

这个过程既保证了总体城市设计愿景，在联合工作的过程中得到延续，也衔接了开发商和公众的诉求，从而在未来可以产生持续的价值利益。

④特色理念的落实

在政府、港口新城公司、专业设计团队、公众之间沟通顺畅的情况下，可以形成可持续性、滨水空间、激发活力的文化活动空间等方面的诸多特色理念。如城市的防汛问题：区域面临着来自易北河潮汐的洪水威胁，新建项目均建设在 8~9m 的防洪标高之上。人为加高的防洪安全高地，与亲水界面之间形成了较为灵活的空间，这一段空间不是按照传统惯常的修筑防洪堤坝处理，而是允许产生严重洪水时被淹没，形成了与水共存的特色景观。如低碳方面，区域通过前期开发方案比选，与后续合同条约的细化，推进低能耗建筑的建设比例。

（4）专管示例成果

汉堡新城的总体规划阶段，不同于体现愿景的空间形态蓝图，而是一份城市发展结构的说明，包含城市的开发容量测算、容积率分布原则、城市形态控制原则、公共空间和滨水空间的布局、公共交通系统等导向性说明文字。总体规划匹配了后续以多元主体引导的再细化的城市设计工作形式，也作为分区域渐进性的城市设计研究和管控要素提取提供依据。

在建造规划阶段，以图则、说明书、条文阐释等形式，明确控制要素。图则按照孵化阶段各方认可的方案成果，明确建造线、建造限制线、建筑高度、层数、形态要求、公共及私有公共空间、滨水空间等要素纳入图纸，作为后续审查的依据。

在机制方面，德国的法律已经为公众参与提供了依据，然而未规定参与形式。在汉堡港口新城中，由政府及港口新城公司组成的团队体现了自上而下的规划设计，另一方面由民众自发成立的港口新城网络协会，形成自下而上的公众参与机构，寻求与政府、开发商的深入对话。各方对话平台中，以线上公开透明的信息，和线下公共交流空间、展示宣传空间相结合的方式，形成了通畅的沟通交流渠道。整个项目的机制在构建多维度视角、多工具结合方面，最终达成城市设计目标，体现了时空的一致性。

6.5.2　专管示例2：广州琶洲西区精细化管控实施方法

（1）全过程伴随的专管概述

全过程伴随一般指城市设计专业团队全程参与到规划、设计、建设的各个环节，解决了精细化城市设计研究结论的时效性问题，同时也带来了研究结论的权威性挑战。由于全过程伴随的方式会深入到城市设计和建设的各个环节，需要具备前瞻的视野、总体协调能力和全专业全过程的知识积累，这就对全过程伴随的主体提出了很高的要求。多数的实践项目通过专家团队或总设计师团队，完成这一工作。在全过程伴随的专管机制中，需要专家、总设计师及专业团队参与的不仅仅是对精细化城市设计的诸项要素进行解释，更重要的是随着项目推进，对精细化城市设计成果进行深化和修正，因此要为专业团队提供足够的设计空间和自由裁量的权利，使城市设计真正产生价值。

（2）专管示例概述

广州琶洲西区位于广东省广州市，用地面积约 210 万 m^2，规划建筑面积约 566 万 m^2。琶洲西区地处琶洲岛西侧，北至珠江、南至黄埔涌、东至华南快速路。是集商业、办公、景观、休闲、娱乐、交通为一体的 CBD 地区。自 2000 年起，整个琶洲分西、中、东片区，做了多轮城市设计方案。至 2015 年，明确了区域打造互联网创新聚集区的定位，新的目标定位迅速吸引了大量开发商，同时又带来新的空间需求。高强度的开发、快速建设需求、高品质空间需求之间要在城市设计方案中相互匹配，对于前二者怎样进一步挖掘价值，对于空间怎样将品质落实，是该项目专管工作的重点。

在广州琶洲西区项目实践中，通过总设计师制落实了城市空间如骑楼街、地块内24h开放公共空间、城市立体化等要素，提高集约整合的开发效率，实现多业主不同项目的共同基坑开挖与支护，24h开放的二层连廊系统，这些都反映出设计师对公共空间品质的关注，同时也是对片区原有水系、工业遗存、地质地形的回应。

（3）专管示例主要内容

①编制城市设计导则

琶洲西区为适应加快的建设需求，兼顾弹性的空间管控需求，在2015年，采用了地区城市总设计师领衔的工作制度。由总设计师带领的团队，利用城市设计导则工具，对规划管理文件进行补充，城市设计导则及控规同步经过市政府的批复。

城市设计导则的编制，依据对城市设计方案的精细化研究。在琶洲的精细化城市设计中，主要形成了三个方面的成果。第一，是形成兼顾步行系统、聚集性活动、机动车到发的小尺度街区形态，将原控规中的200m×200m地块加密至80m×120m，塑造出更具活力的街区形态，同时提升土地的开发潜力（图6–39）。第二，出于滨水地区软土层厚持力层的不利因素的考虑，加强公共交通配置，减少机动车配比，从而缓解地下车库的建设需求，预留地下二层车行通道，同时将地下部分容积率转移至地上，通过提升高度保证土地的集约开发（图6–40）。第三，从街道空间一体化的概念出发，细化每个地块的风貌要求，并与开发主体形成协商机制（图6–41、图6–42）。在城市设计导则的编制中将上述要点通过要素提取，一部分落入图则中以图示的形势稳定，另一部分通过文字说明纳入导则及图则管控条件。

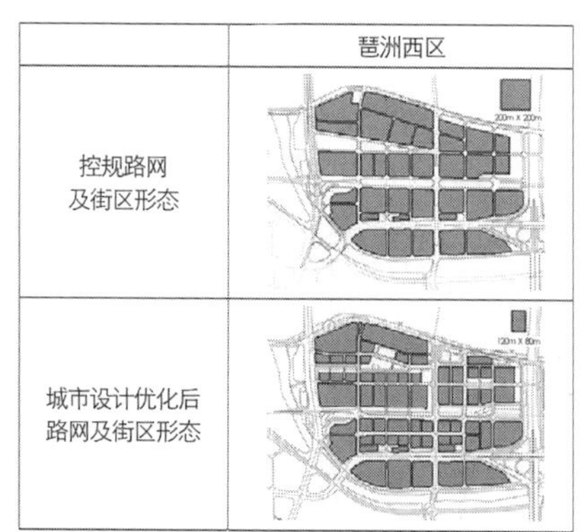

图6–39　广州琶洲西区城市设计优化前后路网方案对比

城市设计导则本身不具有法定地位，仅依靠城市设计导则及总设计师

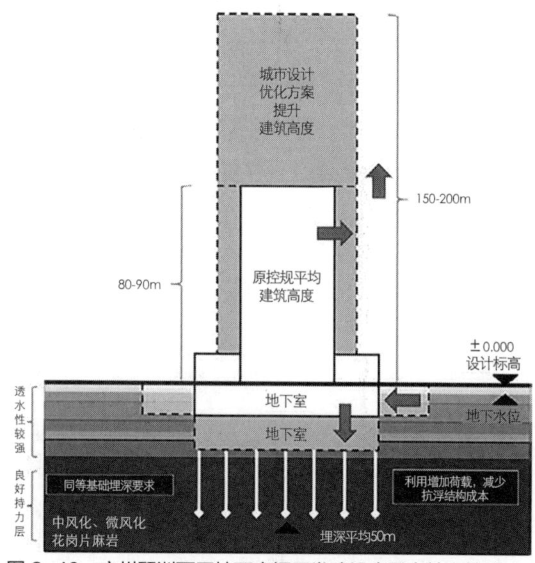

图6–40　广州琶洲西区地下空间开发建设容量向地上转移

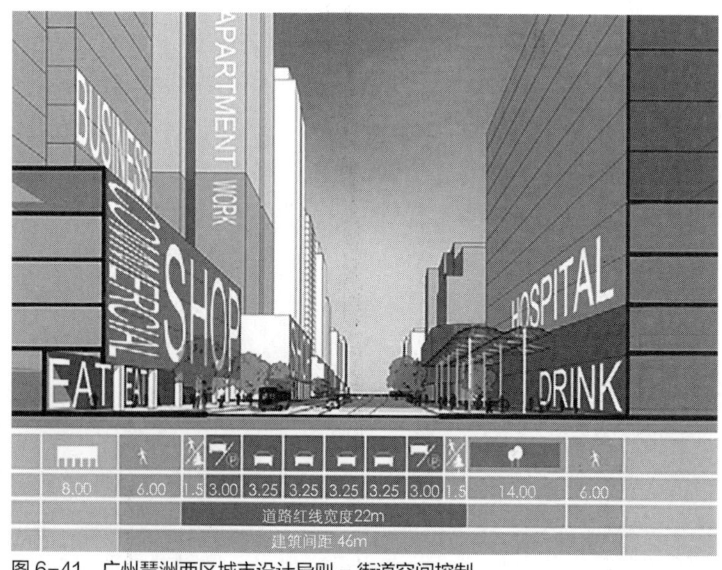

图6–41　广州琶洲西区城市设计导则 – 街道空间控制

的权威性，难以对多样化的市场需求进行把控。琶洲西区的城市设计导则采取与土地交易条件绑定，纳入土地交易的前置条件的策略，加强了城市设计成果及其专管机制推行力度。

②以公共利益为基础的谈判过程

在琶洲项目中，以总设计师主持编制的城市设计导则，具有一定的管控弹性。开发者根据城市设计导则，可以进一步提出自己的诉求，并与总设计师探讨，形成协同优化的结果。协同优化的过程，是对公共空间品质的优化，以公共利益和环境效益的提升为条件，同时也兼顾了不同开发者个性化的需求。城市设计导则作为设计方案以公共利益为基础进行“谈判”的起点。

以复兴项目地块为例，在方案设计深化过程中，将较高贴线的形态调整为通过两个公共广场聚集人气，为城市提供了更多的公共空间，同时形成了建筑项目的形象展示界面，在建筑体量上，降低副楼的高度，增加附楼的标准层，从而优化空间效率。这个过程中，是以公共利益为前提进行取舍，最终形成稳定的实施方案（图6-42）。

③建立全过程咨询制度

琶洲西区总设计师团队，从城市设计、规划编制到后续的实施全过程跟踪参与。在全过程咨询制度中，地区城市总设计师及其团队以地区规划管理单元图则、地块城市设计图则、城市设计导则为规划和建设管理的依据文件，为规划管理部门提供行政审批的辅助决策及设计审查的技术服务。地区城市总设计师的审查意见，也作为规划管理部门进行行政审批的重要依据之一。实际工作主要分为三个阶段：第一，精细化城市设计前置研究阶段，形成设计条件，并组织开展宣讲；第二，方案设计阶段，对方案进行审核，重点关注城市设计导则中的公共性要素，针对具体问题组织专题研究；第三，动态收集设计成果阶段，衔接后续的建设、管理阶段，为后续工作提供工作建议（图6-43）。

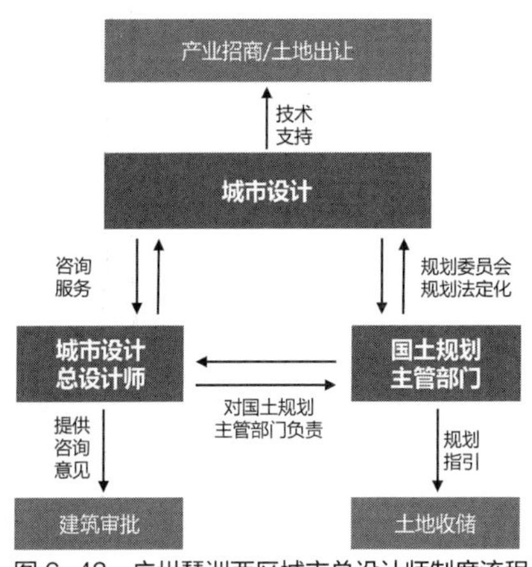

图6-43　广州琶洲西区城市总设计师制度流程平台

在小街坊高密度的开发建设中，总设计师团队负责协调相邻地块的协作关系，在公共空间系统性、连续性和品质化的同时，探讨整合实施带来的效率提升和经济价值。例如部分地块，在地下空间开发建设中，项目设计突破单个地块、单个小基坑的局限，促进相邻不同地块共同开挖、共用地下防护墙，减少建设成本约4500万元，同步开发也提升了建设效率，并且保证了地下空间的衔接问题。

（4）专管示例成果

在琶洲西区的项目实践中，管控的技术文件包括：弹性管控的城市设计导则，利用土地出让环节形成的对城市设计导则地位的认同。工作

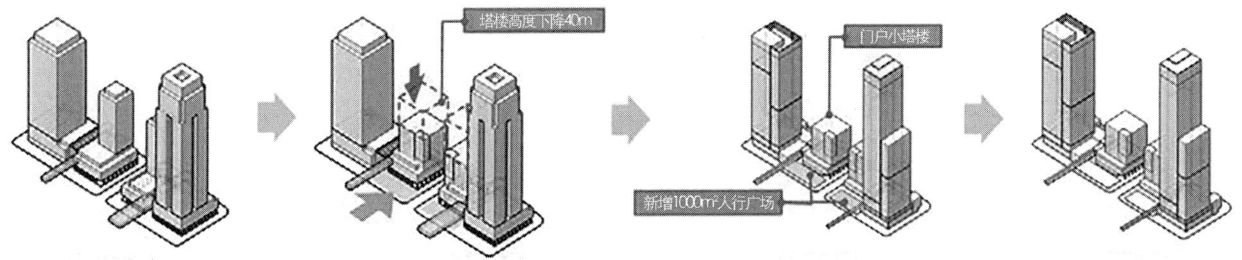

图6-42　广州琶洲西区复兴地块方案调整过程

机制包括：总设计师对方案的审查，对开发者诉求的探讨和专题研究，对实施成果的整合和更新，并且对相邻项目衔接和实施工作组织方面进行的协调和整合建议。

6.5.3 专管示例3：上海城市微更新城市设计精细化管控实施方法

（1）管控要素加强的专管概述

传统规划指标体系一般包含建筑容量、建设范围、建筑密度、建筑高度、容积率、绿地率、公共设施等，这类指标在城市设计空间形态稳定后可以转译形成。以精细化城市设计为基础，针对特定设计要素形成管控要素，如历史保护区域的空间肌理、街区尺度，如街道提升中的公共空间节点、慢行通道，如城市特色风貌区色彩材质、种植、铺装等。从更广义的城市设计角度，可以将人、空间、活动纳入管控要素体系，体现了面向实施的城市设计全生命周期的引导。这类管控要素大部分通过城市设计导则形式稳定，在上海城市更新的实践中进行了探索性实践（图 6–44）。

（2）专管示例概述

上海的城市更新注重公众参与与微治理，其中微治理主要针对较小尺度空间，通过较少的改造更新，配合城市公共空间各类活动，例如艺术展览、挑战竞赛等，来激发区域活力。2017 年的“行走上海——社区空间微更新计划”设定 11 个微更新试点。通过微小空间改造，促进城市建设理念的转变，对城市发展从量变到质变的过程产生影响。微更新实施周期短，见效快，从微观层面更加贴合人的活动。一个微更新城市设计项目启动时，往往只有一块模糊的用地，大多数没有明确的设计目标、用地边界、权属情况，而城市设计成果在较短时间要直接投入实施，在前期要同步考虑实施分属的不同部门、未来使用的场景和运营管理的主体，是一项综合而复杂的工作（图 6–45、图 6–46）。

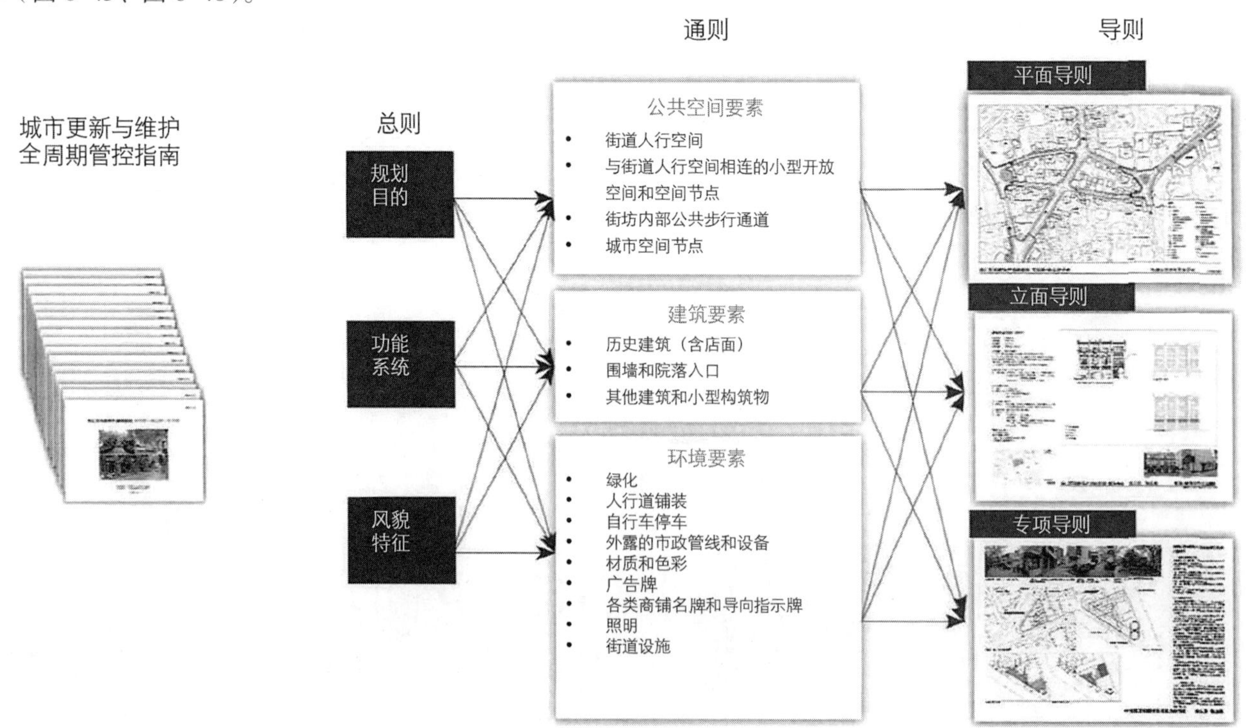

图 6–44　上海城市微更新基于“总则 – 通则 – 导则”的多层级精细化规划编制框架

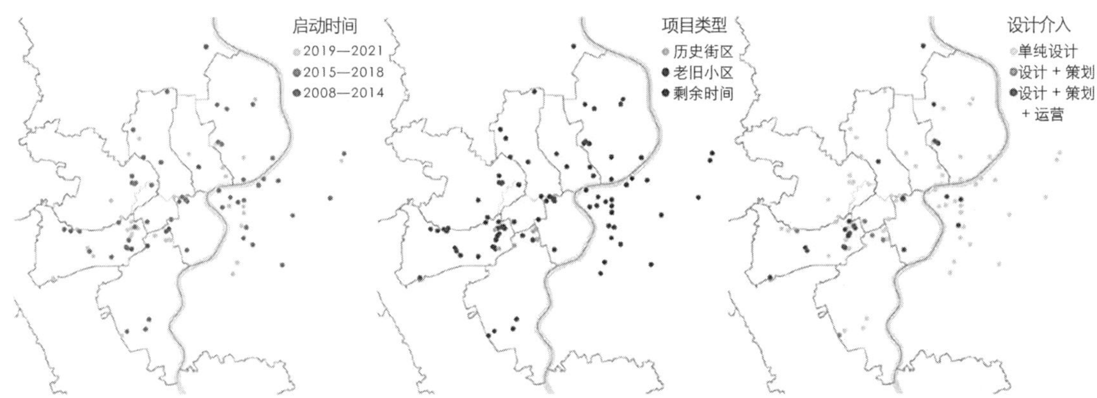

图 6-45 上海代表性微更新案例的启动时间、空间类型和设计参与程度示意图

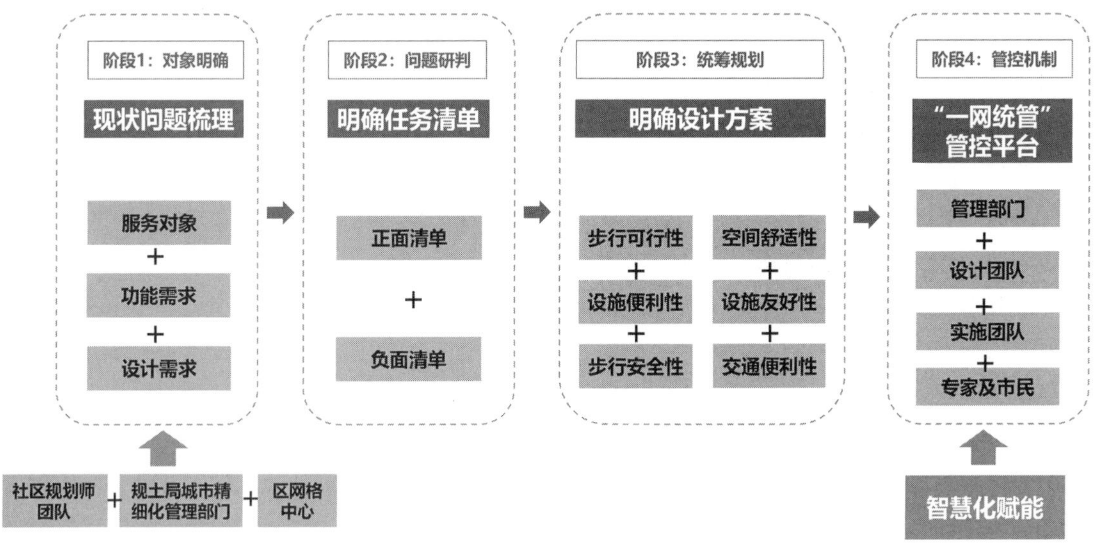

图 6-46 上海城市微更新实施过程

图 6-47 上海杨浦区“伊顿岛”改造前后

（3）专管示例主要内容

①细化空间管控要素

为体现整体风貌和活力，在城市微更新中，一般会根据既有城市肌理尺度、风貌特色，针对门窗、店招、铺地、界面、灯光、晾晒、停车、绿化等内容进行设计引导，作为对空间形态的最直观的把控。

②参与者纳入管控要素

针对微更新项目，待更新空间往往是被闲置或被忽略的空间，如街角空地、道路交叉口、高架桥下、建筑前区绿化带等。这些空间多数处于相邻两个权属边界的交界处，在独立项目中是被忽略的部分，因此要在精细化城市设计对空间进行优化之前，寻找其潜在的使用者和管理者，并将“人”的因素纳入管控要素。例如杨浦区四平路街道伊顿公寓入口空间，被定义为儿童活动场地，主要考虑儿童玩耍的场景，为后续的设计实施提供了依据（图 6–47）。

③空间用途纳入管控要素

城市微更新与其说是提供的新的空间，不如理解为提供了新的使用场景，多数微更新实践会将空间活动纳入设计中。例如，新华路社区营造实践，其物理空间提供了举办摄影展、城市设计节、野餐会、音乐会等多种活动的物质基础，通过网络公共空间聚集社群，吸引年轻人参与社区工作，形成网络化的象征空间，进一步加强社区的凝聚力。从中可以看出，在有限的物质空间中，通过空间用途的纳入，可以创造新的经济价值和体验价值。

④相互关系纳入管控要素

传统的城市设计是将既有的目标可视化，形成预想的空间形态，针对微更新的城市设计则是梳理和重组碎片化的信息，拼合形成新的相互关系，从而建构空间场景。在不同的物质、文化、机制、规则下，在设计师、管理者、居民的博弈中形成并落实。

（4）专管示例成果

在上海城市微更新实践专管的成果中，管控文件仍然是通过设计导则形式呈现。例如普陀区石泉路街道社区微更新，形成的包含 200 多个更新项目的清单，是上海市第一个由街道出台的城市更新导则。如武康路风貌街道的精细化管理模式，总规划师对城市风貌的历史和未来开展系统研究，完成城市设计和风貌控制导则，具体提出 8 类整治项目。其中的导则不仅包含传统的空间设计管控要素，还包含一系列相关主体、相关活动的描述，形成一份社区空间的说明书。

思考题

1 为什么要将专管纳入精细化城市设计的研究过程？

2 国内外专管按照实施方式有哪两种类型？分别有什么优缺点？举例说明。

3 管控要素的提取有哪些原则？是否越详尽越好？

4 我国目前有哪些较成熟的专管制度？

5 尝试对城市设计的精细化专管机制举例？分别分析针对哪些专题和专策制定？

第 7 章
精细化城市设计的技术与成果

7.1 精细化城市设计技术及工具

面对城市日臻复杂的运行状况和空间质量需求，在科技力量迅猛革新的支撑下，城市设计依托的理论和技术方法与时俱进。王建国教授提出，城市设计先后走过了四代范型①：第一代传统城市设计，以优化群体空间形态为目的而发端，以城市三维形体组织为对象，多依赖传统设计技术工具及建筑学基本原理、经验判断；第二代现代主义城市设计，以科技支撑、功能区划、三维空间抽象组织为特征；第三代绿色城市设计，基于生态优先和环境可持续性原则；第四代数字化城市设计，以形态整体性理论重构为目标，并以人机互动的数字技术方法工具变革为核心特征。城市设计范型的演变历程也可视为技术方法、设计工具的发展历程，正在迈向“从数字采集到数字设计，再到数字管理”的重大跨越。基于大数据、人工智能为技术基础的智慧设计、科学决策体系正在从宏观到微观逐步建立。曾经可能因为利益主体、管理归属的分离而割裂的城市空间，在新兴技术支撑下正在重新互联为一个整体。

同时，城市公共空间、建筑群体形态、精神文化表达、心理体验感受等多项需要凭“人”来研判和体验的重要内容，仅凭数字技术本身是很难给出可靠或完整答案的。早期范型的城市设计技术方法、手段工具，以及设计者、决策者的文化修养、专业能力及价值取向依然发挥着不可替代的关键作用，甚至成为新范型下应用技术、操作工具、解读数据过程中的前置评判主体。因此，在讨论城市设计技术工具时，必须以整体视角看待四代范型——这四代范型并非是生硬的前后替代关系，新兴范型并没有鸠占鹊巢式地将原有范型“挤出”“淘汰”，而是逐层拓展、持续丰富、日益强大的“生长”关系。借助若干数字技术的同时，根据具体任务需求和问题定位，仍必须深度剖析前三代范型中强调的关于形态、空间、功能、绿色、低碳等诸多问题。

基于这个认识，本章以数字化城市设计范型为基本范畴，兼顾在设计精细化纵深的过程中涉及的其他技术方法，以更全面、理性地呈现“目标—问题—方法—技术”的支撑关系。

7.1.1 城市设计过程的基本技术

设计是一项有目的、有约束的探索性、创造性的“目标—生成—决策”活动，其必需的设计技术基础包含设计工具、设计理论、设计技术等。在城市设计不断深化发展的过程中，基于基础理论如图底关系理论、场所理论、环境行为学理论等衍生出了系列的空间分析方法，其中针对载体空间主要包含了空间形体分析、景观分析、空间意向分析、场所—文脉分析、生态环境分析、交通动线分析及经济属性分析等 7 种基本技术方法②，此类专项的理论设计方法成为精细化城市设计的理论技术基础。①空间形体分析：是从水平投影与三维透视两种视角对物质形体空间作形式和组织关系的分析，主要包括图底分析（Figure-Ground Theory）、界面分析、空间序列分析。②景观分析：包含城市中所有公共空间的视觉性、景观性分析，主要分为总体景观分析、城市系统景观分析、分项景观系统分析等。③空间意向分析：主要指人对空间形式、结构等特征的认知、感受、识别的分析，据此可以更好地规划设计人性化空间，为塑造特色城市体验与意象提供了参考。④场所—文脉分析：根据场地的历史文脉背景如历史演变脉络、文化构成、生活方式，并结合空间要素如建筑形体、细部特征、空间利用形式、功能构成等的对应综合分析。⑤生态环境分析：在设计区域范围内对城市环境中的河道、山区、湖泊、绿地等自然因子进

① 王建国．从理性规划的视角看城市设计发展的四代范型 [J]．城市规划，2018，42（1）：9-19+73.

② 基于王建国教授主编的《城市设计》中提出的 5 种技术方法增加了“交通动线分析”和“经济属性分析”。

行分析以维护城市环境生态平衡的技术方法，这对于建立生态规划设计思路和城市设计的生态观都十分重要。⑥交通动线分析：针对城市设计范围内的人、车流动状态、线路、类别及其关键问题，分析其流动特点与城市空间的关联问题，包含对各类步行、慢行、非机动车、机动车、公共交通等交通因素的动态静态综合分析，同时高度关注设计范围内外的交通衔接和评估。⑦经济属性分析：分析设计区域范围用地属性、上位规划要求、建筑产权归属等基础经济指标，明确城市设计中有关空间优化、建筑拆改、公共体系等重要设计基础。

从专题的任务剖解定位、专策的空间生成与评价一直到专管的设计管理导控，以其理性量化、多重尺度的特征[①]，数字技术工具推动了城市设计精细化的纵深发展，可分为数字化采集、数字化设计、数字化管理三个类型（图 7-1）。

（1）数字化采集技术工具：采集数据，建构设计信息基础数据库，并进行数据分析和转译，主要应用于精细化城市设计的专题定位环节。可量化、可研判、可视化的采集工具将城市背景中的现实问题凝练为设计问题，提高了设计主体对城市问题研判的准确性和客观性，实现城市问题的精细剖解。

（2）数字化设计技术工具：依据具体设计目标构建并优化城市空间的技术工具，包含空间生成、同步评价、成果表达三种类型，应用于精细化城市设计的专策纵深环节。能辅助设计目标的精确指定与干预对象的精准确立，实现要素系统的精密整合。

（3）数字化管理技术工具：为对城市设计与三维空间实施精细化、智能化、实时化管控而建构的数字化管控技术方法，分为成果集成、成果管控和城市监测三种类型，主要应用在专管实施阶段。从二维到三维、从简单指标到精细规则的管控模式结合多维度的虚拟城市模型，能辅助实现城市经济、环境、交通和社会等多类资源的合理分配与整合，达到综合效益的精明促升。

数字化技术工具是科技发展与城市设计需求双重驱动下的产物，其技术特性又反向提升了城市设计的精细化程度：技术的专业性加强了事件研究的专项性；技术的准确性与科学性实现了问题的透彻剖析；技术的动态性与关联性达到了要素的深度整合。

7.1.2　任务剖解与问题定位——专题定位环节的技术工具应用

拥有大容量（Volume）、高速度（Velocity）与多样性（Variety）等特征的大数据在精细化城市设计中有着即时性、多样性、颗粒度等方面的不可比拟的优势，不仅能让城市设计主体关注到城市长期运作规律，还能透析城市的实时变化状况，能直面小尺度范围内高精度的真实公共活动[②]。数据采集技术以数据显影方式解决了各类异构数据多时态、多坐标、多量纲和多格式等问题[③]，将设计元素以数据录入并以可视化方式将现实问题转译为设计问题，便于科学权衡问题的主次、明确关键问题、确立主要专题、实现设计问题与设计目标的精细化确立。城市的数据信息庞大复杂，应用于数据解析、数据融合、数据呈现的多源显影数据技术工具可依据形态、感知、社会、视觉、功能、时间等 6 种城市设计基本维度分为对应的 6 种类型。

（1）形态维度：用于收集城市中外显的物质形态的物理数据信息，如物理形态、城市影像、地面高程、水系分布等的技术工具。技术能以弥补传统调研造成的细节丢失、调研范围小、标准不统一等缺陷，从多角度强化

① 王建国．基于人机互动的数字化城市设计——城市设计第四代范型刍议 [J]．国际城市规划，2018，33（1）：1-6.

② 王建国，杨俊宴．应对城市核心价值的数字化城市设计方法研究——以广州总体城市设计为例 [J]．城市规划学刊，2021（4）：10-17.

③ 杨俊宴．全数字化城市设计的理论范式探索 [J]．国际城市规划，2018，33（1）：7-21.

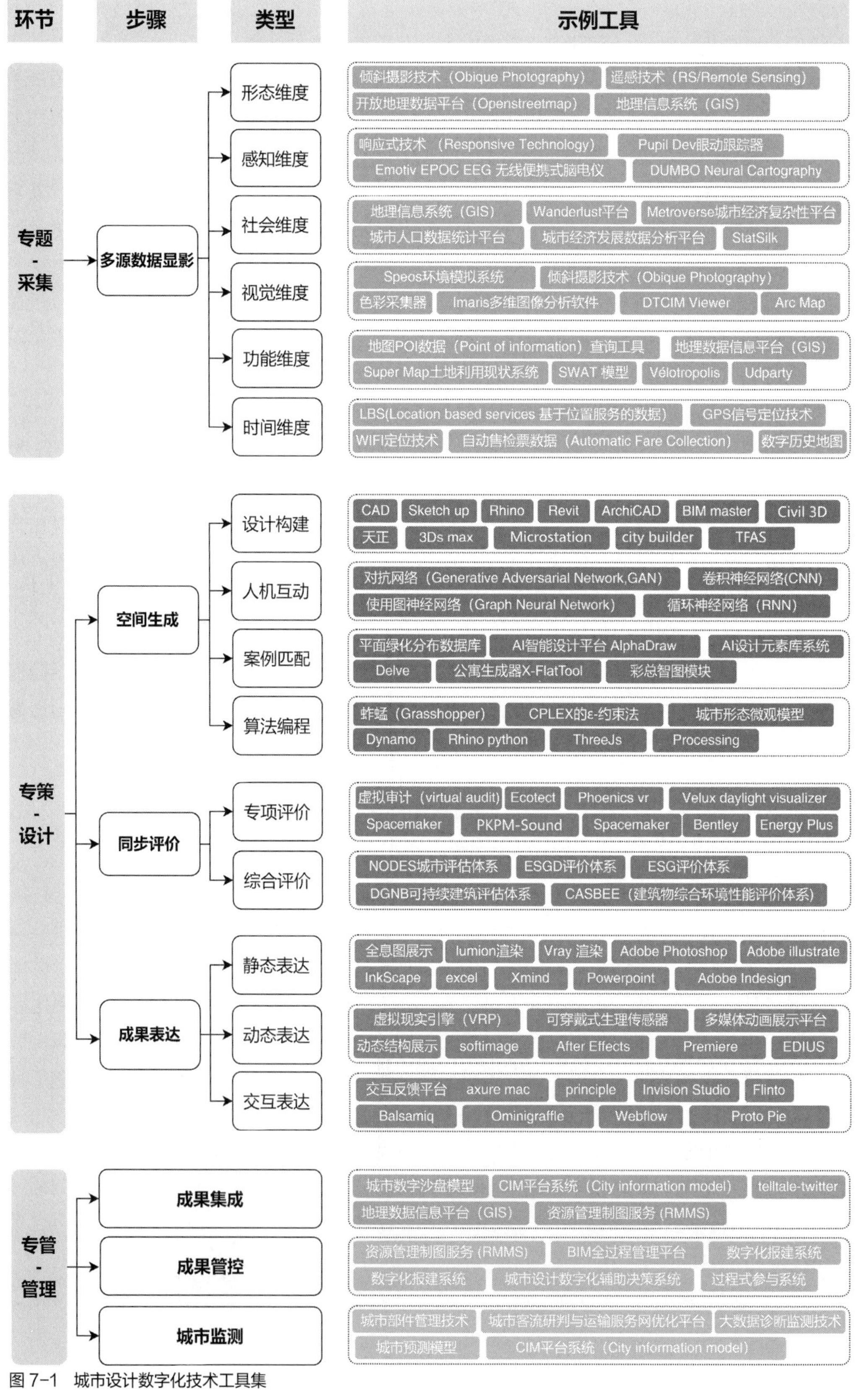

图 7-1 城市设计数字化技术工具集

人对空间的认知。例如遥感技术（Remote Sensing）可对地面的景物进行探测、识别，收集建筑密度、路网布局、水系分布等城市基础数据；倾斜摄影技术（Obique Photography）可多角度采集城市影像以自动生成城市立体信息模型；开放地理数据平台（Openstreetmap）可采集全世界的路网、建筑布局、高程等地理形态信息。

（2）感知维度：建立在建筑神经科学（Neuroscience of Architecture）的基础上通过计算机感应等技术将虚拟的信息叠加于真实世界，将人体感知（听觉、触觉、视觉等）进行再现、记录、转译、量化的技术工具。使感知更为敏锐、客观，加深了设计主体对使用中行为与心理的认知。如可穿戴生理传感器能够记录声音、气味、皮肤感知等实时的感知数据信号记录。Emotiv EPOC EEG 无线便携式脑电仪可感测与学习使用者大脑神经元的电讯号模式，读取大脑对特定动作产生的含义，以判断测试者对周边环境的情绪反应（图 7–2）。

（3）社会维度：用于显影经济、文化、人群、交通等社会层面的城市信息数据的技术工具。通过对城市空间特性与社会要素联动研究，能辅助推动非空间层面的城市发展。例如 Wanderlust 技术可通过对人类流动进行精确和定量的描述，同时关注流动通量的时间和空间谱，得出人流的预测模型用于交通规划、流行病建模等城市设计（图 7–3）。

（4）视觉维度：用于显影城市外显的物质对象如街道色彩、城市天际线、环境景观等的视觉信息数据的技术工具，可满足公众对于城市空间视觉上的审美需求，提高环境的舒适度。例如色彩图像分析工具可分析城市景观的色彩比例，以得出合理、美观的景观配置；眼动追踪（Eye Tracking）技术可捕获人群视点关注的运动轨迹，得出空间中的视觉焦点，并区分空间环境的吸引力强弱。

（5）功能维度：用于显影城市空间功能配置，如土地利用情况、POI 数据（Point of Information）、基础设施比率等数据信息的技术工具。此类技术工具能以分析城市空间功能现状为城市建设中的功能与体量的需求提供设计依据。例如借助 Bike Citizens Analytics，可以真实地模拟当前和未来的自行车交通，从而提前模拟和评估新自行车道的建设（图 7–4）。

（6）时间维度：用于显影城市中随时间而发生流动迁移的信息数据的技术工具，如 AFC 数据、热力图、数

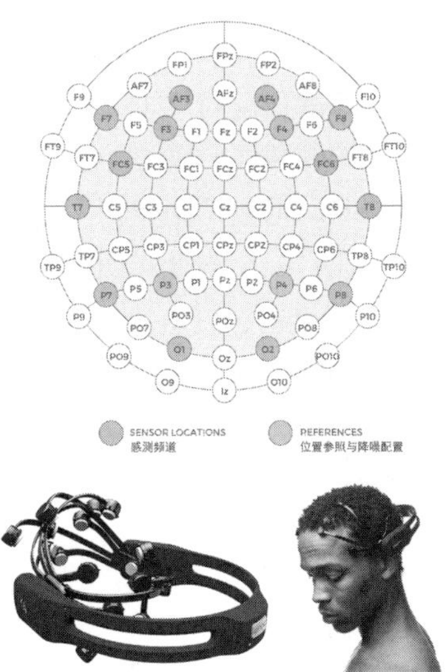

图 7–2 Emotiv EPOC EEG 无线便携式脑电仪
（上：脑电仪感测原理，下：脑电仪实物图）

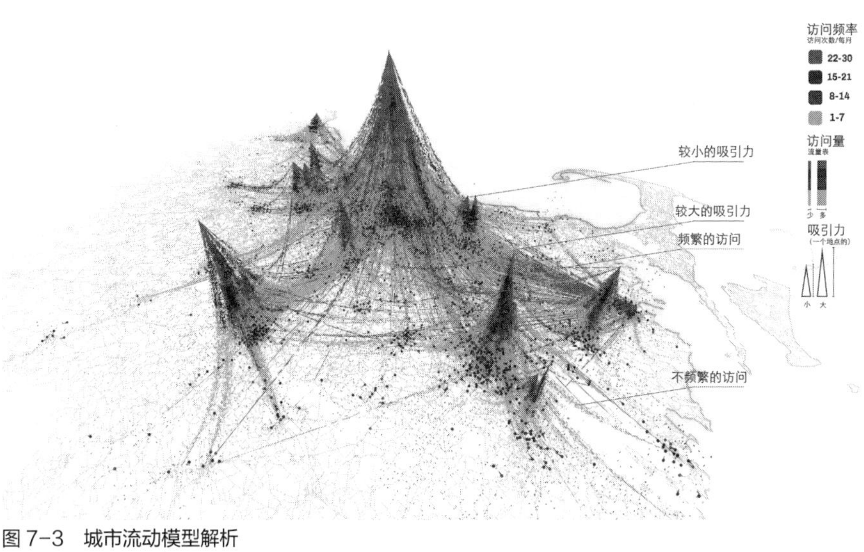

图 7–3 城市流动模型解析

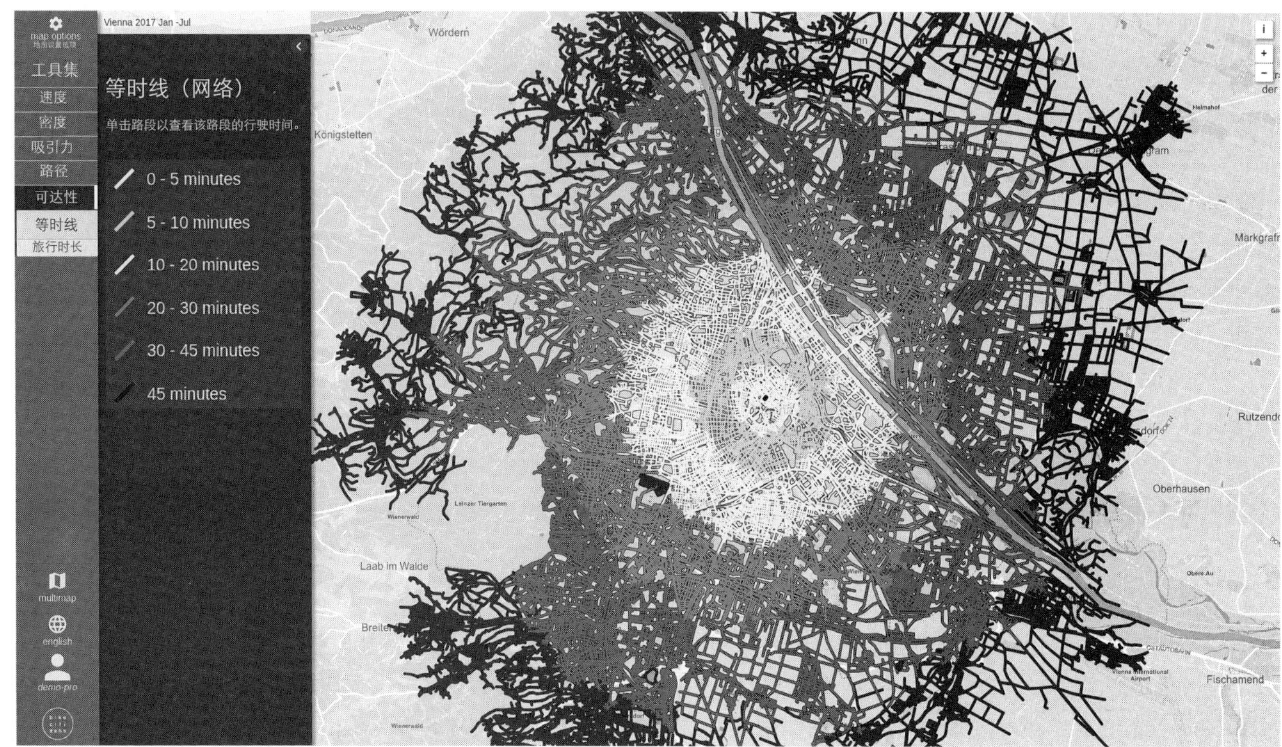

图 7–4 Bike Citizens Analytics 的可视化平台截图

字历史地图等。这些技术具备实时性与动态性，通过关注以人群行为为核心的系列动态变化，将城市设计回归到以人为本的设计本质。例如，通过 Wi-Fi 定位的数字足迹技术可获取人群时空运动的空间轨迹，判断空间流线设计的合理度；通过仿真模型（如元胞自动机模型）模拟人群或车辆运动可探析人流动态和交通动态。卡尔洛·拉蒂（Carlo Ratti）等人使用 GPS 信号获得的数千条行人轨迹，通过将行人的实际路径与最短路径进行比较来创建索引，反映了行人偏离最短路径的意愿，分析出步行选择意愿的设施和建筑环境[①]，以指导后续设计（图 7–5）。

随着对数据协同分析的需求，数据采集的显影技术开始以众包数据形式，从多学科视角实时动态地整合数据。例如伦敦大学学院高级空间分析中心（CASA）创建了城市仪表盘（City Dashboard），通过访问数据库，从各种分布式传感器、新闻推送、社交媒体搜罗数据，并在一定时间内生成城市快照（图 7–6）。与此相似的技术工具还有 NanoCubes、StatSilk 等技术平台可对多项城市时空数据进行快速、实时搜集与分析[②]，以热图、条形图和直方图等形式对数据进行表达（图 7–7、图 7–8）。与此同时，城市数据信息开始从物质空间层面开始逐渐扩展为结合社会、文化、经济等非空间层面，从而为交通网络、空间结构、土地使用、景观环境、产业经济等不同要素建立系统性、针对性设计目标。由此可见，数据显影工具不仅加深了设计者对设计要素（空间、环境、资源）的认知，更揭示了城市空间与使用者之间的深层关联，以便于精细制定并整体提炼设计目标。

---

① Miranda A S, Fan Z, Duarte F, et al. Desirable streets: Using deviations in pedestrian trajectories to measure the value of the built environment[J]. Computers, Environment and Urban Systems, 2021, 86: 101563.

② 李力，张婧，瓦希德·穆萨维，卢德格尔·霍夫施塔特，等. 大数据驱动的城市更新设计方法初探 [J]. 新建筑，2021（2）：37–41.

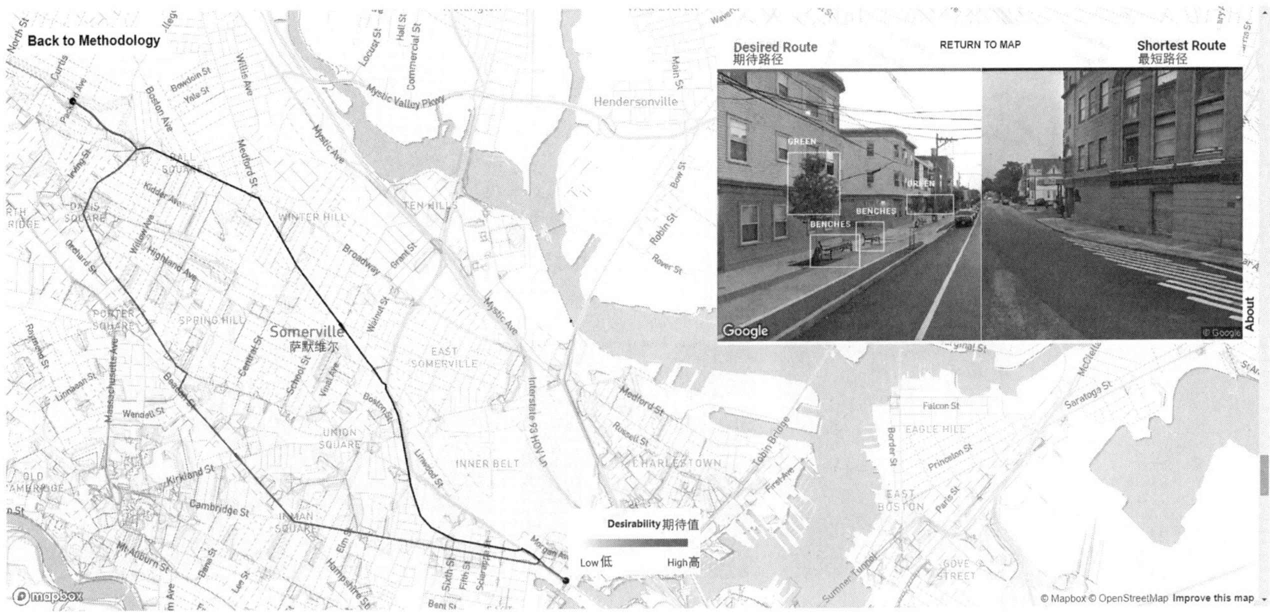

图 7-5　路径比较案例应用平台截图

图 7-6　City Dashboar 平台截图

Nanocubes®
Fast visualization of large spatiotemporal datasets
The Nanocubes® technology provides you with real-time visualization of large datasets. Slice and dice your data with respect to space, time, or some of your data attributes, and view the results in real-time on a web browser over heatmaps, bar charts, and histograms. We've used it for tens of billions of data points: maybe you can push it even farther!

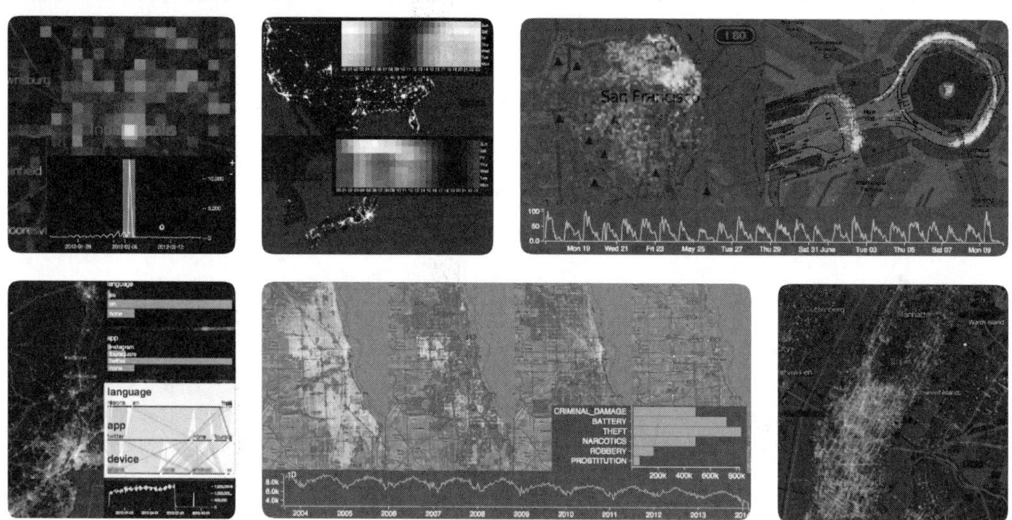

图 7-7　NanoCubes 平台截图

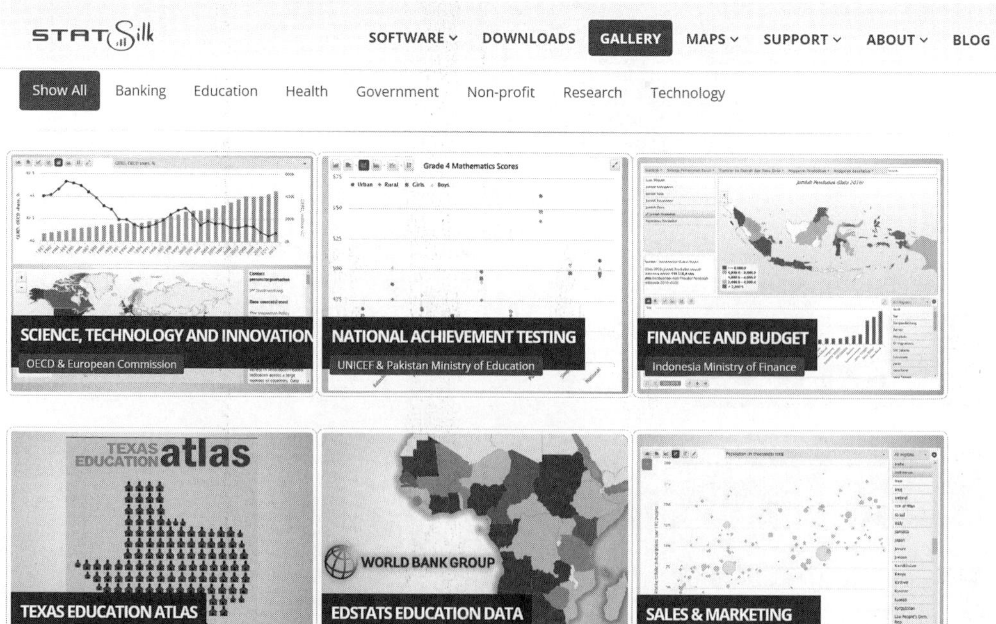

图 7-8　StatSilk 平台截图

7.1.3　空间生成与同步评价——专策纵深环节的技术工具应用

"多重尺度的全链空间体验性把握[①]"是数字化设计技术工具介入后城市设计的重要特性之一。技术工具不仅可应用于城市空间框架、三维形态的研究，还用于对空间的具体功能形态、人的活动安排等进行详细、动态的设计组织，以实现宏观、中观、微观尺度的精细化城市设计。专策环节的技术工具可分为空间生成、同步评价、成果表达三个主要的技术类型。

（1）空间生成技术工具

对物质空间、社会组织等设计外部性问题提出针对性策略的技术工具，主要分为设计建构技术、人机互动技术、案例匹配技术、算法编程技术四种类型。

①设计建构技术：利用计算机为载体进行计算、绘制、建模实现设计图示化的技术工具。交互式、模拟式、规范化的技术工具帮助设计者脱离了传统工具硬件束缚，能获取空间与建筑形态实时的反馈，从而不断修正以提升设计深度，如 CAD、Sketch up、Rhino 等。与此同时，"无纸化"的建筑信息模型更是为设计人员之间的交流提供了凭借，使得各项设计环节紧密结合，实现要素精密的整合。如 Revit、ArchiCAD、BIM master 等软件。

②人机互动技术：在设计阶段运用人工智能辅助设计决策的技术工具，适用于包含多元关联的设计要素。技术工具结合人为介入的评价不断优化设计，凭借人工神经网络和深度学习的技术整合设计要素，得出设计最优解。例如使用对抗网络（Generative Adversarial Network）变体模型通过建立分析框架来对生成的平面图进行限定和分类，并根据户型的房间排布与人的选择优化学习生成住宅套型图[②]（图 7-9、图 7-10）。

③案例匹配技术：基于庞大的基础数据案例库并且基于设计任务而生成系列优解的技术工具。技术首先需要建立大容量的学习基础，并且人为设定设计参考准则，从案例库中搜索优解，实现专项设计的深度研究。例如平面绿化分布数据库可查找全国范围内与该地段平面空间格局、绿化配置近似的案例，选取实际街景绿视率较高的区域作为参考，结合实际设计场地进行计算比较，得出设计优解。

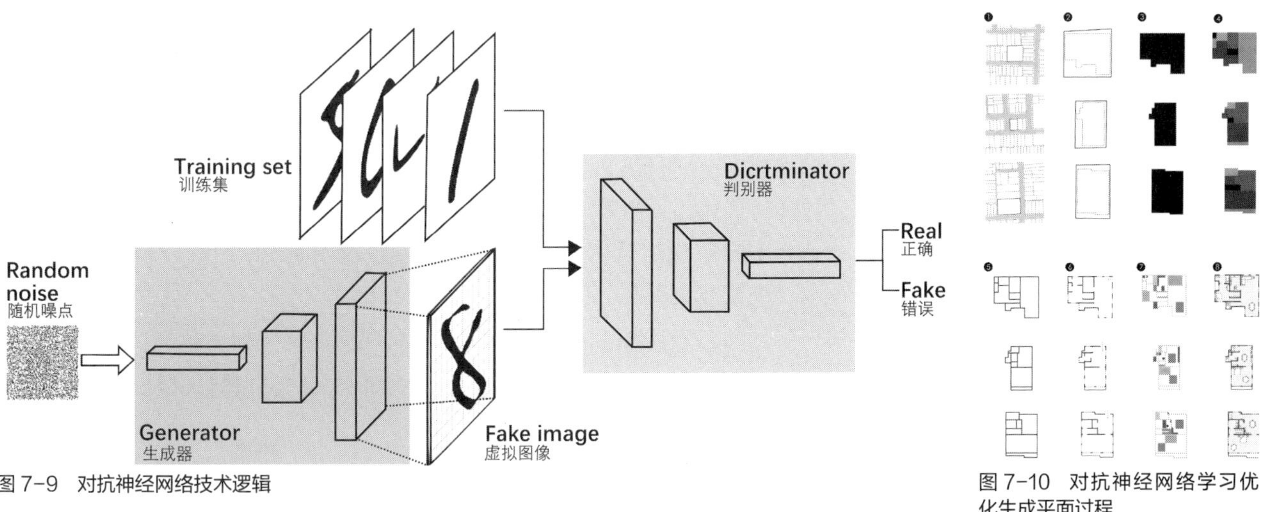

图 7-9　对抗神经网络技术逻辑

图 7-10　对抗神经网络学习优化生成平面过程

① 王建国. 从理性规划的视角看城市设计发展的四代范型 [J]. 城市规划，2018，42（1）：9-19+73.

② Chaillou S. AI Architecture Towards a New Approach (2019) [J]. URL https://www. academia. edu/39599650/AI_Architecture_Towards_a_New_Approach.

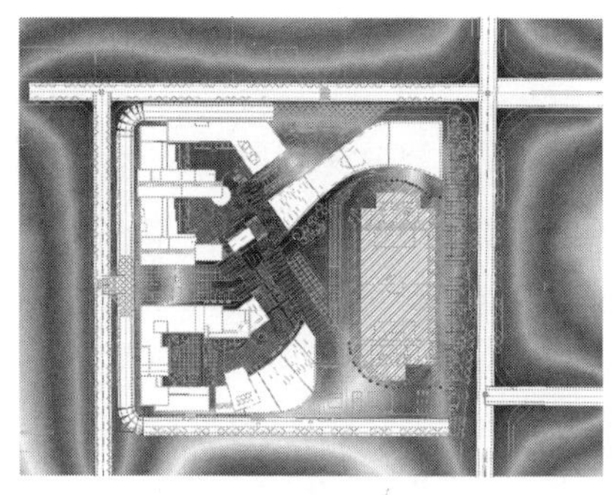

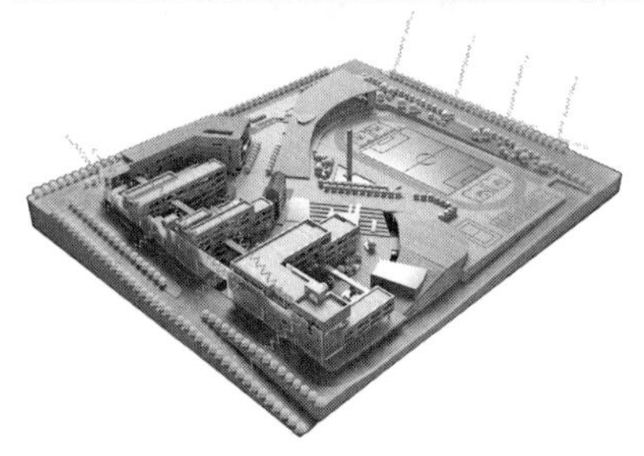

图 7-11 Cadna/A 生成的场地周边噪声分析（上：噪声分析结果，下：噪声设计策略）

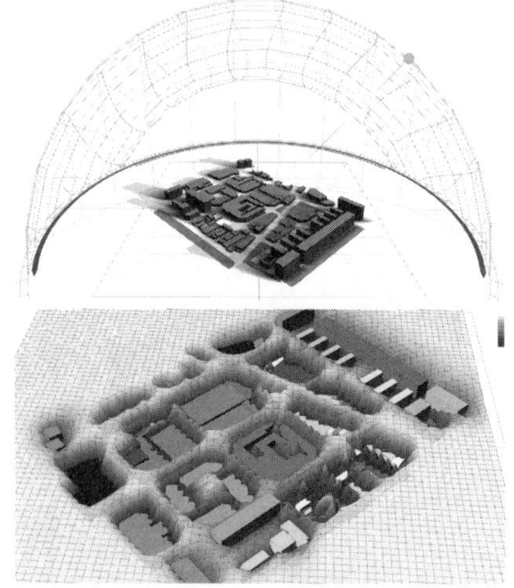

图 7-12 ecotect 生成的城市日照分析（上：建筑光影分析，下：建筑照度分析）

④算法编程技术：利用算法逻辑为建筑形体、表皮、景观等设计专项提供支持。将设计要素变量化，通过调节设计要素以控制整个设计，提高设计问题的细微度与深度。例如利用基于犀牛（Rhino）平台的蚱蜢（Grasshopper）插件对建筑形体与表皮进行参数化设计（Parametric Design）；利用 CPLEX 软件的 ε- 约束法建立选址评估模型实现建筑选址确定。

（2）同步评价技术工具

用于辅助以及优化设计的评价工具，揭示设计成果与实际效能之间的关系，在设计生成过程中相辅相成，以提升设计深度与成果品质的技术工具，主要分为专项评估与综合评估两类。

①专项评价：针对具体的专项设计部分的评估工具。物理环境评价工具可以对风环境、光环境、声环境、热环境、电磁辐射环境、空气质量等设计空间因素进行性能分析。例如，虚拟审计（Virtual Audit）可以审计及测度研究基于街景图片的非现场建成环境[①]；运用Cadna/A软件进行的场地周边的噪声分析，可以根据结果采取形体和建筑表皮专项隔绝噪声的设计策略（图 7-11）；运用 Ecotect 软件对光照进行分析，用以确定城市体量（图 7-12）。

②综合评价：是依据数据与指标间的相关程度，建立评价体系模型，以评价指标确定设计方向，整合设计要素的技术方法。例如欧盟建立了 NODES 城市评估体系，综合各设计评估与演算软件，对城市设计成果进行较为系统的设计后评价；麻省理工学院肯特·拉森（Kent Larson）教授[②]完善了环境、社会的ESGD或ESG评价体系，建立了更全面的数据驱动、基于证据的社区参与和风险评估指标。

（3）成果表达技术工具

数字化表达技术通常运用在设计成果展示阶段，运用静态、动态、互动等多维度的数字化表达技术，可清晰直观地表达设计内容，便于推动设计深度优化，亦可最大限度使公众了解城市设计成果，辅助决策判断。

①静态表达技术：静态的图像或文字，如数据迭代方式的全息图展示、场景渲染展示、三维立体模型。

②动态表达技术：在时间维度下呈现动态变化的表达，例如多媒体动画展示、动态结构展示、VR 展示，其中 VR 展示技术通过 360° 全景可视，模拟人眼视角观察设计地块的全景，使人能够最直观地感受建成后的空间场景。

③交互表达技术：交互平台技术是表达设计意图及最终成果的最普适、最直观的方法，使用者可以根据自己的意图选择自己希望阅览的内容，这种技术的自由度、包容度相比前两种也更大。

① 陈婧佳，龙瀛．城市公共空间失序的要素识别、测度、外部性与干预 [J]．时代建筑，2021（1）：44-50.

② 肯特·拉尔森（Kent Larson）是麻省理工学院媒体实验室的城市科学小组的负责人，研究重点是开发城市干预措施。

数字化设计技术的本质是辅助设计者对设计对象的价值与效用有准确的认识，对设计目标有清晰的定位，提供给设计意味着丰富的可能性与潜力，能弥补现有实践中的一些技术盲点。同步评价技术工具与设计者在设计过程中的评价意识和评价目标相呼应，通过推进与调整达到设计的科学性和合理性。在未来评价工具的不断发展和更新中，若能与国际或国内城市设计相关评价标准相协调，构建工具内置的评价数据库，则能更好地为城市设计的合理性和科学性提供参考。城市设计的美好成果与愿景通过数字化技术更为真实且形象地呈现在公众眼前，以参数互动形成的决策“收敛”过程，提供了各方利益尤其是公众利益实现的切实途径，使社会各方推动城市更为合理且完善地发展。

7.1.4　成果集成与导控体系——专管实施环节的技术工具应用

二维的指标体系与三维空间布局之间的客观差异使城市设计与规划管理逐渐分异，如何建立两者有机联系并将三维空间设计无损转译为管理实施方法，成为城市高质量发展的迫切需求。数字化城市管理技术以整体联动的方式将城市成果植入数字化平台，转译成智能管控规则，实现多尺度、多类型城市设计管控要素的紧密整合，并且能动态监测城市要素，创造城市多维度效益的共同发展。

在中国建设网络强国、数字中国、智慧社会的战略部署下，2004 年北京提出将“万米单元网格”作为基础管理单元的网格化管理模式，2017 年底“数字化城市管理平台”已成为城市运行的基础要求。现今，城市正以“设计控制”的方式全过程干预建设开发的城市空间形态。2022 年 3 月《关于全面加快建设城市运行管理服务平台的通知》决定在城市综合管理服务平台建设的基础上，为实现为民服务精准精细精致，构建城市运管服平台“一张网”，加强对城市运行管理服务状况的实时监测、动态分析、统筹协调、指挥监督和综合评价[①]。在政策引导与战略部署的逐步引导下，城市规划管理逐步实现了程序化、标准化，打破了传统管理责任不明、环节不清、深度不够和把控不强的局面，开始进入协同高效、精确持续的“科学化”新阶段[②]。

（1）成果集成技术工具：是用于城市信息中的多源数据的量纲转换与集成的技术工具，并能实现空间智能交互，多数以城市三维数字沙盘的形式呈现。城市的数字沙盘模型利用倾斜摄影、城市地形 DEM、GIS 等矢量化数据，将三维模型与真实场景进行精准嵌合与动态交互。如重庆智慧城市系统采用数字孪生技术，实现现实城市与数字城市映射联动，以 3DGIS 构建数字孪生底座，通过 BIM 技术注入项目的静态数据，物联网技术（IoT）注入项目动态数据，构建了城市级的 CIM（City Information Model）体系，智慧应用的场景可以服务于城市发展中的城市管理、城市建设、城市运行等方面（图 7-13）。又如 Density Design 与 Politecnico 的建筑和城市规划部门（DIAP）创

图 7-13　重庆市 CIM 平台构建的城市数字沙盘模型
（上：洪崖洞倾斜摄影模型，下：渝中半岛体块模型）

① 《住房和城乡建设部办公厅关于全面加快建设城市运行管理服务平台的通知》（建办督〔2021〕54 号）.

② 谢波，丁杨，张帆. 精细化管理下武汉市控规层面城市设计转型特征和实施途径 [J]. 规划师，2017，33（10）：10-16.

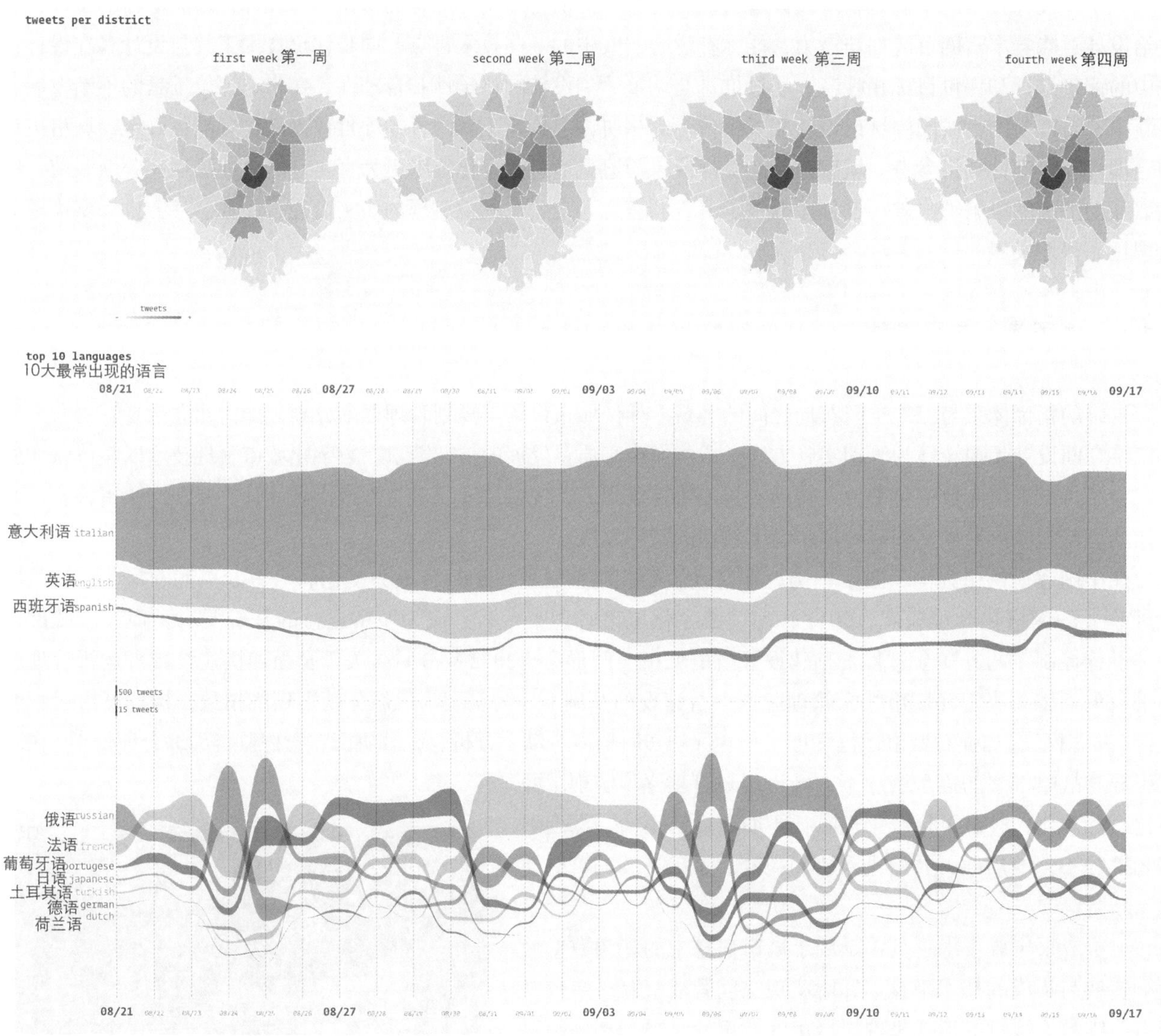

图 7-14 telltale-twitter 应用成果

立的 telltale-twitter 平台利用 API 元数据分析城市中的人口流动、路径变化、人群行为等技术方法发现城市的新兴问题，为城市规划者、交通管理部门和交通工程师提供有意义的数据，以改善市民的行为（图 7-14）。

（2）成果管控技术工具：是将城市设计意图无损传导与精准转译并且可以智能辅助决策的技术工具。一方面，技术工具与规划体系实现了多层次、多向度和多方式的结合和融贯。技术工具可将对建筑、道路、风貌、视廊、开放空间等提出明确定性的城市设计管控规则编程为计算机智能代码，将数字化规则嵌入到城市三维数字沙盘，对城市设计方案的管控要点进行智能审查。另一方面，技术工具实现了衔接设计、面向实施的管理模式[①]。技术工具通过城市规划、城市设计、方案决策、交通分析、社会影响力等综合因素方面的分析，可实现应对方

① 杨俊宴．从数字设计到数字管控：第四代城市设计范型的威海探索 [J]．城市规划学刊，2020（2）：109-118.

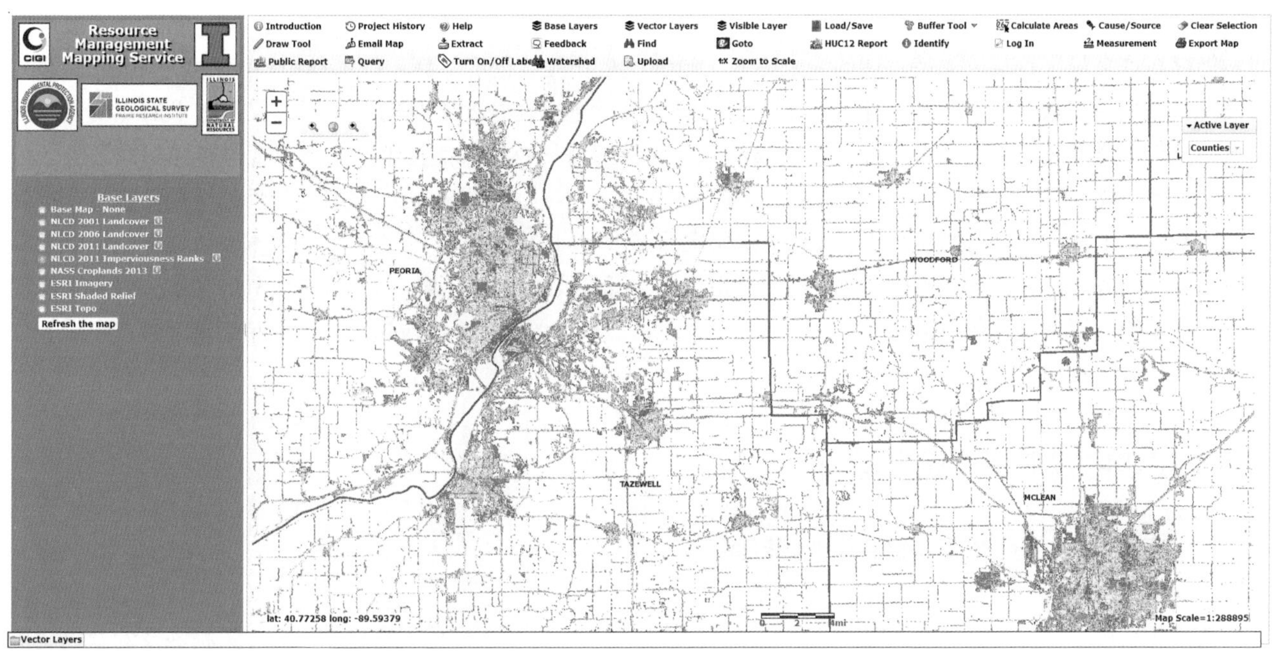

图 7–15　伊利诺伊州政府的资源管理制图服务平台截图

案报批的智能审查、多方案的智能比选、建筑方案的精细审查等。例如，伊利诺伊州政府的资源管理制图服务（RMMS）利用广泛的协调自然资源相关数据库提供在线交互式制图环境，旨在帮助政府机构、非政府组织和公众评估并管理伊利诺伊州的城市自然资源（图 7–15）。

（3）城市监测技术工具：是通过对城市空间中的运行数据进行实时转换与提取，以全过程智能感知形式对城市空间系统予以监测的技术工具。首先，通过数据库、通信网络、城管通终端、管理软件等层面，技术工具可构建多层、多样、分布式的城市空间的信息数据采集体系。例如，城市部件管理技术方法将城市部件物化后，建立了包括道路、桥梁、水、电、气、热等市政公用设施及公园、绿地、休闲健身娱乐设施等公共设施与部分非公共设施的综合监管平台；另外，技术工具可建立问题预警与提供处理对策，以应对城市空间运行中的问题，并将安全隐患控制在尚未发生之前。通过空间、活动、环境一体化的交互判定，技术工具可以对城市人群集散活动、物理环境剧烈变化的监测预警，并建立问题发现、派发处置、评估监督的城市管理事件处置闭环。例如交通运输部公路科学研究所（院）开发的城市客流研判与运输服务网优化平台，基于城市运输服务网络行业运行数据，结合个体出行链的运输服务评估，实现对城市运输服务网络的全局性有效动态监管。

在现代化数字科技的支撑下，城市设计的管理已经逐渐由人力密集型向人机交互型转变，由经验判断型向数据分析型转变，由被动处置型向主动发现型转变。管理工具的精细化也不断促进设计需求的精细化。需要注意的是，即使法定规划与管理技术以数据形式不断结合以对城市空间形态实施精细化管控，但“空间”仍然是设计的重要抓手，需要避免“重指标、轻空间”的困境[①]。并且数字化的技术工具仍处于发展初期，大部分技术只能实现数据集成，对于通过数据学习生成城市对应管控策略还不成熟，仍须设计主体对于不确定性的计划与调整纠偏，通过丰富的社会经验认知和多主体协同策划能力，实现技术驱动下城市设计管理的进一步发展。

① 谢波，丁杨，张帆．精细化管理下武汉市控规层面城市设计转型特征和实施途径 [J]．规划师，2017，33（10）：10–16.

数字化技术正在建构一种全新的知识体系与方法，结合计算机语言推动城市精细化发展。但因处于应用前期，仍存在许多局限：难以支持远期的未来判断、精细度与颗粒度程度不高、技术利用广度和可负担度不高[①]，给设计者的应用造成了一定的瓶颈限制。对于设计者而言，数字化技术工具的转型不仅仅是技术的应用，更是能力的建设。勃罗德彭特（G. Broadbent）曾认为设计主体对待计算机智能技术既不能忽视也不能如同圣经般依赖[②]。因此，城市设计主体人员应时刻关注数字技术设计工具本身的价值取向，带着适应性的全局的观点，批判地使用和创造工具。既要挖掘在设计过程中更深层次的需求和习惯，又要充分发挥信息技术在数据存储、检索和转换方面的优势。通过在认知意识层面、科学知识层面、行为技术层面加强对数字技术工具的理解，以主观能动性创建技术的应用场景，利用技术对城市问题从“隐”至“显”地剖解，实现城市要素的精细化配置、组织、分布和整合。

7.2 精细化城市设计成果呈现

7.2.1 区域总图——动态更新的目标蓝图

精细化城市设计的成果首先体现为区域建设目标的呈现。目标呈现需体现专题精研、专策精深及专管机制执行过程中的动态维护。城市设计普遍采用的表达方式，如总平面、效果图、分析图、意向图，均指向精细化城市设计建设目标，但随着成果的深度及动态更新要求的提高，为体现动态更新的目标蓝图，区域总图的表达形式应运而生，且逐渐被采用。

区域总图是指针对精细化城市设计成果编制的全专业设计信息库，以图纸文件的形式输出，用于支撑下一步设计与建设工作推进，并根据片区内项目的推进情况动态更新维护。在区域总图动态维护过程中，通过对已设计项目的动态跟踪，排查项目内各系统及项目之间的边界条件问题，复核管控要素的落实情况，保障精细化城市设计的实施成果效果可控、过程可控、进度可控。简言之，区域总图既是信息载体，又是设计成果，同时也是管理的辅助工具。

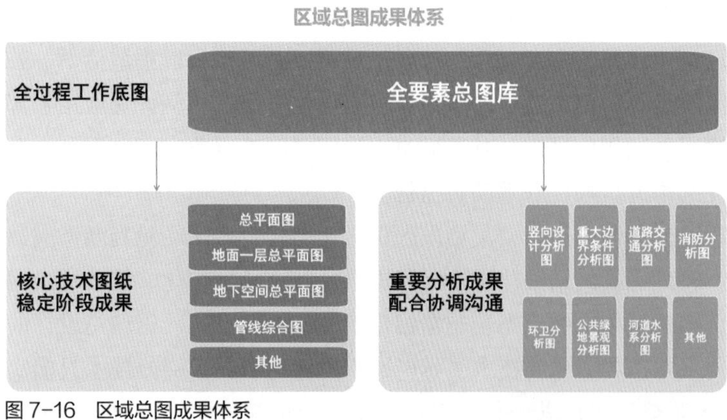

图 7-16 区域总图成果体系

针对性、研究性、动态性是区域总图的三大特性。区域总图的针对性，不同于设计方案的总平面图，是指不同精细化城市设计面对的架构体系、设计阶段、核心问题均不同，区域总图的录入信息、编制方式也不同。区域总图的研究性，体现在总图既是成果也是工具，编制的全过程是发现问题解决问题的过程。同时，城市建设是有序推进、动态更新的过程，利用区域总图的方式推进精细化城市设计的落实，区域总图成果体现出动态性的特点（图 7-16）。

① 龙瀛. 颠覆性技术驱动下的未来人居——来自新城市科学和未来城市等视角 [J]. 建筑学报，2020（Z1）：34-40.

② （英）勃罗德彭特（Broadbent, G.）. 建筑设计与人文科学 [M]. 张韦，译. 北京：中国建筑工业出版社，1990.

（1）区域总图编制及研究范围

较规划总图，区域总图设计深度有所增加，并且体现出全专业全过程动态化的特点；较单体方案设计，更加强调城市视角，设计关注的范围有所增加，因此设计文件应表达的范围也相应扩展。为能合理扩大研究范围，既体现精细化城市设计要点，又不会造成设计“失焦”和设计资源的浪费，区域总图可从空间尺度、专业深度、时间维度三个层面回应精细化设计需求。

①空间尺度：空间尺度指区域总图在空间维度中应包含精细化城市设计范围内各类用地的地上、地下信息，一般包含建设地块、市政道路、市政设施、水系、绿地、仓储、预留发展用地等。在建立区域总图的过程中，尤其应厘清基础设施、外部项目、既有项目以及红线边界不清晰的区域。

②专业深度：专业深度指区域总图在纵向范围的延伸，即扩大的专业专项。传统的单体建筑涉及专业一般包括建筑、结构、机电等。专业进一步细分：建筑专业内分为建筑、景观、室内、泛光、幕墙、厨房工艺、电梯、标识、停车场库等；结构专业内分为一般结构、钢结构、装配式等；机电除水、电、暖通外，还包含海绵城市、水处理、河湖水系、智能化、能源中心、其他专业工艺等。除此之外，一般建设项目还需要包含交通、消防、人防、光评①、环评②、节能、绿建等独立的专项设计。众多的专业专项，在设计过程中需要统一主线，统筹协同，避免信息不对称造成的自相矛盾。

③时间维度：时间维度强调，随着实施阶段中跟随专管机制工作的开展，区域总图的不同项目先后启动实施建设，整个区域总图处于动态维护更新的状态。在实施阶段，区域总图既是阶段性成果，也是排查问题、指导实施的工作技术支撑文件。这一阶段的区域总图成果，体现为各个项目呈现的深度不一，局部会出现待协调解决的矛盾冲突。

（2）区域总图体系建立的方式

区域总图既是成果形式，也是实现精细化城市设计实施的工作手段。区域总图涉及开发建设子项数量多，专业数量多，参与其中的设计、建设、审批条线众多。一般对于设计信息的汇总、梳理、落图，采用由分项到总体的思路。分项可以是分项目、分专业或分阶段，拆分的方式视实际情况而定（表 7–1）。

表 7–1　区域总图体系建立思路

分项方式	分项内容示意	适用项目	思路优势
专业划分	建筑、景观、水系、交通、结构、电力、能源、景观、水利、电信……	规划阶段	便于各系统自身问题核查以及系统间边界问题核查与管理部门条线相契合
权属划分	开发地块、市政道路、绿地、河道水系、市政设施、交通设施……	规划阶段较大片区整体开发	结合建设用地权属边界，与实施阶段相契合
阶段划分	城市设计、概念设计、方案设计、扩初设计、施工图设计、竣工图……	较大片区整体开发大规模独立开发	统一规划、统一设计、统一建设的整体开发或独立项目可做到过程可追溯

例如，上海三林滨江项目在规划实施平台工作中，建立区域总图的工作体系，通过动态更新的总图起到排查和预判边界条件问题、深化规划研究成果的作用，包含一套工作底图，并输出 6 张技术图纸，技术图纸中通过图例和备注说明的形式，稳定阶段性的工作成果，并作为和各方沟通协调的工具（图 7–17）。

① 光评指建筑玻璃幕墙光反射影响分析。

② 环评指环境影响评价。

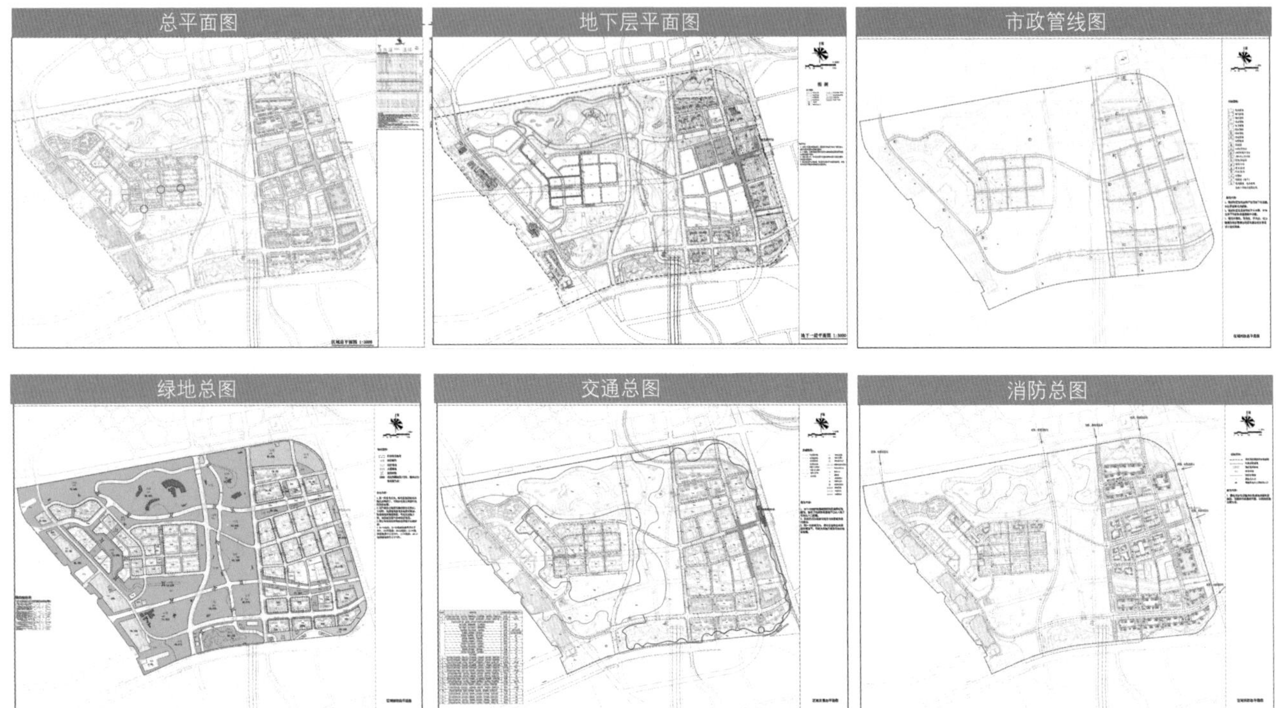

图 7-17 上海三林滨江项目区域总图技术图纸成果

7.2.2 整体说明性文件

精细化城市设计旨在将设计意图传递给建设项目方案设计，而不是代替建筑方案设计，因此精细化城市设计的设计意图需要通过整体说明性文件进行详解和信息传递。常见的整体说明性文件包括：设计导则、说明书、管理手册等形式。

（1）设计导则（Design Guideline）

设计导则是对城市设计意图及表达城市设计意图的城市形态环境组成要素和体系的具体构想之描述，是为城市设计的实施而建立的一种技术性控制框架和模式[①]。设计导则近年来被广泛应用作为城市设计、专项设计的成果形式。由于设计导则的非法定性，为各类城市设计和专项研究形成弹性引导要素提供了宽松的条件。但是也由于对设计导则的柔性约束，其很难法定化，引导要素的实施落地程度主要依赖于所在地区的管理能力。

尽管设计导则有实施落地的难度，但仍然是城市规划、设计、建设的各个阶段研究成果的重要呈现方式。设计导则兼有整体设计说明和整体管控说明的双重属性。一方面，设计导则可以系统性地描述精细化城市设计的各项设计目标、设计理念、设计策略，建立空间形态和实施策略的框架性“轮廓”，提供讨论、审定和决策；另一方面，设计导则通过管控要素的提取，可以分级分类地明确整体框架性“轮廓”中，哪些要素是未来管理者关注的，从而指导项目实施，确保精细化城市设计内涵得以落实。

在国外不同行政体制下，设计导则都是城市设计落地的重要抓手。

---

① 庄宇．城市设计实践教程 [M]．北京：中国建筑工业出版社，2020.

美国体系下，城市设计导则是对区划法和土地细分法的补充。城市设计学者约翰·彭特（John Punter）在《美国城市的设计导则》一书中，认为美国城市设计控制的主要特征是通过城市设计导则来体现的[①]。而城市设计导则是个笼统的概念，没有统一的模式和标准，因不同的项目条件，城市设计导则涵盖内容灵活而广泛。城市设计导则注重城市风貌、重要节点的自然环境及历史文化保护、重大开发项目控制及公共空间、邻里环境等要素。可以认为城市设计导则是补充区划法和土地细分法中弹性要素控制的手段。不同区域的城市设计导则表现形式不一，如“空间形态准则”“精细准则”均是城市设计导则中的一种。

日本体系下，城市设计导则并没有纳入法定管控的范畴，而更多的是民间组织编制，通过相关法律和政府的支持，以协商为主执行。例如《银座设计导则》在法定的地区规划基础上，进一步规定了银座截取城市设计控制要素和参考意向。《银座设计导则》在管控机制方面，建设项目会向银座设计委员会提出申请，设计委员会将开发商的建议方案和设计图纸提交专家审核讨论，并将审核结果报告中央区，小部分不能理解委员会意见的情况，委员会通过公开协商过程和整体设计导则诉求的方式，与相关的业主协商处理，并争取以此被大众理解（图 7-18、图 7-19）。

在新加坡的设计审查制度中，设计导则具有明确的法定地位，针对设计的弹性空间，会通过特有的审查制度留有余地。新加坡的设计审查和管控程序上，有如下特点：①多方联合的设计审查机构。设计审查机构由国际专家小组、设计咨询委员会、保护顾问小组、设计导则豁免委员会组成。设计咨询委员会把控城市整体环境质量，保护顾问小组针对特殊地段定制审议程序，设计导则豁免委员会处理豁免申请。②城市设计导则作为审查标准。规划实施阶段的城市设计导则在审查中有其法定地位，可以根据具体城市片区制定相应的审查要素，针对性强，有利于保障核心设计内容。③设计豁免申请制度化。重点地区城市设计方案如有和城市设计导则不符的，可向设计导则豁免委员会提出申请。根据相应的流程，在 8 周之内会完成设计豁免申请的全部流程，如未得到许可，申

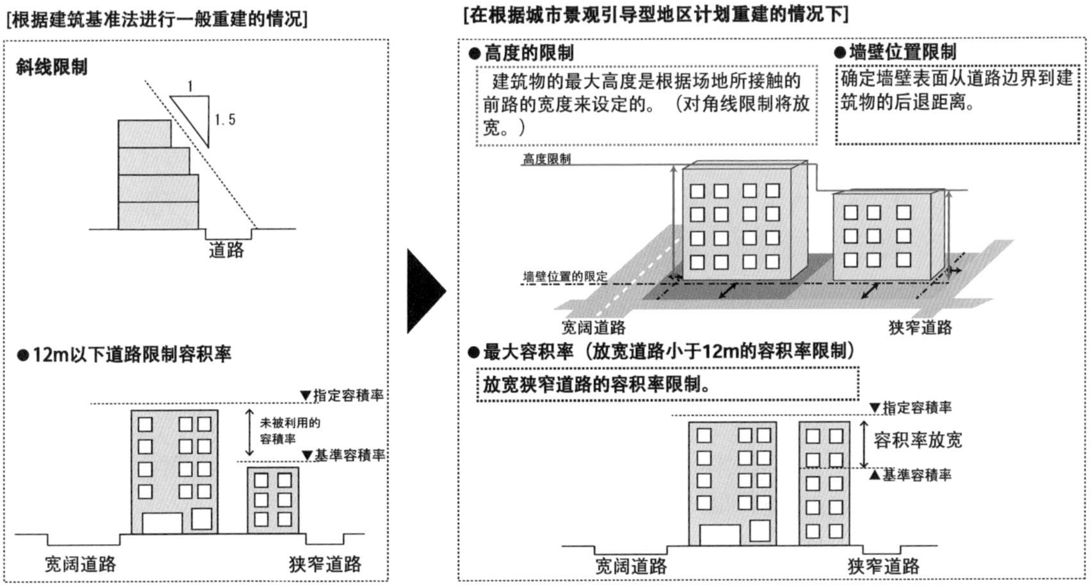

图 7-18 《银座设计导则》中对房屋斜线、高度、容积率的控制

① Punter, J. Design Guidelines in American Cities: A Review of Design Policies and Guidance in Five West Coast Cities[M]. Liverpool: Liverpool University Press.

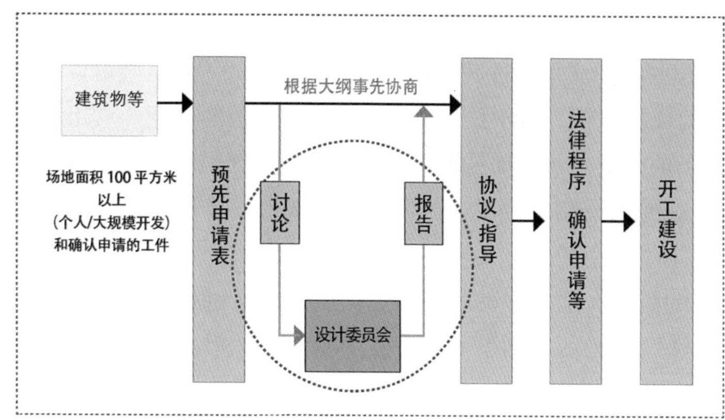

图 7–19 日本银座设计委员会工作机制

请人还可以进一步向政府提出上诉。可见，设计导则通过系统性的描述成果，精准地提取管控要素，并制定针对性的实施策略，就可以呈现成为精细化城市设计的有效成果（图 7–20、图 7–21）。

城市设计导则为实际设计项目中的城市形态、环境、功能等要素起到了精细化导控作用。

示例 1：波茨坦广场（Potsdamer Platz）位于德国柏林，用地面积约 13.65 万 m^2，建筑面积约 54.75 万 m^2。是集办公、居住、酒店、文娱、商业、展览、交通汇集于一体的综合项目。该项目秉持组合型城市设计的设计思路，三大片区在三位不同建筑师的主持下，按照城市设计小组提出的城市设计导则由多名建筑师参与完成。该项目中的多个街坊和形态元素（建筑、景观）需要在导则的控制下组合开发，并通过整合形态环境中的不同要素达到活力的目标。

示例 2：上海徐汇滨江金融城，用地面积 $23hm^2$，总建筑面积约 180 万 m^2。整个项目由 5 个街坊、多个建设地块和绿地地块构成，由一家建设主体牵头实施。由于项目体量大，周期长，在完成城市设计后，很难一步做到建筑方案设计。因此经过精细化城市设计，并编制设计导则，以导则的形式来稳定城市设计要点，再进行分步建设实施。

（2）文本及说明书

在多数城市的规划编制体系中，总体规划、详细规划的成果，包含图纸、文本和说明书。文本和说明书成为城市设计纳入相应法定规划体系的一种方式。其中文本比较偏重于阐述成果，是条文形式，说明书则偏重于对条文的解释说明，是篇章的形式。不同于城市设计导则，许多地区的文本同图集同样具有法定效力，因此措辞应严谨、确定。

（3）管理手册

管理手册的提出，来源于 2021 年上海市制定的建设项目规划实施平台管理工作方案。管理手册，是指针对建设周期较长或情况较为复杂的地区，综合实施主体在地区总图基础上可制定地区规划建设管理手册，作为地区总图说明文件，对规划实施要素进行全面引导和管控。在相应的实施平台管理工作规则中明确，管理手册重点针对城市肌理、天际线、视觉通廊、建筑布局、功能配置、色彩材质、第五立面、地上地下空间连通、场地外铺装一体化等要素进行全面引导，指导项目后续建设、运营、管理①（图 7–22）。

管理手册的定位，为“地区总图”的技术说明文件，服务于规划实施平台管理工作。而规划实施平台，是由所在区域的政府、管理部门、建设主体、运营主体、技术单位等多方共同协作构建的工作平台，除区域开发建设中的空间形态需要考虑，还涵盖了区域内协调利益关系、协同运营管理的职责。因此管理手册，较其他整体说明文件，增加了策划、功能配置、跨权属界面的实施协调等内容，更加符合精细化城市设计的需求。

① 《上海市建设项目规划实施平台管理工作规则（试行）》（沪规划资源建〔2021〕252 号）。

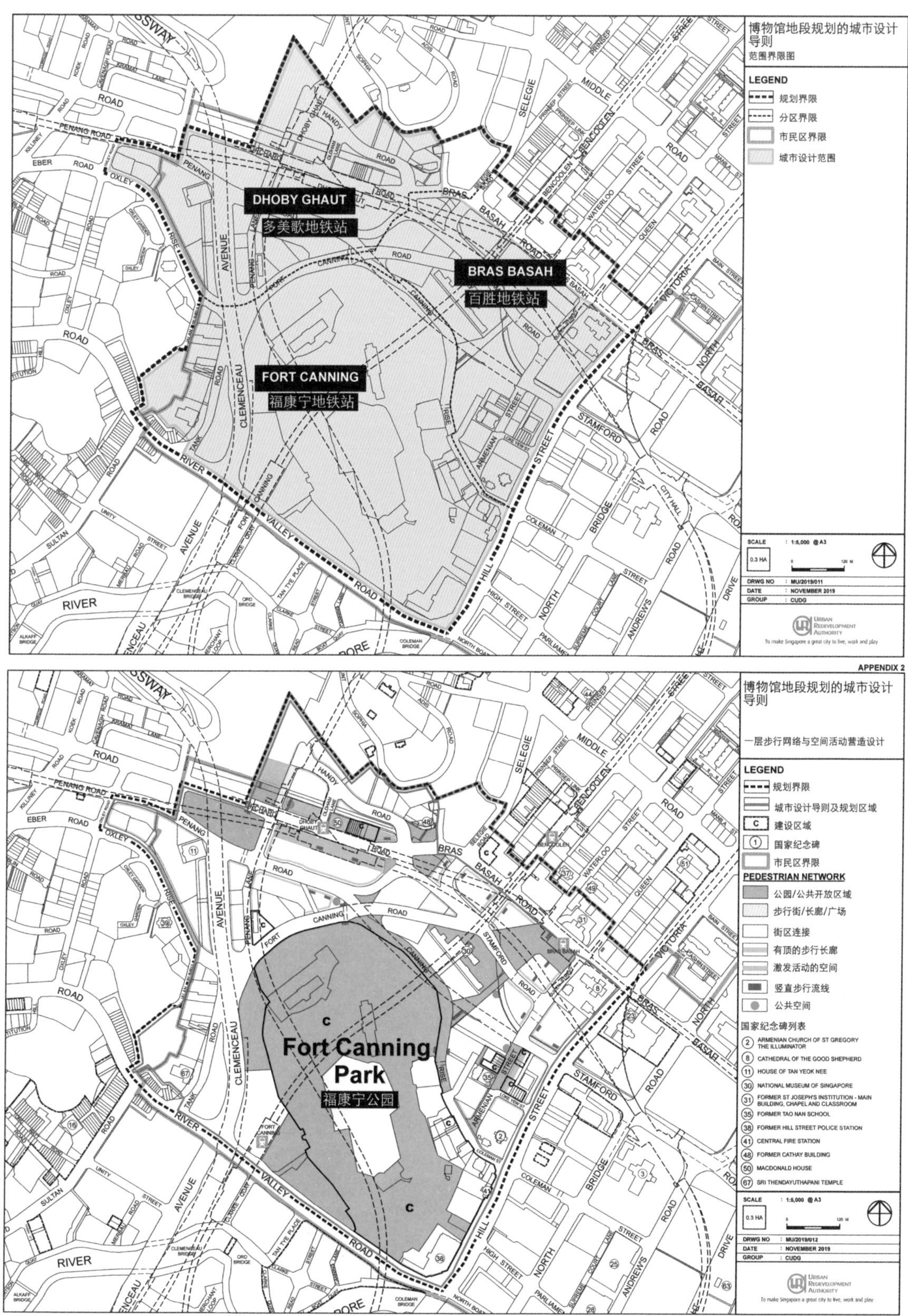

图 7-20　新加坡博物馆地段城市设计导则

Private Developer 私人开发商

Drafts development plans based on development parameters
根据发展参数草拟发展计划

Estimates Development Charge payable based on DC table to work out business case
根据开发费用表估算应支付的开发费用以制定业务案例

Proceeds with development plans
继续制定发展计划

URA 新加坡市区重建局

Prepares forward looking master plans and updates Development Charge table every six months 准备前瞻性总体规划并每六个月更新一次开发费用表

Assesses development application based on master plan
如果获得批准，则根据总体规划评估开发申请

if approved

Determines Development Charges payable based on DC table on date of in-principle approval of planning application
在原则上批准规划申请之日，根据开发费用表确定应付的开发费用

Publicly announces allowable development parameters for future developments and releases Development Charge rates
公开宣布未来开发的允许开发参数并发布开发费率

Submits development application
提交开发申请

Notifies applicant of approval and informs of development charge payable
通知申请人批准并通知应付的开发费用

图 7-21 新加坡设计审查制度

嘉定新城远香湖中央活动区规划实施平台管理手册文件
MAIN AREA OF YUANXIANG RIVER PLANNING AND IMPLEMENTATION DOCUMENT

03 品质风貌篇
GENERAL QUALITY OF BLOCKS

3.2 重点区域建筑风貌

1. 形态引导
1）应形成由外部市政路向中央公共通道叠落的谷状空间，外高内低，同时具有一定景观渗透性；
2）建筑群体高度和轮廓应错落有致，原则上连续等高的建筑数量不宜超过 2 栋，且梯度高差不少于 4m；
3）宜遵循控规中的引导性分层建筑密度，最终以实施方案效果为准。

2. 立面形式与分段
1）底层可采用建筑进深变化、富有质感的立面材质、丰富的窗户样式以及细部装饰；
2）立面可以有一定规律的体量凹凸，裙楼底层与退台形成的建筑阳台可采用玻璃以保证观景视野；
3）应考虑沿街立面形式的丰富性。

3. 重点标志性建筑
1）活力谷整体天际线南北向首尾端高点的影响，重点标志性建筑为 F05A-01 地块和 G05A-01 地块塔楼，需突出其建筑形体与空间特色，同时整体形象应与其他地块协调；
2) 选择地块角落布局塔楼，塔楼主朝向应面向主要街道和开放空间，建筑方向宜与街道方向平行。

4. 尺度控制
1）应满足混合功能各自基本尺度要求；
2）应注重街区整体的韵律感和协调性，不宜出现长宽比过大的形体尺度。

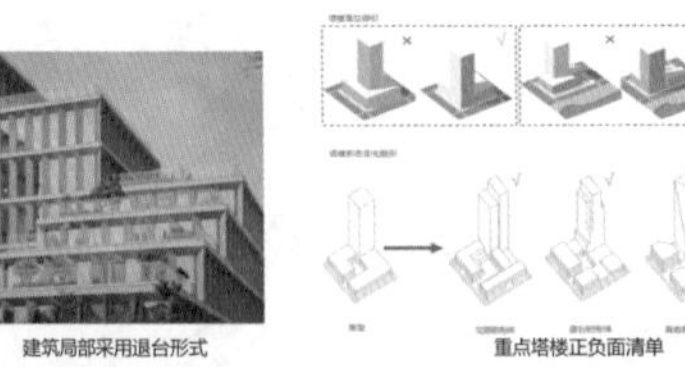

建筑局部采用退台形式
重点塔楼正负面清单

3.2 重点区域建筑风貌

5. 屋顶花园
建筑高度 24m 以下的屋顶绿化面积应不少于屋顶面积的 30%。

24 米以下——公共游憩型屋顶花园
1）屋面应以硬质空间为主，灵活布局供人观景、休憩、运动、休闲的可使用空间及设施，满足不同人群的使用需求。
2）适度增加花草等自然景观，鼓励种植小乔木以保证一定的遮荫区域。

60 米以下——生态景观型屋顶花园
1）屋面应以低矮灌木等观赏性绿植为主；2）绿化种植厚度宜为 150mm-600mm，尽可能选择阳性、耐旱、耐寒的浅根性植物，且注重高矮疏密、错落有致、色彩搭配和谐。

6. 建筑材质与色彩
应注重建筑立面的材料质感，避免高反光或饱和度过高的材料。

7. 辅助设备
若屋面上需设置冷却塔等设施，应放置在屋顶层背阴面，且隐匿于绿植之中，最大程度降低视觉影响。

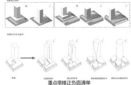

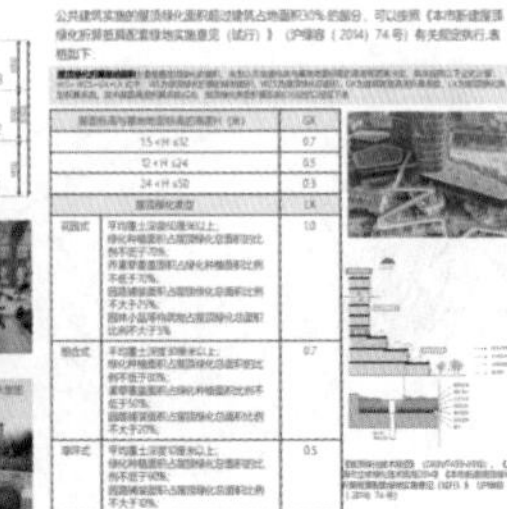

41 42

图 7-22 项目管理手册页面示意

7.2.3　分项指导性文件

整体说明性文件主要是宏观视野，考虑全局的系统性问题。由整体的系统到分项的实施，独立的建设项目主要考虑用地内部问题，以及与周边项目的衔接关系。分项指导性文件，在实施阶段可以遴选有效信息，提高设计工作效率。很多地区针对范围较大的区域城市设计，编制控规时会附分地块图则。图则中会将城市设计中各个分系统的核心内容，在所在地块内整合，对地块的各类指标、空间形态、业态功能、风貌特色、景观要求等要素予以明确，便于地块实施和规划管理（图 7–23）。

在许多城市的历史保护区更新项目中，为体现历史建筑、历史街区的风貌价值，也采用"一房一策"的工作方式。其中"一策"便是针对独立建筑的更新、设计、建设及使用策略。在成片开发项目中，为体现精细化的规划管控，总建筑师或总规划师团队，也会对片区的各个子项设计，提出具体的设计要求。具体的成果形式，以分项目导则或图则为主。对于独立项目的管控要素，也是项目审核中的审查要素。

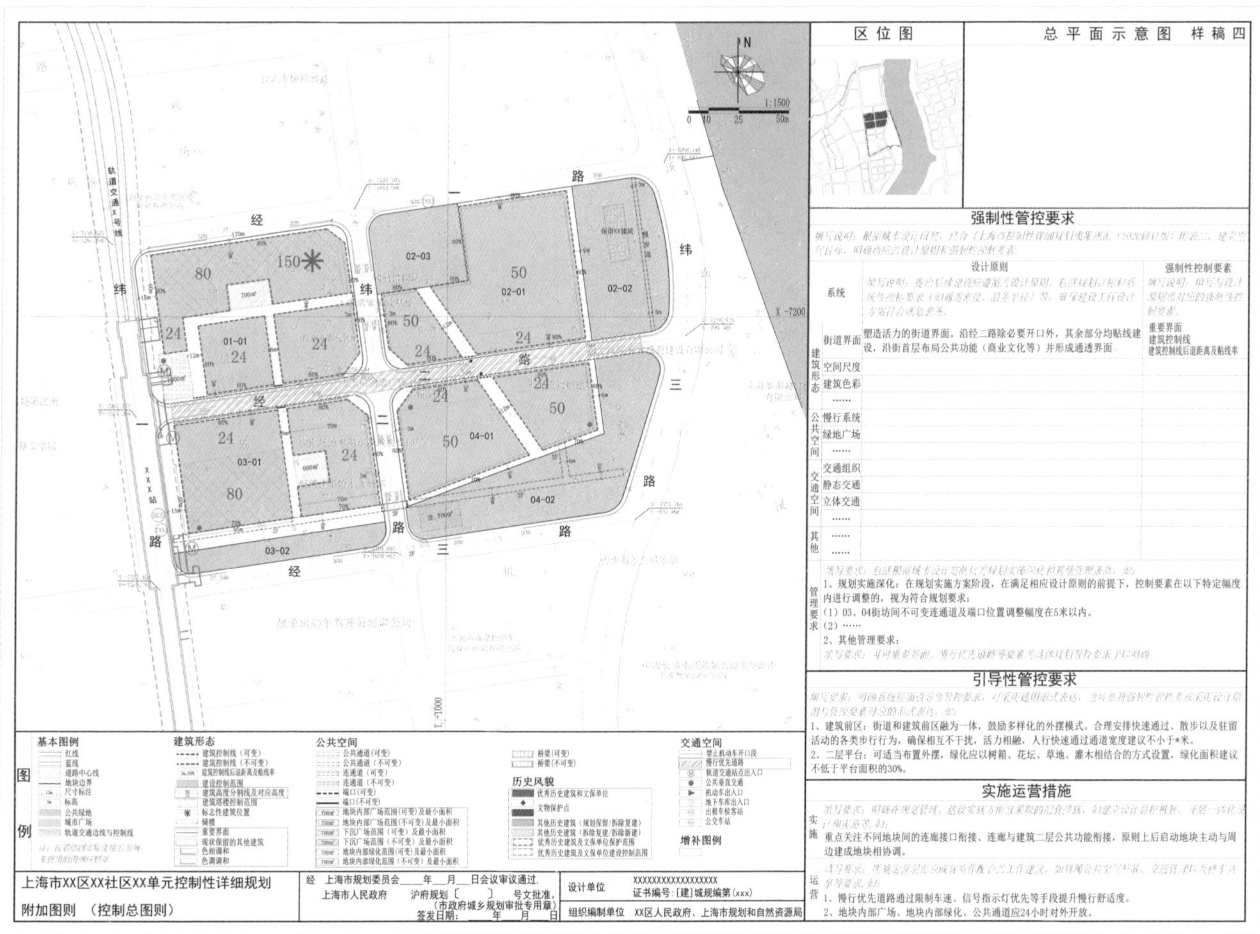

图 7–23　附加图则示意

7.2.4 实施约定性文件

除纳入一般的法定规划程序外，精细化城市设计也可以通过特定的实施约定性文件，即各类协议，向建设实施方传递规则和要求。较为常见的是土地使用权出让合同或划拨协议，也有部分合作开发项目会形成合作者之间的相关协议。实施约定性文件，一般以文字条款为主，具有一定的法律效力，因此多为刚性或指标性控制要素。在后续项目审批中也可以成为比较明确的依据。随着城市设计考虑因素越来越全面，实施约定性文件由早期的规定用地面积、容积率、绿地率、功能业态等基本要素，向越来越多元的管控条件发展。包括：海绵城市、智慧城市、绿建指标、BIM 等要求。同时根据项目情况，还会包含建设界面、建设时效，以及如自持比例、户型、配建公共性和公益性设施等经济性指标要求。总体说明性文件、分项指导性文件都可以作为实施约定性文件的附件，起到条文解释说明的作用。

例如，上海西岸传媒港采取地上、地下土地分别出让。地权和房权以正负零为界面进行水平切分。地下基本属于西岸集团，地上为众多开发商。这种模式在国内可借鉴的经验不多。项目采用组团式整体开发的理念，并采用“三带”“四统一”的工作方法，即“带地下工程、带地上方案、带绿色建筑标准”的土地出让方式和“统一规划、统一设计、统一建设、统一运营”的开发模式，确保项目中各地块在空间与功能上的完美衔接和建设品质上的高度统一和实现地上、地下空间和功能上的全面贯通（图 7–24、图 7–25）。

图 7–24 上海西岸传媒港 | 设计：上海建筑设计研究院

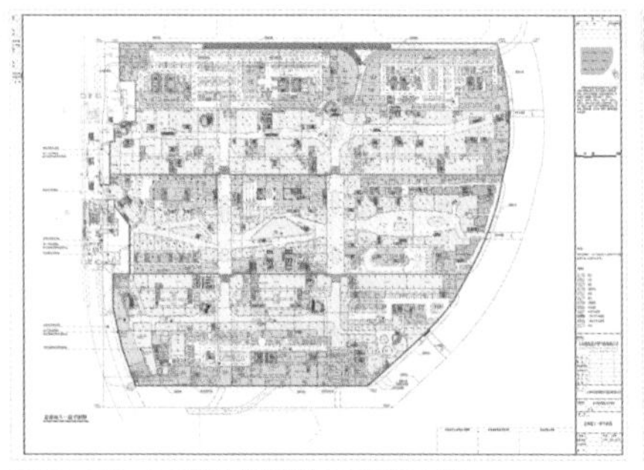

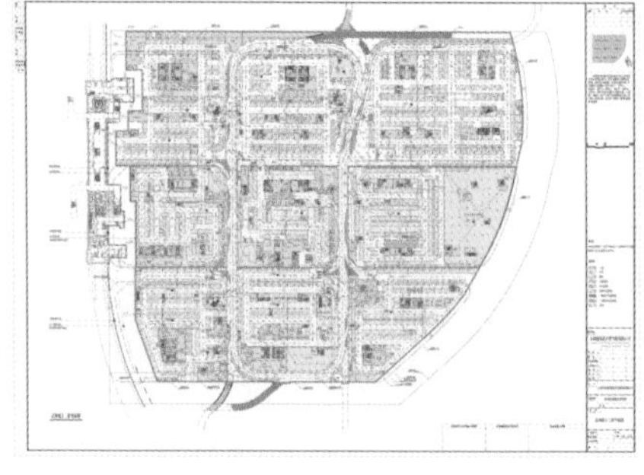

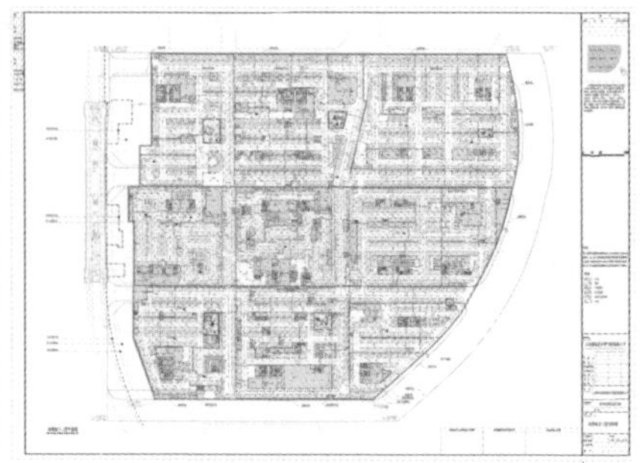

图 7–25 西岸传媒港地下空间方案

7.2.5　实施机制设计

除各类技术成果文件，针对专管机制的设计，也是精细化城市设计的重要环节，应纳入成果中。为确保成果落地，应充分利用现有的法定规划体系，同时也应因地制宜地提出针对性的工作机制和工作大纲。机制的设计给予精细化城市设计更大的操作空间。为确保成果得以实施，减少弹性要素落实的偏差，可将精细化城市设计建设过程中对城市设计成果的动态更新维护，纳入工作机制中，使精细化城市设计不仅是一种设计成果，也是一项长期的事业。

例如，上海桃浦新城，由规划作为城市设计落地实施的牵头主体，不同部门协同作为“专管”主体，规划主管部门组织其他各审批部门，形成平台机制，共同确保城市设计的落地实施（表 7–2）。

表 7–2　桃浦全流程管控要素示意表

	分类	部门	智创城公司 / 二级开发商要求	监管要求
项目立项阶段	绿色海绵	区发改委（会同建管委）	项目可行性研究报告增加“绿色生态及海绵城市设计篇章”	1. 审查可行性研究报告中“绿色生态及海绵城市设计篇章”的技术措施指标等； 2. 投资估算增加相关新增成本内容； 3. 应满足开发建设导则及图则对地块的相关要求
	智慧 BIM	区发改委（会同建管委）	项目可行性研究报告增加“智慧城市建设及 BIM 技术运用篇章”，明确应用阶段、内容、技术方案、目标和成效	1. 审查可行性研究报告中“智慧城市建设及 BIM 技术运用篇章”的技术措施指标等； 2. 投资估算增加相关新增成本内容； 3. 应满足开发建设导则及图则对地块的相关要求
	产业引入	区发改委	“市场预测分析”中明确产业构成	应满足开发建设导则及图则对地块的相关要求
	功能风貌	区发改委（会同规土局）	“服务性工程与生活福利性设施”中明确相关功能设施构成	应满足开发建设导则及图则对地块的相关要求
	道路交通	—	—	—
	市政管线	区发改委（会同规土局）	“公用工程和辅助生产设施”中明确相关市政设施布局	应满足开发建设导则及图则对地块的相关要求
	地下空间	—	—	—
土地使用去权取得和核定规划条件阶段	绿色海绵	区规划和自然资源局（征询建管委）	依据开发建设导则及细则，建管委提出绿色海绵要求，纳入土地出让条件	绿色星级 / 既有星级 / 绿色运营，年单位面积一次能耗，年径流总量控制率 / 径流削减量 / 单位面积控制容积，预制率 / 全装修比例，屋顶绿化率，再生建材替代使用率，BIM 应用等指标满足相关要求；同时还应满足开发建设导则及图则的相关要求
	智慧 BIM	区规划和自然资源局（征询建管委 / 科委）	1. 依据开发建设导则及《桃浦智创城智慧城市建设导则》，科委 / 建管委提出智慧城市要求，纳入土地出让条件； 2. 建管委提出 BIM 成果要求，纳入土地出让条件；建设单位按出让合同，组织开展实施 BIM 技术	1. 智慧城市建设满足开发建设导则及《桃浦智创城智慧城市建设导则》相关要求； 2. 在设计、施工、运维阶段必须采用 BIM 技术，满足相关要求

续表

	分类	部门	智创城公司 / 二级开发商要求	监管要求
土地使用去权取得和核定规划条件阶段	产业引入	区规划和自然资源局（征询商委 / 转型办）	依据开发建设导则，商委 / 桃浦转型办提出相关产业要求，纳入土地出让条件	产业类型和准入门槛满足开发建设导则及其他相关要求
	功能风貌	区规划和自然资源局（征询转型办）	依据开发建设导则及细则、控制性详细规划等，纳入土地出让条件	依据图则，明确形态功能等，公益性设施建设 / 公共空间要求满足开发建设导则、控规以及土地出让前评估要求
	道路交通	区规划和自然资源局（征询交警 / 建管委）	依据开发建设导则及细则，建管委与交警提出相关要求，纳入土地出让条件	1. 道路交通（包括临界设计 / 转弯半径 / 主要公共通道宽度位置出入口）等满足开发建设导则要求； 2. 主要机动车非机动车出入口 / 禁开口段 / 周边道路交通条件满足交警要求； 3. 停车需求满足建管委要求
	市政管线	区规划和自然资源局（征询建管委）	依据开发建设导则及细则，建管委提出相关市政专项要求，纳入土地出让条件	确定设施 / 管线 / 管线接口等满足开发建设导则及相关设计规范要求
	地下空间	区规划和自然资源局（征询建管委）	依据开发建设导则及细则，建管委提出相关要求，明确地下通道宽度、位置、开放时间纳入出让条件	地下通道宽度位置、出入口、运营时间；地铁出入口；地下空间面积业态等满足开发建设导则及其他相关规范设计要求

思考题

1　城市设计技术包含哪些内容？

2　城市设计技术与社会整体技术发展有何关系？

3　在城市设计过程中，根据设计问题，你希望采用哪些新兴技术？为什么采用这些技术？能否用传统的设计技术方法替代？

4　通常城市设计成果包含哪些组成部分？彼此的关系是什么？

5　精细化城市设计成果应该在哪些内容上加强表达？

第 8 章 精细化城市设计的实例解析

8.1　综合案例与学习要点

至此，我们已经学习了在城市高质量发展与精细化趋向的大背景下，城市设计演进特征和类别特点，也掌握了精细化城市设计的内涵、内容、特点与编制流程，并针对“专题→专策→专管”系列技术路径及设计技术工具、成果表达展开了详细分析。但正如城市与生俱来的整体性与复杂性，没有孤立存在的城市空间问题或形态问题，也没有仅靠对局部问题解析便可推演生成的优秀城市设计方案。学习城市设计，必须将空间形态、公共属性、生长发展、规则导控等[①]不同价值层次实时整合，在横向与纵向两个方面综合考量。从横向看，城市设计重点关注和能够解决的空间问题、形态问题、系统问题总是与社会、文化、经济、地理等诸多因素紧密关联一体；从纵向看，城市设计的思维方式和推演逻辑又必须具备高度的时间性、发展性、动态性，不能指望零散、局部的知识碎片能够自动拼合，而需要以更为整合的意识将其组织起来，以灵活多样、广泛联系的设计对策解答复杂变化的城市问题与城市愿景。

在这一章里，学生将会学习到不同设计者针对不同城市特性、区位差异、问题类别以及具体愿景目标的若干工作成果，可以看到在建设实践和教学研究过程中形成的各具特色的解答方案。这些案例以相对完整的素材组织呈现出城市设计的多样性和灵活性，表现出面对问题和目标的针对性和实用性。我们在此提出如下学习建议：

（1）理解发展脉络，捕捉问题定位。每一项城市设计任务，无论是面向落地实施还是研究探索，都需要充分细致地形成宏观、中观、微观纵深推理过程，也由此形成对精细化的需求。其中宏观背景是对案例理性学习的重要基础，首先需要将案例放置在一个真实的城市演进脉络之中研习，理解城市设计开展的意图和问题定位，对影响关联城市发展的各类背景如经济、文化、技术等予以透彻解读，重点品读如何从设计问题提炼设计专题。

（2）研习关键策略，掌握技术方法。在对设计背景、设计脉络、设计专题的理解基础上，需要结合城市设计的本质属性和基本职能，学习如何在设计专题的引领指导下生成具体的空间建构策略，并可以进一步通过案例延伸学习实现空间策略需要的技术路线、技术方法和设计工具。

（3）探讨管控思路，树立发展思维。针对城市设计案例学习，学生不仅需要理解设计者视角下的设计方法和表现方式，更需要从不同角色、不同立场换位思考，如以公众、使用、管理、执行、投资等多种身份进行观察研讨，尤其注意以管控、引导视角讨论城市设计如何落地、如何指导后续环节，力争以不同角度解读评判设计案例的实用性、可行性、公共性，感受在不同价值诉求下的需求。只有跳出狭义的设计者身份范畴观察问题，才能在城市设计这门要求高度综合性、社会性、关联性的课程学习中获得更为立体完备的知识构成和操作能力。

上述三个方面，既是针对本章，也是在本书接近尾声时针对全书给予的进一步学习建议。任何知识点、学术理论、实践经验都有时间维度的局限性和空间维度的适用范围，本书也不例外。精细化城市设计是一个不断发展、不断充实、不断与时代交融的过程，既没有固化边界，更没有停留终点，本章案例乃至前文提出的若干技术路径，可作为一种真实客观的纪录，留存下这个时代城市设计工作者的立场、态度和方法，也作为未来回溯城市发展进程中的一道真实的印记。

8.2　精细化城市设计案例

8.2.1　上海后世博A、B、C片区的设计开发

阅读提示：

上海后世博开发片区具有统一且明确的城市设计目标，由于管理部门与平台公司的参与，兼具管控型与实施

① 可回溯本书“2.1 城市设计的价值层次”内容。

型城市设计特征。A、B、C 三个片区的精细化城市设计开始阶段、工作重点、功能与定位各不相同，但都在行为、效益、交通等层面进行了纵深的相关研究，针对设计问题与目标，城市设计提出了具体的设计策略与方法，并且在专管方面做出了各自创新。在研究本案例过程中，应关注几个片区的共性和区别，并可以进一步延伸阅读，寻找几个片区在同一目标中的不同策略。

设计概述：

2010 年世博会在上海召开后，2011 年，原世博场馆区域作为后世博开发利用片区，进行了重新规划。其中，浦东滨江自东向西分别为世博 A、B、C 片区（图 8–1）。其中世博 A 片区，定位为国际知名企业总部集聚区和具有国际影响力的世界级商务社区；世博 B 片区作为“五区一带”的会展及央企总部聚集区，世博 C 片区为上海最大的城市森林公园。

世博 B 片区作为整个后世博开发的先导区域，于 2010 年启动，由于早期城市设计要素缺乏精细化研究支撑，后期又增补了一次精细化城市设计工作。继世博 B 片区之后，世博 A 片区将精细化城市设计前置，尝试通过精细化城市设计锁定方案，将地下空间及地上方案作为精细化城市设计成果，直接向设计和建设阶段传递，以此来确保城市设计的落地性。C 片区作为公园项目不同于世博 A、B 片区，项目规模大、专业多，利用精细化城市设计的手段，定目标、做重点问题专策研究，形成深化设计导则及统一技术措施，并通过特定的专管机制落实。

（1）关键问题与设计目标

后世博片区在划分片区进行城市设计之前，编制了《世博会后续利用规划》，其中吸收了世博精神，整合了世博资源，并对每个分区做了功能分区及定位。因此在上位规划指导下，后世博设定了打造功能多元、空间独

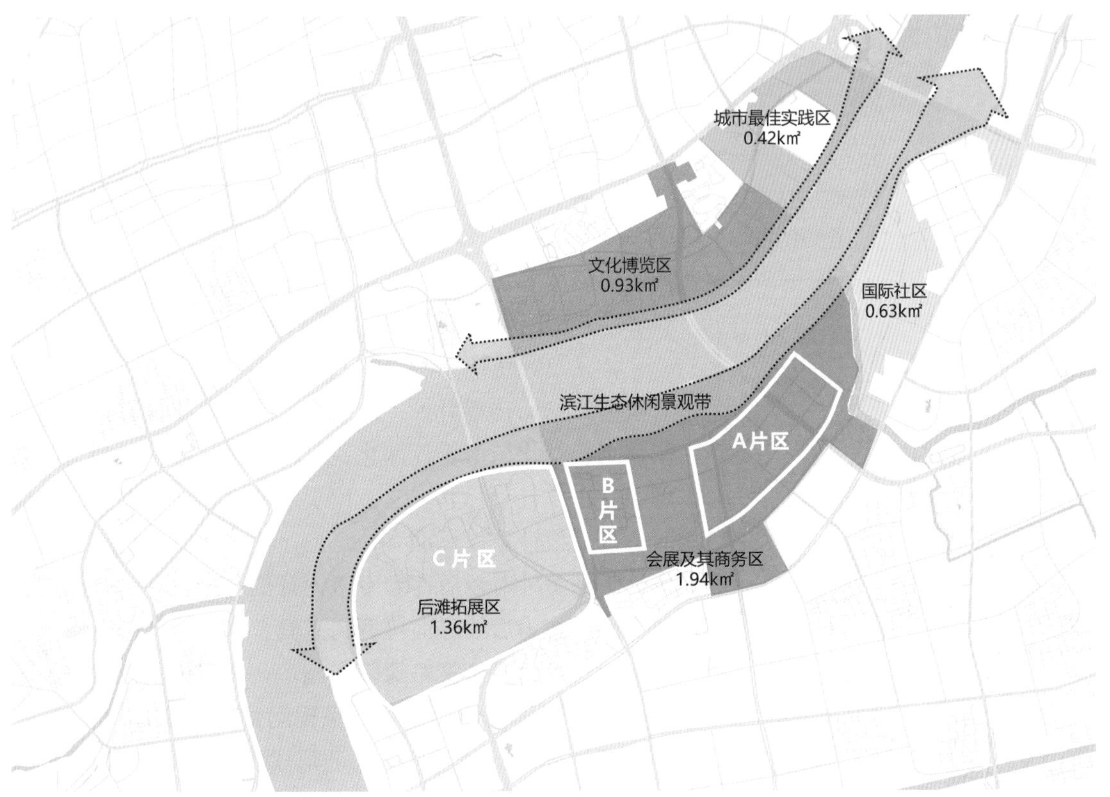

图 8–1 后世博开发规划版图

特、环境宜人、交通便捷、低碳、创新、富有活力和吸引力的世界级新地标的城市设计目标。

A、B、C 三个世博片区即使功能与定位不同，但在精细化城市设计阶段都在行为、效益、交通等层面进行了纵深的相关研究，并且针对设计问题与目标提出了具体的设计策略与方法，下文将以建成时间为序进行每个片区精细化城市设计的解读。

（2）B 片区

①专题与专策研究

营造人性化的城市空间（感知与城市类）：为了创造连续适宜的步行环境，设计从人的行为、视角、尺度出发，营造整体人性化的空间。B 片区运用高密度、紧凑型街坊空间设计，将核心街坊尺度控制在 2.0~2.5hm^2，强调连续的街道界面，形成“外刚内柔”的界面形式，提供丰富的城市肌理和多样化的活动空间（图 8–2）。

实现高效的地下空间利用（效益与城市类）：为取消地块间地下空间的退界空隙，通过集约整合手段，最大化解放地面空间，实现城市空间使用效益的最大化，世博园 B 片区在精细化设计中展开了对地下空间利用开发的专题研究。通过划定空间边界、实施边界，统一衔接处的空间形式和实施的技术措施，约定地下车行、人行通道适宜的宽度和高度等解决了衔接界面的问题。同时统筹考虑地下与地面的联系，大幅度简化小街坊密路网的地面交通，在专策阶段细化车库入口坡道的方案，形成节点深化设计方案，直接纳入相应地块的设计深化图纸。

图 8–2　世博 B 片区街道及内部空间形态

区域统筹的道路组织（安全与城市类）：世博园 B 片区为避免小街坊密路网街区，经常出现地面交通组织的问题。在精细化设计阶段，区域交通组织以独立街坊为单位，以每个街坊两到三个出入口为原则，街坊内道路跨红线布置，共建共享。同时，为解决无法在退界空间内形成消防车道和消防施救的问题，在精细化设计阶段，将地面道路、车库出入口均落实在图纸上，以指导后续设计执行。总图的消防组织研究作为一个专策，通过局部占用市政道路、相邻地块共用消防登高场地解决消防总图相关问题。

②专管研究

矛盾论证化解管控：B 片区从城市设计验证到规划编制再到精细化城市设计深化，每一步都尽可能达到高完成度的城市设计目标和理念。由于早期小街坊密路网，和当时法规及设计建设标准有一定的矛盾和冲突，精细化城市设计起到了针对矛盾冲突专策论证的作用，并将城市设计技术成果作为后续界面协调的工具。创新设计理念必然需要有针对性的专管策略保障实施。在项目中，设计总控工作机制起到从整体视角分析呈现问题，衔接各专业条线，协调设计界面，针对具体问题形成精细化城市设计研究，并全过程跟踪实施的作用（图 8–3）。

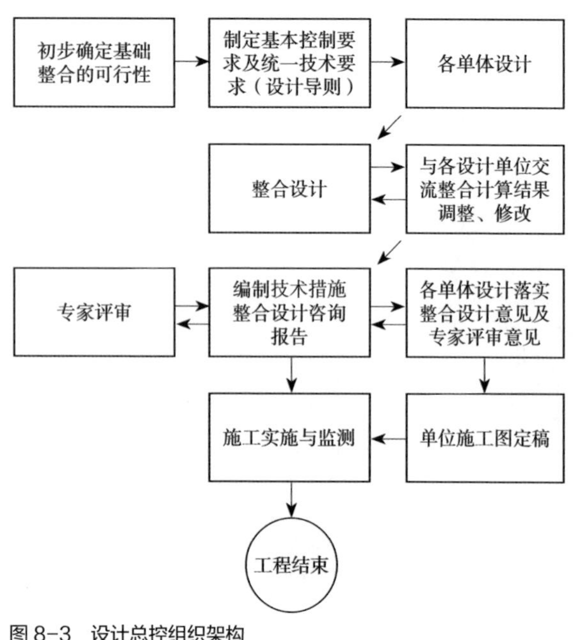

图 8–3　设计总控组织架构

（3）A 片区

①专题与专策研究

空间尺度与复合功能（行为与城市类）：A 片区通过沿用上海城市肌理与城市空间界面特质，用建筑而不是围墙来界定街道空间（图 8-4）。并且根据具体的功能和空间关系，设计不同层次、不同适宜尺度的公共空间。商业步行街尺度较大，车行空间和驻留空间把人流向两侧挤压，周围商业吸引人流靠近，使得周边商业气氛活跃。而传统的上海小尺度步行街道，空间尺度宜人，适合漫步和观赏、驻留和交通相融合（图 8-5）。

为了合理确定商务区内各组团的功能业态和配比，世博 A 片区以人群的活动为基本出发点，明确功能配比，对地下一层、地面一层以及地上层的分层功能设置都进行深入研究。有别于一般的商务区，A 片区结合重要的公共活动流线“世博绿谷”布置商业、商务、文化、休闲、酒店公寓等功能，突出商务交流、空间共享、功能多元、活动

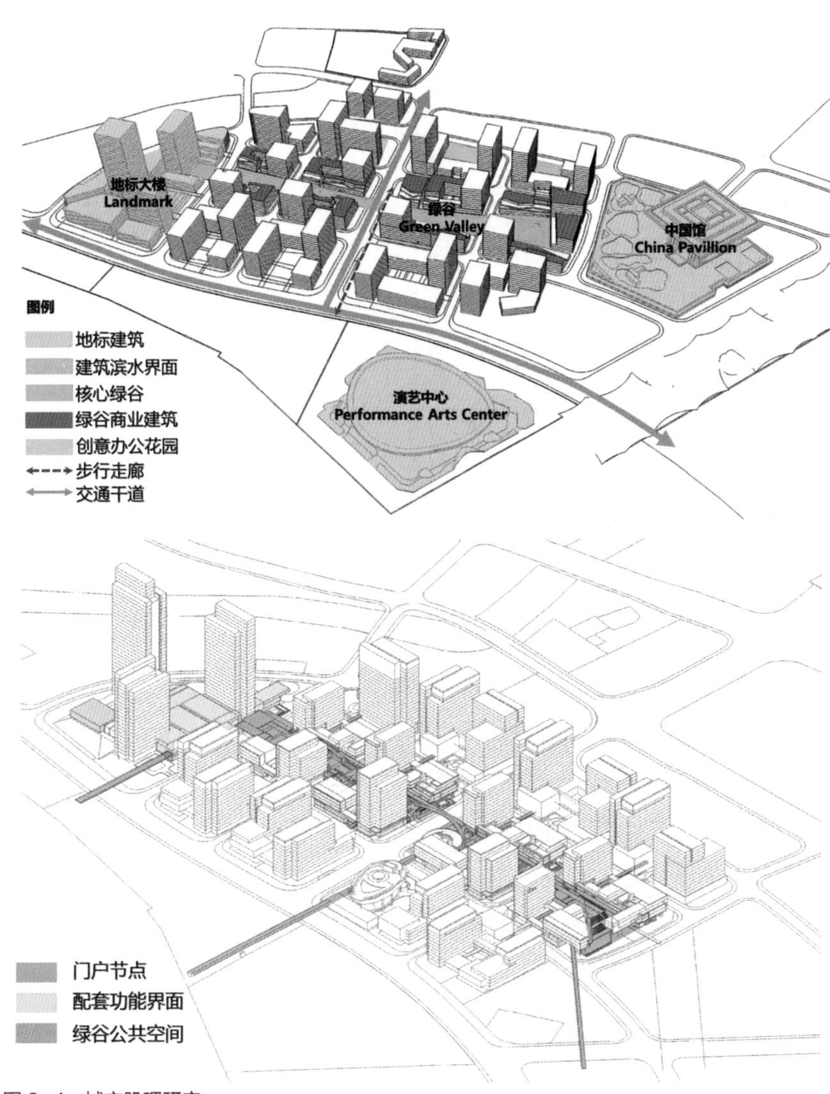

图 8-4 城市肌理研究

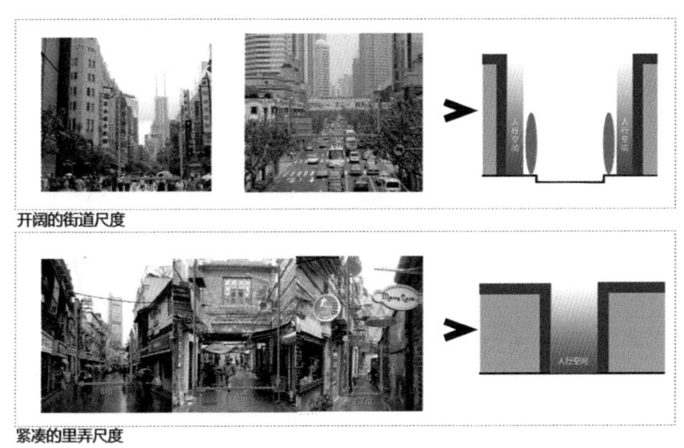

图 8-5 街道尺度研究

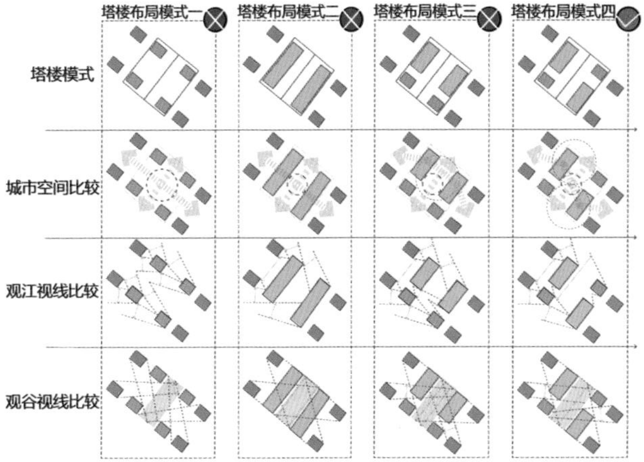

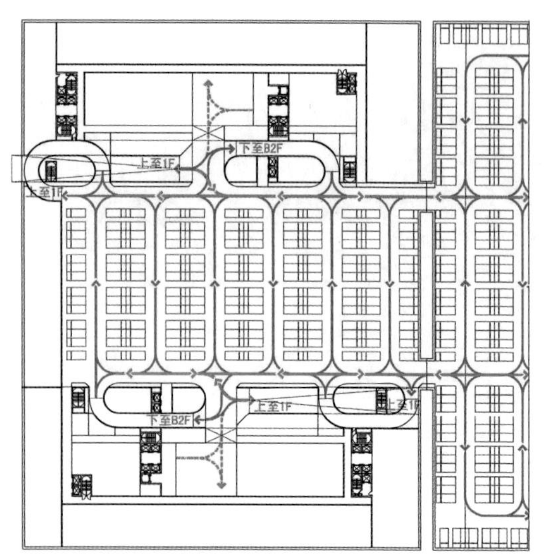

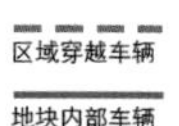

图 8-6 地下车行组织示意

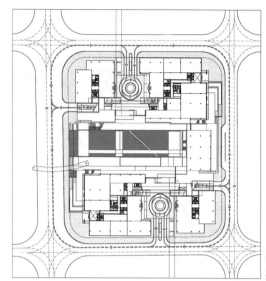

图 8-7 地面车行组织示意

多样，不但能完成各种商务活动，还能提供激发创造力的城市交流和休憩空间，为会展和商务片区整体的 24h 活力提供重要的功能载体。

慢行优先的地面交通（交通与城市类）：为保证到发效率与步行品质，设计在车行与人行规划专题中进行了精细化的纵深研究。在组织车行交通的研究中，世博园 A 片区首先为将外部交通迅速引入地下车库，从外部设置市政道路的局部下沉，平接地下车库；其次细化地面交通组织，使落客区和地下车库出入口尽量靠近道路，减少车行在地块内穿越（图 8–6、图 8–7）。

②专管研究

世博 A 片区的专管机制，主要解决地上空间形态和地下互联互通两方面的诉求，重点突出核心街坊的整体性和周边街坊的适应性。专管机制探索了地下空间设施、建筑方案与土地出让同步绑定的方式。A 片区在城市设计方案结束后，结合精细化城市设计工作，形成了较为稳定的一稿设计成果。地块的地下空间在土地出让前先行建设，建成的地下空间和地上细化的建筑方案与出让土地绑定，确保城市设计目标的落实。

（4）C 片区

①专题与专策研究

绿色出行的到发流线（交通与城市类）：作为在市中心占地较大的城市森林公园的世博 C 片区，为了避免对城市的交通系统带来影响，设计过程中通过研究人群行为轨迹，合理组织流线，实现绿色出行。C 片区设计了地面和地下两种人行流线：地面以游园人群为主，将地铁出入口人流直接引入公园大门或游客服务中心，地下的地铁出入口以到达三个公共建筑的人群为主，目的性较强，并规避不良天气的影响（图 8–8）。

为厘清其中公园地下停车及配套空间、市政道路下方管线空间、地铁站台及站厅层之间的关系，针对不同的建设和管理界面进行细化，重新划分边界，拆分后的实施和管理边界可以清晰地区分地铁属性、公共属性和公园地下空间属性空间，为实施打好基础（图 8–9）。

生态野趣的人工自然（效益与城市类）：提升环境效益是城市设计中需要考虑的首要方面，世博 C 片区城市

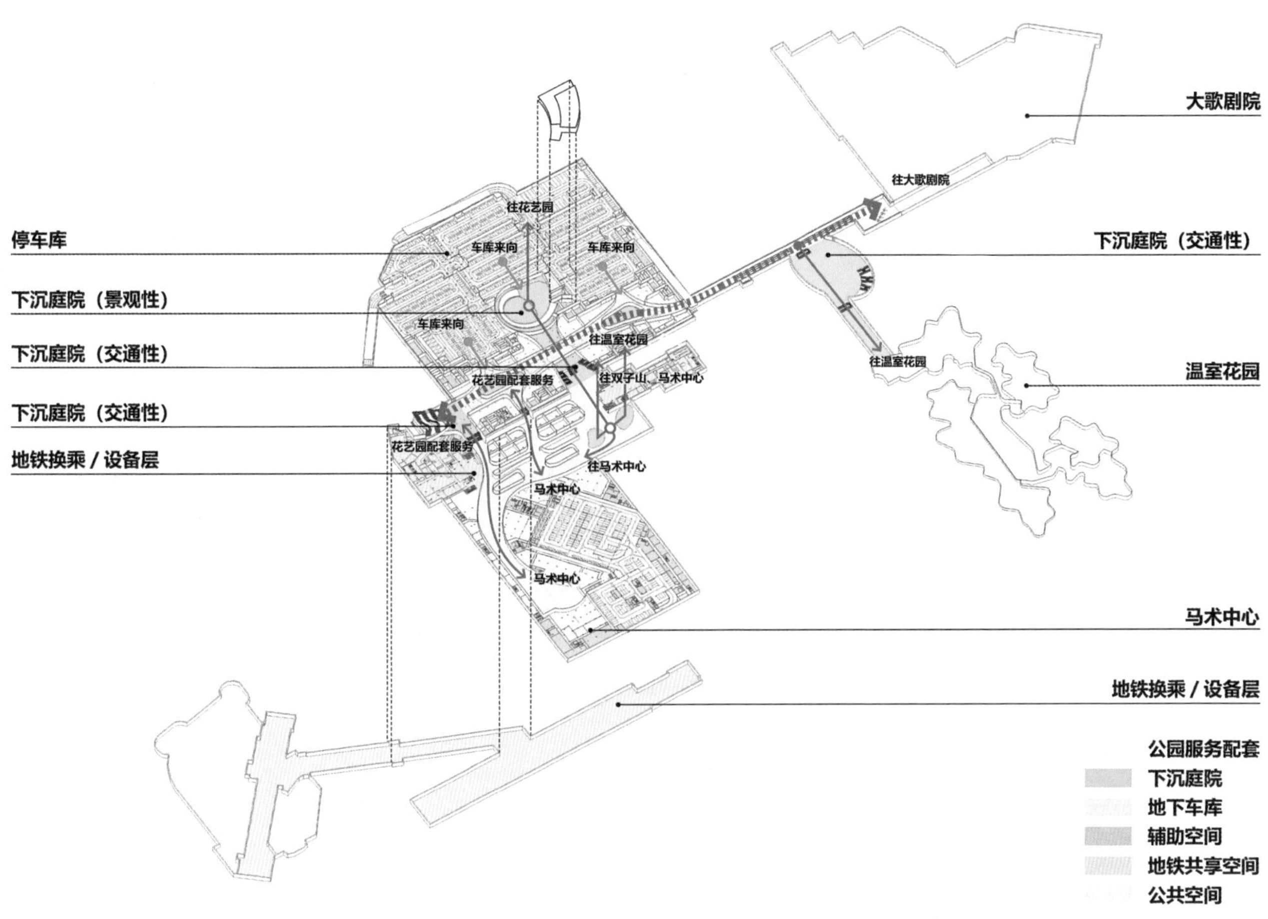

图 8-8　济明路地铁接驳地上地下流线分析

设计面临最大的议题便是解读城市中的森林公园如何同时满足环境效益与社会效益。设计在人工自然的环境中，尽量体现生态性，消隐人工痕迹。新建及修缮的建筑，通过减小建筑体量、取材自然的建筑材料、地景融合的建筑形式，起到消隐人工痕迹的目的（图 8-10）。并且设计进一步针对地景建筑覆土的做法进行研究，确保在现有的实施技术水平下能高质量地完成。

②专管研究

整体多方合作管控：世博 C 片区作为一个整体公园项目，不但在设计深化和实施被分为多个区域，在每个区域内，还集合了多家建设单位、设计单位、施工单位。为保证参与的设计方和建设方在各自工作的同时，整个公园项目的设计理念、初衷不走样，设计品质统一，需要实时更新区域公园设计整体方案，并实施复核纠偏。在项目的专管机制中，成立规划实施平台，以开发建设主体牵头，技术团队全程跟踪的模式，确保了项目建成的品质（图 8-11）。

（5）设计成果与实施成效

上海后世博 A、B、C 片区的城市建设，启动于 2010 年前后，是上海在大力推广城市设计落地的时期。在这个过程中，城市设计研究的不断探索精细化的方式和时机，从多轮国际征集到规划方案跟踪验证再到整体方案和实施导则，城市设计管控措施也由强控到引导又到细分颗粒度、细分阶段的管控。近十余年期间，整个世博片区已经初见规模，对城市风貌品质形成强烈的影响。城市设计由以往的“上帝视角”，逐渐落实到以人为本的视角，通过成片开发城市设计的实施工作，也逐步验证出城市设计前期需要精细化的要点，总结了城市设计落地困难的症结。在整个后世博建设的实践中，论证了城市设计需要具备精细化的思维，城市设计落地需要精细化工具支撑（图 8–12）。

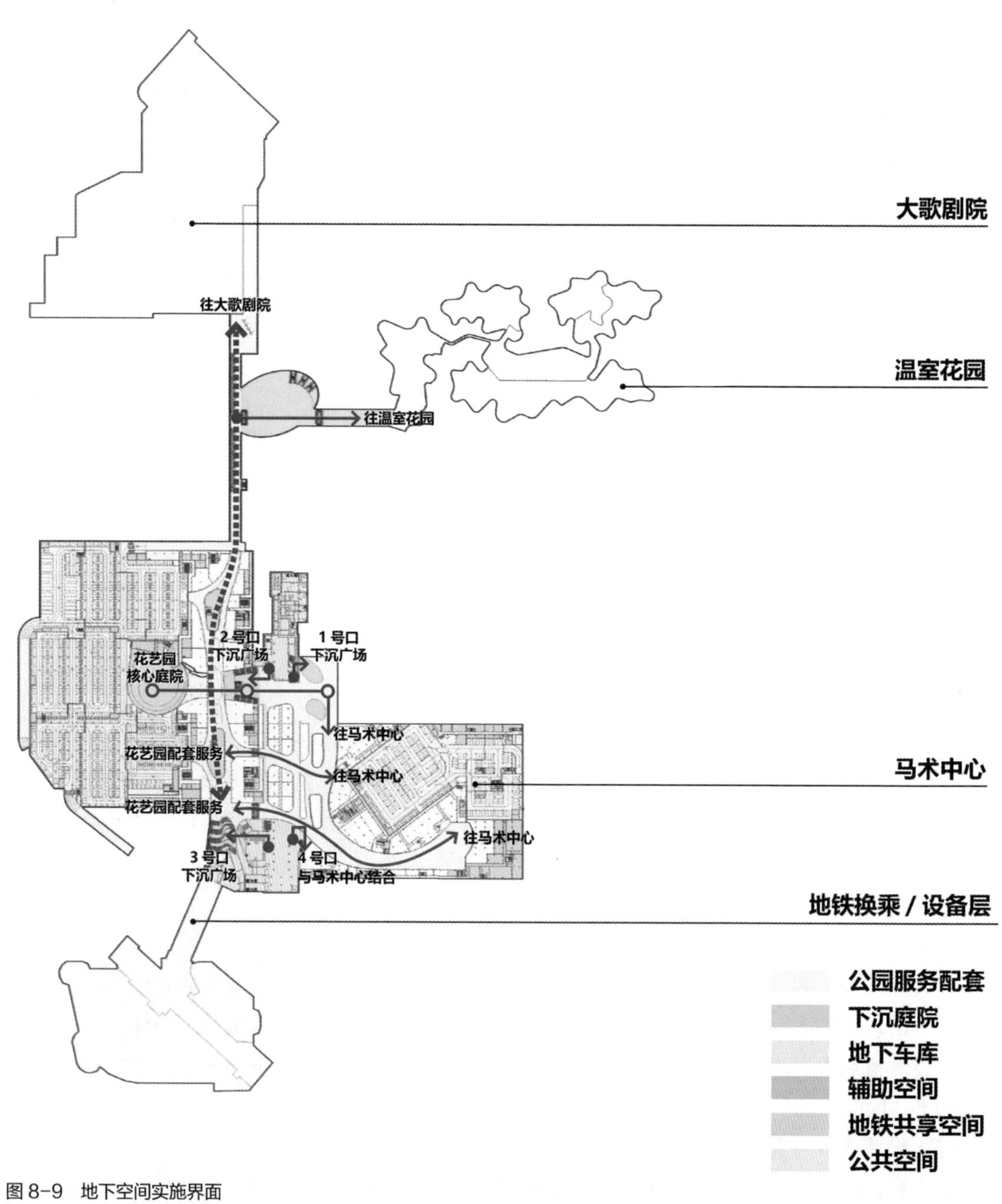

图 8–9 地下空间实施界面

图 8-10　建筑消隐手段

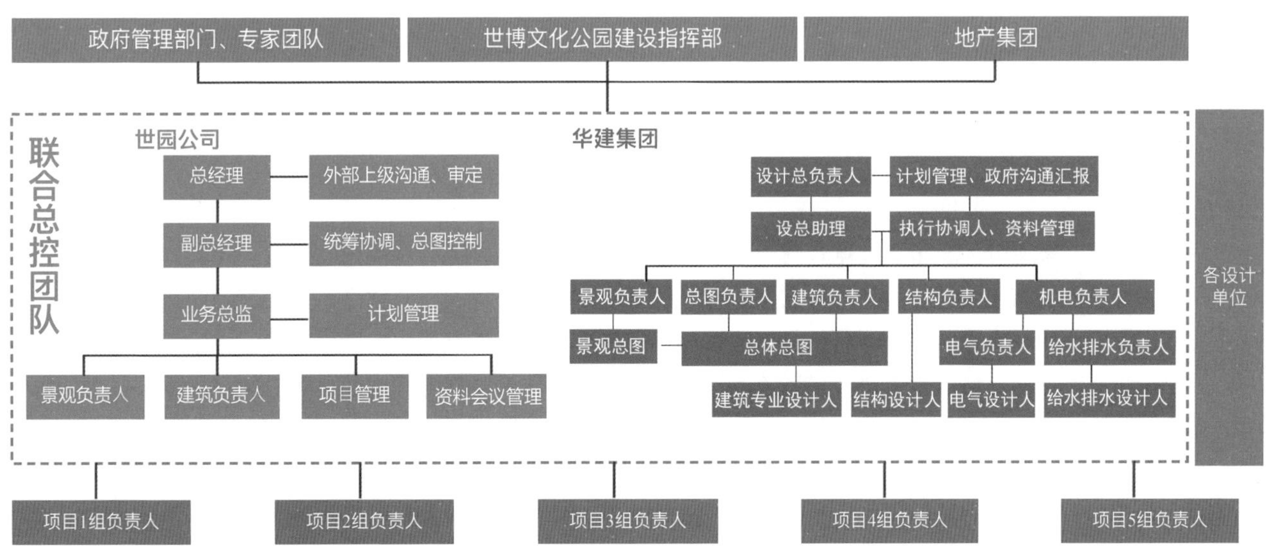

图 8-11　规划实施平台组织架构

图 8-12 世博 A、B、C 片区建成效果（从上左至上右、下分别为 A、B、C 片区航拍）

8.2.2 湖南金融中心城市设计及规划设计总控

阅读提示：

湖南金融中心案例分为城市设计竞赛与规划设计总控两个任务阶段，管理部门与平台公司共同参与，同时兼有研究型、管控型与实施型城市设计的特点，专题、专策与专管三个层次条线清晰，建议学习时关注三个层次的递进关系，特别关注在专管阶段该项目结合当地管理部门与平台公司特点形成的工作机制。在学习本项目的过程中，从专题和专策方面，可以重点研习多系统的综合的问题解决方式，从专管方面，可以探讨管控手段对于单一项目的针对性执行方式，以及对于规划管理的普适性执行建议。

设计概述：

湖南金融中心位于国家级新区湖南长沙湘江新区滨江新城片区。湖南金融中心作为重要的功能区之一，以打造全国一流的中部地区区域性金融中心、唯一的省级金融中心为目的，力求以“多规合一”“城市双修”为手段，建设一个既能体现金融产业特点又具有湖湘文化特色的中部金融中心（图 8–13）。经过 2016 年底城市设计国际方案征集，2018 年规划设计总控以及一系列专项设计工作与建设的陆续实施，当前湖南金融中心已经基本建成，成为长沙城市设计有效落地实施的标杆项目。

湖南长沙金融中心城市设计范围北至湘华路与潇湘北路交叉口，南至滨江景观道与潇湘大道交汇处，东临

图 8-13　区位图

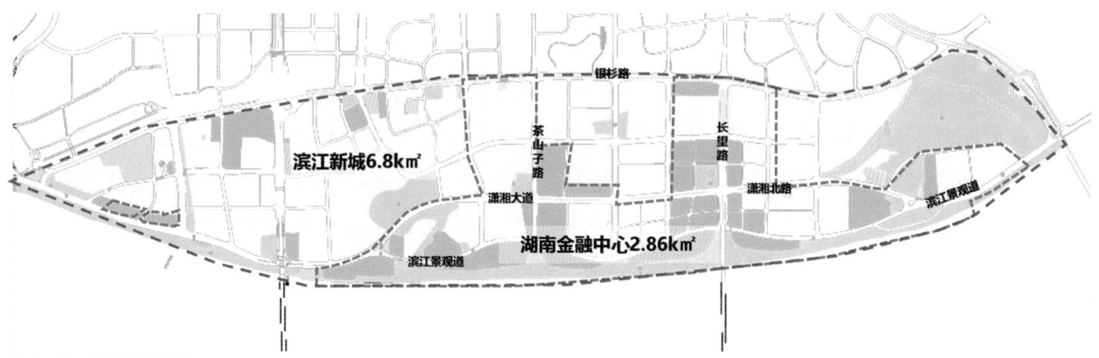

图 8-14　项目范围图

湘江，西沿长望路与茶子山路往片区西侧纵深延续，总用地面积 2.86km^2，主要承担金融商务、文化旅游等功能，引领湖南金融智汇新高地（图 8-14）。

（1）关键问题与设计目标

此区域在长期发展演变过程中，受经济、政策导向的影响设计意愿与发展目标不断调整，用地开始逐渐趋向复杂。2009 年控规对本区域的定位是滨江商务片区、滨江居住区、文娱观光与旅游服务基地。到 2014 年由于城市发展，定位改为国家智慧城市示范片区、湘江新区新的商业商务中心。长沙金融业产能发展势头良好，逐步成长为重要支柱产业，因此 2016 年进一步明确为湖南金融中心。由于定位的调整，很多已建内容与当前最新定位

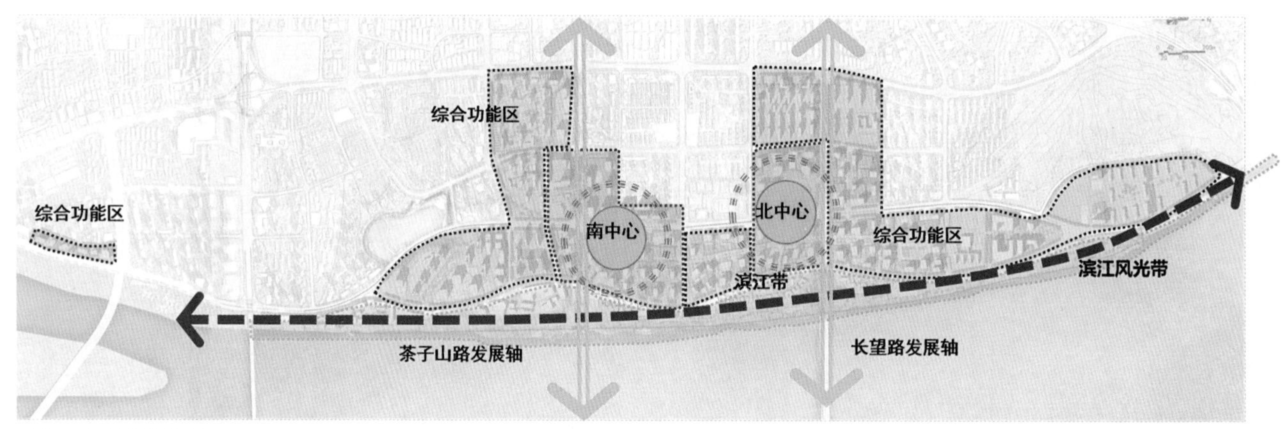

图 8–15 规划结构图

不匹配，造成了很多矛盾。因此需要在用地功能、道路交通、景观绿化、公共空间等方面进行修补，同时注入活力，使新旧区域融合。

（2）专题与专策研究

湖南金融中心以构建中国中部的金融中心为目标，规划形成“一带双心两轴四片”的空间结构。其中：一带为滨江带；双心为以轨道线网站点为支撑，空间上形成以地铁茶子山站为南中心，以福元大桥西站为北中心的双中心结构；两轴为穿过南北两中心的茶子山路和长望路发展轴；四片为南北中心和综合功能区（图 8–15）。针对金融中心定位升级、用地情况复杂、开放空间薄弱的特点，在精细化城市专题研究阶段，项目开展重塑空间形象、优化交通联系、修补山水格局、注入业态活力等感知、交通、文化、效益层面的专题策略，凸显特色。

①重塑空间形象（感知与城市类）

由于现状已建成的金融办公楼主要集中在南中心，为塑造一个高端、高效的金融商务中心形象，城市设计制定了分步实施的策略：近期开发——快速打造南中心，满足迅速建立形象的要求，精细建设滨江带，形成一线滨江胜景；远期开发——严格控制、全面塑造北中心，最终完善提升金融中心整体形象。南中心湘江 FFC 高 328m 的塔楼将成为整个区域的制高点，北中心规划设计了一幢 280m 的地标塔楼，与南中心遥相呼应，在尊重现状的基础上，丰富了城市天际线。沿江第一层建筑按多低层控制，高度不超过 24m、容积率不超过 1.0，形成较丰富的建筑界面。城市设计精心打造南中心和北中心及茶子山路、长望路界面，统一亮化设计引导，塑造城市新的标志空间。（图 8–16）。

②优化交通联系①（交通与城市类）

车行策略：一是加密区域轨道线网。在既有轨道四号线基础上新增长望路、茶子山路两条轨道线路，并设置一条沿江中运量交通作为补充。二是形成快速通达的过江联系通廊。扩充南侧过江通道整体通行能力（银盆岭大桥 / 湘雅路过江通道），提升北侧过江通道利用效率，新增含光路、坦山路过江通道。三是打造高效引流的过境保护通廊（图 8–17）。建设立体化通道直接穿越金融中心，进行过境分流，规划景观隧道。四是补充完善疏散性道路交通，借鉴雄安新区窄路、密网的理念，以地面支路网络加密为主，地下道路环路增加为辅，新增支路后支路网密度由 2.52km/km^2 提升为 4.04km/km^2。五是提升静态交通系统。提供足量、高效的停车设施，应对金融中

① 查君．湖南金融中心总体城市设计 [J]．城市建筑，2018（21）：91–95.

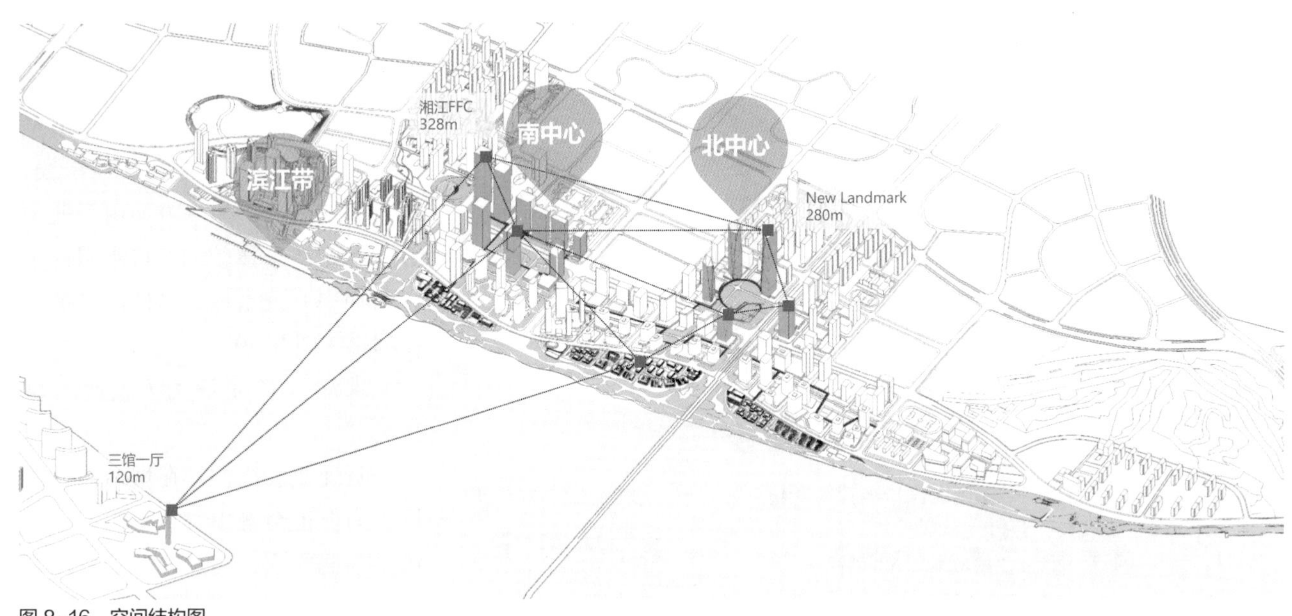

图 8-16　空间结构图

心的高强度到发交通。规划提出停车共享策略，将停车开发需求控制在地下二层以内，并缩减地块出入口数量至少 34 个，减少对城市交通的影响（图 8-18）。

人行策略：对金融中心内主要人流按照其目的的不同分为通勤人流和休闲人流，通勤人流主要以站点及办公场所为主要目的地，而休闲人流主要以商业、休闲、公园、广场等为主要目的地，根据人流测算、叠加，通过以流定型的方式，确定慢行路径，优化城市设计中二层连廊、地下慢行通道的路径选择。以潇湘中路为核心打造总长约 1980m，宽度为 4 ~ 8m，净空高为 4.5m 的空中连廊系统，串联各高层，提升地块建筑间的行人互动。重点针对步行和自行车交通打造两个“快慢兼顾、互相依托”的慢行交通子系统。完善地铁站点接驳系统，地下空间规划前较为破碎，规划后形成统一的地下商业街，沟通两个地铁站厅，充分利用地铁人流创造商业价值。

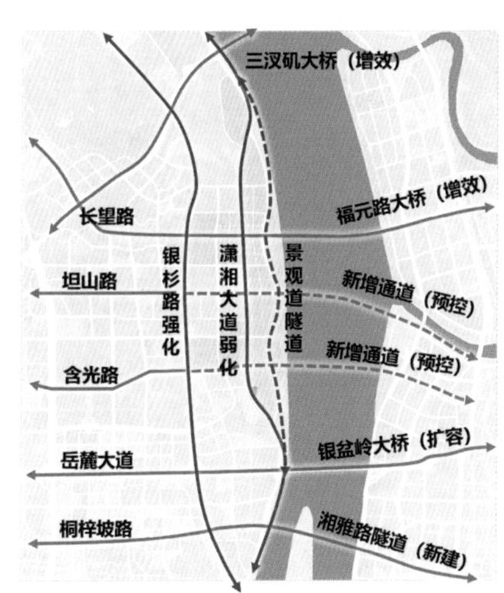

图 8-17　过江通道规划图

③修补山水格局[①]（文化与城市类）

项目位于谷山森林公园和岳麓山两个生态斑块中间，东面湘江生态环境较好，因此采取了“引山入城”和“聚水成洲”的策略以修补山水格局。

引山入城：设计除了将坦山路南北两侧滨江岸线贯通，在基地内部南北向在未大拆的前提下还布置一条绿廊，绿廊的设置依托当前已有的一些零散绿地，并通过未建设地块增设绿化带与之相连。通过两条绿廊将岳麓山

① 查君．“城市修补”思想下的高密度城区更新设计 [J]．城市建筑，2017（29）：68-70.

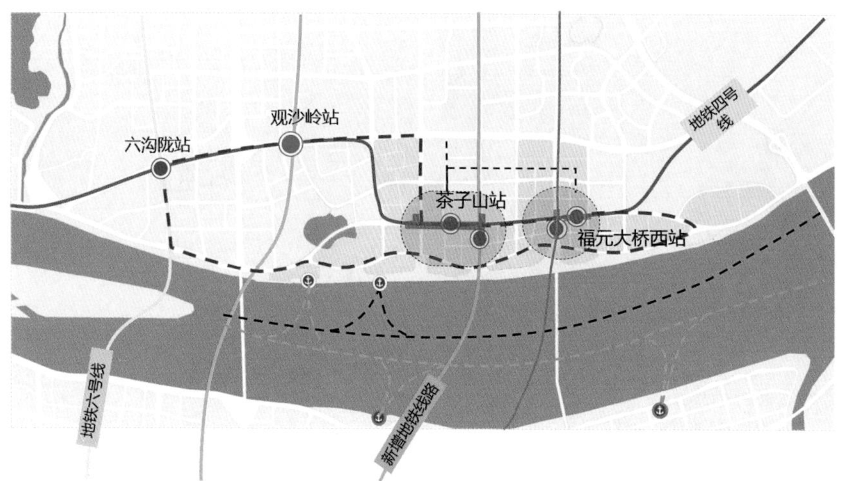

图 8-18　轨道交通规划图

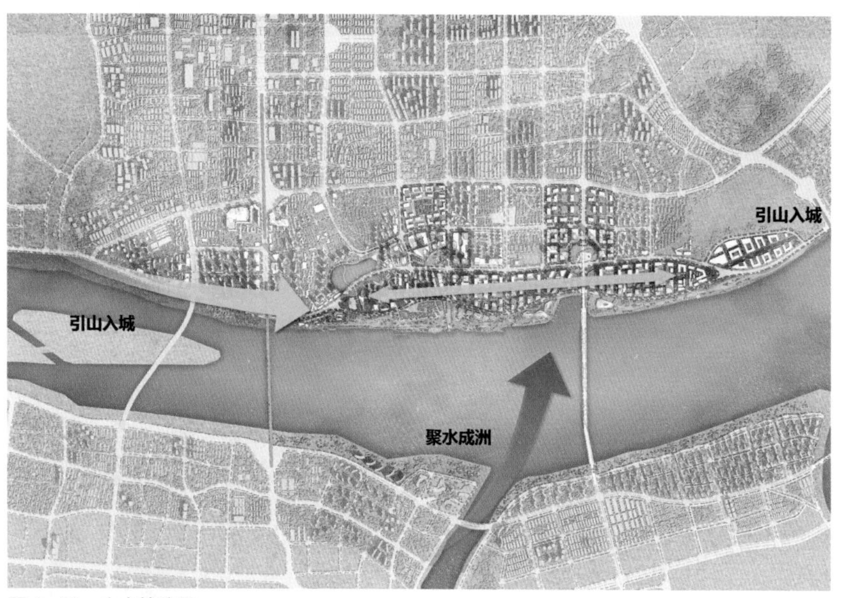

图 8-19　山水策略图

和谷山进行联系，将基地映射进长沙传承千年的山体脉络之中。

聚水成洲：在基地对应浏阳河汇水位置、容积率较低处挖一块水湾与浏阳河呼应，缺失指标调整至周边用地。一方面丰富滨江岸线，建设滨江码头；另一方面由于北中心位置距离水体较远，将水引入可以增加中心滨水性，降低高密度的压抑感（图 8-19）。

④注入产业活力（效益与城市类）

明确业态比例：在城市设计阶段，为保证金融中心整体业态比例满足预测需求，满足片区的经济效益，研究通过明确各类业态比例，确定了金融办公总量及底线要求。除了进一步增加金融业态，将金融服务与实体经济融合，同时考虑金融人员的需求：工作繁忙紧张，追求生活品质，针对性补充一些特殊的公共服务配套，如高端餐饮、日托、健身等设施，且与高强开发的金融办公混合开发（图 8-20）。

塑造活力空间：一是在维持原开敞空间的前提下，新增一条南北向的绿轴，在城市层面考虑山水格局和整体空间形态。增加 5 处楔形绿地，从滨江绿带延伸到内部，引入滨江景观，柔性切分狭长的用地，形成绿网系统，优化通江视线廊道。二是创造类型丰富的公共活动空间，规划 3 个城市公园、2 个下沉广场、3 个口袋公园。三是布置地下公共设施，包括公共地块、市政道路和开发地块下的地下商业、娱乐、文化等各种公共设施，均布置在地下一层，以实现站城一体。（图 8-21）。

（3）专管研究

①搭建总控平台

由精细化城市设计技术团队、区域开发建设平台公司和湘江新区国土规划局形成联合体，搭建总控协作平台，共同开发建设（图 8-22）。总控平台组织多方技术协调，跨专业协同，保证工程可实施性，从后期建设反推前期管控；提供重要技术支撑，统筹红线内外、地上地下，从公共空间反推地块建设；统筹完善阶段成果，解决

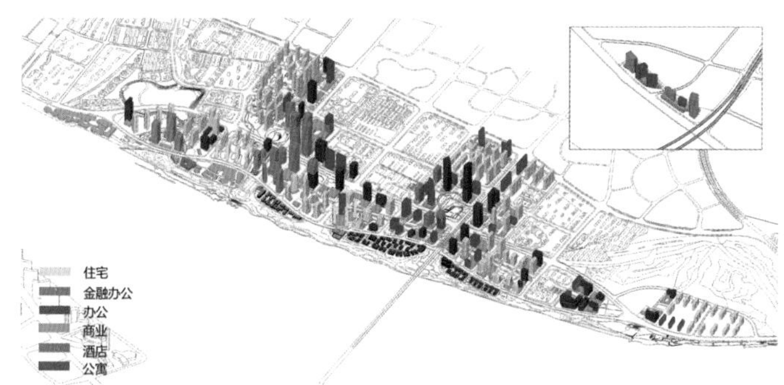

图 8-20　业态规划图

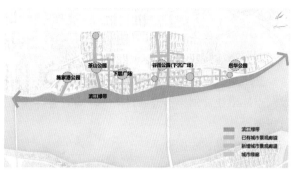

图 8-21　开放空间规划图

湖南金融中心规划设计要求高、协调难度大、开发周期长等问题。

②外部对接机制

通过规划总控平台，整合对接外部相关合作方，包括平台公司各部门、各项规划设计编制单位、政府各相关部门及审批机构等，做到高效对接、精准对接。项目团队对不同的设计成果提出技术支撑内容，优先统一发送至平台公司及新区管委会国土规划局，由平台公司和新区管委会国土规划局发送至相关设计单位，做到“技术后台，统一口径”。

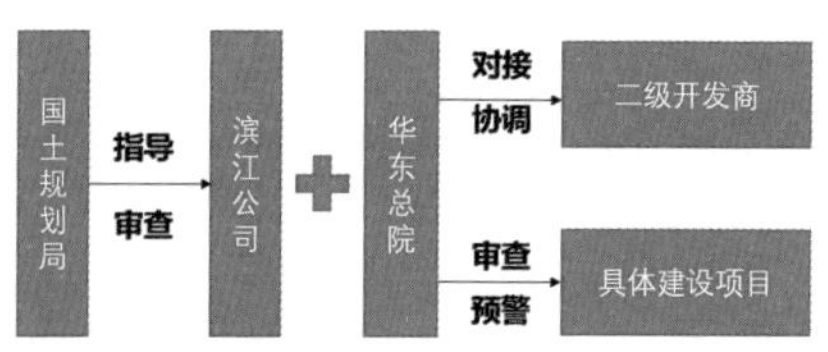

图 8-22　总控平台图

项目团队规范流程，建立专用工作联系单，并对不定期开展的技术协调会、项目审查会等会议形成会议纪要。通过专用工作联系单及会议纪要，对新区管委会规划局及滨江公司咨询的项目内容进行归档整理，形成区域项目库，做到“规范流程，专项用单”。

③内部工作机制

总控平台成立之初，借鉴其他金融城规划设计及开发建设管理经验，结合湖南金融中心的建设需求，形成一套完善的内部工作机制。通过与业主的密切沟通及项目现状的推进状况，平台形成规范化、程序化的工作机制，积极响应，为业主提供技术性及事务性的工作支撑，建立完善的管理机制。与此同时，团队制定详细的工作计划表，明确工作框架，团队内就关键问题及时沟通交流，当遇到矛盾时，各专业负责人会在会议上落实矛盾，建立高效的工作模式。

（4）设计成果与实施成效

①“1+N”精细化城市设计方案

“1”是指一个总体，即总体城市设计；“N”是指多个基于建设现状，所进行的落地性专项研究，包括空间业态专项、地下空间专项、道路交通专项、水利景观专项、公共空间专项、慢行系统专项、立体交通专项等。精细化城市设计分为两个部分：专项整合研究和空间形态落实。专项整合基于前期各类专项规划及专题研究，对其设计内容、规划标准、编制深度等进行统一的评判，寻找并解决其中的各类矛盾点和专业壁垒，并转换成空间要素落实城市设计中。空间形态研究在概念规划基础上，深化细化重要空间节点达到修详甚至部分达到建筑方案深度。同时结合专策研究，明确具体的建设标准和详细设计方案，如对于二层连廊及地下慢行系统进行了详细深入研究，重点对竖向关系、建设标准、各类界面关系进行详细划分。

②一本开发建设导则图则

根据各项专题的研究成果，结合开发建设需求，项目团队编撰开发建设导则，包含出让地块设计要求、公共部分建设标准等通则性开发建设；项目团队结合土地出让年度计划，并根据市场诉求、边界条件建设情况等，完成土地出让前规划实施评估及单地块城市设计，形成开发建设图则，指导土地出让。

③一个项目库

基于城市设计及专项研究，项目团队将整个片区开发任务分解形成湖南金融中心项目库，根据建设实施条件以及土地出让计划，推进项目落实。同时通过开发建设导则构建项目库内各子项目建设标准及设计要求，指导项目规划设计。

④一套规划实施评估

为了确认后续设计是否达到城市设计要求、城市设计还原度以及使用效果是否达预期，项目团队每年对规划设计、建设实施、效果影响、规划机制等四方面进行评估，并撰写年度报告。

⑤一套可复制的工作机制

湘江新区管委会肯定了项目团队在湖南金融中心规划实施中采用的总控工作模式，总结制定了相关文件《湘江新区重点片区规划总控工作机制》，在湘江新区内进行试点。

8.2.3 新加坡 · 南京生态科技岛中部核心区精细化城市设计

阅读提示：

在主题鲜明、目标较为明确的城市设计案例中，如何通过专题研究进一步锁定关键问题，在合适的设计阶段提出适宜深度的专策成果。由于本案偏重于管控型城市设计，根据目标开展多项专题与专策，通过结合土地出让方式实现专管效果，由硬性三维管控盒子与软性环境风貌引导共同构成的专管方法具有良好效果。在阅读过程中可以从以下几点进行思考：第一，怎样从宏观的目标愿景中挖掘核心问题；第二，适应管控型城市设计的精细化城市设计深度怎样把控；第三，部分核心问题，超出现有管控体系的时候，如何确保落实。

设计概述：

新加坡 · 南京生态科技岛是依托南京河西新城，衔接江北国家级新区，发展集环保科技、生态旅游、文化创意、商务休闲、生态居住等功能于一体的“生态科技城，低碳智慧岛”。中部核心区位于纬七路过江通道两侧，是南京市跨江发展带上的重要节点，是全岛对外展示的重要门户，也是全岛空间集约化程度最高的地段。

该城市设计作为指导生态科技岛中部核心区高质量发展的依据被贯彻实施，目前多地块已进入实施阶段。城市设计编制成果（城市设计地块图则）被作为土地出让条件的重要组成部分，在近二十个地块中实施应用，为相关建设管理工作提供了有效的技术支持，为高水平建设生态科技岛中部核心区提供了有力支撑（图 8-23）。

图 8-23 新加坡 · 南京生态科技岛中部核心区整体鸟瞰图

（1）关键问题与设计目标

依据生态科技岛的发展定位、策划功能，委托单位及政府制定了“生态自然的江岛环境、形象鲜明的标志地段、宜业宜居的公共环境”的总体目标，设计范围约 250hm^2。

①生态自然的江岛环境：生态岛的城市设计在着力保护和提升江心洲现有生态环境的基础上，进一步拉近了人与自然间的距离，更从绿色基础设施的角度出发，减轻了岛屿防洪基础设施的景观和视觉影响，在减少岛屿碳足迹的同时提高城市韧性。

②形象鲜明的标志地段：生态科技岛围绕着“岛城、绿岸、水链”独特形态发展，片区城市形态应综合考虑周围建筑因素、生态因素、人文历史因素等建立适宜的空间形态，打造其特色标志空间的同时，不破坏地形地貌与城市天际线。

③宜业宜居的公共环境：设计旨在建设科技研发、创意智慧和高端总部高度聚集的国际化产业园区，顶级人才、高新项目和国际资本有效对接的国际化发展平台，持续发展生态文明和社会和谐相互交融的国际化示范社区。城市设计进一步完善城市功能并形成特色，创建低密度、高品质、生态型、智慧型的研发功能区和现代生活区。

（2）专题与专策研究

依据其设计目标，生态科技岛的核心区设计在设计过程中纵深研究了交通、风貌、形态的系列设计专题与专策。

①步行优先、绿色交通的示范区（交通与城市类）

为保护并提升生态科技岛的自然生态环境，设计提出步行优先、绿色交通的可持续交通策略。新加坡·南京生态科技岛中部核心区的整体空间结构可以概括为四个分区、三大标志，其中重点塑造的结构性要素包含“水绿结构与慢行系统”“公共交通换乘体系”“公共活动中心与街道体系”，以及“立体人性步道体系”。除此外，还控制适宜的街区尺度，通过立体步行系统设计、骑行系统设计及公共交通换乘设计，营造步行优先的核心区整体环境，并创造性地通过“穿越街区的公共步道”在地块图则中予以落实（图 8–24、图 8–25）。

图 8–24　中新大道剖切透视图

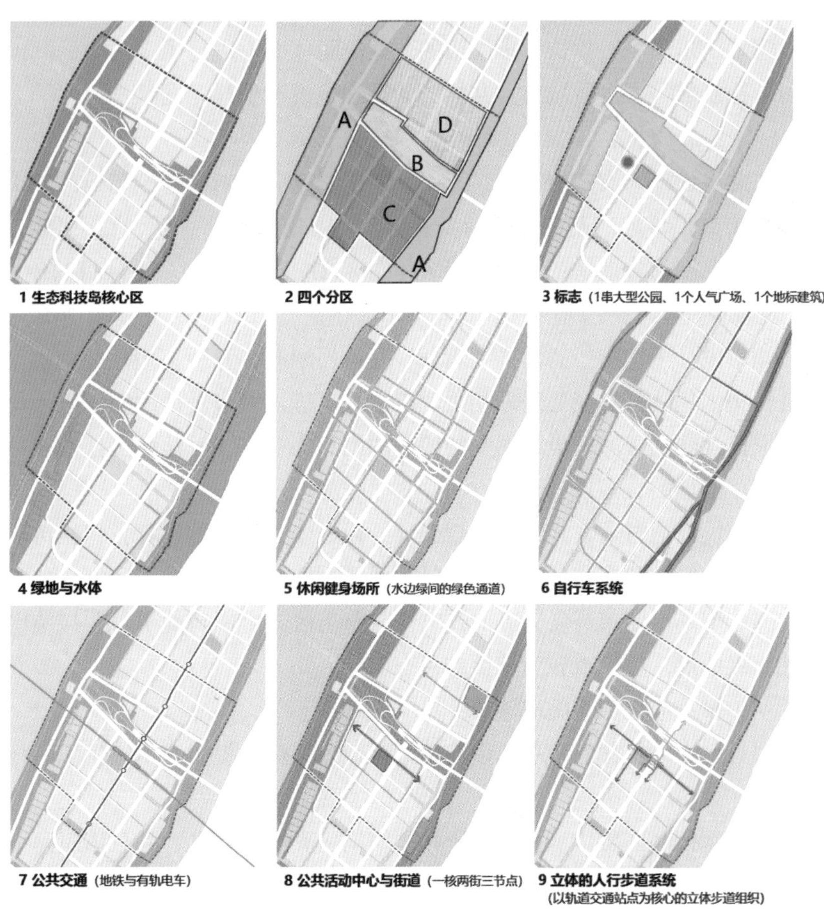

图 8–25　城市设计结构性要素分析

图 8-26 中央公园东南视角鸟瞰图

②城市形态与整体风貌控制（感知与城市类）

为了在核心区打造鲜明亮丽的形态标志，但又不破坏其生态基础且能融入城市文脉背景，设计从形态轮廓、地形地貌、街道界面等层面提出了风貌控制专题的形态策略。

塑造整体风貌：作为南京滨江发展带天际线的重要构成，江心洲中部核心区重点塑造和缓的峰峦型沿江轮廓。城市设计通过一系列沿江空间形态的三维模拟分析，进行核心区高度分析与比较，及整体风貌的控制与引导。同时充分考虑土方平衡、水系高程等因素，通过竖向设计处理基础设施与地形地貌的协调关系。

完善街道体系：建构了多层级的公共空间体系，进行了多类型的滨河空间设计，并通过重要风貌控制带、公共步行控制带等，进行城市公共界面的精细化设计引导（图 8–26）。

（3）专管研究

在此次设计与实施的对接过程中，应用了意向清晰、管控高效的城市设计图则编制方法。在南京市城市设计图则相关成果标准的基础上，结合项目特点，通过 5 个总项、13 张图，对核心区建设开发形成有效管控，并落实在地段总则与分地块图则两个层级（图 8–27、图 8–28）。该项目的创新与特色主要体现在以下方面。

①多专业合一的工作流程

城市设计工作与控制性详细规划、交通规划同步开展，相互配合协作。如城市设计通过形态试做，对控规指标进行精细化验核；交通规划相关要求也落实进入城市设计编制成果。最终城市设计以中部核心区专篇形式融入控制性详细规划，城市设计图则与控详图则互为补充，对地块出让形成精细化控制引导（图 8–29）。

②可落地的城市设计管控方法

城市设计通过从设计结构构想到管控规则建立的完整过程，将城市设计意图落实到管控方法中，管控方法由硬性的三维管控盒子与软性的环境风貌引导共同构成，并结合国家与地方建筑规范要求，对建筑退让用地红线距离、多层与高层建筑高度、界面连续性、跨街区的空中与地下可连接范围等形成较为硬性的形态控制，对界面公共性、界面形式等形成较为软性的形态引导。

（4）设计成果与实施成效

通过对设计目标的专项解读与精细化设计策略的提出，本次生态科技岛中部核心区的设计成果主要由两大部分构成：

①中部核心区整体城市设计：在“结构—类型—要素”的总体思路下，通过多个层级的形态设计，搭建了该地段城市形态的基本结构与规则，梳理各系统的基本要素与类型。进而针对该地区特点，展开五项专题设计：步行优先、绿色交通的示范区；和缓的峰峦型沿江轮廓，清新亮丽的整体风貌；蓝绿交融，汇聚于公园的宜人街道体系；基础设施与地形地貌的有机整合；以及意向清晰、管控高效的城市设计图则编制方法研究。

②城市设计地块图则编制：为将城市设计意图落实到实际管理中，结合实际土地出让情况，编制了城市设计图则，并开展了多年的跟踪服务。形成的图则编制成果被纳入土地出让条件，作为指导该地段基础设施和用地开发建设的依据，并取得了良好效果。

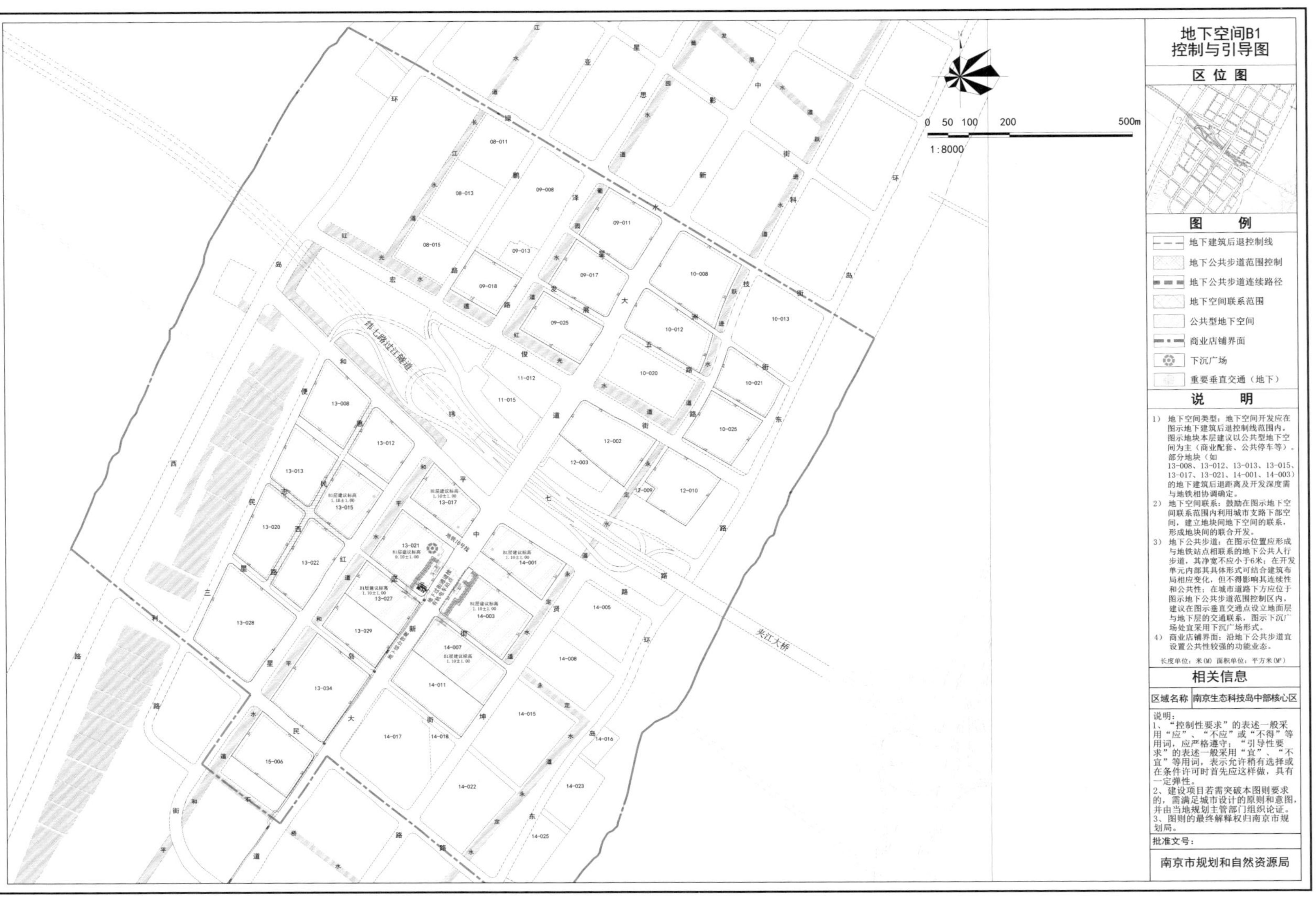

图 8-27　城市设计地段总则

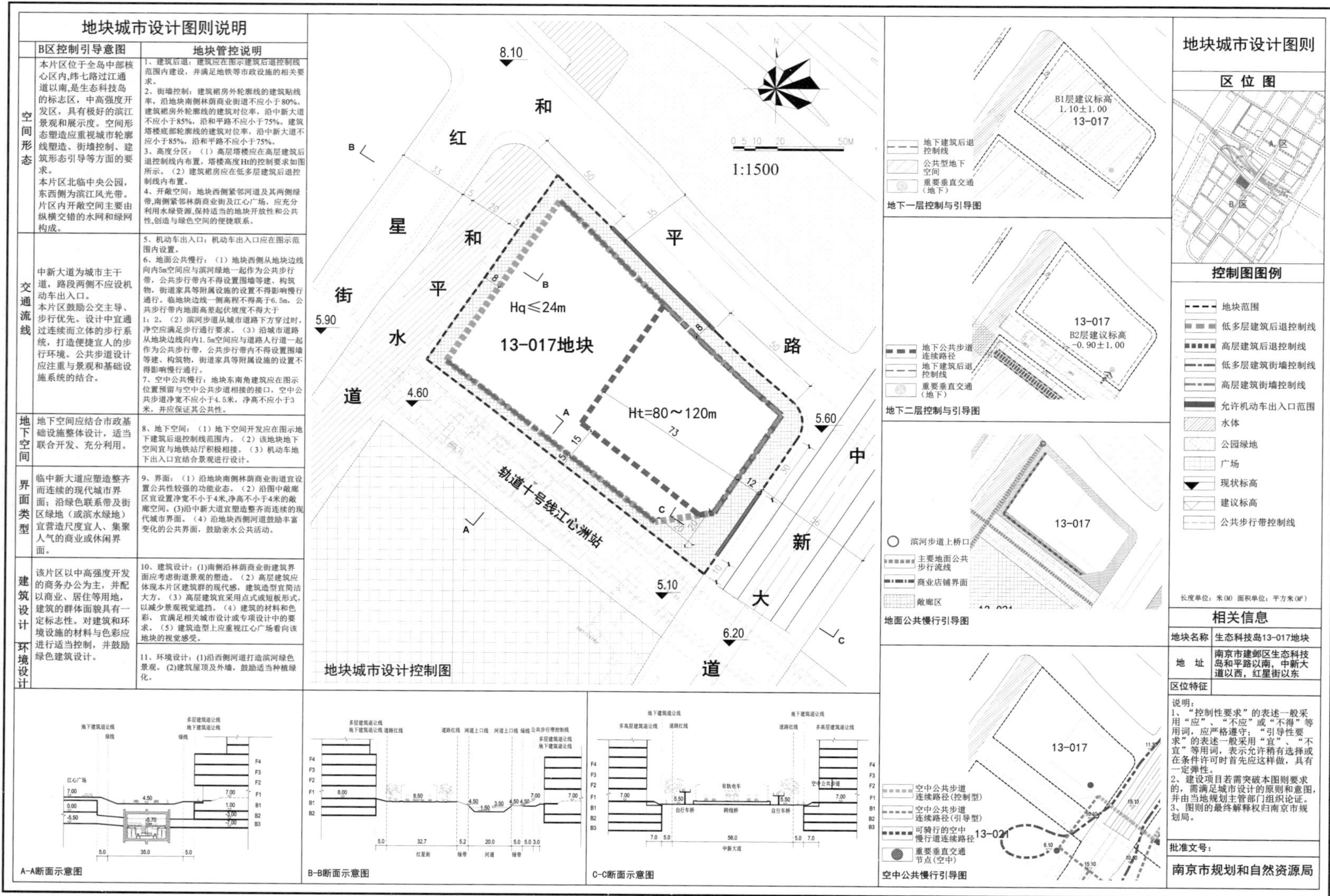

图 8-28 城市分地块图则

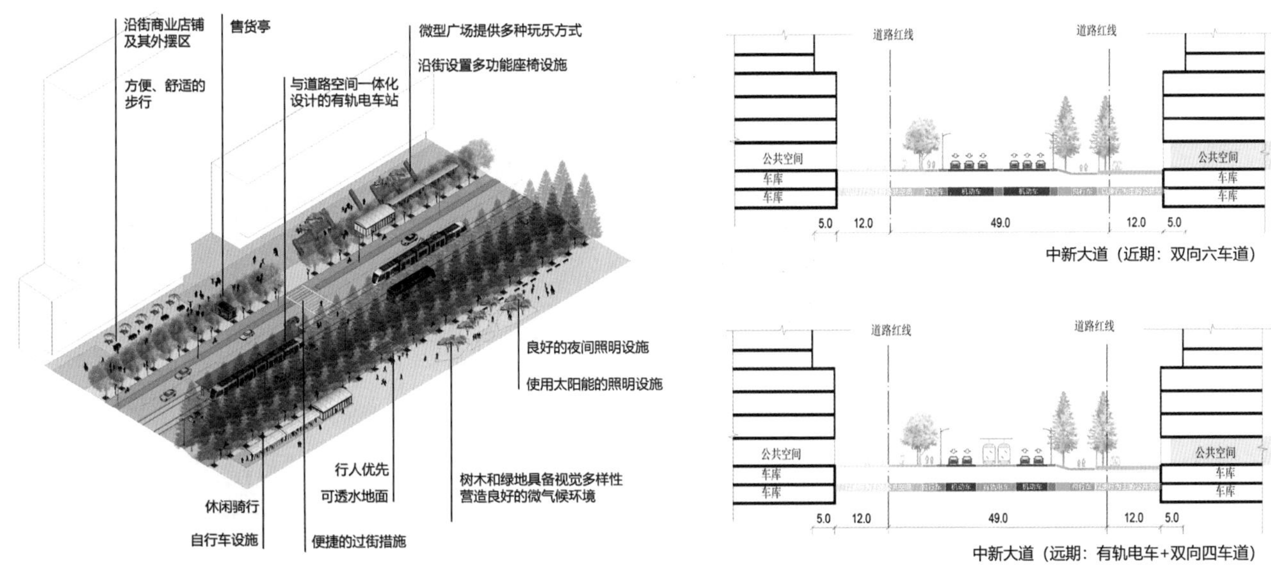

图 8-29　中新大道近远期断面建议

8.2.4　重庆巴南惠民片区精细化城市设计

阅读提示：

本案偏重于以人为本的生态城市设计，紧扣“生态”专题，根据人群的多维度需求进行“产业、生活、游憩”的多层次场景营造设计，形成紧扣“专题”的若干针对性“专策”，将城、镇、村的场景体系投射到空间本底，形成了构建自然生态智慧城市的精细化设计方法。

设计概述：

项目位于重庆市巴南区的惠民片区，是重庆东部生态城“一江十脉、三带七群”山水田园都市空间格局中的重要组成部分，是巴南区发展战略重点中惠民智慧总部新城的重要功能承载地。设计以“人”为核心，立足自身优势、注重区域协同和差异化发展，研究谋划新时代背景下重庆市巴南区惠民片区的发展愿景，并且围绕智慧总部经济园区的建设，重点打造“智慧创新”的生态产业社区场景，描绘“诗意栖居”的未来生活场景，展现“青山绿水”的生态游憩场景，建设生态价值新标杆（图 8-30~ 图 8-32）。

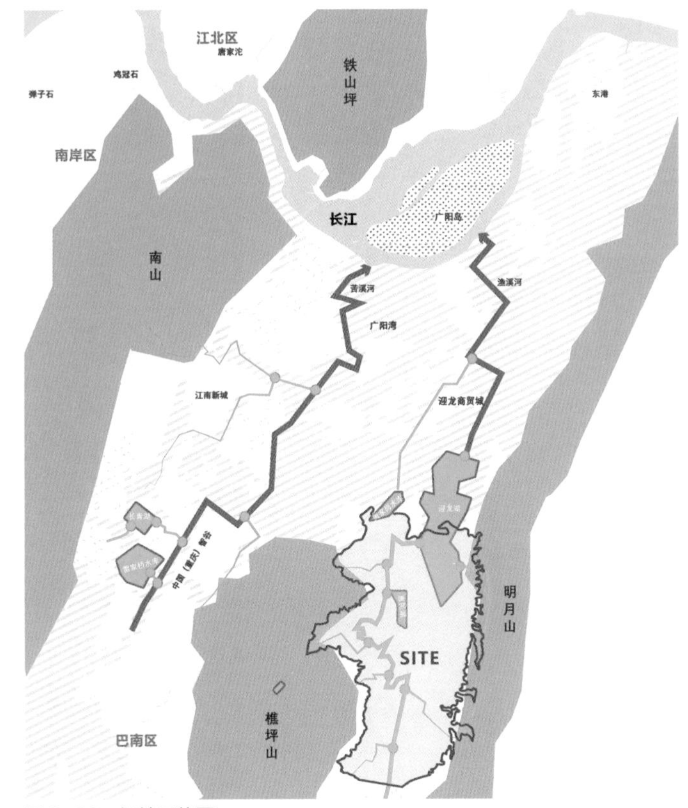

图 8-30　场地区位图

图 8-31 首开区鸟瞰图

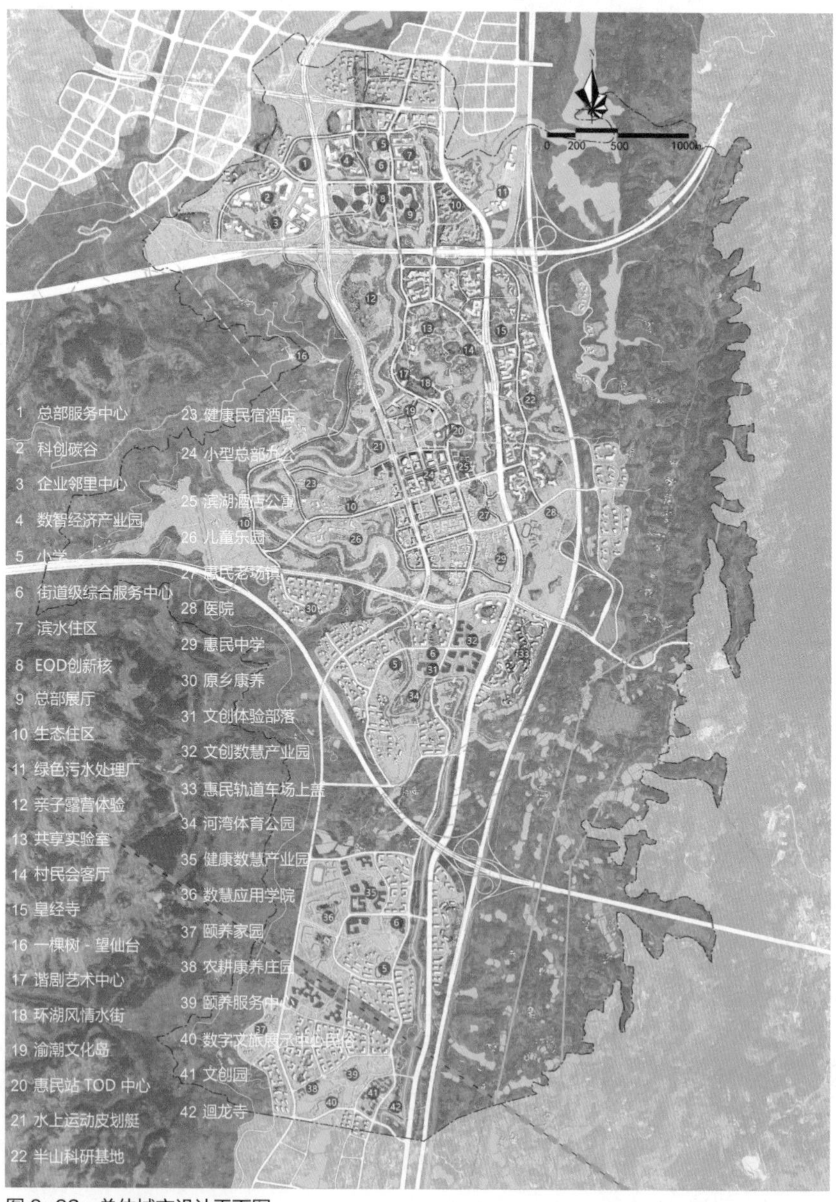

图 8-32 总体城市设计平面图

设计的总体城市设计范围包含东至明月山“四山”管控区范围线、南至忠兴、西至樵坪山山体保护线、北至惠民街道界，面积约 24km^2；详细城市设计范围包括首开区（1.8km^2）与惠民湖周边区域（3.1km^2）。基地内重要的湖水有迎龙湖和惠民湖，惠民湖位于设计范围中部，面积为 9.21hm^2。

（1）关键问题与设计目标

依据城市发展的定位与目标，精细化城市设计在总体城市设计的系统框架下，进一步细化重点地区的空间设计，并指定了以下设计目标与设计原则。

①生态优先、绿色发展。坚持绿水青山就是金山银山，尊重自然生态本底，突出产业小镇特点，推广绿色低碳技术应用。

②创新驱动、“四化”赋能。聚焦生态、聚焦智慧、聚焦创新，面向未来产业、未来生活、未来风景，通过数字产业化、产业数字化，生态产业化、产业生态化，以智慧创新驱动绿色转型，实现绿色低碳循环发展。

③以人为本、场景营城。规划以“人”为核心，突出儿童友好，运用场景化规划方法，融入“住、业、游、乐、购”全场景集，充分展现“青山绿水”的生态游憩场景、“诗意栖居”的未来生活场景和“智慧创新”的生态产业社区场景。

④区域协同、城乡融合。从全局谋划一域、以一域服务全局，落实东部生态城规划要求，提出既具有先进理念又同时兼顾片区现实情况的城市设计方案，加快建设城乡融合发展先行区，促进城乡共生，与自然山水有机融合。

（2）专题与专策研究

面对场地背景中地形复杂、生态敏感、用地破碎、拓展受限等问题，设计从感知、效益、行为、交通四大专题展开精细化的设计专策研究。

①保持原真生态，构建城市景观视廊（感知与城市类）

分类利用地形，营造动植生境：设计基于地形和聚落建设特征，规划将范围内土地分为山体余脉、连续低丘、独立小丘和塘谷微丘四类，并提出分类利用指引。山体余脉可以构建上居下憩，上产下服模式，其中道路、用地宜选择余脉中部，临水宜用作服务和游憩功能，临山宜为居住、产业功能。连续低丘可以构建丘顶分台布局的原则，通过建筑强化丘陵山势。独立小丘建议结合公园、地块进行刚性控制，后期建设需保留丘顶。塘谷微丘建议弹性控制丘陵地貌，地块内可场平，也可保留；与此同时，设计以保留的山丘为基础，恢复多样化的植被，营造具有生态功能的开放公共空间，建立由“生态斑块—节点枢纽—区域枢纽”三级构成的生态空间体系。生态斑块可以通过海绵式雨洪系统减少城市内涝灾害；节点枢纽是处于生态廊道和城市生态连接的节点；区域枢纽则是整个区域生态群落的重要栖息地（图 8–33）。

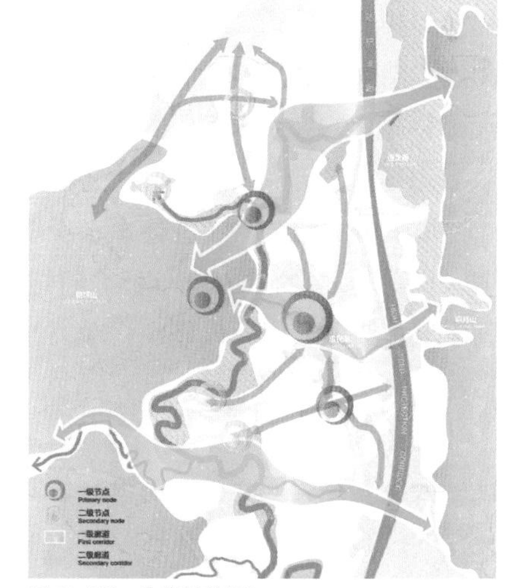

图 8–33　生态结构图

构建城景视廊体系：由于基地山水特征明显，沿樵坪山七条余脉深入基地内部，形成以余脉为中心，基地东向环抱的格局，余脉顶部视野十分开敞，具有独特的标识，适宜形成连续眺望点。因此设计依托综合可视评价，以评价结果为基础，结合景观价值确定主要视点，对视点进行视线分析，构建视景体系。其中包含 7 大山景视点、10 大地理标志、11 条景观视廊。围绕樵坪山的 7 个山景视点，构建出放射环顾的城景视廊体系，统领整个新城。重点环绕望仙台形成六大地标：总部服务中心、EOD 创

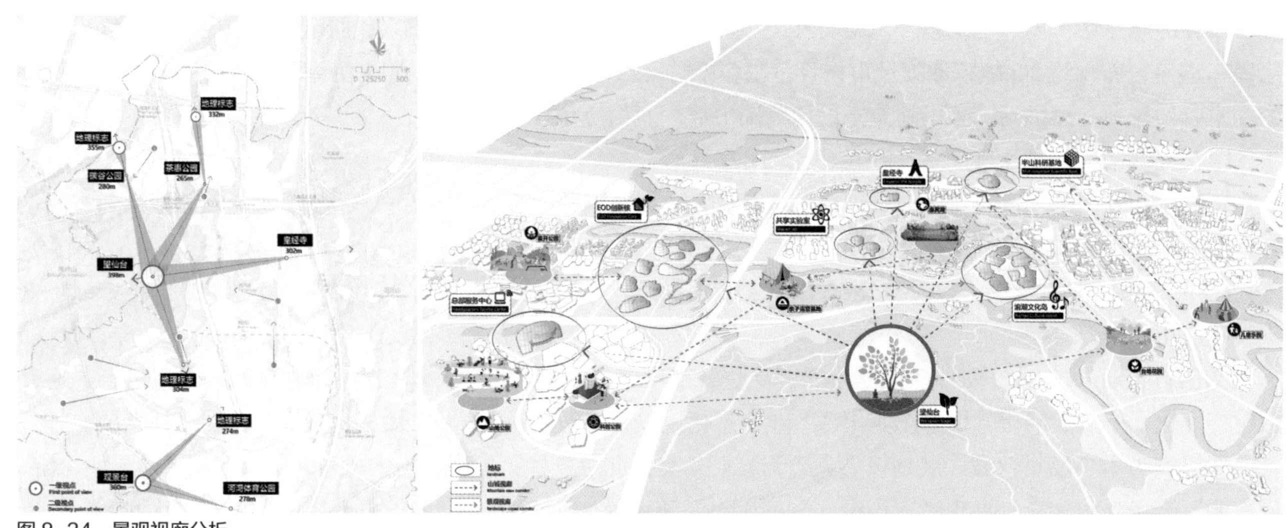

图 8-34　景观视廊分析

新核、皇经寺、共享实验室、渝潮文化岛、半山科研基地等，巧妙描绘出一幅环山四望、回澜拱秀的山水画境（图 8-34）。

②功能复合多元，组团进阶生长（效益与城市类）

构建四大产业集群：本次规划以数字、智慧两大核心产业，形成科技共享湖、总部生态城、原乡栖息地、智慧宜居区等四大产业集群，带动周边原乡村落融合发展。在传统商住混合用地基础上，针对未来多样需求，增加混合用地类型，分别为商业商务主导混合用地、居住主导混合用地、产业主导混合用地和轨道上盖混合用地四种类型，主要分布在组团核心、TOD 站点周边、创新产业园区及轨道车辆段用地。每种混合用地给出 3~4 种正面清单用地性质，规划不同性质功能的建筑面积比例范围，在提供混合和活力的土地利用前提下保障开发建设的可行性。

组团式动态进阶发展：基于不同情境下规划范围内土地开发价值评价结果，规划采取“动态进阶”的发展方式回应土地价值动态变化：近期结合重庆东站枢纽及规划范围内北侧道路等基础设施的建设完成先行启动生态总部组团；随着轨道 27 号线惠民站开通以及市政路网逐步完善，中期阶段城市开发建设重点逐步转移至轨道站点和惠民湖周边，形成综合功能组团，带动东侧明月山麓原乡功能提升；远期阶段南侧两组团建议借助独特的生态资源和完善的公共服务，数慧健康组团、数慧农旅组团适时启动（图 8-35）。

③尊重人群需求，营造活力场景（行为与城市类）

形成分级化公共服务体系：规划公共服务设施以鼓励步行出行、社区体验为导向，服务人口主要考虑规划新增人口及基地现状居住人口，同时兼顾周边区域人群需求，按照“城市—街道—社区”三级公共服务进行布局。其中城市级公共服务设施步行距离约 30min，街道级公共服务设施步行距离约 15~20min，社区级公共服务设施步行距离约 5~10min。

构建城融于景的泛公园体系：基于基地原乡山水的环境特质，设计提出构建包括“山野公园—综合公园—社区公园”三类的泛公园体系，呈现城景相容的新面貌。针对滨水空间的设计，营造出生态栖息与人文活力交错共存的多彩缤纷水岸：以渔溪河、惠民湖以及渔溪河支流形成四种不同的水岸场景，分别为原乡生态场景、低碳创新场景、城市活力场景、宜居生活场景。

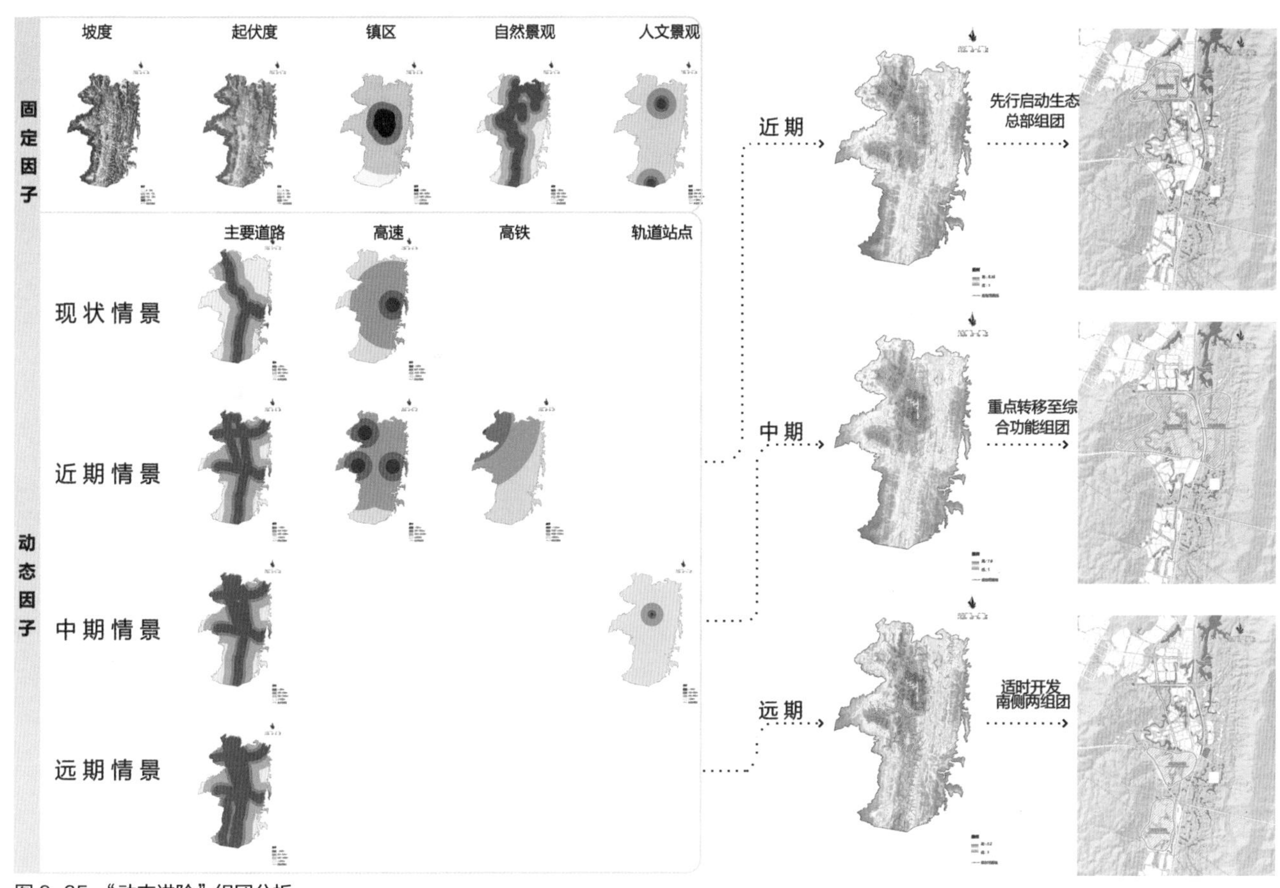

图 8-35 “动态进阶”组团分析

营造开放的多元文化场所：设计充分尊重基地浓厚的历史底蕴和“惠及万民”的文化精神，构建完整的公共空间体系，营造开放的多元文化场所，助力区域创新发展。针对公园游憩、青年潮流、儿童娱乐、运动健身、人才交流、寺庙祈福六种主要人群活动需求，打造相适应的公共空间，实现文化赋能，提升区域活力。设计根据惠民地域的气候特征，充分挖掘民俗文化资源，策划多样节庆、赛事、团体活动、主题购物等，打造全年全季都市生活核心，提倡全季节皆可畅游，全业态皆可体验的现代化活力片区。设计结合串山连水的漫游体系，策划出 3 条网红动线以及 8 大景点，包括一树观仙、渔溪探汀、惠民夜畔等，开启了引人入胜的景城体验（图 8-36）。

④搭建快接骨架，实现绿色出行（交通与城市类）

顺应地形，搭建骨架：由于基地内刚性限定要素对场地分割较为严重，其中主要包括百年一遇洪水线、历史文化传承、不可更改道路、交通设施以及高压线、长输管线、区域输水管线等。为实现各组团的无缝衔接，规划区提出“五横两纵”的干路网骨架，通过横、纵向路网的贯通，为整个片区创造了良好的交通基础。

快慢公交、多元交通：公共交通将是未来规划区的主要出行方式。设计希望建立多模式的公共交通系统，提出了结合轨道 27 号线、快速公交、mini 巴士、城市绿道等四种类型的综合交通体系。通过轨道 27 号线的站点，建立公共交通的中心节点，并和快速公交、mini 巴士、城市绿道等形成多模式的换乘节点。快速公交作为南北部的主要的区域交通联系轴线，mini 巴士将衔接各个组团中心，提供中心区各重要场所之间的便利联系，而城市绿道则是提供组团内部骑行、步行交通。（图 8-37）。

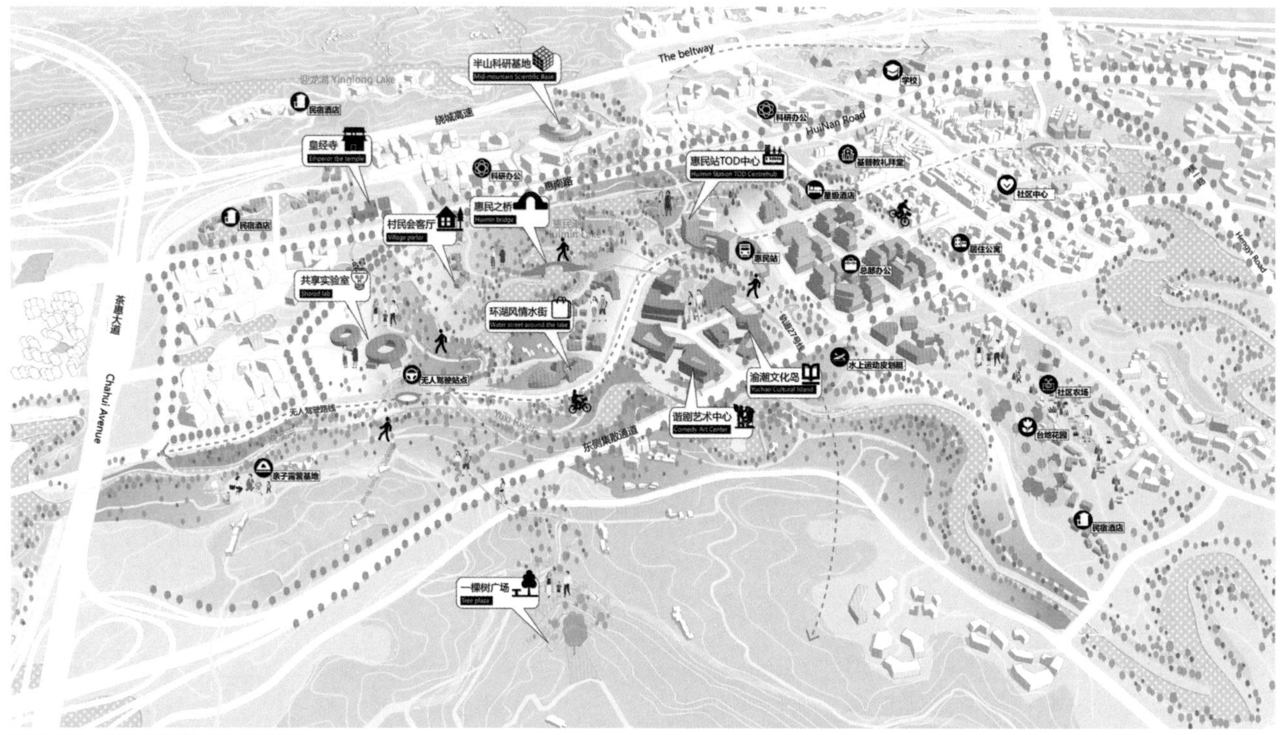

图 8-36　首开区功能分布轴测图

（3）专管研究

①从目标到示范的动态进阶路径：此次设计管控分为五个阶段：片区策划、控规调整、项目设计、项目施工、片区运营。设计管理从设计前期就开始介入，以目标与体系为准则，形成一体化、智能化的设计与管控。同时分期建设智慧城市运维及治理平台，中短期建立基于 BIM 技术的城市智慧碳排放治理系统，接入巴南区 CIM 平台或惠民新城 CIM 平台，中长期集成惠民新城城市智慧运维平台（图 8-38）。

②全覆盖智慧运营系统：通过“城市大脑—智慧驿站—智慧场景”的三级智慧运营系统，实现生活—生产—生态智慧全覆盖。城市大脑：基于数字孪生技术搭建“三生”智慧平台。智慧驿站：结合社区家园搭建，主要面向入驻企业及周边居民提供城市地理空间大数据查询导览、企业个人办事问询、商业消费及报警安全等数字化服务。智慧场景：针对线下特定场景，通过 5G、人工智能、云计算等技术，智能匹配居民需求与场景相关服务，包括智慧交通、智慧社区、智慧文旅、智慧学院、智慧公园等。

（4）设计成果与实施成效

设计按照新城“缓慢启动、中期快速拉开框架、远期平稳推进建设”的规律，预设启动年均建设速度为 0.5km^2/ 年，中期 1.0km^2/ 年，远期 0.8km^2/ 年。计划：三年启动，树立绿色科创新形象；五年成片，创造绿色生活示范；十年成城，建成生态智慧总部城。在经济效益层面，一级土地出让效益与成本基本持平，后续综合收益可达约 41.6 亿元；社会效益层面，可新增商业商务 97.1 万 m^2，公服配套 16.7 万 m^2，产业 70.8 万 m^2，总共可新增就业岗位约 33000 个。

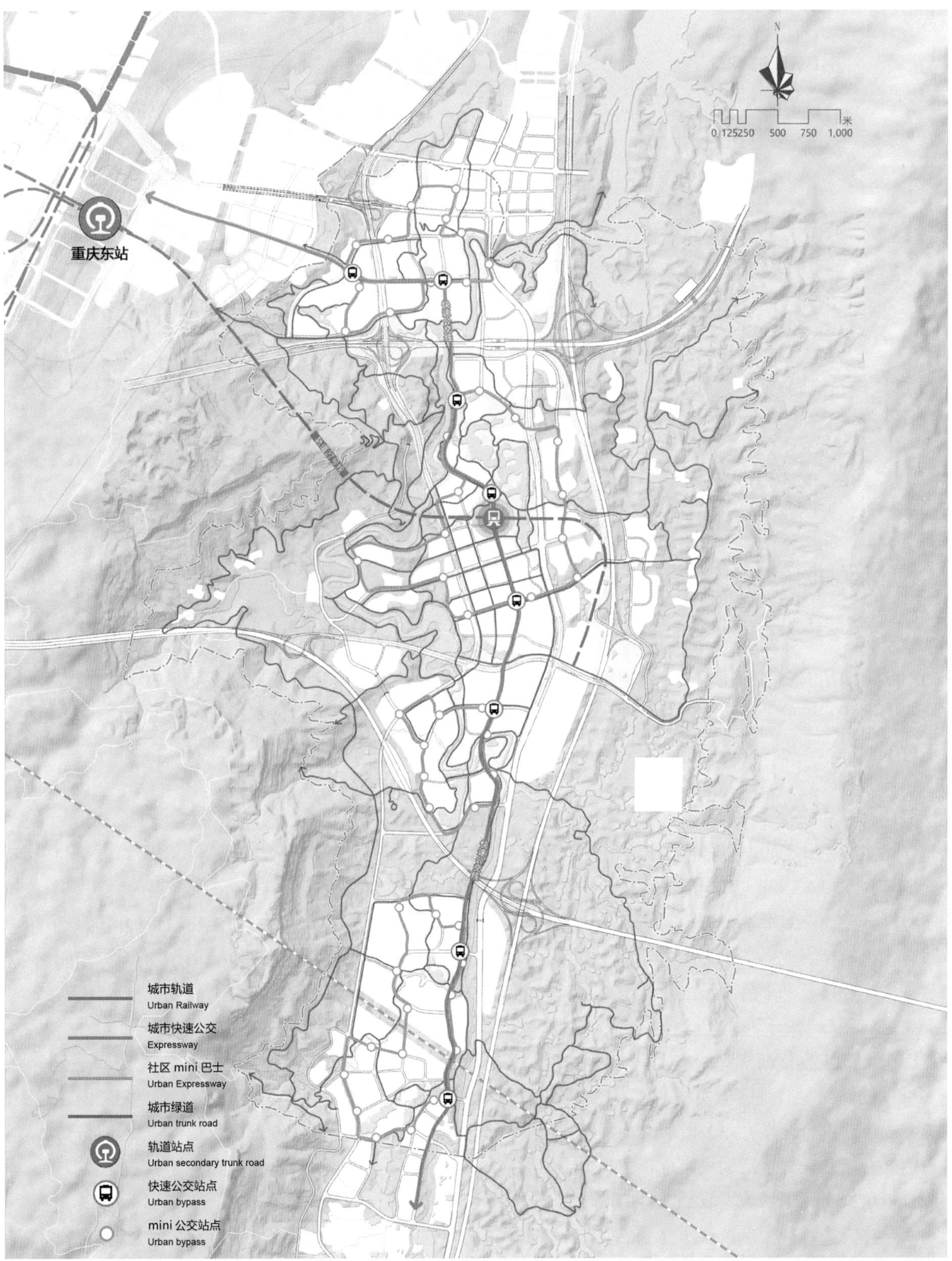

图 8-37　绿色出行规划图

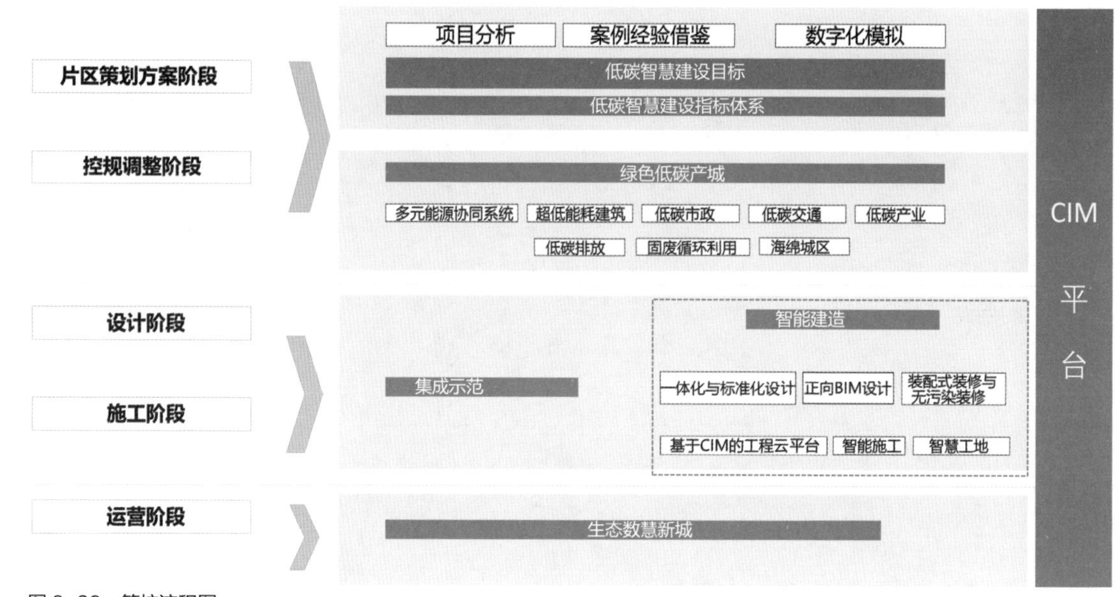

图 8-38 管控流程图

8.2.5 杭州西站枢纽地区核心区精细化城市设计

阅读提示：

交通枢纽地区是需要精细化城市设计的重要区域之一。针对城市大型交通枢纽地区要承载的功能和解决的问题都有哪些，哪些实施的矛盾焦点需要前置研究，可以作为本案例研读的重点。从本项目出发，横向比较国内其他省市大型交通枢纽区域，我们可以发现一些共同共通之处，有助于对于精细化城市设计方法，尤其是其中专策纵深的意义加深理解。

设计概述：

杭州西站为长三角东部核心交通节点之一，对外连接合杭、湖苏沪、杭黄等干线铁路，将实现杭州与上海、南京、合肥等区域战略性节点城市间的直连直通，有助于发展杭州都市圈、建立长三角综合交通系统。与此同时，杭州西站铁路线路高可达范围内有丰富的名城、名江、名湖、名山等旅游资源，将使长三角地区间形成生态旅游长效合作机制，形成一条世界级的黄金旅游线。西站枢纽地区位于杭州“一主三副六组团”的余杭组团内部，是城西科创大走廊以及未来科技城的重要组成部分（图 8-39、图 8-40）。

（1）关键问题与设计目标

站点综合枢纽正在逐渐成为城市发展的核心动力。作为面向未来的超级城市综合体，如何实现交通、产业、经济等多维度的站城融合是区域发展的核心要点。因此，设计依据核心问题制定了综合、高效的交通枢纽组织、理性而充分的产业综合开发，以及既有江南气质又具未来感的空间营造的目标，希望将西站枢纽片区打造为站城融合的典范区及未来美好生活的城市样板。

①综合枢纽：支撑区域协同发展，打造城市目的地

杭州西站将成为承载大量长三角客流的引流中心，因此西站枢纽片区须深度挖掘综合开发潜力并布置相关功能业态，以满足商务同城、旅游同城、职住同城的需求，为长三角区域协同发展提供重要支撑。同时作为重要的

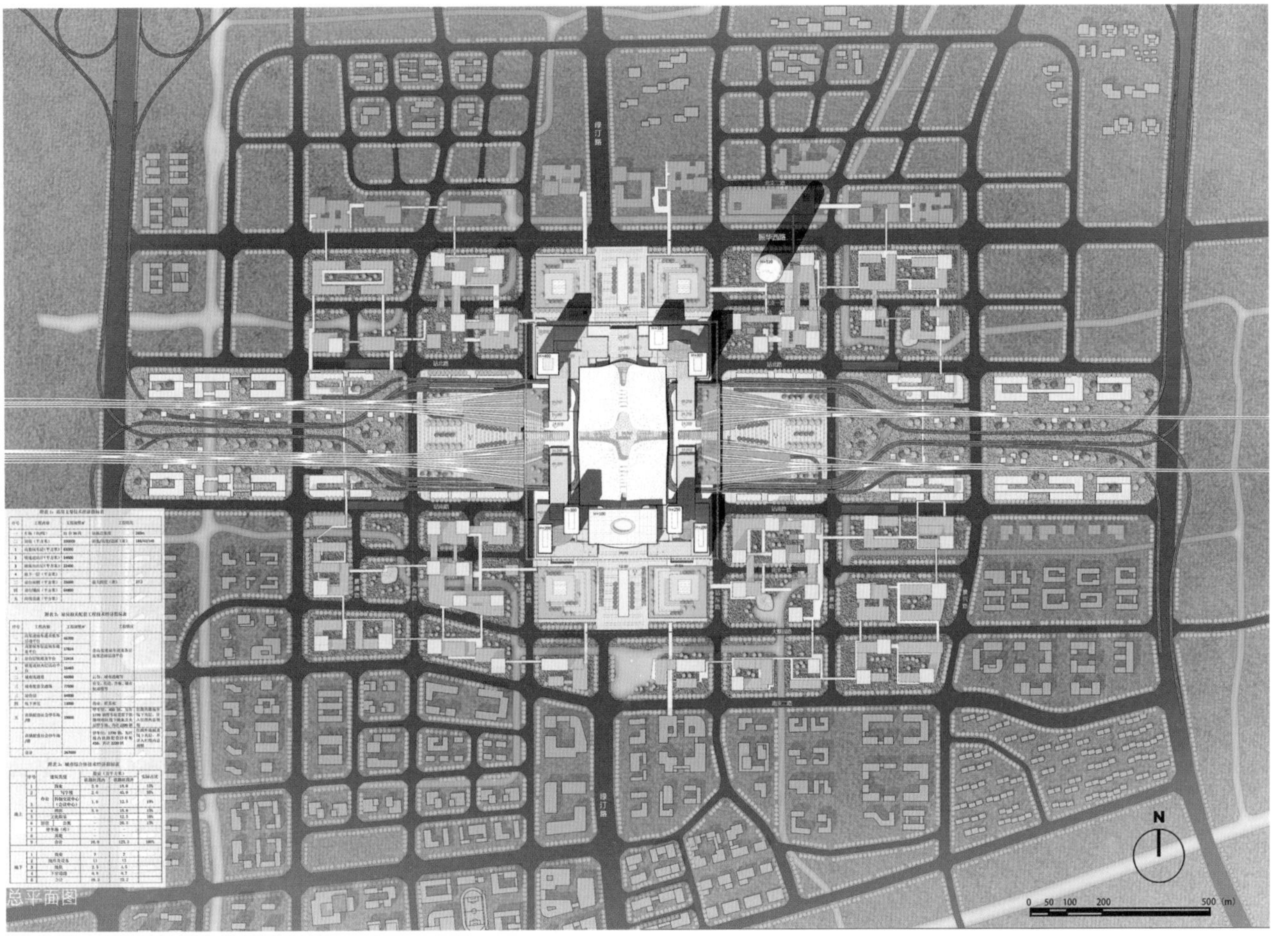

图 8-39　杭州西站核心区总平面图

枢纽节点，除了提供便捷高效的交通服务，枢纽片区还应打造成为具有复合功能及高品质公共空间的城市目的地，引领区域发展。

②产业引擎：促进产业联动，均衡城市发展

杭州西站枢纽片区处于城西科创大走廊的重要节点，应充分发挥高铁与轨道交通内外双向的连接优势，集聚高能级创新服务、公共服务和商业商务功能，建设区域性综合服务中心，成为科创大走廊的发展引擎。并且通过铁路枢纽汇聚各类创新资源要素，向周边区域辐射，使西部区域成为杭州市的新“增长极”，从而均衡城市发展态势，提升杭州城市的总体张力。

图 8-40　杭州西站区域鸟瞰图

③旅游旗舰：打造城市地标，塑造景观节点

作为长三角及杭州市旅游线路的重要节点，以杭州亚运会为重要契机，西站枢纽片区在促进高铁覆盖区域的旅游发展的同时，也应充分打造为城市地标，提供展示城市魅力的窗口，向全社会展现杭州地方文化与城市精神。并且将枢纽片区塑造为城市景观节点，营造独属于杭州西站的城市记忆。

（2）专题与专策研究

为实现“云之城”的整体愿景，以及综合枢纽、产业引擎、旅游旗舰的具体目标，杭州西站枢纽片区将通过创新交通、复合功能、城市形象等专题及相应策略，以站城交通有效分离和多维联系为基础，合理进行片区产业定位及复合功能设计，并塑造具有地域性、标识性、阶段展示性的城市形象及空间，将站融于城、将城合于站，实现站城高度融合。

①创新的交通形式（交通与城市类）

城站交通有效分离：为解决站体与城市空间车行客流在站域的城市空间中发生流线交叉问题，设计在区域交通范围将进站与进城交通独立设置，使进站与进城车流在客站外围分离，互不干扰（图 8–41）。并且设计地下环路与地面道路分离，使地面道路服务进站车流，地下环路服务站区综合体车流分离。此外，将客站四角综合开发及站前综合体云门的落客流线独立设置，避免与客站流线混杂。

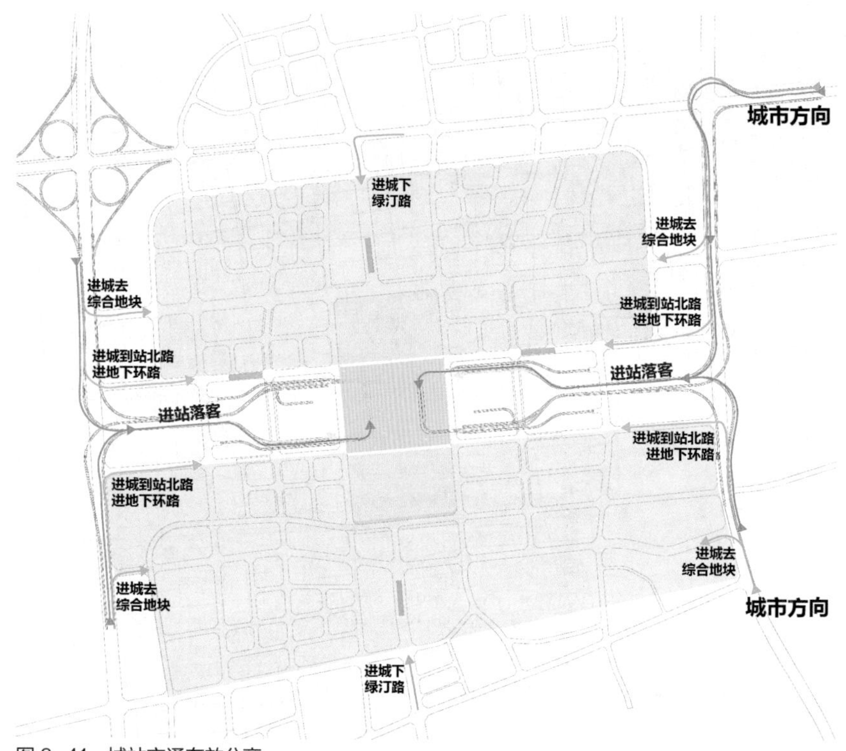

图 8–41　城站交通有效分离

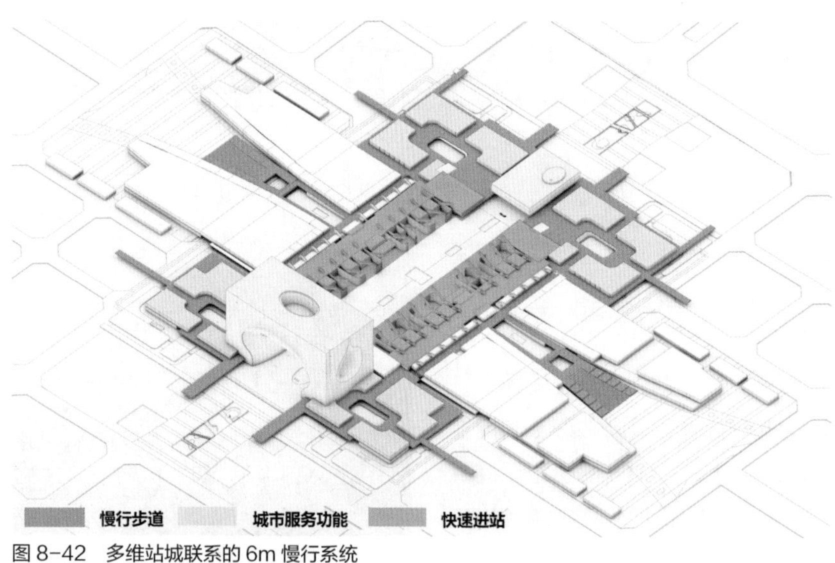

图 8–42　多维站城联系的 6m 慢行系统

立体多维站城联系：同时又为了实现客站与周边城市综合开发形成多维度、多层次的联系。在地面广场层，出站层城市通廊可连通外部综合开发及城市空间；在 6m 高架层，以枢纽综合体为核心构建了区域高架慢行系统（图 8–42），可联系客站快速进站层与城市开发，构建连贯的步行友好环境；在高架候车厅夹层，空中景观慢行道可联系候车厅夹层与雨棚上盖开发及四角城市开发。

②复合的城市功能（效益与城市类）

确定适宜的综合开发体量：为按照长三角一体化发展的需求，尽可能满足不同使用群体对城市空间的需求，

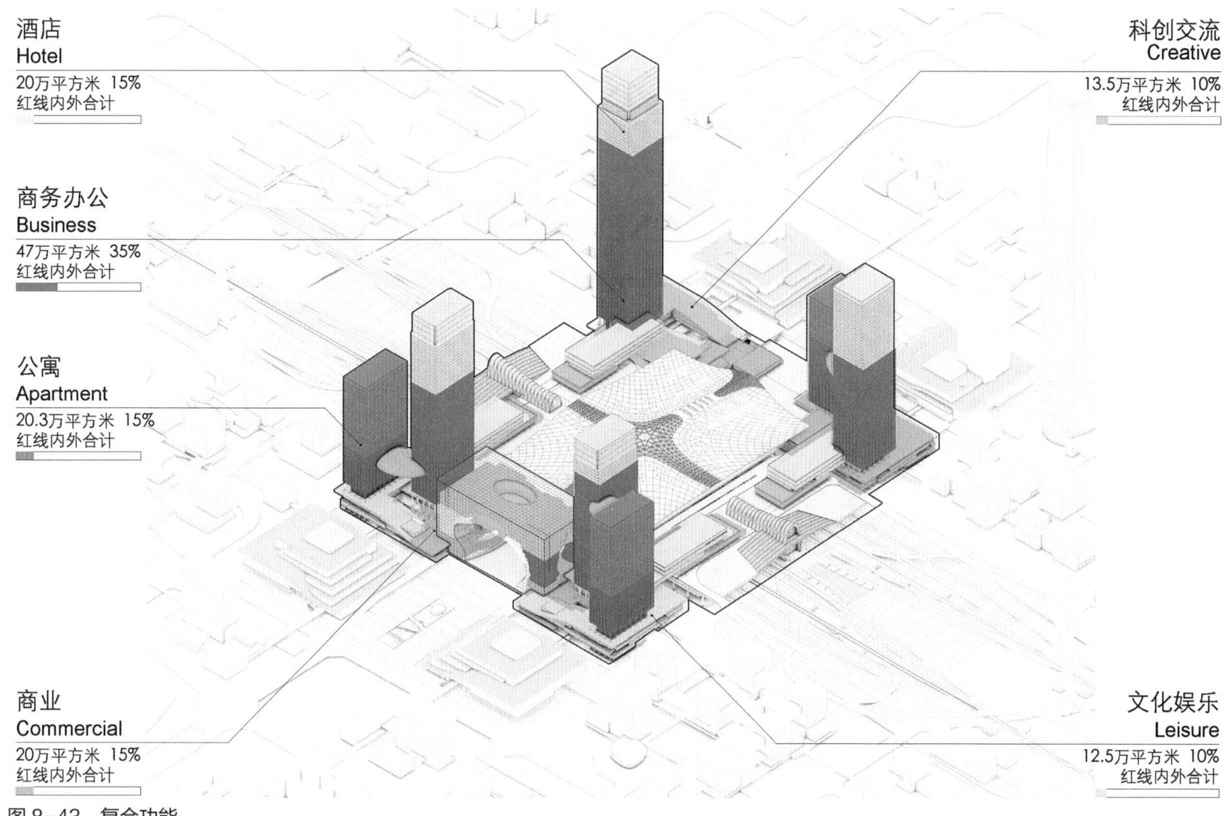

图 8-43　复合功能

实现社会效益的平衡。设计对周边城市不同能级与可达性进行量化研究，细化高铁区域城市功能需求，并以此为依据规划综合体的功能布局。分别通过商务同城、旅游同城、职住同城的需求分析得出枢纽核心区综合开发的体量。

打造复合功能的活力中心：设计研究从产业及业态定位出发，面向高新人群的需求定位，挖掘城西的创新优势，引入商务中介服务，提供商务办公功能，完善创新的全体系技术支持；搭建信息服务平台，创造云厅发布中心、云会议中心、科创交流中心等，使之成为地区创新资源与长三角智力网络的链接节点；并引入体验性商业、文化娱乐、酒店、公寓、科技展览、公共空间等功能，使得整个枢纽成为经济活力中心（图 8-43）。

塑造生态的高铁城市公园：杭州西站枢纽片区作为城西生态景观带上联系周围各景点的重要节点，在满足交通效益、经济效益、社会效益的同时，也需要综合考虑其环境效益。一方面，需要承担“呼应山水，沟通南北”的景观作用，另一方面其本身也需要打造为城市特色公园。设计通过站前广场景观、客站综合体裙房屋顶绿化景观等，塑造具有高度生态性、现代性的杭州城西的景观风貌。

③鲜明的城市形象（文化与城市类）

塑造标识性的城市群落：杭州西站作为城市西区的城市核心，应塑造区域标识性，传承并构建文化，从而成为杭州的城市新门户。建筑群体以“云”的形象出现，“云”既呼应了杭州独有的山水格局及江南意向，又象征了城西科创大走廊的科技精神（图 8-44）。通过建筑群体立面、造型、

图 8-44　杭州西站片区南立面图

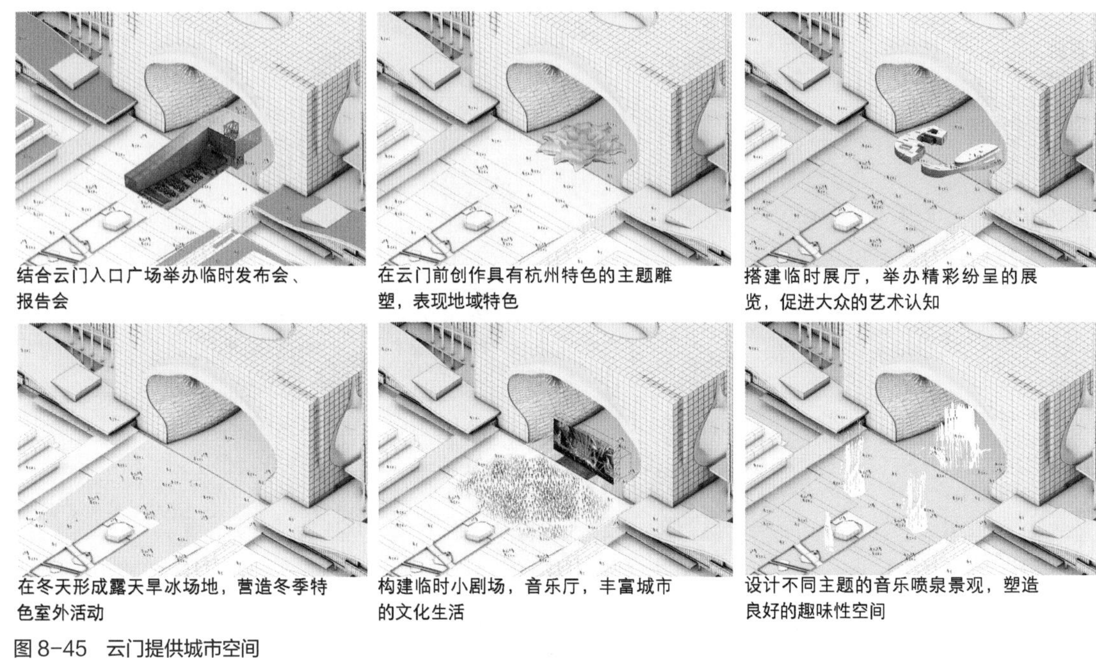

结合云门入口广场举办临时发布会、报告会
在云门前创作具有杭州特色的主题雕塑，表现地域特色
搭建临时展厅，举办精彩纷呈的展览，促进大众的艺术认知
在冬天形成露天旱冰场地，营造冬季特色室外活动
构建临时小剧场，音乐厅，丰富城市的文化生活
设计不同主题的音乐喷泉景观，塑造良好的趣味性空间

图 8-45 云门提供城市空间

体量等，塑造出具有科技感的现代江南城市聚落，形成既具传统意味、又有未来感的城市空间形象。站前综合体“云门”作为城市精神场所，充分并且与西站站房及周围建筑群一同构成了协调的城市空间整体。云门的造型具有地域性及科技感的同时，提供了标志性、公共性、开放性的城市空间，其广场可植入不同的城市主题活动。并且通过室内空间的开放性、共享性、通透性设计，充分实现了城市公共属性（图 8-45）。

8.2.6 四川省富顺县古县城文庙–西湖片区项目改造和风貌塑造精细化城市设计

阅读提示：

在城市更新过程中，小到一个街区，大到一个新城，均是从基础的物质条件不能满足城市发展需求起始，最终落于城市的物质、精神资源的全面提升。本案以县城旧城区为对象，探索老城复兴（包含城市环境、生活水平、经济发展、文化身份和地位复兴等）的空间整合设计策略。在项目研读过程中，可以思考整个过程中，涉及的多种限制与多方诉求。城市更新活动就是在多方面的困难和需求中寻找问题，厘清主要矛盾和次要矛盾，近期任务和远期目标，新的城市空间就是在多方探讨和博弈的过程中得以实现。

设计概述：

四川省富顺县历史悠久，其旧城（即古县城）位于县中心城区沱江半岛内，历史人文和自然景观资源丰富，其中西湖①、文庙②为最（图 8-46、图 8-47）。钟秀山、五府山、神龟山、玛瑙山与西湖、沱江等构成了“四山一湖一江”的自然景观环境，文庙、千佛寺、烈士墓、刘光第墓、钟鼓楼、罗浮洞等历史文化遗产环西湖星罗棋

① 富顺西湖位于旧城中心，原是钟秀、神龟、五府、玛瑙“四山”雨水汇流的自然洼地，形似如意，早在宋代即已疏凿，素以夏季赏荷闻名。川中素有“天下西湖三十六，富顺西湖甲四川”之美誉。

② 富顺文庙位于旧城中心南侧，轴线正对沱江，始建于宋代。在四川省所有文庙中，富顺文庙以其建筑规模、保存完好以及独特的建筑、雕刻艺术而著称。抗日战争时期曾被日军部分炸毁。1980 年、2001 年，富顺文庙先后被列为四川省、全国重点文物保护单位。

图 8-46　富顺县旧城现状航拍

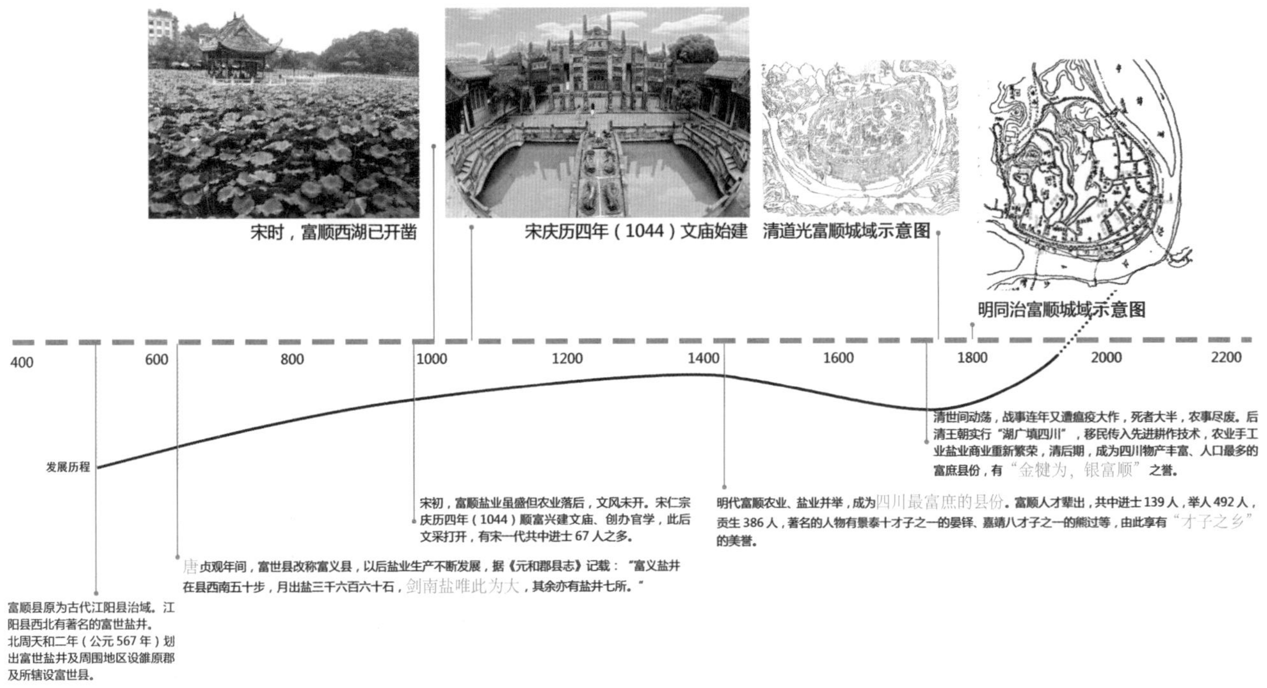

宋时，富顺西湖已开凿
宋庆历四年（1044）文庙始建
清道光富顺城域示意图
明同治富顺城域示意图
400
600
800
1000
1200
1400
1600
1800
2000
2200
发展历程
富顺县原为古代江阳县治域。江阳县西北有著名的富世盐井。北周天和二年（公元 567 年）划出富世盐井及周围地区设雒原郡及所辖设富世县。
唐贞观年间，富世县改称富义县，以后盐业生产不断发展，据《元和郡县志》记载："富义盐井在县西南五十步，月出盐三千六百六十石，剑南盐唯此为大，其余亦有盐井七所。"
宋初，富顺盐业虽盛但农业落后，文风未开。宋仁宗庆历四年（1044）顺富兴建文庙、创办官学，此后文采打开，有宋一代共中进士 67 人之多。
明代富顺农业、盐业并举，成为四川最富庶的县份。富顺人才辈出，共中进士 139 人，举人 492 人，贡生 386 人，著名的人物有景泰十才子之一的晏铎、嘉靖八才子之一的熊过等，由此享有"才子之乡"的美誉。
清世间动荡，战事连年又遭瘟疫大作，死者大半，农事尽废。后清王朝实行"湖广填四川"，移民传入先进耕作技术，农业手工业盐业商业重新繁荣，清后期，成为四川物产丰富、人口最多的富庶县份，有"金犍为，银富顺"之誉。

图 8-47　富顺县历史溯源

布，但由于产业发展、交通规划、资金投入等众多因素，富顺县旧城发展动力不足、空间破败、生态破坏、活力缺失、经济滞后，重要文化资源也没有释放出应有的影响，呈现出大多数中国历史小城旧城相似的困境（图 8-48）。

县城是我国城镇体系的重要组成部分，是城乡融合发展的关键支撑。2022 年 05 月 08 日中央国务院印发的《关于推进以县城为重要载体的城镇化建设的意见》提出应通过强化公共服务供给，增进县城民生福祉，加强历史文化和生态保护，提升县城人居环境质量，推进城镇现代化建设[①]，本城市设计工作虽完成于 5 年前，但设计

① 中共中央办公厅 国务院办公厅《关于推进以县城为重要载体的城镇化建设的意见》，2022 年 5 月 6 日。

图 8-48　富顺古城域示意图（清）

目标与此不谋而合。城市设计在分析富顺县旧城的县域定位、现状问题、发展潜能等的基础上①，明确其主要的物质资源与非物质资源空间载体的价值和困境，探索其旧城复兴（包含城市环境、生活水平、经济发展、文化身份和地位复兴等）的空间整合设计策略。

（1）关键问题与设计目标

富顺古县城文庙－西湖片区面临的关键问题和相应的设计目标主要分为四个方面：

①基础条件的制约

富顺县旧城教育资源丰厚，但历史人文资源和文化服务设施整合度和利用率低。基础设施尚不完善、车行步行交通均不便利，其中西湖东、西岸分别受到钟秀山和五府山的阻隔对外通达性低，南岸两条平行且狭窄的单行车道降低了西湖与滨江的连通性（图 8-49）；不同年代的老旧建筑未经规划高密度填塞旧城空间，危房空置后未妥善处置；旧城生态环境遭到破坏，西湖水位逐年降低，山体绿地系统毁坏，滨江环境恶劣；旧城已形成基本的公共服务条件；旧城公

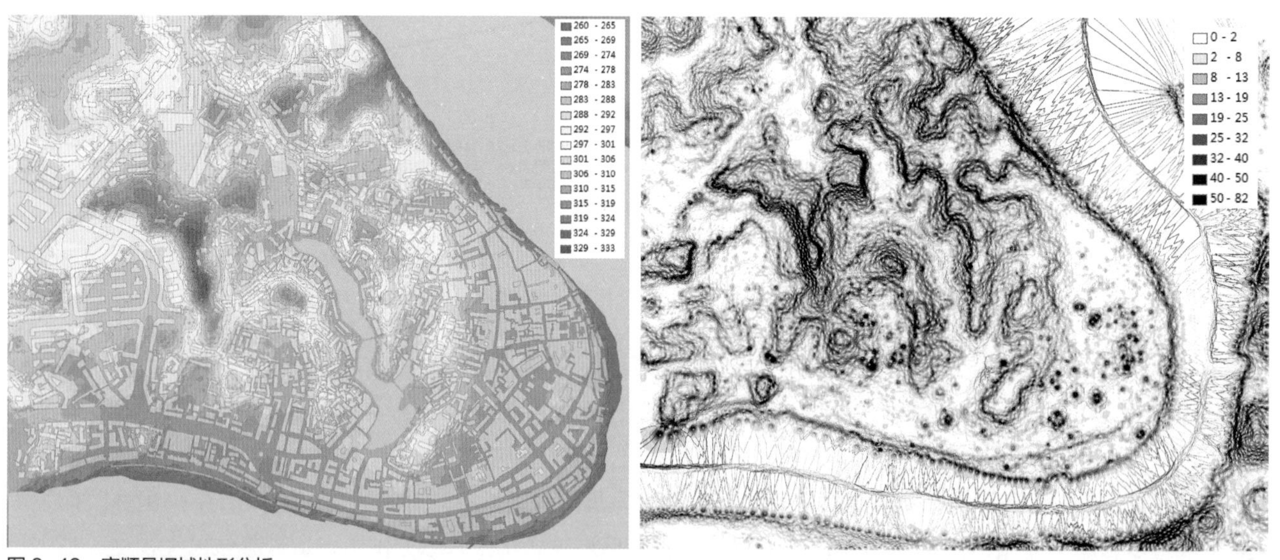

图 8-49　富顺县旧城地形分析

① 设计聚焦富顺县旧城核心文庙－西湖片区 0.42km^2 内，扩展研究富顺县旧城半岛 1.7km^2 范围，综合考虑富顺县城 19.50 余 km^2（2015 年）内各城市要素。

共生活主要集中于西湖南岸及后街区域，种类单一、品质一般，时空分布不均。

②资源潜能的挖掘

通过对富顺县古地图、文献的整理研究可知，留存至今的文庙、千佛岩（现千佛寺）、罗浮洞、读易洞、西湖、夺锦洲、白蟾嘴、后街等历史人文及自然景观仍与历史格局基本一致。随着近代城市发展，环西湖又逐渐有刘光第墓、烈士纪念碑、新街子等近代文化遗存，这些要素构成了富顺县旧城可深入挖掘的城市资源。遗憾的是，随着旧城衰败，部分历史文化遗产与周边空间发展产生矛盾，不得不渐渐“淡出”市民生活。此外，由于增量型建设的失控，造成生态系统的破坏，一度让富顺“千年湖山”胜景难现。

图 8-50　富顺县旧城复兴整体构架

城市设计专注利用那些处于“休眠”的历史人文和自然景观资源要素，以创新的方式建立激励措施，系统整合和激发城市历史文化、生态环境、社会经济等的内在潜能，将其作为城市发展的重要驱动力，代表着城市的“软实力”，同时也是旧城复兴的关键环节。

1. 滨江公园
2. 文庙广场（下广场）
3. 大南门
4. 游客服务中心
5. 新街子文化休闲街
6. 文庙广场（上广场）
7. 文庙
8. 儒林广场
9. 神龟山生态公园
10. 神龟山创意区
11. 滨湖特色商业街
12. 儿童戏水区
13. 竹林茶舍
14. 五府山生态公园
15. 后街
16. 革命英雄纪念碑
17. 当代艺术创客街区
18. 青少年文创教育基地
19. 刘光第墓
20. 城市观景平台/青少年艺术中心
21. 城市建设展览馆
22. 养生精品酒店
23. 体育公园
24. 罗浮洞
25. 玛瑙山生态公园
26. 千佛寺
27. 中岩禅林广场
28. 禅意情景客栈群
29. 钟秀山生态公园
30. 名人文化馆
31. 文化交流中心
32. 传统书画交流中心
33. 传统美食博物馆
34. 民居博物馆
35. 西湖左岸休闲街
36. 西湖广场

图 8-51　富顺县旧城复兴城市设计总平面图

③产权拆迁的困局

在富顺县旧城，新街子片区、后街片区、马家冲片区、环西湖片区等的居民房、商铺、公务单位的分布和搬迁情况不一，其复兴工作需根据实际状况制定相应的设计方案及拆改策略。

富顺县旧城复兴从设计到落地应考虑集中资金力量、节约拆迁成本；降低拆迁对原有生活方式和城市肌理的强势破坏；避免拆迁引发的社会矛盾。基于此，设计前后应厘清老旧建筑产权归属，对建筑质量和价值进行评估；基于现实需求和历史文脉合理提出复兴设计方案，确定拆改建筑；妥善制定拆迁安置政策，做好安抚工作。

④产业发展的转型

在富顺县，西部城区现已形成了一定规模商业、办公、居住协同的市民生活区，城东新区紧邻规划的高铁站，被定位为综合性现代产业新城，虽然旧城期望依托文庙－西湖申报国家 AAAA 级景区发展旅游产业，但其落后的环境和设施显然不足以支撑其产业有效转型。

富顺县旧城应在新城不断开发压力下，重视新、旧城区发展的必然联系，有效实现协调共赢；注重旅游服务、商贸金融、生活配套等不同功能的协同作用，促进对外旅游服务与本地生活服务的融合；在价值萎缩的压力下找准自身定位，通过产业转型走出市场边缘化的困局。

（2）专题与专策研究

富顺县旧城复兴以城市设计作为先导从感知、效益、文化三个层次的递进式专题切入，提出相应空间整合策略：通过基础设施升级、生态环境修复、旧城面貌改善等措施，构建生态、健康、特色的城市空间；以丰富旧城生活促进社会融合为目标，实现产业转型、推动经济发展、完善公共配套；激发历史人文资源和自然景观资源潜能，诱发城市向着具有丰富内涵、文化自信与集体认同的方向可持续发展。

①基础建设（感知与城市类）

基础建设的旧城更新包含自然环境、功能布局、基础设施与建筑条件等城市基本条件的调整，这使旧城整体机能提升以保证城市的正常运转，是旧城复兴的基石。在富顺县旧城复兴设计中，整体建构起城市价值构架和空间格局（图 8-50~ 图 8-52），进而开展基础设施建设，尤其注重推行网络完善、结构合理、公交慢行优先的旧城

图 8-52 富顺县旧城复兴城市设计鸟瞰图

综合交通体系，不仅形成内部贯通，还增强与城市的衔接和融通（图 8–53）。发掘旧城各自然元素的空间联系和环境价值，通过适当拆除违和建筑、严格管控开发、生态环境修复等措施重新构建旧城山水生态系统。评估建筑质量和价值，将旧城依次划分为 4 个等级风貌管控区，分别提出其建筑风貌管控策略（图 8–54、图 8–55）。

②生活复兴（效益与城市类）

从生活层面复兴旧城需规划旧城产业发展及其支撑配套，有效促进原住民回归、外来游客聚集，这是实现旧城复兴的中坚支撑。富顺县旧城整体面临衰败，但局部区域仍是公共生活聚集地。复兴设计对富顺“古县胜景”特色生活重新提炼，通过公共广场、公园绿地、文化地标、街巷肌理等开放空间重塑，形成宜人的社会交往环境，以丰富公共生活体验、重塑旧城空间活力（图 8–56）。富顺县作为川南区域旅游文化带总体部署的重要目的地之一，其旧城复兴设计依托自然景观和历史文化资源，可形成“本地休闲 + 习游观光”的特色情景产业链，通过补充都市业态、发展文化产业，使生态环境、文化资源等转化为公共产品以提升城市生活品质和价值（图 8–57、图 8–58）。

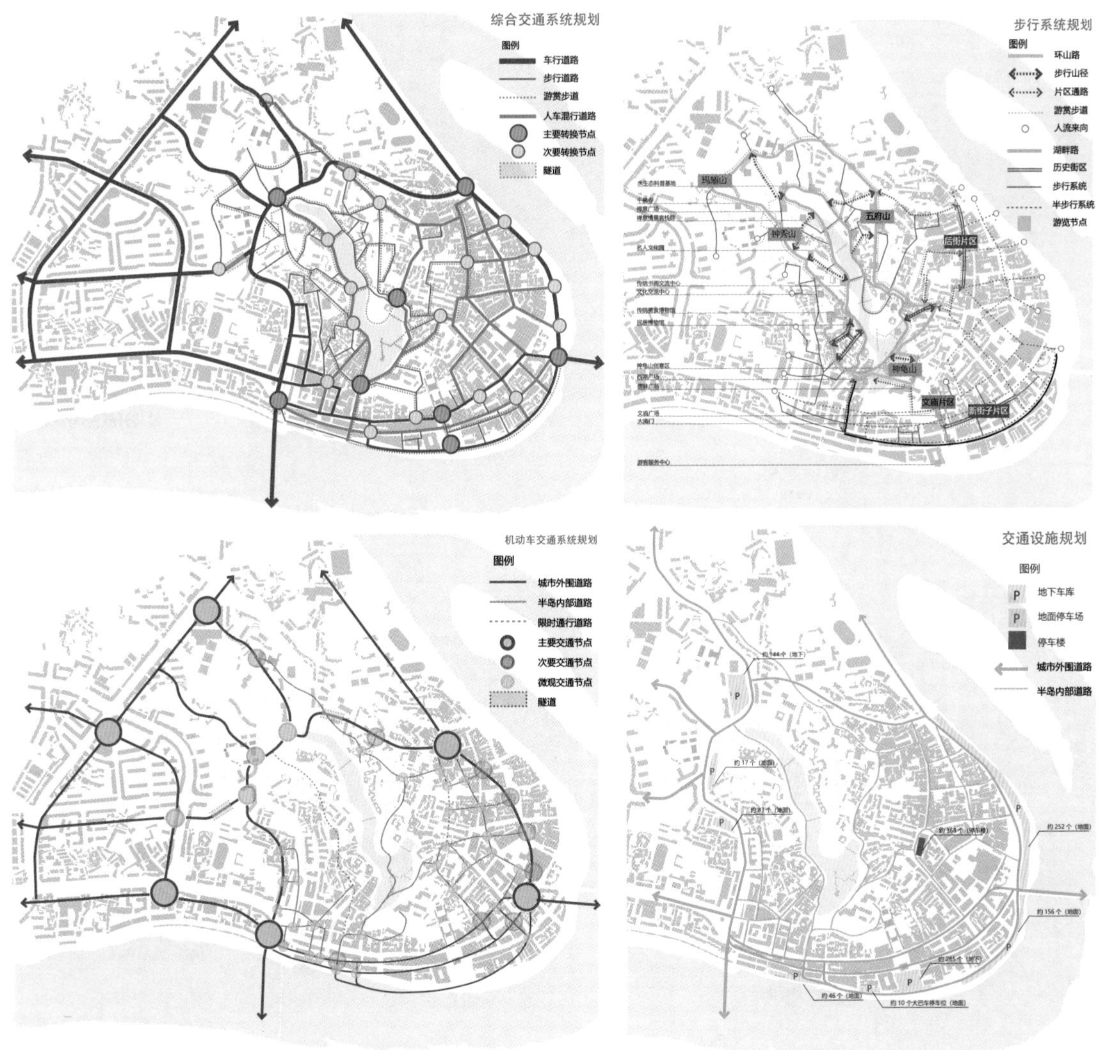

图 8–53 交通系统规划

图 8-54　建筑风貌控制区划图

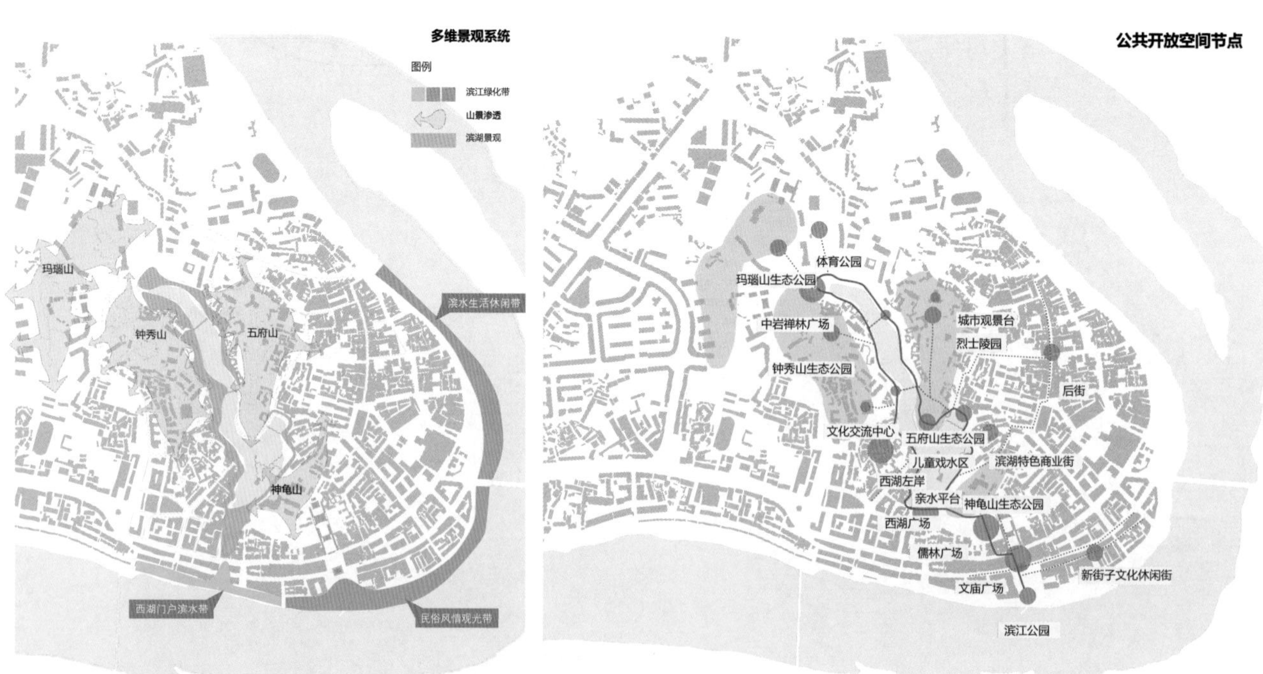

图 8-55　多维景观系统及公共空间节点规划

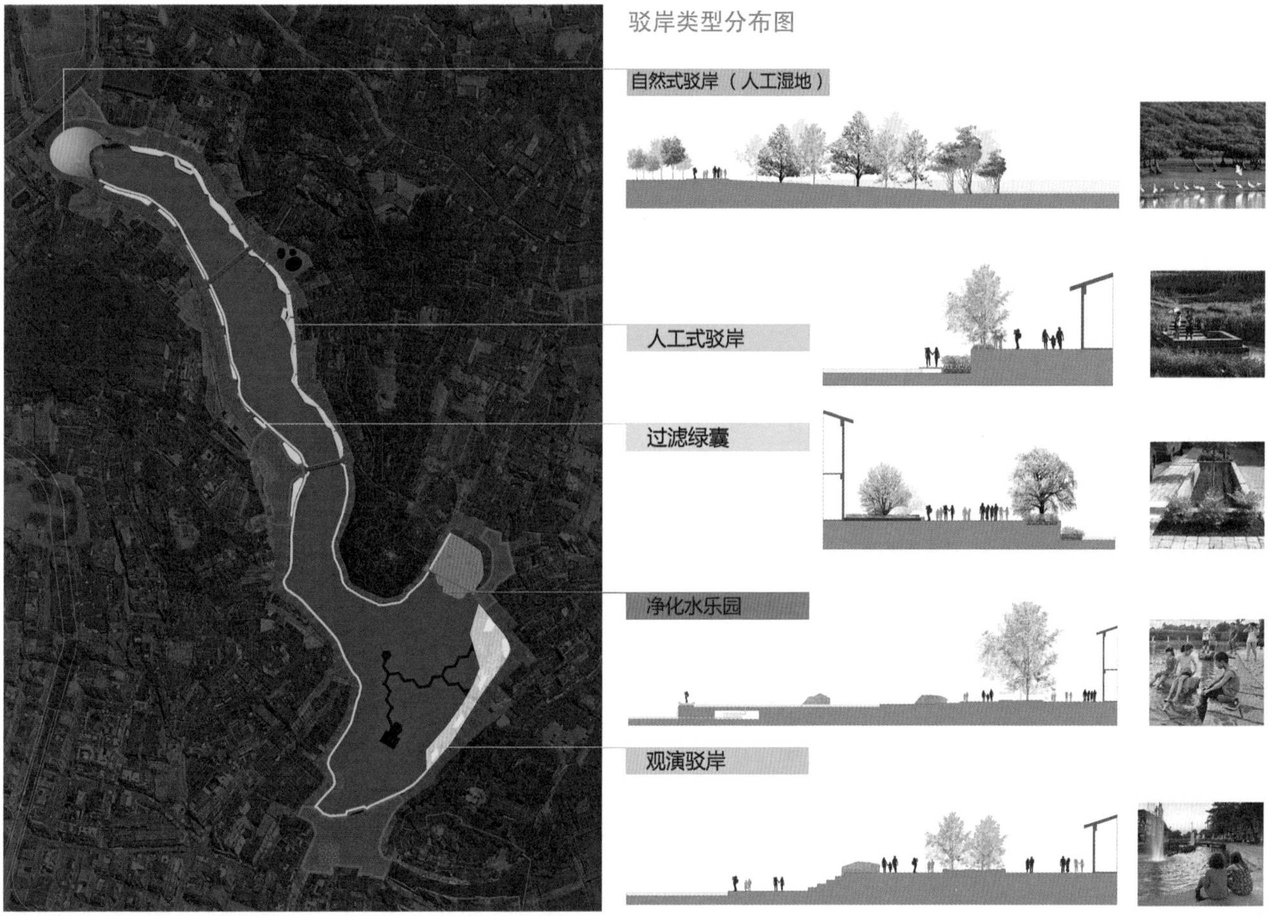

驳岸类型分布图

自然式驳岸（人工湿地）

人工式驳岸

过滤绿囊

净化水乐园

观演驳岸

图 8-56　西湖滨水驳岸系统规划

图 8-57　富顺县旧城复兴城市设计效果图：于西湖广场北望“西湖左岸”休闲街市

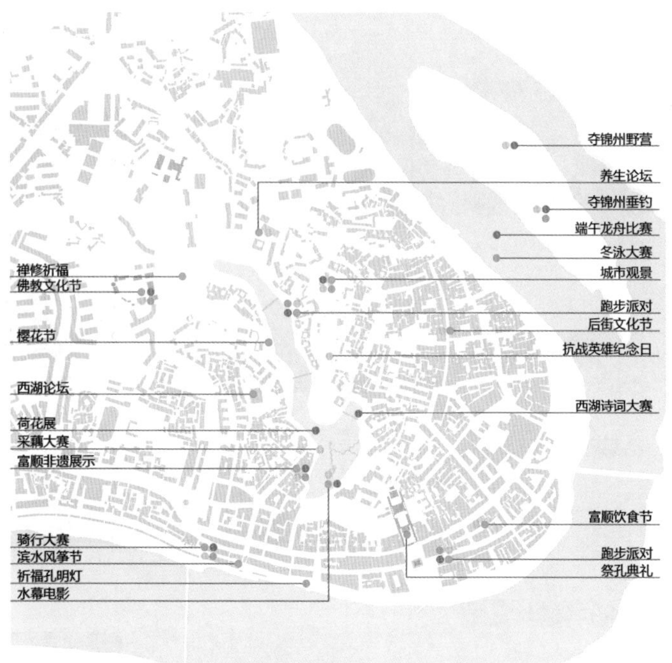

节庆活动	春	夏	秋	冬
祭孔典礼	●			
禅修祈福	●			
西湖论坛	●			
城市观景	●	●	●	●
滨水风筝节	●			
富顺非遗展示	●	●	●	●
荷花展		●		
富顺饮食节	●		●	
樱花节	●			
后街文化节	●		●	
养生论坛	●		●	
水幕电影	●	●	●	
端午龙舟比赛		●		
夺锦州垂钓		●	●	●
西湖诗词大赛		●		
革命英雄纪念日			●	
冬泳大赛				●
跑步派对	●	●	●	●
采藕大赛			●	
夺锦州野营		●	●	
佛教文化节	●	●	●	●
骑行大赛	●	●	●	●
祈福孔明灯				●

图 8–58　富顺旧城复兴城市公共活动策划

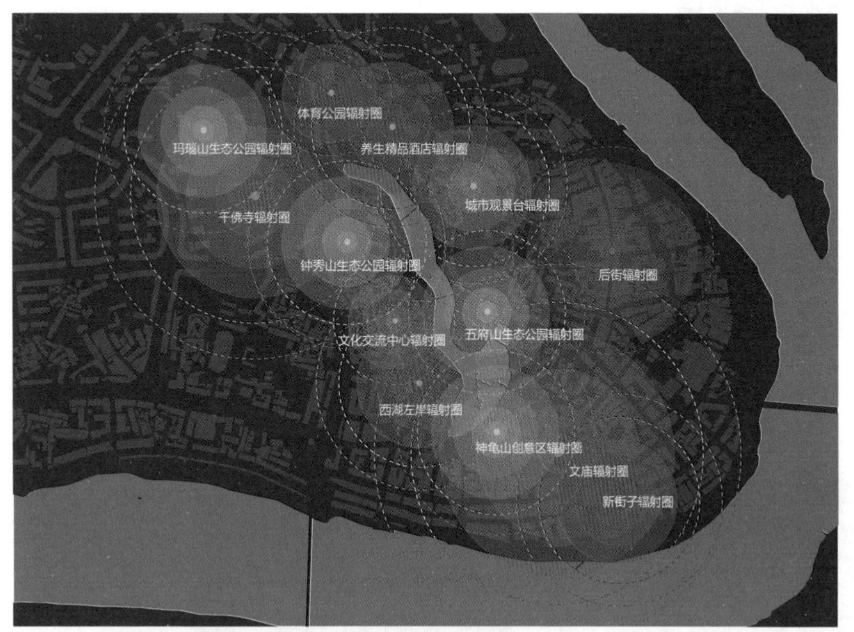

图8–59　各类旧城关键空间发散式辐射和带动周边发展

③文化复兴（文化与城市类）

历史小城旧城复兴是一个“动态过程”，应通过历史溯源、价值挖掘、文化反哺等方式对历史遗产、文化设施等精神物质表征进行系统构架，对自然山水、人工景观等生态环境资源进行统一塑造，部分还原城市历史景观并延展旧城现代面貌，提升城市影响力和认同感的同时实现对城市文化精神的同步复兴。在富顺县旧城，西湖胜景、文庙名楼等原是其城市文化和个性魅力的重要依托，旧城复兴设计通过串联和激发历史文化遗产、挖掘和修复生态环境资源，使各类旧城关键空间系统且发散式辐射和带动周边物质、文化的并行发展（图 8–59）。具体策略包含通过历史人文景观和生态自然景观的系统建构，整体勾勒旧城景观空间层次，适当恢复、重塑历史文化遗产，植入当代文化设施，串联成旧城“文化长廊”，保留传统文脉空间的同时创造新兴消费产品，重新孕育城市文化氛围（图 8–60）。

图 8-60　历史文化设施系统规划

8.2.7　成都5G智慧城先导区城市设计方案

阅读提示：

本案侧重于数字化技术在专题和专策中的应用。新技术开创了城市设计分析、思考和交流的新视角，也从新的维度模拟了未来的场景，对于视觉和非视觉的空间感知起到辅助认知的作用。在本案例的研读中，可以进一步思考城市设计工具与城市设计技术迭代发展相互促进的关系。

设计概述：

成都 5G 智慧城先导区位于成都高新南区新川创新科技园，选址于新川之心公园北侧，沿新川大道交锦和路十字轴区域，属于新川创新科技园的核心区域。2010 年新川创新科技园的规划设计已由 AECOM 完成，经过十余年，园区的空间框架和道路系统已经建成，先导区方案正是基于该成果进行深度设计提升。此次先导区城市设计，AECOM 团队从现状空间框架入手，建立以公共空间激活用地的开发引领模式，积极运用科学技术与人文环境基础，形成了数字手段与城市文化共生的方案（图 8-61、图 8-62）。

（1）关键问题与设计目标

城市设计以 5G 数字化技术为基底，如何利用数字化技术赋予传统城市空间新的定义和发展方向成为关键问题。设计以推动数字化技术和未来产业发展为目标，在社区空间、基础设施、产业发展、价值共享四个层面对传统城市空间规划设计进行思考：①技术的更新迭代如何促进社区文化的发展；②如何实现传统基础设施与新型基础设施之间的技术衔接与迭代升级；③如何设计城市空间，使其在提供公共服务的同时能够孵化创新技术产品，推动创新产业发展；④以数字化技术为基底的智慧城市如何在具有商业吸引力的同时，保障市民的共享价值、数据安全和隐私安全。

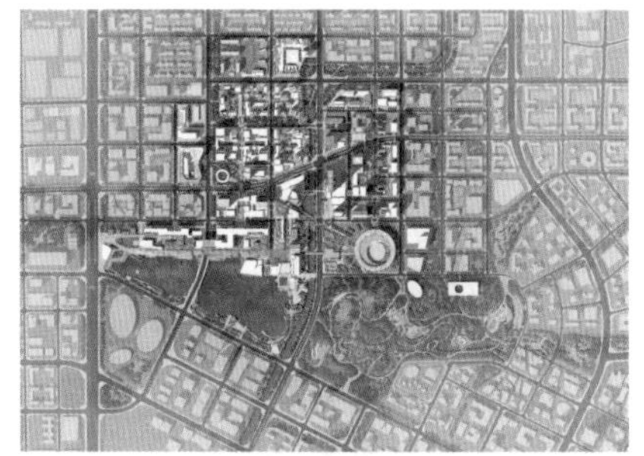
图 8-61 5G 智慧城先导区总平面图

与此同时，此次设计以打造高质量发展和高品质生活示范区标杆项目为目标，比肩世界一流产业园区，引入“智慧城市、生态城市、立体城市”理念，构建智慧共享、多元活力、复合互联的未来城市形态与人性化空间，激发市场资本活力、产业升级与城市品质提升的内生动力，力图将成都 5G 智慧城先导区建为一个“智慧、共享、美丽、人本、绿色”的公园城市新型产业社区，实现产业发展和人才聚集的融合共生与内涵式集约式发展。

（2）专题与专策研究

①融合产业、空间、服务三大系统的智慧生态圈（效益与城市类）

城市设计围绕智慧生态圈的构建提出融合“产业、空间、服务”三大系统的核心框架，以引领产业生态社

图 8-62 5G 智慧城先导区鸟瞰图

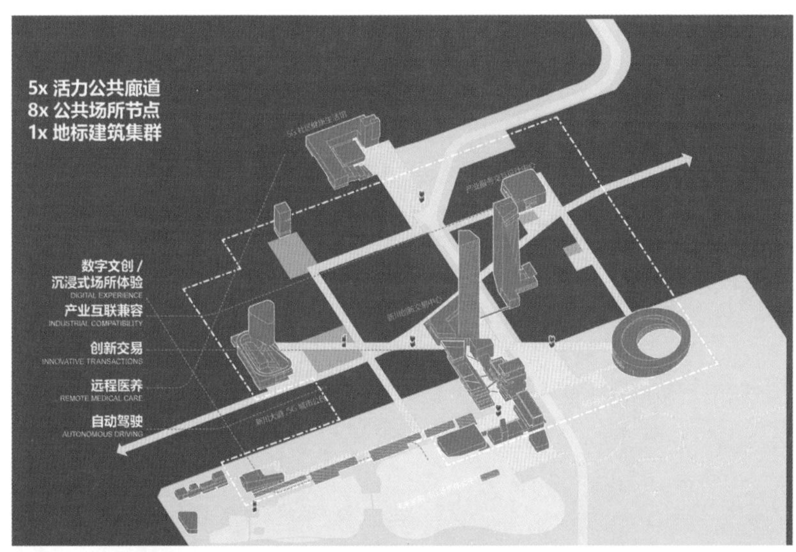

图 8-63　空间体系

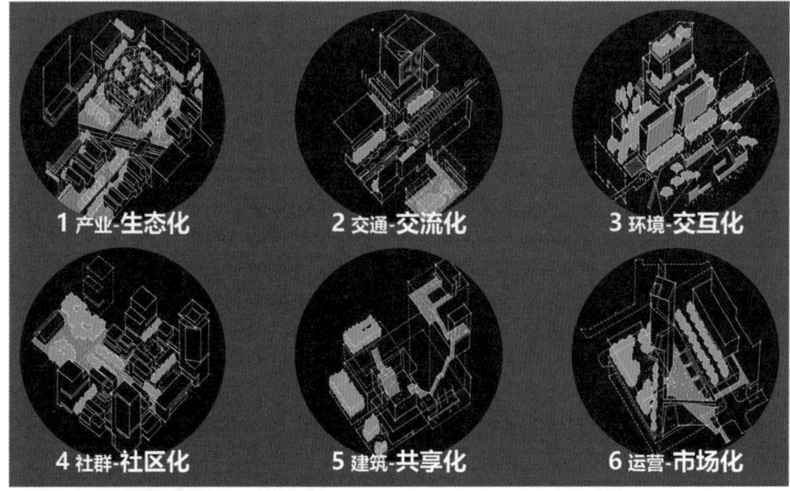

图 8-64　空间设计策略

图 8-65　城市街区剖面

区的实践，实现经济效益、社会效益、文化效益等综合效益的平衡。

在产业体系方面，建立创新引领、融合发展、活力服务三大产业功能区，并提出相应于产业布局的开发运营模式，打造成都 5G 科技驱动新经济的核心引擎；空间体系方面，在上位规划基础上，提炼五大活力公共廊道和八大特色场所节点，形成各具辨识度和功能性的创智街区组合，以公共空间品质创造更丰富的服务界面，以活力街区孵育产业社区；在服务体系方面，聚焦于产业与空间相匹配的公共服务设施，包括 5G 驱动的自动驾驶城市服务系统，并通过商业运营推动 5G 技术体验及应用，重新塑造科技感结合烟火气的商业服务体验和多功能公共空间（图 8–63、图 8–64）。

②人本尺度的生活街区塑造（感知与城市类）

5G 智慧先导区城市设计关注人本尺度的生活街区塑造，为满足城市居民综合感知的需求，追求社区温度，回归人本生活，设计强调底层的市井肌理与上层的科技理性叠加对比，利用数字技术赋能生活场景的创新，在外部衔接并聚合五大活力公共廊道，带给居民和游客城市生活的数字化体验（图 8–65、图 8–66）。

自然科技街区：通过阳光顶棚串联从天府大道进入 5G 先导区的各功能节点，以“自然 + 科技”的复合体验，将先导区的活动价值与地标效应延伸到湖岸一线（图 8–67）。水岸生活街区：连接社区中心、住宅区、产业区与商业中心，利用洗瓦堰水岸的生态特性打造贯通滨水散步道的休闲场所。并且在开放

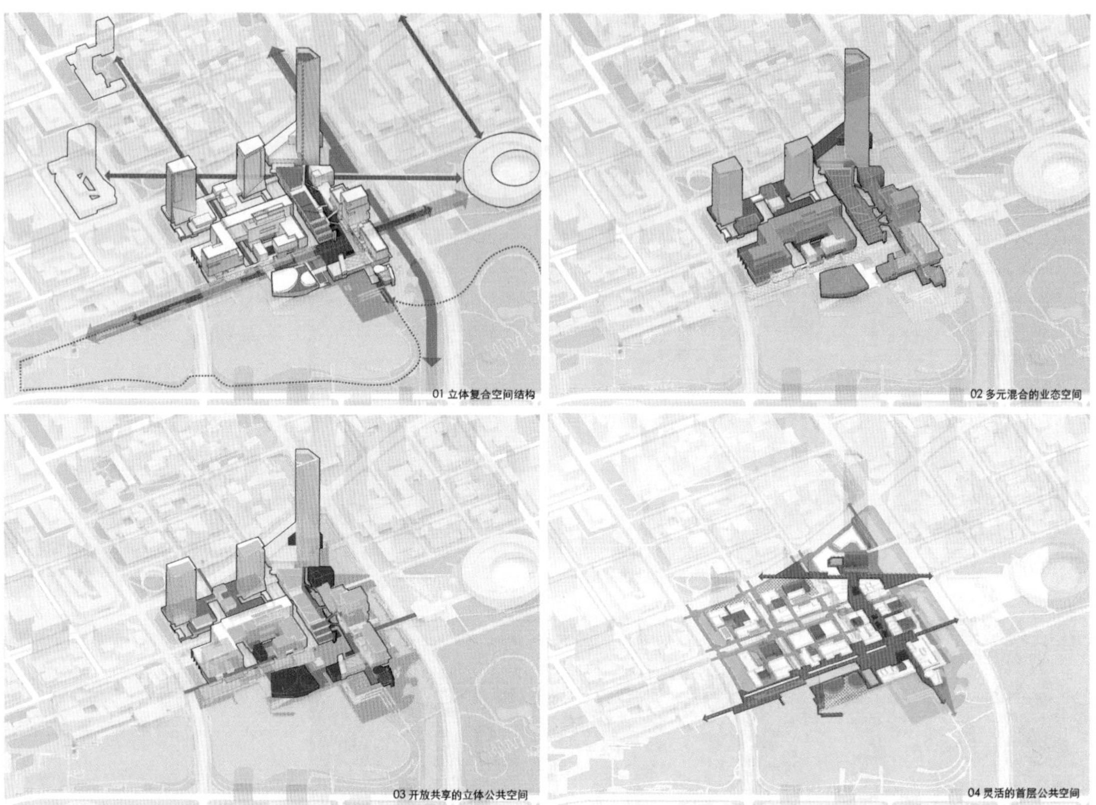

图 8-66 核心活动区特点分析

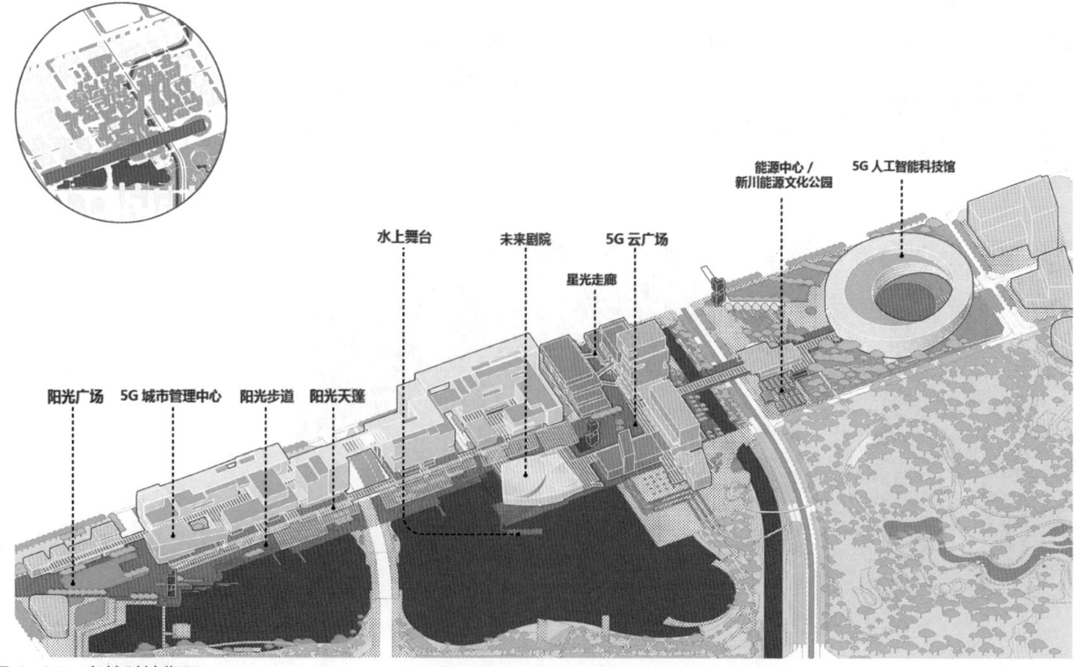

图 8-67 自然科技街区

社区的首层引入工作、休闲与社交功能，使线上社群线下化，以满足创新人群未来的生活需求（图 8-68）。科创市集街区：串联社区公园、数字市集，直至湖岸的未来剧院等各个地标节点，提升了住宅区的社区公园到湖岸的连接性与可达性。创新产业街区：提炼出促进产业人口交流互动的南北向廊道，两侧则以当地的街区尺度和建筑形式布置复合的产业服务和商业功能，成为富有特色的创新交流街区。科技服务街区：斜向慢行廊道成为“生态服务捷径”，加强了先导区与新川公园及地铁站的视觉与场所联系，塑造出高辨识度的先导区空间地标（图 8-69）。

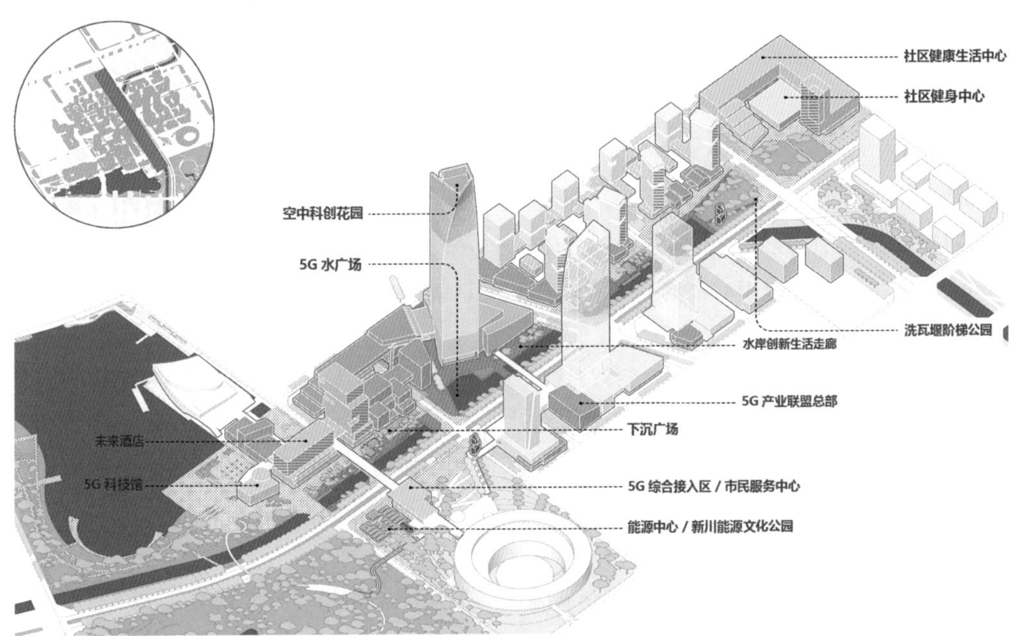

图 8-68　水岸生活街区

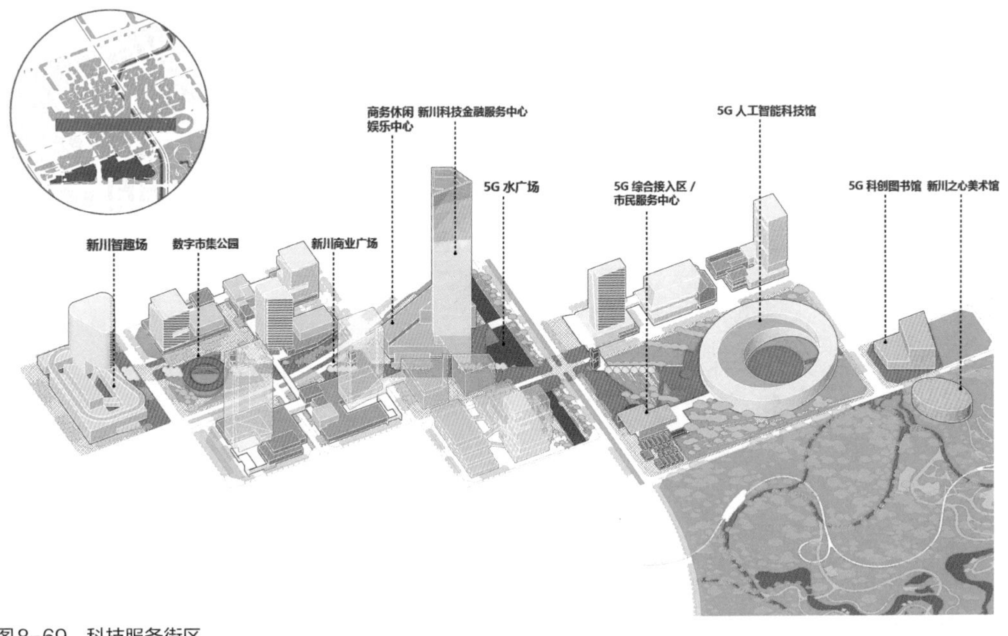

图 8-69　科技服务街区

8.2.8 美国底特律城区复苏和都市改造的精细化城市设计

阅读提示：

本案是工业城市复兴的典型案例，通过政府与企业的合作，为区域制定了明确的发展目标。在城市设计过程中，从城市的经济效益、空间形态、基础设施框架多方面进行研究，并展开了多元主体参与的工作方式。由于城市设计实施的主体，也是片区所在的主导产业的主体，企业与政府协同，对区域的不断优化展开了持续的研究、实施工作。在研读本案例过程中可以从长期的视角，探索城市更新过程中精细化的设计与精细化的实施循环推进的过程。

设计概述：

在底特律的复苏行动推进过程中，对该市的中央商务区（CBD）设定了重大的更新计划。在这种背景下，底特律市中心的主要管理者和投资者试图将园区（片区）作为城市复兴中的重要部分和发展推动力，因此此次城市设计是电子服务公司（DTE）能源总部及片区的城市规划。DTE Energy 是一家总部位于底特律的多元化能源公司，与史密斯集团（Smith group）合作，为了在市中心能源园区及其周边地区建立起引人注目的城市形象，制定了全新的地区级发展战略（图 8–70，图 8–71）。

该项目展示了底特律和全球城市日益重要的建筑类型：片区（District）。该城市设计计划在 DTE 能源园区及其更大的城市环境中创建了一个可识别（identifiable）的混合用途社区，将未来的办公、住宅、娱乐、零售和机构开发整合在一起。通过多学科和多尺度的设计方法，战略框架采用创新的城市设计原则，将这一地区转变为充满活力的市中心区。

（1）关键问题与设计目标

虽然园区内已经进行了部分的公共空间改善，但仍然存在着过多的地面停车场和超宽道路的现状问题，使得

图 8–70 城市开发现状

图 8-71　城市设计范围

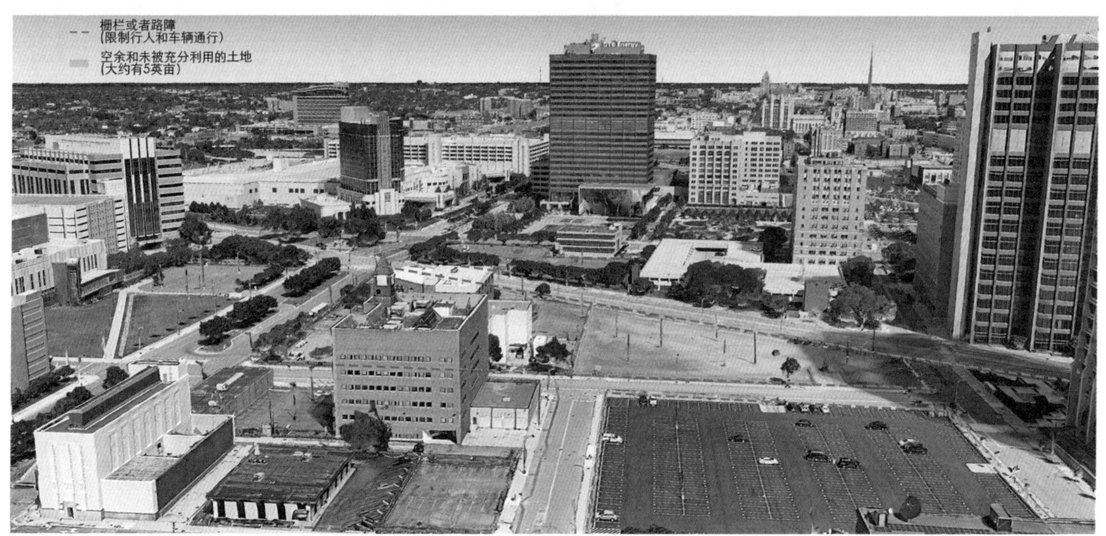

图 8-72　城市问题分析

底特律市中心缺乏标志性、生命力、活力和归属感（图 8-72）。该设计超越了典型的框架和图表形式的区域规划，而是详细阐述了重要的立面和形式表达、可持续系统、城市基础设施、公共空间和活动策划。总面积超过 408000m^2 的设计愿景，将底特律市中心 CBD 的持续投资与邻近库克镇（Corktown）社区的兴起关联起来（图 8-73）。

这种设计方法通过在开发过程中大幅度与上位规划和管控结合，重新确立了建筑的关联性和设计主权。区域规模开发的设计框架不是处于预定发展战略的交易端，而是重新确立了设计作为未来再投资的驱动力，同时为该地区营造住宅增长的动态城市环境。建筑设计项目包含了系统的开放空间和改造提升的街道空间，通过全面的规划和安全的环境鼓励公众使用和参与。该框架计划还整合了能源和雨水管理技术，以在地区范围内实现全面的可持续发展战略。

图 8-73 城市设计前后对比图

图 8-74 底层零售空间

（2）专题与专策研究

DTE 能源区的设计以一系列关键目标和总体战略为指导，其中专门从效益与使用者行为层面出发，设定了多项专用策略以激发城市空间活力，推动城市发展。

①资源综合利用（效益与城市类）

多元化主体：设计过程中鼓励多方面利益群体的广泛参与。从项目一开始，就将广泛的利益相关者融入到设计过程中，对市中心区进行更全面的系统解读与整合，而不是简单多个建筑物的集合。这样强调一种以现有资产为基础的适应性方法，可以在业主、投资者和长期居民之间建立更牢固的联系。

多元化功能：由于周边地区以空置物业和地面停车位为主，设计通过将表现不佳的地块转变为新的混合用途开发资产，在每个开发阶段建立内在价值，增加了住宅需求、业务扩张和零售设施和服务（图 8-74）。

可持续系统：设计构建了综合可持续系统，从区域规模的雨水管理、供暖和制冷、太阳能发电，到建筑物的物理形式、立面和朝向，以协调一致的方式运作，获得更大的效益。这种方法还为智慧城市的实施以及监控和管理区域规模系统的新兴和未来技术提供了关键支持（图 8-75）。

将太阳能阵列纳入现有和拟建的屋顶
分区域供暖和制冷
利用开放空间和地下停车结构中的地热
职住平衡以降低全天的高峰需求
被动式建筑设计以提高节能效率
将雨水管理整合到屋顶的开放空间

图 8-75　可持续系统分析

图 8-76　富有活力的公共空间

②公共空间塑造（行为与城市类）

动态开放的公共空间：开放空间的保留和扩展将是该地区提升宜居性和竞争力的关键。DTE 区在整个开发过程中精心整合了建筑形式、流线组织和开放空间，在恢复现有公共空间的同时将其扩展到更大的市中心开放空间网络，从而促进居民和员工之间有更多的互动，提升空间活力（图 8-76）。

便利公共的基础设施：DTE 区内定义了全新的建筑类型，其中包括地面层和屋顶层的多基面公共基础设施的提供，为城市居民提供了多维度可活动空间。例如在屋顶上提供休憩桌椅、花园景观、步行道路等设施；重新利用空置的街道，通过提供基础设施和多样化业态提高了步行街连通性；一楼零售店提高了可步行性，同时激活了相邻的开放空间（图 8-77）。

重新利用空置的街道，通过步行街提供连通性
为办公楼员工和居民设计的屋顶活动设施
底层零售店增强了步行性的
同时激活了相邻的开放空间

图 8-77 基础设施分析图

③建立周边联系（交通与城市类）

连续的交通路径：设计通过构建完整的步行路径，充分整合并利用周围资源（景观、业态、基础设施等），从而使该片区可以更好地融入城市的大环境。设计主要包括高架下广场空间、相邻的公共空间、行人走廊、车行与步行道路的建立，例如通过第二大道和第三大道为与滨河空间连接提供长期机会；构建多用途开发和底层零售构成的开放空间网络，以增强可步行性（图 8-78）。

8.2.9 日本大手町、丸之内、有乐町地区城市设计建设导则

阅读提示：

大手町、丸之内、有乐町地区自建城始终处于更新，每个阶段更新的问题和目标各不相同，每个阶段均有滚动更新的城市设计导则指导实施。导则在多次调整更新过程中，吸收了历次城市设计中的思路与原则，设计导则从恢复空间活力的问题出发，展开在交通、文化、感知、行为等多个城市设计专题与专策的深度解读，提出一系列精细化城市设计策略，在多元管控、官民携手的思路下，充分考虑多元主体的需求，通过“导则”引导和协调城市建设、灵活应对时代的变化和社会与经济形势的变化。

设计概述：

东京站周边所形成的大丸有区域，包含大手町、丸之内、有乐町地区，现在是日本的经济中枢，更是世界三大金融中心之一。它位于东京市中心的皇宫与东京站之间，占地约 120hm^2（图 8-79）；共有约 100 栋建筑物、4000 家企业、24 万白领在这里工作，基础设施配有 13 条轨道交通线和 7 条铁路。

1996 年，东京都政府、千代田区政府、东日本铁路和大丸有协议会四方联合，扩大为“大丸有街区城建恳谈会”（多方对话协商机制），形成“官民携手”合作推进街区建设的体制，着手对大丸有地区进行大规模再开发，以提升其国际竞争力，增强其城市魅力，并形成环境共生型城市。通过自由的讨论和公民协议，制定街区开发

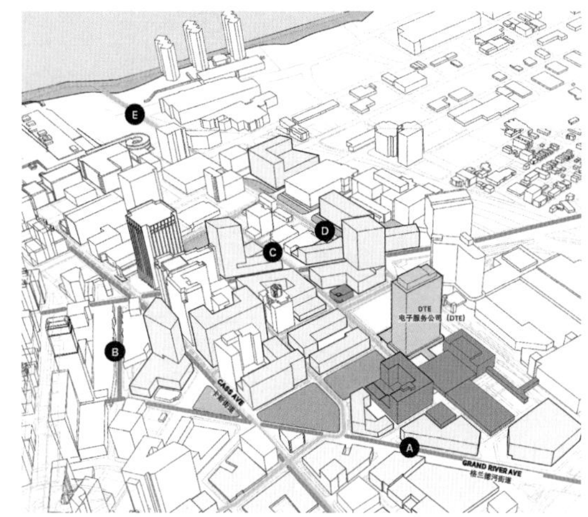

A Increase Bus Routes on Grand River
在格兰德河街道上增加公交客运线路
通过提升交通频率和线路的连接度改善现有的交通网络

B Connect to Rosa Parks Transit Hub
与罗莎公园换乘枢纽连通
加强与现有换乘基础设施的联系度

C Second Avenue Pedestrian Mall
第二大道步行街
将前第二大道改造成人行走廊，连接 DTE 入口和带有雨水处理系统的开放空间

D Third Street Greenway
第三街绿道
重构尺度过大的街道

E Riverfront Connection
滨水连接
通过未来沿江的开发建立多运连接体系

图 8-78　交通路径分析图

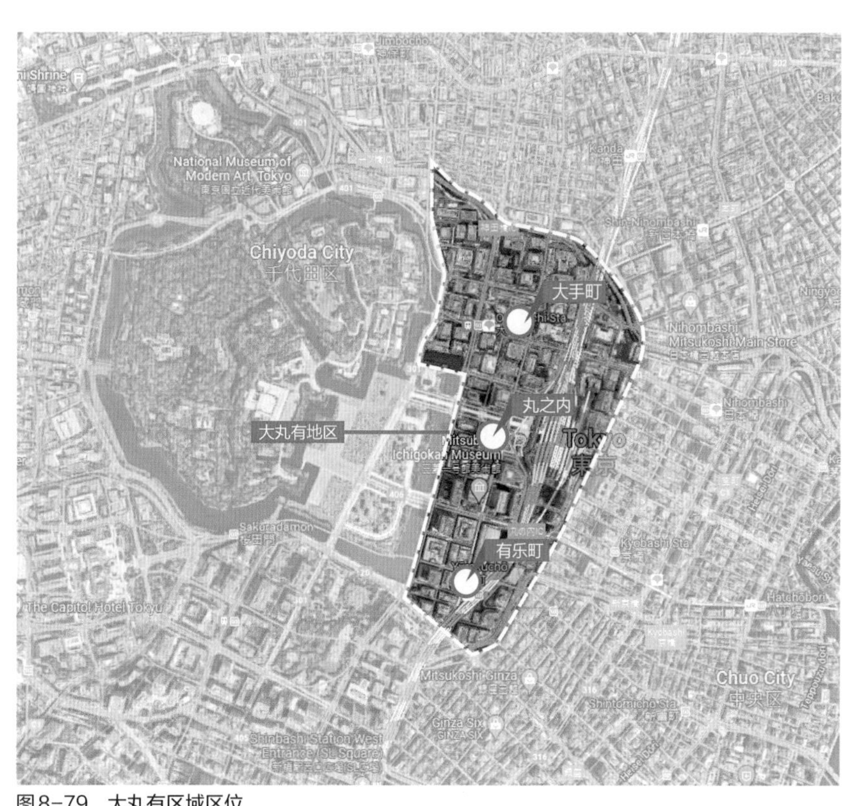

图 8-79　大丸有区域区位

的远景目标、规则和方法，形成从设计到建设全过程的《大手町、丸之内、有乐町地区城市建设导则》（以下简称《导则》），并随着城市发展不断更新，堪称 P.P.P（Public-Private-Partnership）合作模式的典范。

（1）关键问题与设计目标

在经历了 20 世纪六七十年代的高速成长后，随着土地资源日趋短缺、环境破坏严重，大丸有区域出现了交通拥挤、中心区缺乏活力、基础设施不健全、空间建造缺失特色等多种城市问题，逐渐在国际市场上失去竞争力，亟需进行城市更新以恢复空间活力。

为打造多功能、高质量的空间，创建具有独特风格的街道景观，成为世界交流的中心，《导则》针对区域内存在的主要问题，设定了八个目标城市愿景：①引领时代的国际商业城市；②繁华和具有文化魅力的城市；③信息化交流城市；④风格与活力相协调的城市；⑤通行便捷舒适的城市；⑥环境共生的城市；⑦安全安心的城市；⑧共同成长的城市。

（2）专题与专策研究

针对以上城市设计目标，导则展开了在交通、文化、感知、行为等多个城市设计专题层面的深度解读，并提出了一系列精细化城市设计策略。

①空间结构与城市曲线（感知与城市类）

创建点 - 线 - 面的城市空间结构：为了构建人群对于大丸有地区的综合感知印象，设计通过组织城市要素构建了“区域、轴线和节点”的空间结构框架，并分别确定各自的指南和引导方向。片区（Zones）：按照历史、功能和空间特征将所有地块共分为 4 个区域——大手町区域、丸之内区域、有乐町区域、八重洲区域。轴线：包含人们的主要活动的街道与人员流动的城市活动基础设施，并且叠加功能、景观形成地区框架和骨干。节点：包含主要交通节点形成向心性和交流性的区域，有一定人流集散功能并且集约性配置混合功能。清晰的城市空间结构，创造出了符合人群感知，满足人群需求的城市环境（图 8-80）。

打造错落有致的城市曲线：大丸有区域针对天际线设立了控制准则，以保持区域内建筑的统一感。规划设计共有 3 个层次的景观线。首先，为了与城市中心以皇居外苑为首的城市风貌相互协调，将沿车站广场和日谷比大道的建筑物规划高度控制在 31m（百尺）内（图 8-81、图 8-82）。其次，将区域中心地带的建筑物规划高度提高至约 150m；第三，考虑到街景多样性，东京火车站和地铁站周边建筑物的规划高度提高至约 200m，既能眺望皇居周边景观，又能形成以皇居绿化为中心的擂钵状天际线（图 8-83）。

②公共空间网络体系（行为与城市类）

构建立体的公共空间网络：为满足集散功能并实现人群的顺畅出行，形成便捷性的步行体系和可供人们聚集的活动性的广场空间，《导则》以连续性和集约性为公共空间网络的首要要求，以轨道交通节点为中心，通过有效配置花园景观、下沉广场、大厅等连接地下和地面的各种人流动线，以确保各种复合功能能够连通步行网络（图 8-84）。与此同时，提出了五种主要的步行体系和公共空间营造的设计策略：对入口空间进行规划处理，引入信息、交流类功能；对地下空间进行完善，加强与地面的连接；对步行空间进行拓展，扩大活动的多样性；对滨水空间进行塑造，形成具有特点的空间环境；对街道空间进行环境改善，提高空间的生态性。

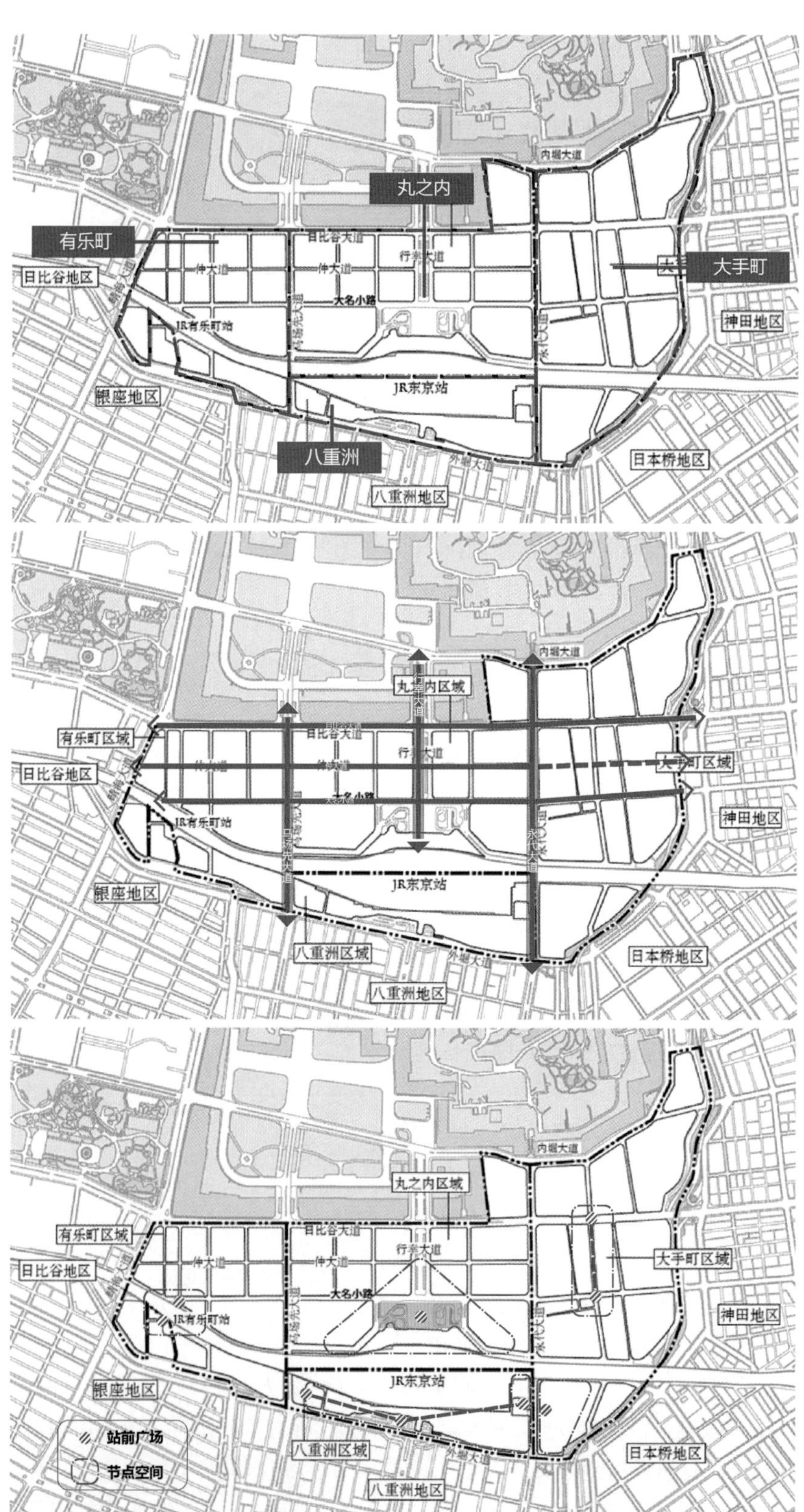

图 8-80　区域图、轴线图、节点图

图 8-81　街道风貌实景

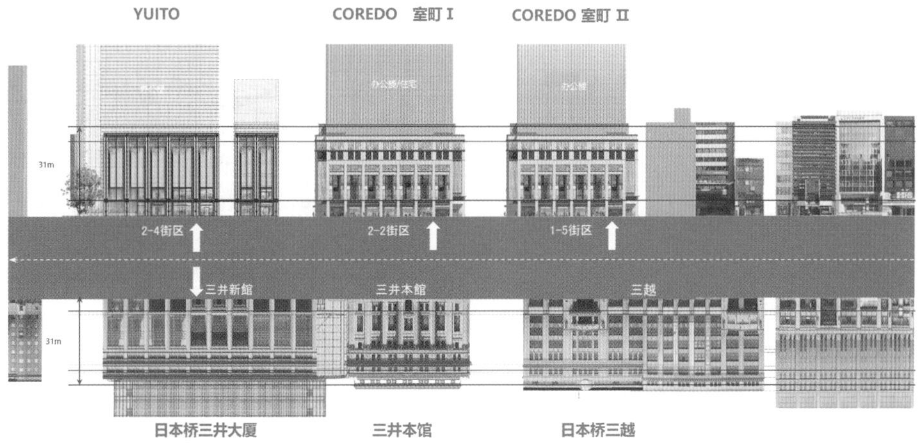

图 8-82　31m 高度的风貌控制示意图

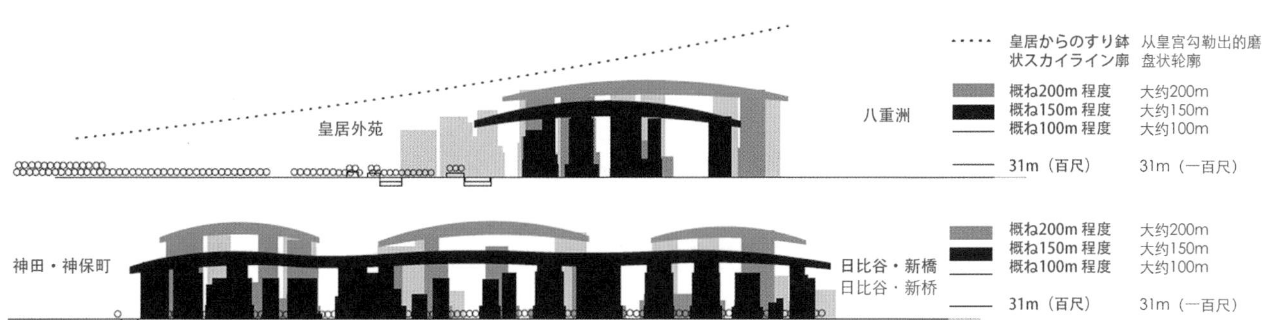

图 8-83　天际线示意图

图 8-84 复合功能空间
（左：与办公塔楼连接的入口；中：与商场连接的入口；右：地下步行街）

③传统街道与空间标识（文化与城市类）

营造以人文本的街道景观："丸之内"片区紧邻皇居，有着独特的历史印迹，因此线性街道空间设计应传承并发扬历史特征。历史建筑尽量保护修复（如东京站站房），翻新建筑以低层、高层组合为基础，沿道路建设排列历史建筑和翻新建筑融合的有序的低层区，从而继承丸之内区域的街道特点，并展现出街道的亲密感及整体感，创造出以人为本的街道景观。《导则》提出了 6 种精细化的街道景观措施：增加沿街步行空间的细节趣味，比如街道设施、雕刻、吊花篮、旗帜、栽植等。

图 8-85 东京站

建立门户的节点标识：东京站、丸之内站前广场周边、八重洲站前广场共同组成了大丸有区域的核心标志区域，同时也是东京国际都市的门户区域。设计为充分利用日本东京中央车站这一地理位置，打造具有独特风格的首都东京的门面，使其既有高格调建设的象征性建筑，又有传承历史、突出展示丸之内特征和保留文化记忆的空间场所（图 8-85）。《导则》提出了四种建立门户节点作用的措施：创立建筑群的序列，维持良好的结构和开放的空间环境；控制建筑外观的颜色和材料，保证广场周围的对称性并营造特色景观；管控建筑高度，通过高层后退、31m 低层建筑群营造广场的空间包围感，建立门户性景观；建设东京站南部连接东西两侧的自由通道，完善跨过车站的东西向人行网络，提高行人的便捷性，加强交通枢纽的功能。

④交通运输体系（交通与城市类）

建立高效的交通体系：为了提高城市片区的连通性，解决城市中原有的交通拥堵的问题，大丸有区域在改建和更新后构建了完善贯通的交通体系，共有 20 条地铁网络线路、13 个车站、6 个地区高速公路出口和约 13000 个停车位。根据步行习惯，合理配置道路，设计浪漫散步、历史探访、艺术散步等三条步行旅游线路，使该地区由 CBD 转为 ABC（Amenity Business Core，宜人的商务核心区），吸引大量人流且提高区域内各地块可达性。

（3）专管研究

为对城市区域实行精细化管控，多元管控主体逐渐介入并在城市演变进程中，制定了适应发展现状的一系列计划与导则，推动其管控发展的主要包含大丸有协议会、大丸有街区城建恳谈会和大手町城市建设推进会议。

①大丸有协议会 / 大丸有街区城建恳谈会

1996 年，“大丸有地区创生协议会”[①] 与东京都政府、千代田区政府和 JR 东日本联合，扩大为“大丸有街区城建恳谈会”（多方对话协商机制），形成“官民携手”合作推进街区建设的体制；采用了公私合营模式（PPP），鼓励政府与社会团体合作，建立“利益共享、风险共担、全程合作”的共同体。在这种体制下，制定了区域精细化管控的街区开发的远景目标、规则和方法。通过恳谈会于 1998 年制定了针对大丸有地区再开发的初步导则，并进而于 2000 年首次推出《大丸有地区城市建设导则》（之后多次修订），为这一重要地区的再开发项目提供统一指导文件。

随后，恳谈会制定和推出《大丸有地区创生指导手册》，用以确定区域再开发的愿景、方法、准则。《大丸有地区创生指导手册》的确定全面推动了大丸有地区城市更新精细化发展的各项导则，如 2013 年推出了绿色环境、公共开放空间设计导则，2016 年的户外广告设计导则，2017 年的道路空间活用导则等。这一系列导则和标准的推出，在一定程度上也在影响整个城市的开发建设制度，比如特别容积率适用区、特定街区、再开发促进区、都市再生特别地区等。

②大手町城市建设推进会议

大手町的城市更新项目是在拆迁难度极大的情况下，利用“连锁型城市更新”[②] 的策略来进行推进（图 8-86）。为协助滚动型更新项目的顺利推进，2003 年，东京都政府、千代田区政府和当地企业等各方共同成立“大手町城市建设推进会议”（多方力量的协调对话机制），着手研究具体实施计划，具体包括种子用地的获得和长期持有；土地利用政策的更新（再开发项目容积率奖励的提升，土地产权的等价交换）；各个地块实施市街地再开发事业项目。

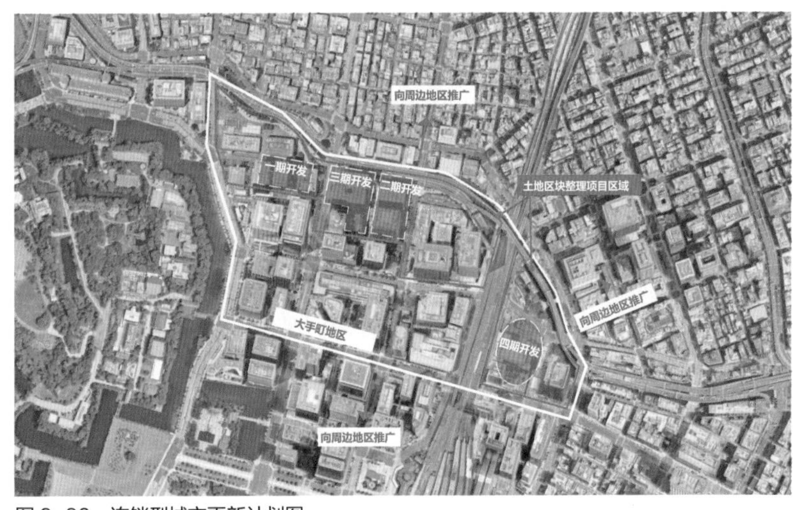

图 8-86　连锁型城市更新计划图

（4）设计成果与实施成效

从明治维新时期开始，大丸有区域进行了长达半个世纪的三轮城市更新，也就是城市建设过程，这也是随着东京城市发展在不断调试发展的脚步、方向和建设成果。现如今大丸有区域已经成为学界 TOD 开发建设的领军者，它通过《导则》作为城市建设的引导和协调，充分考虑多元主体的需求，灵活应对时代的变化和社会与经济形势的变化，是设计精细化落实性较高的作品，也呈现出较高的国际都市建设水平。

---

① 1988 年，“大手町、丸之内及乐町街区城建协议会”（大丸有协议会）产生，旨在协同大丸有地区的地权者，以提升区域附加值为目标，为实现东京都心的持续性发展而共同努力。协会具体作用是展望地区愿景，讨论发展导则与实施手法，协同大丸有地区的地权者，以提升区域附加值为目标，为实现东京都心的持续性发展而共同努力。

② 《连锁型城市更新计划》具体是指将同一区域内可利用的基地作为“种子用地”，通常是政府腾挪出来的用地，作为再开发起点建设新建筑，邻近的老旧建筑的土地权利人搬迁至种子用地内落成的新建筑，然后拆除腾空的老旧建筑，用作下一个新项目的建设用地，以此类推，滚动推进该区域内一系列地块的再开发，实现一个区域内的彻底更新。

8.2.10　TOD2050——综合接驳视角下未来城市近郊发展模式探索（研究型教学类）

阅读提示：

本案以城市 TOD 核心区域精细化设计为背景，探讨如何通过城市设计扩大轨交站点资源影响力，提升其对区域活力的带动。在教学实践中，针对两个站点及周边区域进行空间优化提升。在研读过程中，可以类比一般 TOD 项目中遇到的问题，思考本案例所提出的专题和专策对城市现实问题的价值，并进一步预判面向实施可能存在的困难。

设计概述：

由于与中心城区在土地利用、产业构成、人口密度和交通结构等多方面的差异，近郊地区轨道线路和站点的密度更低，基于步行影响的传统圈层式开发模式在近郊地区也显粗放和乏力。在此背景下，如何基于已有城市开发经验及研究成果，结合近郊地区特征，探索因地制宜的 TOD 精细化城市设计策略，形成以点带面的城市触媒效应，带动近郊站点周边更为广阔的地区发展，成为值得深入研究的问题。

本设计为针对城市近郊 TOD 发展模式的研究型设计，选址南京栖霞区白水桥站，是宁句线（S6 号线）与地铁 12 号线的换乘站，区位条件较好，周边以商办和居住为主要功能。

（1）关键问题与设计目标

市郊站点由于其郊区环境与城区环境之间的差异，存在着服务范围大、职住潮汐平衡与街区尺度不适宜等现实问题，将其转译为设计问题主要分为以下三点。

①如何建立站点之间联系：市郊站点之间距离极大，轨道交通线路与站点密度低，存在站点影响域辐射的大量真空区域。因此，需要借助设计通过站域辐射范围的扩大合理利用站点之间的空间，有助于建立新的站点网络系统。

②如何平衡潮汐通行下的效能转化：设计通过来回运力的充分利用，在站点吸引更多的商办功能，平衡职住需求，形成动能均衡使用，从而缓解市郊功能单一化带来的潮汐流动形成的能量损失。

③如何建立人本尺度：近郊道路系统以机动车为主导，街区尺度巨大、人行环境恶劣，因此应在站点周边还原人本尺度，创造便于交流的环境，将进一步增强活力。

针对以上问题，设计制定了资源整合、价值提升、多站联动三方面的专项设计目标。

①资源整合：站点周边片区存在明外郭的绿带、河流等蓝绿资源，设计充分挖掘线性分布的资源潜力，与交通系统整合形成触媒效应；

②价值提升：通过交通系统、城市功能、城市空间等要素的系统化整合，提升片区综合价值；

③多站联动：以多级公共交通站点引导影响域圈层的接驳，构建网络化 TOD 系统，以此辐射站点周边更大城市区域，形成片区多站联动效应。

（2）专题与策略研究

为通过多站联动实现城市中资源要素的整合，以提升价值，设计提出了交通与效益专题中关于街道空间模式、接驳影响域、城市空间结构等专项策略。

①人本空间与精细接驳（交通与城市类）

交通与街道模式演进：在信息时代的交通和生活方式演进下，自动驾驶、MaaS、5G 等为代表的技术进步也进一步影响了生活方式。设计中利用信息科技带来去中心化作用，并且用来促进轨道交通站点强中心发展和土地价值判断的转变，进而促进公共功能空间的均好化分布，形成近远程的生活方式，从根本上降低交通需求，带来更为人本的街道空间模式；

等时接驳影响域界定：通过交通与城市结构一体化的调整，设计为站点影响域空间的精细化界定提供了基本依据，主要体现在：三维精细界定（基于出站闸机坐标和真实三维路径网络进行可达模拟）、等时圈层扩展（以真实接驳行为和不同接驳速度进行具有"弹性"特性的等时圈层界定）、要素整合（在单一交通视角的界定下，引入城市功能、空间等多要素的影响机制）、结构引导（等时圈层扩展的基础上，结合要素整合下的城市活力影响，综合引导圈层整合和强度下的多站联动机制）四方面。影响域的精细化界定是对接驳行为与空间要素的耦合、肌理的深度解读与显微剖析，为影响域空间提供了多视角、多尺度、多层级的基础空间设计依据。

②结构触媒与多站联动（效益与城市类）

构建多中心城市结构：由于近郊 TOD 片区站点间距较大，基于步行的中心型圈层式规划会造成一定范围内的辐射盲点。为解决其难以形成有效的多中心网络的问题，设计运用都市圈的网络化建构将单一圈层式的城市结构向多中心圈层进行转化，并将其作为以站点远近距离为基础的土地价值判定的主要依据。

创建多站联动机制：由等时接驳影响域界定所带来的"圈层扩展、圈层叠加、圈层整合"对应于多中心城市结构的"资源整合、价值提升、多站联动"目标，为土地价值判定、弹性指标管控、基础设施布点等问题提供多维依据。以片区蓝绿资源、公共交通站点为结构触媒，形成片区城市要素的网络化交织的多站联动效应。

（3）成果展示

图 8-87~ 图 8-90。

8.2.11　无界张园——以公共城市事件为驱动力的城市中心历史地段更新设计（研究型教学类）

阅读提示：

本案是城市中特色风貌区域的城市更新，实际中上海市区政府、设计单位、开发主体、民众都在长期探讨此片区城市更新设计策略，且在项目开展实施的过程中。长期的讨论意味着此区域的重要性和敏感性，在研读案例的过程中，可以对比教学案例中的理想模型，与实施方案的差异，并思考内在的原因。

设计概述：

设计基地位于上海市静安区威海路张园地区。张园是位于上海市静安区南京西路旁的一片历史街区，地处上海核心区，同时是三线换乘点，具有极高的商业和历史价值。这里曾是一片私家园林，人称上海第一名园，但随着后续产权的分化和建筑的平民化，张园逐渐走向衰败和空心化。

场地内部优秀历史建筑、区文保点及保留建筑众多，周边开发强度高，地块的规划用地性质以商办、文化、居住、教育和社区公共服务为主。基地地面部分作为历史街区需要整体保护，以此为基础，设计将从公共事件的策划和关联出发，来挖掘场地位于城市中心历史地段的新空间需求。同时对周边开发容量和城市形态进行研究，在保证城市中心区高容量开发的前提下对新公共城市事件所需的新空间形态和空间系统进行设计，从而塑造全新的城市空间与场景。设计以张园与城市"无界"为目标，对界展开多层探讨，以"寻、入、破、无"的四阶段，逐层深入，希望让张园融入城市。

（1）关键问题与设计目标

本次设计希望以城市公共事件作为设计驱动力的视角来讨论城市中心历史地段的更新与开发，以技术支持和产业策划作为基础条件，探索城市高强度开发条件下历史街区、地下空间、城市交通和公共空间的创新型整合，并从激发城市事件的角度对城市重要节点进行重新定义，探索一种新的城市中心历史地段更新模式。因此，设计过程中主要包括以下三个关键点与难点：

TOD 2050 An urban configuration transformed 城市形态的转换

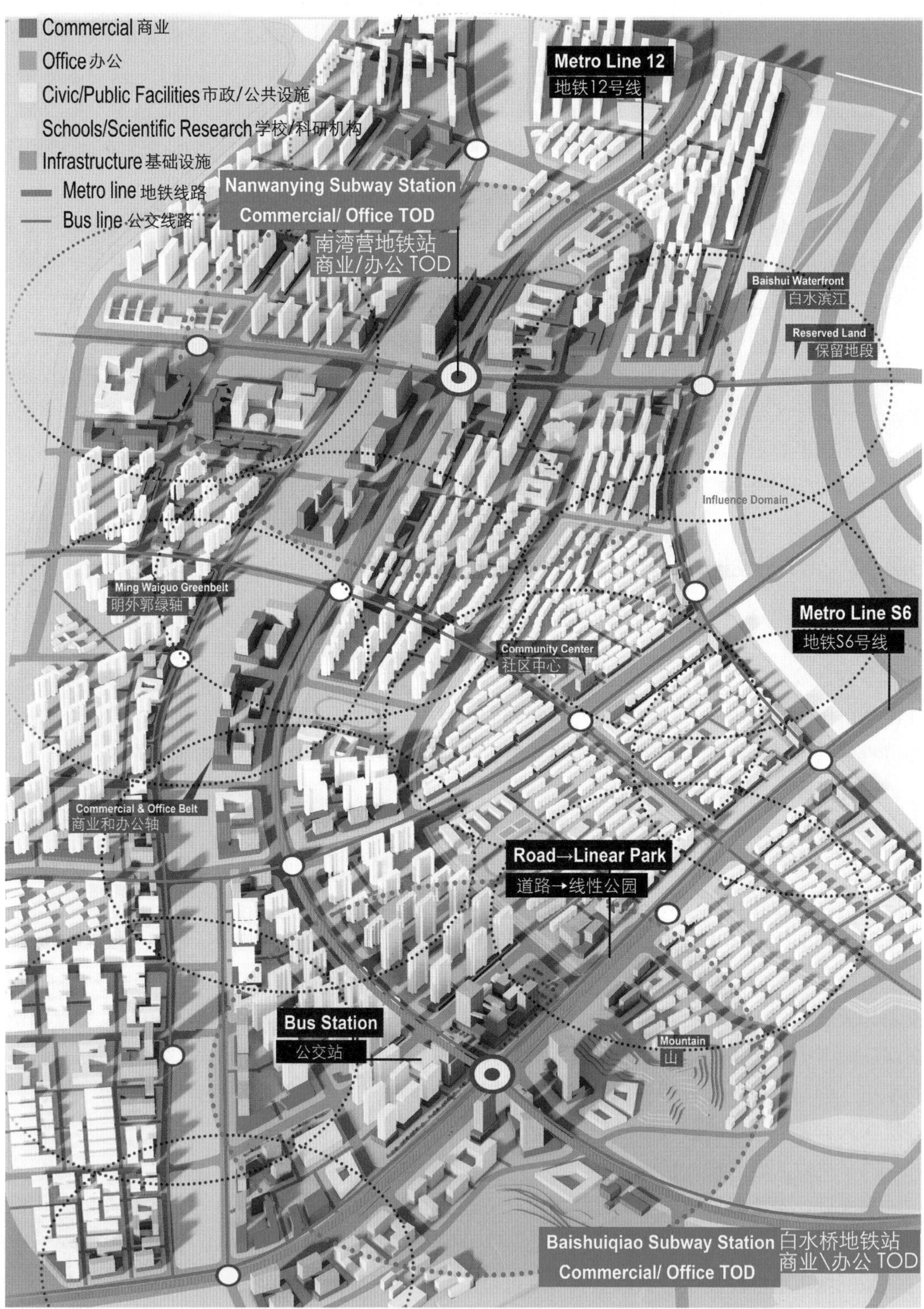

图 8-87 TOD2050——综合接驳视角下未来城市近郊发展模式探索 01

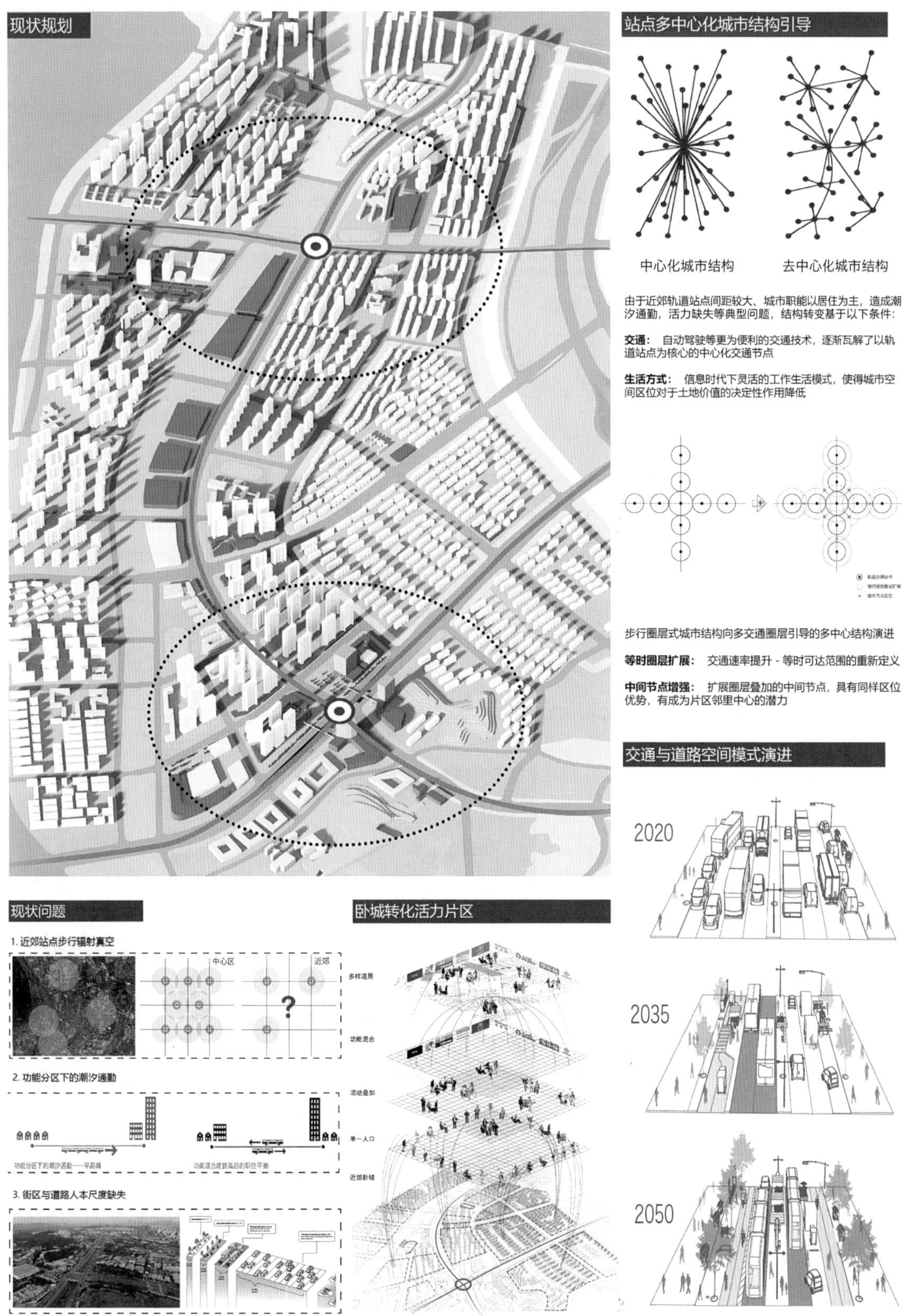
现状规划
站点多中心化城市结构引导
中心化城市结构
去中心化城市结构
由于近郊轨道站点间距较大、城市职能以居住为主，造成潮汐通勤，活力缺失等典型问题，结构转变基于以下条件：
交通： 自动驾驶等更为便利的交通技术，逐渐瓦解了以轨道站点为核心的中心化交通节点
生活方式： 信息时代下灵活的工作生活模式，使得城市空间区位对于土地价值的决定性作用降低
步行圈层式城市结构向多交通圈层引导的多中心结构演进
等时圈层扩展： 交通速率提升 - 等时可达范围的重新定义
中间节点增强： 扩展圈层叠加的中间节点，具有同样区位优势，有成为片区邻里中心的潜力
交通与道路空间模式演进
2020
2035
2050
现状问题
1. 近郊站点步行辐射真空
中心区
近郊
2. 功能分区下的潮汐通勤
3. 街区与道路人本尺度缺失
卧城转化活力片区
多样混居
功能混合
活动叠加
单一人口
近郊卧城

图 8-88　TOD2050——综合接驳视角下未来城市近郊发展模式探索 02

城市空间结构

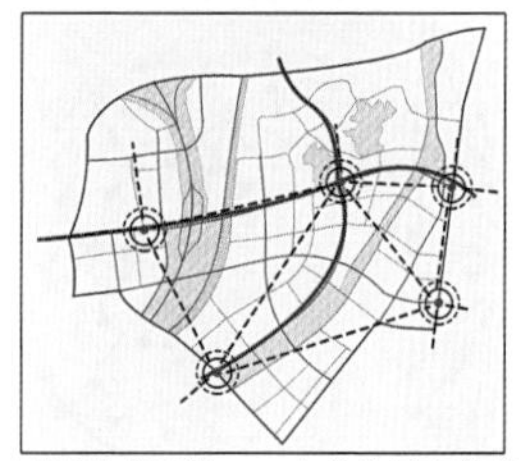

1.圈层式开发——中心性城市结构

TOD圈层开发模式下，以轨道站点为中心形成中心区域，综合价值随距离衰减

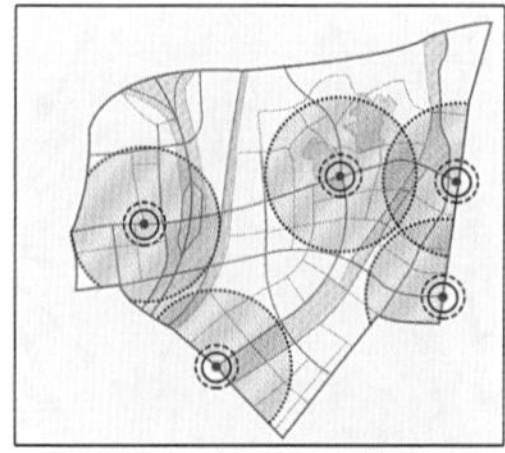

2.近郊站点的影响域覆盖真空

近郊区域线路密度与站点分布稀疏，传统圈层式开发的影响域存在覆盖真空区

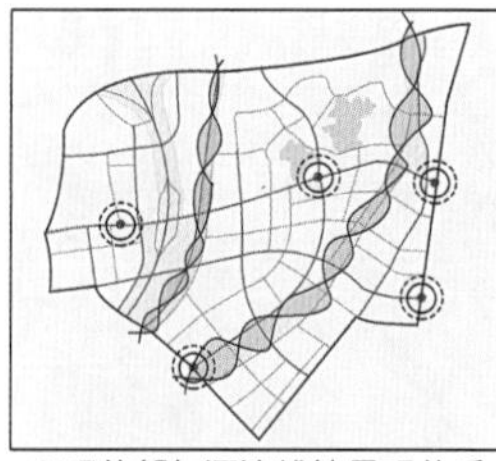

3.明外郭与河流线性景观体系

近郊区域拥有景观优势，场地现有明外郭绿带与白水河两条线性景观资源

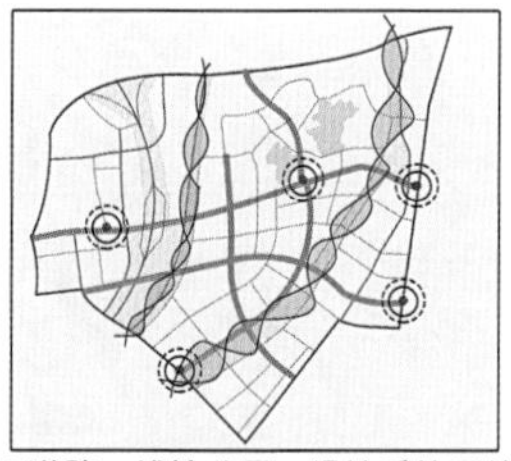

4.道路→线性公园：绿地系统网络

交通模式的转变带来道路尺度的人性化，道路线性公园与现状资源形成景观网

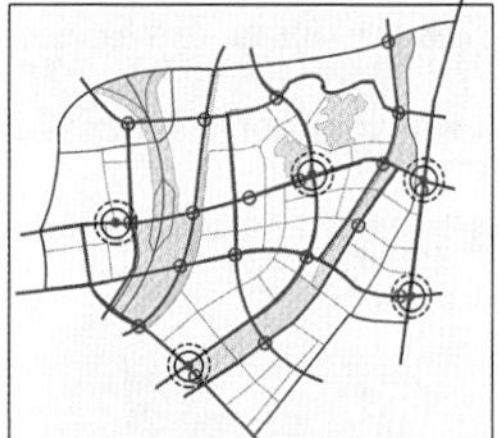

5.基于现状系统的公交线路规划

基于轨道线路与景观资源，规划公交接驳路线体系，带动城市结构转变

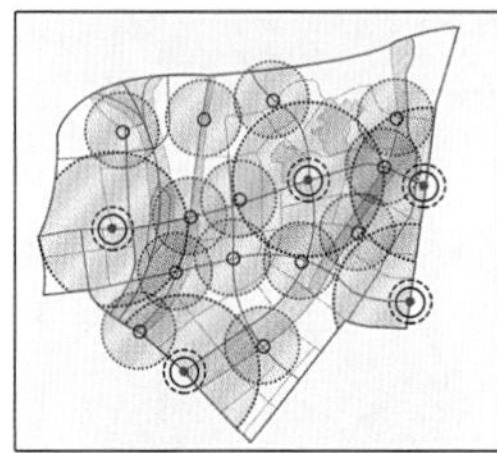

6.邻里级别TOD中心网络覆盖

围绕公共交通站点形成邻里级别TOD中心，进行次一级开发，提高城市密度

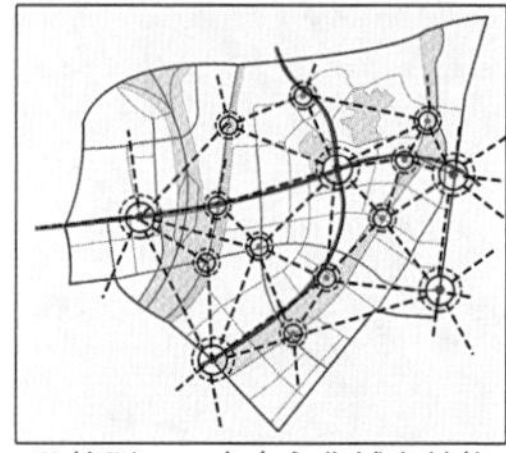

7.接驳——去中心化城市结构

基于次级公共交通站点形成去中心化城市结构，提高整体区域品质

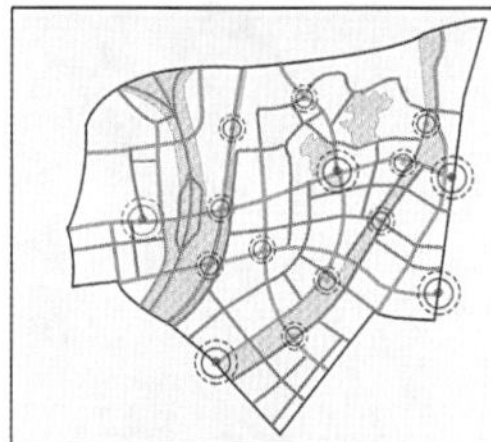

8.自行车交通网络

注重发展自行车系统网络，提高非机动车在接驳工具中所占比例

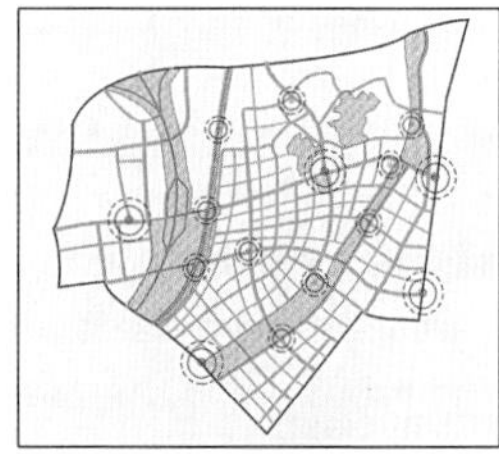

9.步行系统网络

实现以车为本向以人为本的转变，扩大慢行系统和人的领域，提升街区活力

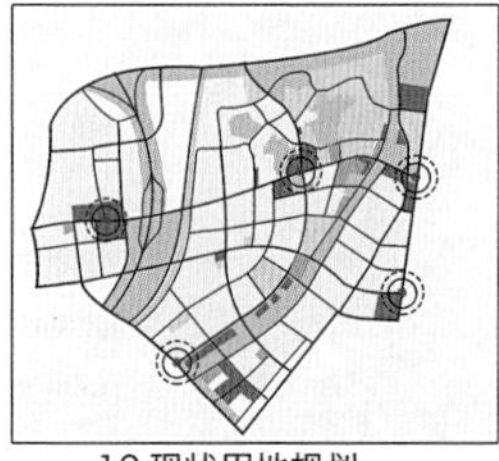

10.现状用地规划

现状用地围绕站点中心进行混合布置，周边均为住宅用地，城市活力不足

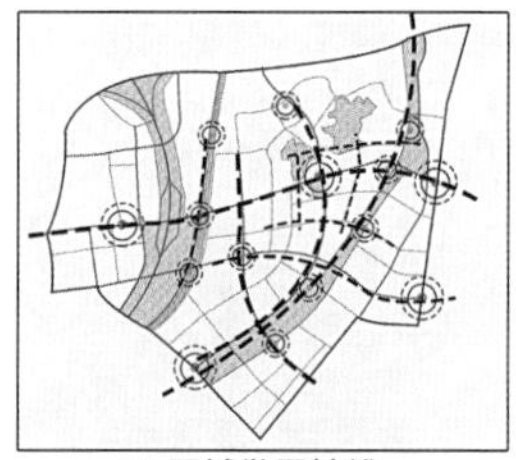

11.区域发展轴线

由景观资源带与公共交通网络确定区域发展轴线，进行高强度混合开发

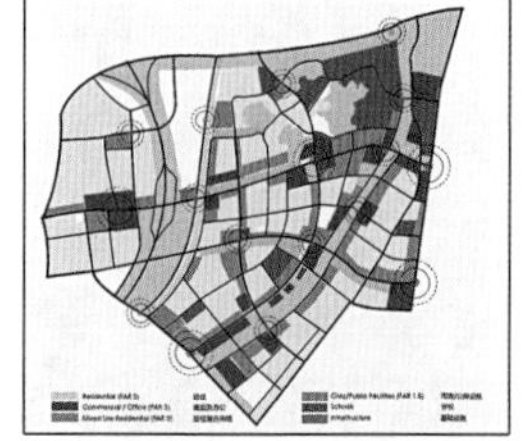

12.功能混合，用地性质转变

提高功能混合度，实现片区活力的提升，土地的集约利用，生活方式的转变

道路模式转变

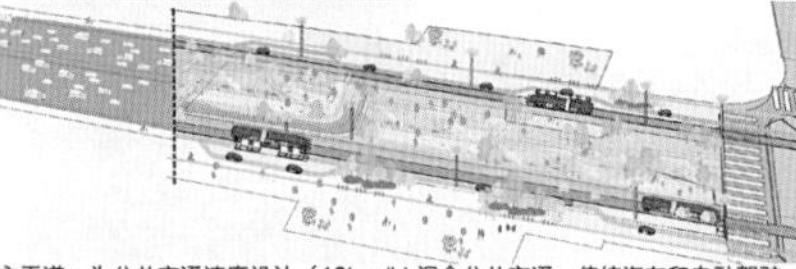

主干道：为公共交通速度设计（40km/h),混合公共交通、传统汽车和自动驾驶并有安全的自行车道和宽敞的人行道

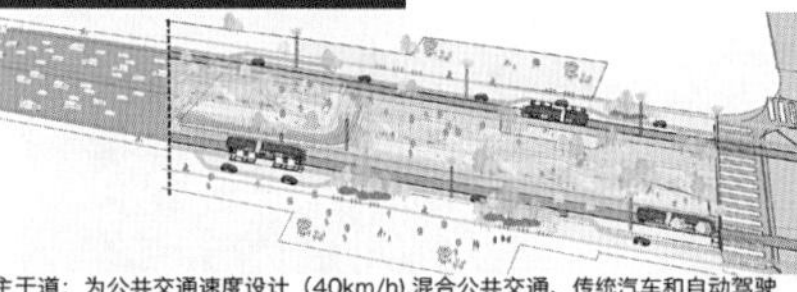

公交道：为公交速度（40km/h),混合公共交通自动驾驶，包括上落客区域

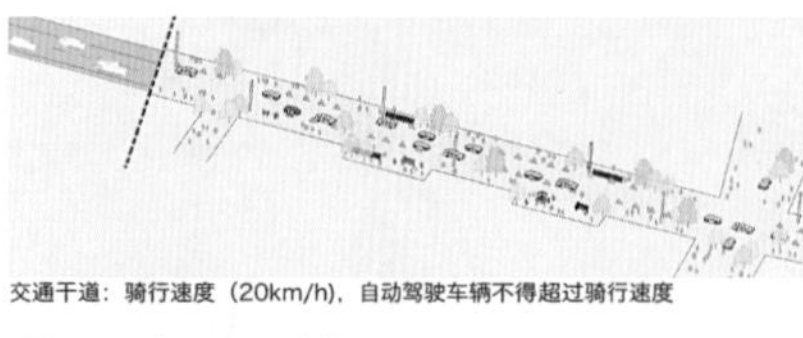

交通干道：骑行速度（20km/h），自动驾驶车辆不得超过骑行速度

步行巷道：步行速度（11km/h），限制快速交通进入，自动驾驶不得超步行速度

街道空间

图8-89 TOD2050——综合接驳视角下未来城市近郊发展模式探索03

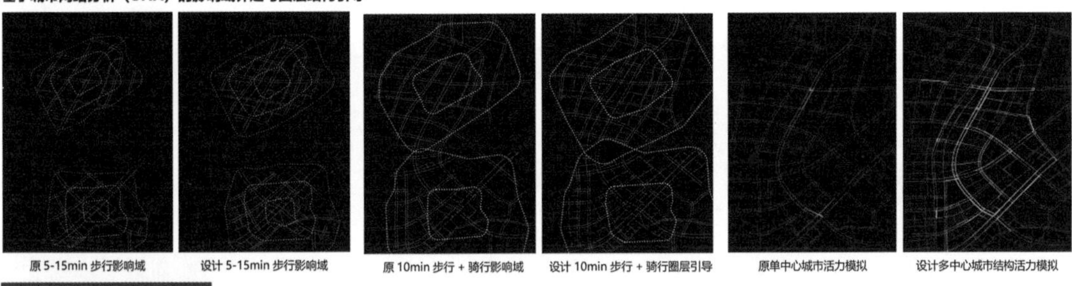

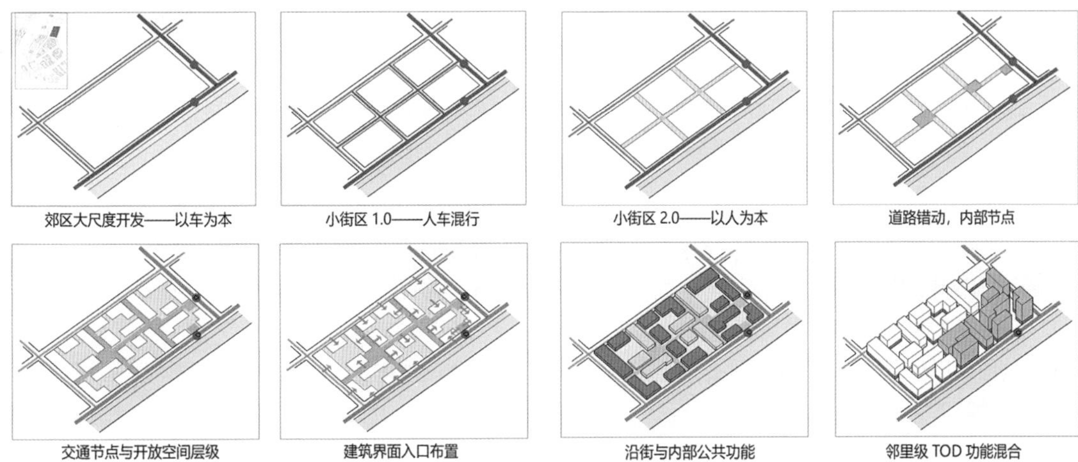

图 8-90　TOD2050——综合接驳视角下未来城市近郊发展模式探索 04

①内与外：张园地处上海腹地，这带来了不同于其他里弄更新的挑战与机遇。传统的里弄和新建商业区，形成内与外的矛盾。

②新与旧：张园曾是近代上海的时尚之源，作为硕果仅存的重点保护区域，使得人们对张园能够承载的功能期待更高。历史保护与新建开发的需求割裂，形成新和旧的矛盾。

③上与下：张园地下地铁三线交汇，人流量巨大。地上历史街区漫步与地下高效换乘居于不同层面，互相不可感知，形成上与下的矛盾。

（2）专题与专策研究

针对以上问题的剖析（寻界与入界）以设计提出了研究前期空间开发的专题策略（破界）：翻转、渗透和联结。通过复合化，颗粒化以及整合性开发，实现系统协同效应。以便于后期使用，以 12 个角色探究未来自治模式（无界），以政府引导的社会组织，开发角色的小、中、大事件。

①翻转（感知与城市类）

从使用者感知的视角出发通过城市基面的翻转，减小不同标高空间的氛围的差异。通过社区基面上抬，地下空间与里弄地上社区氛围保持一致，形成流线与视线的渗透，同时将都市基面下沉，将城市活力引入地下，增加地下空间活力。

②渗透（效益与城市类）

为实现不同组团的颗粒化业态彼此混合与渗透，设计希望通过颗粒化的混合模式，降低单一空间成本的同时，提升整个张园的商业价值，实现经济效益、社会效益、文化效益等综合效益的平衡。功能上设计将文化生产定义为日常，将文化输出定义为非日常。通过将文化生产类戏剧排练、包子制作等过程展示输出给游客，完成日常与非日常的转换。空间上，将张园老区镜像，把地面功能渗透到地下。镜像产生的坡屋顶用作多媒体投屏，将文化产业与直播结合。

③联结（行为与城市类）

设计为结合换乘空间与商业空间，充分利用三线换乘的人流量，在地下集中布置商业。水平维度上，将翻转得到的城市基面与负三层商业空间进行整合设计，将城市“后街”和城市“绿谷”糅合在一起，各个出站口和站内换乘通道也被联结其中。垂直维度上，4 个与地上联系最密切的垂直交通节点被重点设计，人流的枢纽同时成为了城市景观标志物。由此，张园地下空间成为一个集商业、文化以及公共活动为一体的地铁换乘综合体，也为人们提供了能够仰视历史街区的新视角。

（3）成果展示

图 8–91~ 图 8–97。

思考题

1　不同的城市发展水平、文化特点、用地区位、地理特征、气候规律等诸多因素对城市设计有何影响？

2　试从本章不同案例中读取出该设计的价值导向，并思考不同设计任务可能在相同（或相近）的价值导向下，却最终形成差异甚大的城市设计的主要原因是什么？

3　当代国内外城市设计实践有哪些明显的差异之处？

4　城市设计任务的用地范围大小对设计的精细化程度是否有影响？在进行较大规模城市设计时，在有限的时间、经济投入条件下，如何实现城市设计的精细化？

5　教学类城市设计的特点和价值何在？教学过程中，在主管方、投资方尚不清晰的情况下，如何做到尽量准确确立设计目标与设计专题？

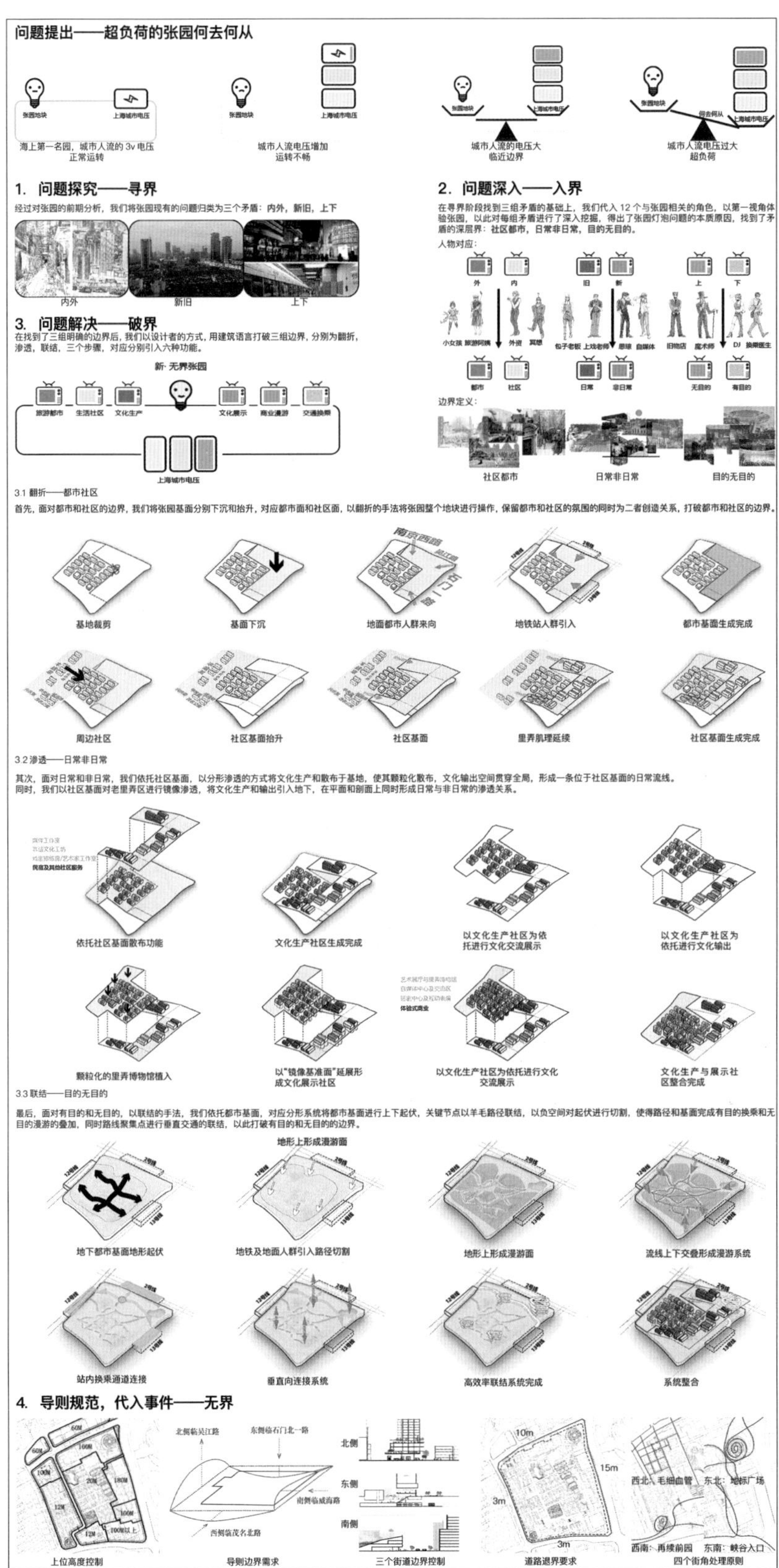

图 8-91　无界张园——以公共城市事件为驱动力的城市中心历史地段更新设计 01

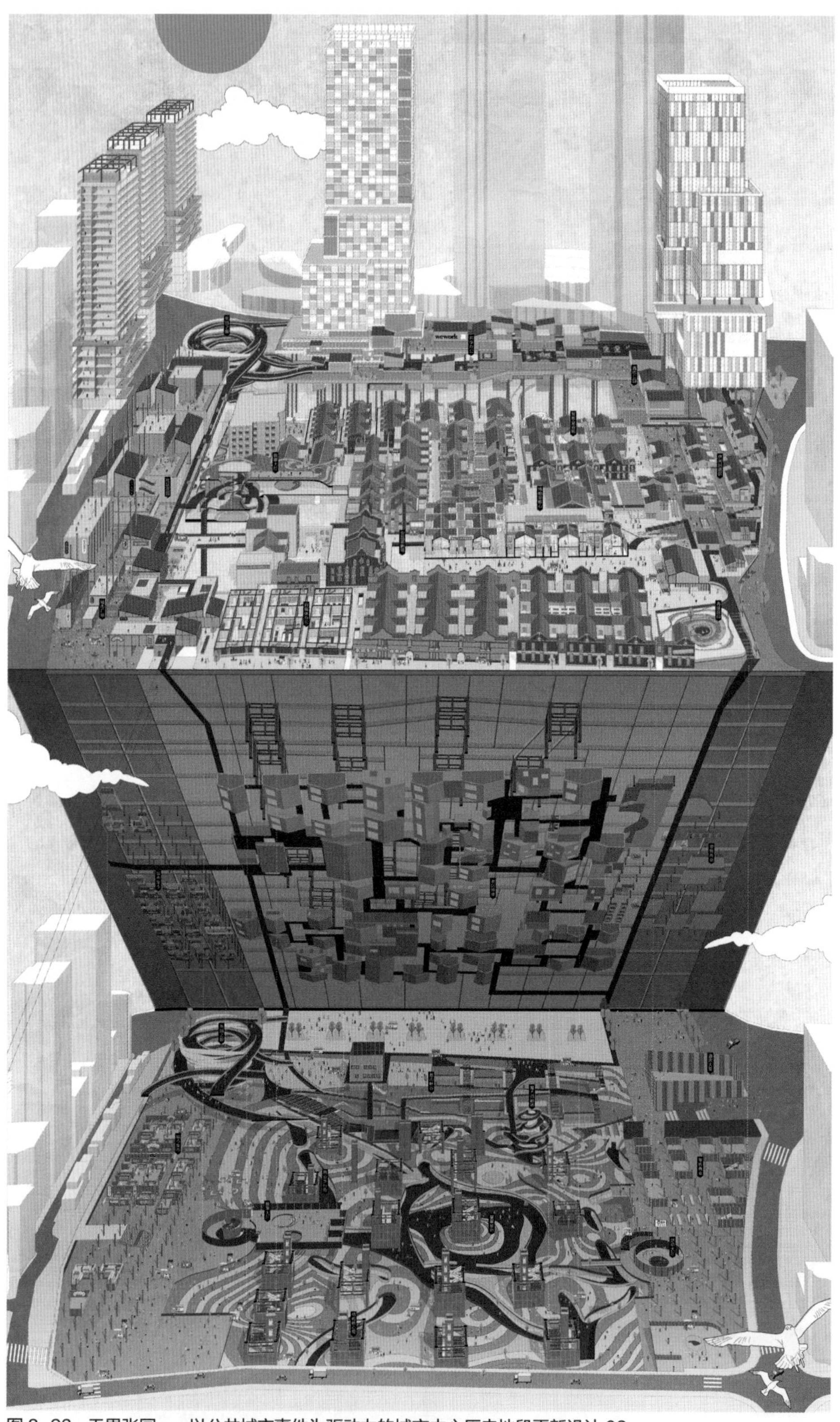

图 8-92　无界张园——以公共城市事件为驱动力的城市中心历史地段更新设计 02

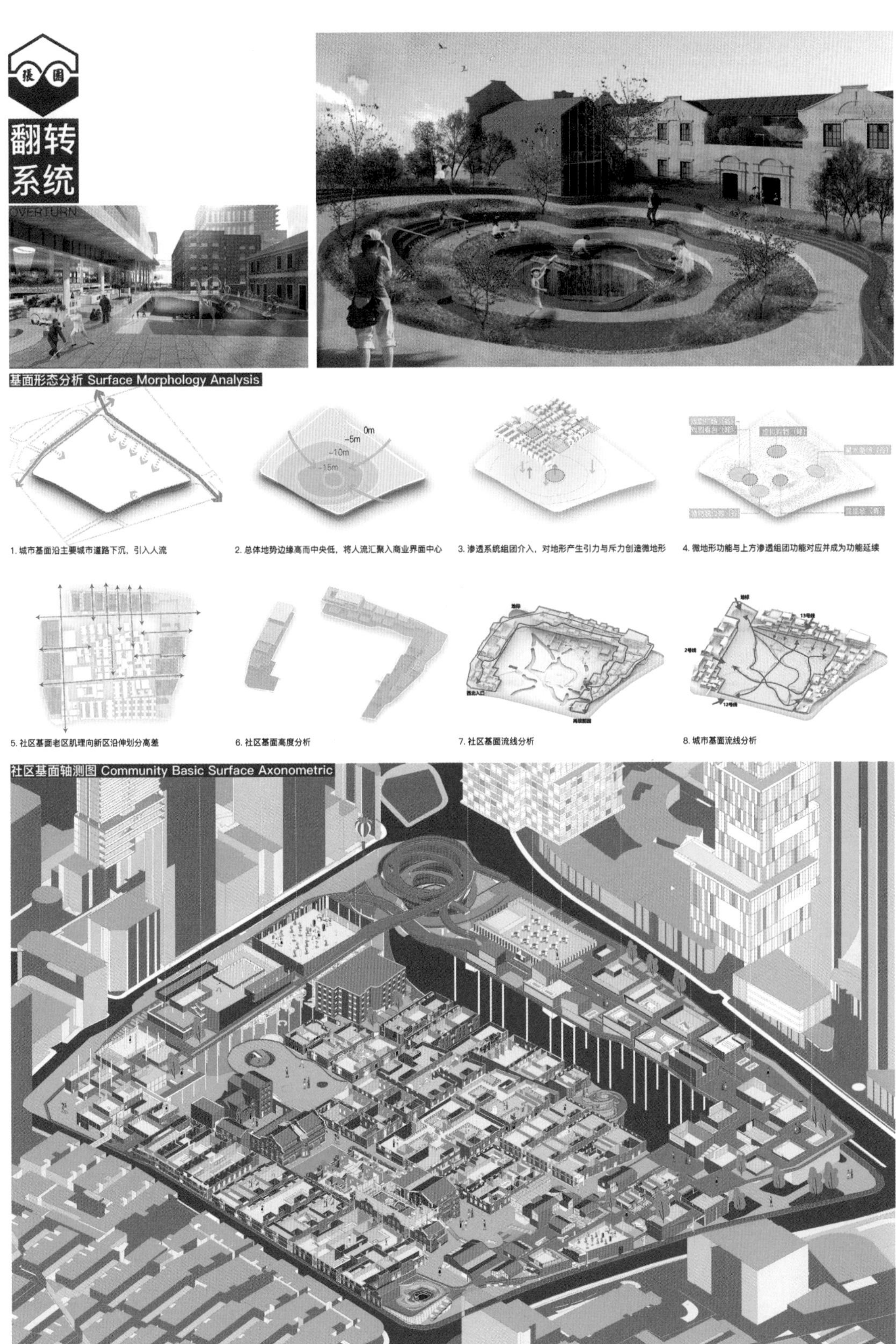

张园
翻转
系统
OVERTURN
基面形态分析 Surface Morphology Analysis
0m
-5m
-10m
-15m
1. 城市基面沿主要城市道路下沉，引入人流
2. 总体地势边缘高而中央低，将人流汇聚入商业界面中心
3. 渗透系统组团介入，对地形产生引力与斥力创造微地形
4. 微地形功能与上方渗透组团功能对应并成为功能延续
13号线
2号线
12号线
5. 社区基面老区肌理向新区沿伸划分高差
6. 社区基面高度分析
7. 社区基面流线分析
8. 城市基面流线分析
社区基面轴测图 Community Basic Surface Axonometric

图 8-93　无界张园——以公共城市事件为驱动力的城市中心历史地段更新设计 03

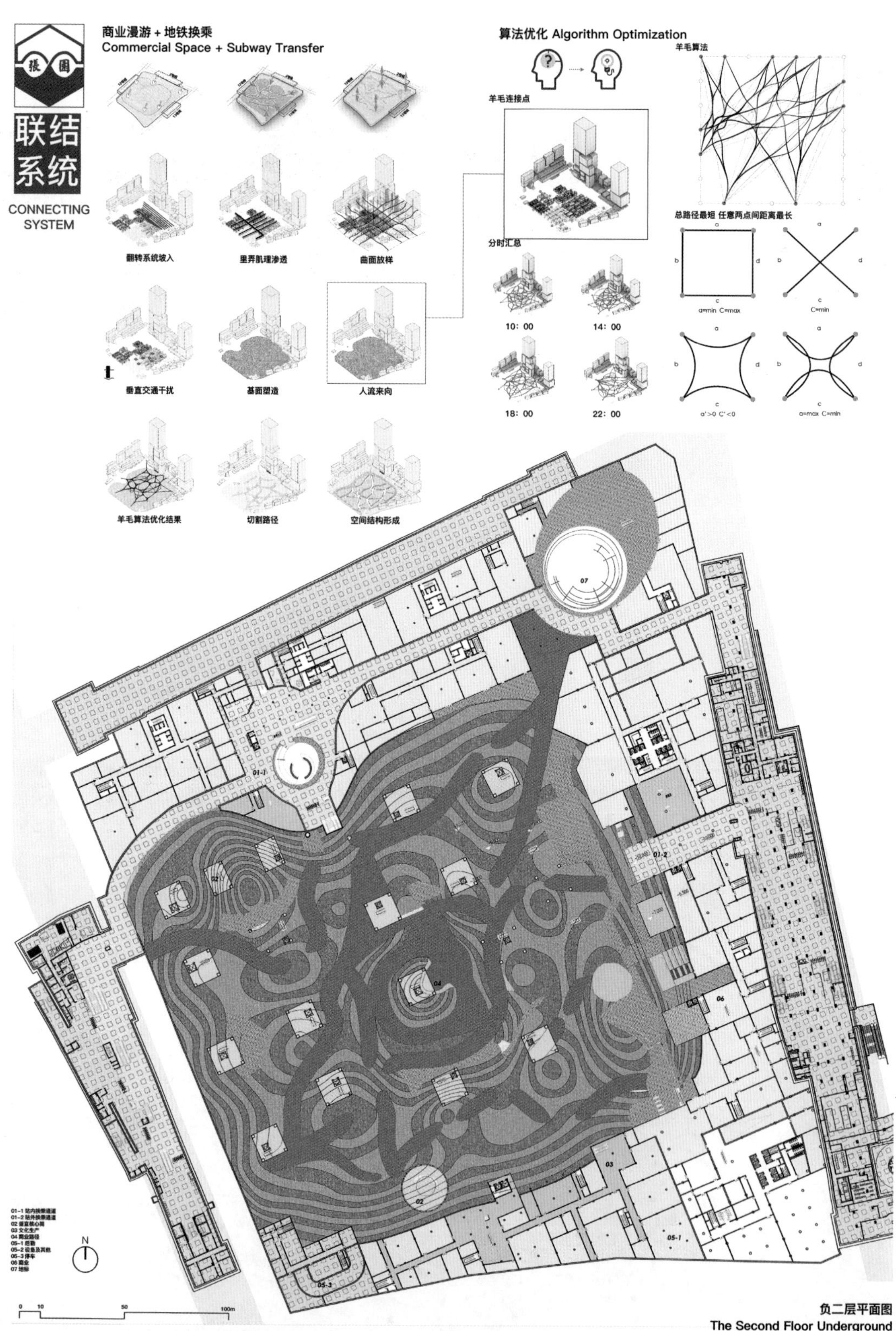

图 8-94 无界张园——以公共城市事件为驱动力的城市中心历史地段更新设计 04

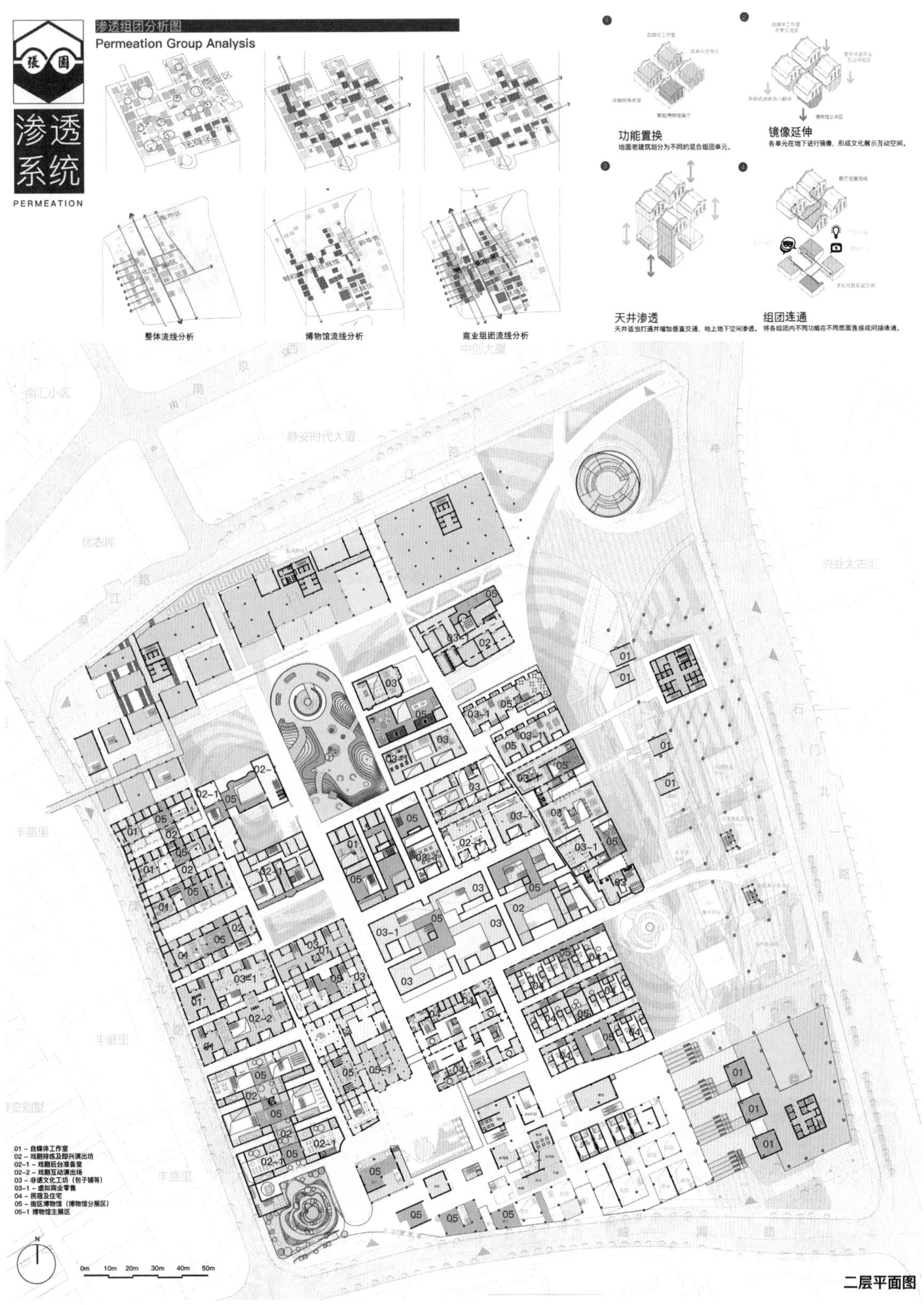

图 8-95　无界张园——以公共城市事件为驱动力的城市中心历史地段更新设计 05

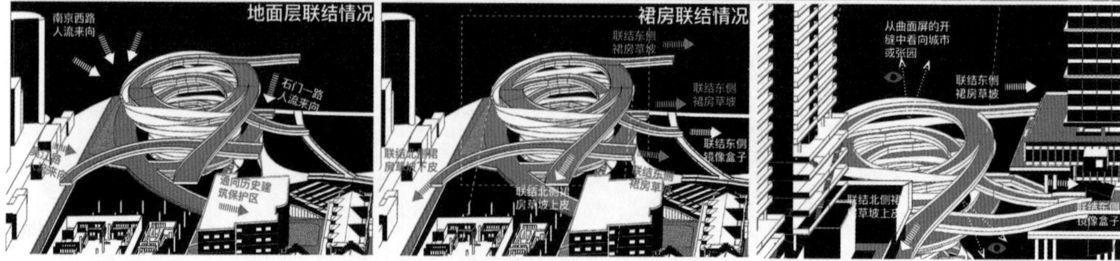

图 8-96 无界张园——以公共城市事件为驱动力的城市中心历史地段更新设计 06

图 8-97　无界张园——以公共城市事件为驱动力的城市中心历史地段更新设计 07

8.3 案例基本信息

(1)上海后世博 A、B、C 片区的设计开发

委托单位：上海世博发展(集团)有限公司

设计单位：上海市城市规划设计研究院（A 片区）、上海建筑设计研究院有限公司（B 片区）、华东建筑设计研究院有限公司（A、C 片区）

项目负责：苏功洲、徐维平、李定、李佳毅

设计团队：A 片区：郑科、沈果毅、冯烨、卢柯、阮哲明、陈颖、张旻、金敏、张璐璐、施慰、吴秋情；B 片区：姚昕怡、杨晨、张路西、董莺、倪轶炯、康辉、边至美；C 片区：杨晨、刘晓迅、孙婷婷、刘雅、李林、唐云杰、贾水钟、张伟程、陆文慷、汪海良、裘慰

设计时间：2013 年 1 月（B 片区设计导则发放）；2014 年 2 月（A 片区设计导则发放）；2020 年 1 月（C 片区设计导则发放）

(2)湖南金融中心城市设计及规划设计总控

委托单位：湖南湘江新区管理委员会国土规划局

设计单位：华东建筑设计研究院有限公司 / 城市空间规划设计研究院

项目负责：查君

设计团队：陈沂、杨灿、宋旸、田逸飞、李雅楠、信辉、王亦凡、黄莎莎、马若影

设计时间：2019 年城市设计审批，2022 年规划设计总控专家评审

获奖情况：2017 年“AAP—The American Architecture Prize”美国建筑奖城市设计金奖

(3)新加坡 · 南京生态科技岛中部核心区精细化城市设计

设计单位：东南大学建筑设计研究院有限公司

项目负责：韩冬青、方榕

设计团队：孟媛、吉星帅、孙菲、任文静、董嘉、凌致远、程可昕等

设计时间：2017 年

获奖情况：2021 年江苏省城乡建设系统优秀勘察设计城市设计与专项规划一等奖，2017 年江苏省土木建筑学会建筑师学会第十一届“建筑创作奖”一等奖

(4)重庆巴南惠民片区精细化城市设计

设计单位：重庆市设计院有限公司、法国 AAUPC 建筑规划事务所、中建科技集团西部有限公司

项目负责：褚冬竹、李胜

设计团队：楚隆飞、王大刚、唐震宇、Patrick Chavannes（帕特里克 · 夏瓦纳）、闫昕、张莹、练云霄、余佳珍、李丛笑、马素贞、戴起旦等

设计时间：2022 年

（5）杭州西站枢纽地区核心区精细化城市设计

设计单位：筑境设计与中铁第四勘察设计院集团有限公司联合体

项目负责：程泰宁

设计团队：于晨、殷建栋、郭磊、金智洋、严彦舟、戚东炳、江畅、陈立国；中铁第四勘察设计院集团有限公司：盛晖、罗汉斌、郑洪、刘俊山、李军营、杨志红、王敏、李立、寇军朝、周洋、殷炜、余辉、梁栋等

设计时间：2018 年

（6）四川省富顺县文庙－西湖片区项目改造和风貌塑造精细化城市设计

设计单位：重庆大学建筑规划设计研究总院、重庆大学建筑城规学院

项目负责：褚冬竹

设计团队：王晶、严萌、黎柔含、魏书祥、喻焰、万骁骁、赵紫烨、王瑞、张雅韵、丁洪亚、孟兴宇等

设计时间：2017 年

获奖情况：2019 年度全国优秀城市规划设计奖三等奖；2018 年度重庆市优秀城市规划设计奖一等奖；2019 年度世界建筑新闻奖铜奖（THE WAN AWARDS）；2019 年度美国建筑大师奖（THE ARCHITECTURE MASTERPRIZE）

（7）成都 5G 智慧城先导区城市设计方案

设计单位：AECOM，中国建筑西南设计研究院有限公司

项目负责：刘泓志

设计团队：阎凯、束冬冬、范文铮、方安遇、张展眉、王桑、夏宏伟、周耀曦

设计时间：2020 年

获奖情况：成都 5G 智慧城先导区城市设计方案征集优胜

（8）美国底特律城区复苏和都市改造的精细化城市设计

设计单位：SmithGroup + Interboro Partners

设计时间：2018 年

获奖情况：Honor Award – American Institute of Architects（AIA）– Michigan Chapter

（9）日本大手町、丸之内、有乐町地区城市设计建设导则

编制单位：大丸有地区城市建设恳谈会

编制团队：东京都政府、千代田区政府、东日本铁路和大丸有协议会

编制时间：2000 年、2005 年、2008 年、2012 年、2014 年、2021 年（多轮修订）

（10）TOD2050——综合接驳视角下未来城市近郊发展模式探索

院校：东南大学建筑学院

学生姓名：王浩、庞家琪、李忆瑶

指导教师：朱渊、徐芸霞、顾越

设计类别：硕士研究生一年级课程设计

设计时间：2019 年

获奖情况：江苏省土木建筑学会建筑创作——城市设计专项奖二等奖，亚洲设计学年奖银奖

（11）无界张园——以公共城市事件为驱动力的城市中心历史地段更新设计

院校：同济大学建筑与城市规划学院

学生姓名：杨希言、王家琪、胡嘉伟、任晓涵、张雨阳、赵迪、阙鑫荣、田恬、陈思涵、白寅崧、郝行、洪晓菲

指导教师：董屹、王桢栋

设计类别：本科生毕业设计

设计时间：2020 年

获奖情况：2020 Team20 – Exceptional Honor，2020 中国人居环境设计学年奖 金奖，第六届“汇创青春”——上海大学生文化创意作品展示一等奖

图片来源

第 1 章

图 1-1　伦敦为谷溢摄，其他城市为褚冬竹摄

图 1-2　田中智之（Tomoyuki Tanaka）绘，https://architizer.com/blog/inspiration/industry/x-ray-vision-tomoyuki-tanaka/

图 1-3（比利时）冯索瓦・史奇顿，贝涅・彼特．觉醒的异度城市 [M]．孙萍，孙迪，译．北京：北京美术摄影出版社，2016.

图 1-4　https://thecharnelhouse.org/2014/06/03/le-corbusiers-contemporary-city-1925/le-corbusiers-1924-utopian-proposal-the-ville-radieuse-has-clearly-influenced-a-platitude-of-different/

图 1-5　褚冬竹 摄

图 1-6　https://nolli.stanford.edu/

第 2 章

图 2-1　https://www.asla.org/2016awards/172453.html

图 2-2　重庆大学建筑学本科四年级作业，设计：钟祁序、傅雅雯、李超，教师：褚冬竹

图 2-3《虹桥商务区核心区（一期）城市设计》，设计：上海市城市规划设计研究院、华东建筑设计研究院有限公司、德国 SBA

图 2-4　http://www.propagandastudio.asia/asia/china/photographer/commercial/blog/2015/12/21/hongqiao-tiandi-hub-by-pt-for-shuion-group-architecture-photography-shanghai

图 2-5　https://stelakontogianni.com/2021/04/04/urban-evaluating-canary-wharf-is-there-more-than-merely-a-place-to-work/

图 2-6　上左：https://img.locationscout.net/images/2016-01/canary-wharf-london-united-kingdom-csqy_l.jpeg
上右：https://www.functionfixers.co.uk/assets/A-view-from-The-View.jpg
下图：https://www.adamson-associates.com/project/canary-wharf/

图 2-7　https://www.utiledesign.com/news/four-utile-waterfront-plans-approved-paving-way-for-resilient-accessible-coastlines/

图 2-8　https://www.thinglink.com/scene/999279397993185281

图 2-9　褚冬竹 摄

图 2-10　https://www.architectmagazine.com/design/a-bold-plan-to-remake-the-historic-heart-of-paris_o?he=d71cba674b5c2ee33bf8dd8f1d69979a86fc5611

图 2-11　http://pfsstudio.com/project/punggol-waterfront-planning/

图 2-12　上图：https://worldlandscapearchitect.com/sx%CA%B7%C6%9B%CC%93%C9%99n%C9%99q-xwtle7en%E1%B8%B5-square-vancouver-canada-hapa-collaborative/
下图：https://www.tclf.org/robson-square

图 2-13　褚冬竹 摄

图 2-14　http://www.greatbuildings.com/buildings/Robson_Square.html

第 3 章

图 3–1 至图 3–3 Aedas 事务所官网 https://www.aedas.com/sc/home

图 3–4 至图 3–5 AWP 事务所官网 https://awp.fr/project/paris–cbd–la–defense–strategic–masterplan/

图 3–6 黎柔含（褚冬竹工作室）绘

图 3–7 http://parisfutur.com/wp–content/uploads/2017/02/Plan–du–nouveau–Forum–des–Halles–Architecte–Seura.jpg

图 3–8 http://parisfutur.com/wp–content/uploads/2017/02/

图 3–9 （a）Patrick Berger 事务所官网 https://patrickberger.fr/IMG/jpg/photo–sergio–grazia–2016–berger_anziutti–canopee_halles–paris–ecr–e–01.jpg；（b）https://patrickberger.fr/IMG/jpg/ ；（c）https://patrickberger.fr/IMG/jpg/photo–sergio–grazia–2016–berger_anziutti–canopee_halles–paris–ecr–e–25.jpg

图 3–10 （a）改绘自：新加坡裕廊湖区官网 https://www.jld.gov.sg/ 相关资料；（b）和（c）新加坡裕廊湖区官网：https://www.jld.gov.sg/

图 3–11 https://www.archdaily.com/40802/bras–basah–rapid–transit–station–woha

图 3–12 （a）https://www.archdaily.com/40802/bras–basah–rapid–transit–station–woha；（b）和（c）褚冬竹 摄

图 3–13 至图 3–14 SOM 事务所官网（部分进行翻译和标注）：https://www.som.com/projects/philadelphia–30th–street–station–district–plan/

图 3–15 根据《国土空间规划城市设计指南》（中华人民共和国自然资源部发布）自绘

图 3–16，图 3–17 作者绘制

第 4 章

图 4–1 https://www.ovalpartnership.com/images/article/65a47e2dd6a1f51c.jpg

图 4–2 https://www.greeknewsagenda.gr/images/GNA_Pics/Text_pics/2019_TextPics/BeFunky_Collage13.jpg

图 4–3 《波士顿公共空间战术导则》（Tactical Public Realm Guidelines），导则来源于波士顿政府官方网站：https://www.boston.gov/transportation/tactical–public–realm

图 4–4 Foster + Partners 官方网站：https://www.fosterandpartners.com/projects/west–kowloon–cultural–district/

图 4–5，图 4–8，图 4–9，图 4–29 褚冬竹 摄

图 4–6 褚冬竹 绘

图 4–7 褚冬竹，邓宇文，兰慧琳．山地历史城市半岛滨水空间营建：重庆与伊斯坦布尔的初步比较 [J]．H+A 华建筑，2020（28）：20

图 4–10，图 4–23 导则图片来源于《多伦多总体街道设计导则》（Toronto Complete Streets Guidelines），导则来源于多伦多城市官方网站：https://www.toronto.ca/services–payments/streets–parking–transportation/enhancing–our–streets–and–public–realm/complete–streets/complete–streets–guidelines/；实景照片由褚冬竹摄

图 4–11 墨尔本 sky–rail 社区活动公园：https://www.gooood.cn/sky–rail–community–nodes–by–march–studio.htm
里斯本泉池公园：https://www.gooood.cn/praca–fonte–nova–by–jose–adriao–arquitetos.htm
首尔 Imun 立交桥下空间改造：https://www.gooood.cn/roof–square–by–hg–architecture.htm

图 4–12 褚冬竹，兰慧琳，邓宇文．城市半岛形态的表述架构与设计干预 [J]．建筑学报，2021（5）：77–83.

图 4–13 褚冬竹，魏书祥．轨道交通站点影响域的界定与应用——兼议城市设计发展及其空间基础 [J]．建筑学报，2017（2）：16–21.

图 4–14 林雁宇（褚冬竹工作室）绘

图 4–15 褚冬竹，陈熙．轨道交通站域目的地可达性评测及其意义——以重庆沙坪坝站站域为例 [J]．新建筑，2020（4）：25–31.

图 4–16 《Tomorrow's Living Staion》报告，报告来源于 ARUP 官方网站：https://www.arup.com/perspectives/publications/promotional–

materials/section/tomorrows-living-station

图 4-17 龙瀛．颠覆性技术驱动下的未来人居——来自新城市科学和未来城市等视角 [J]．建筑学报，2020（Z1）：34-40.

图 4-18 作者绘制

图 4-19 褚冬竹工作室 摄

图 4-20，图 4-21，图 4-26~ 图 4-28 湾仔北及北角海滨地区城市设计研究官方网站：https://www.pland.gov.hk/pland_en/p_study/comp_s/wcnnpuds/index.php?lang=en

图 4-22 褚冬竹．精明・精准・精细：城市更新开卷三题 [J]．建筑实践，2021（10）：14-27.

图 4-24，图 4-44 至图 4-46 精细化城市设计优秀教学案例《北京市工体周边地区地下空间及交通一体化设计》，院校：北京工业大学城市建设学部；学生姓名：许霄、王子佳、潘晓嫚、韩婷、单镜祎；指导教师：李翔宇

图 4-25 Hoffmann P，Nomaguchi Y，Hara K，Sawai K，Gasser I，Albrecht M，Bechtel B，Fischereit J，Fujita K，Gaffron P，Krefis AC，Quante M，Scheffran J，Schlünzen KH，von Szombathely M. Multi-Domain Design Structure Matrix Approach Applied to Urban System Modeling. Urban Science. 2020; 4（2）: 28. https://doi.org/10.3390/urbansci4020028

图 4-29 https://www.tripsavvy.com/wan-chai-visitors-guide-1535977 摄影：Marco Wong

图 4-30~ 图 4-33 兰文龙，段进，杨柏榆，李佳宇，姜莹．公众感知导向的城市空间特色评价模型及实证——以武汉市主城区为例 [J]．城市规划，2021，45（12）：67-76.

图 4-34 联合国儿童基金会官方网站：https://www.unicef.org

图 4-35 王志飞（褚冬竹工作室）摄

图 4-36，图 4-37 褚冬竹工作室研究：《轨道交通站点影响域异用行为分析与精细化城市设计策略研究》作者：马可；导师：褚冬竹

图 4-38~ 图 4-40 褚冬竹，黎柔含．城市交通节点空间综合增效设计思路与方法 [J]．建筑师，2021（6）：19-30.

图 4-41 褚冬竹，顾明睿．灾变的意义：从城市安全到建筑学锻造 [J]．新建筑，2021（1）：4-10.

图 4-42，图 4-43 谷溢，吴欣彦，曹笛．基于捷径空间的城市中心区避险疏散研究——以郑州市为例 [J]．新建筑，2021（1）：36-40.

图 4-47，图 4-48 李和平，肖洪未，黄瓴．山地传统社区空间环境的整治更新策略——以重庆嘉陵桥西村为例 [J]．建筑学报，2015（2）：84-89.

图 4-49~ 图 4-54 由重庆市设计院有限公司提供

表 4-1，表 4-2 作者绘制

第 5 章

图 5-1，图 5-2 https://www.sasaki.com/zh/projects/las-salinas/

图 5-3 何瀚翔（褚冬竹工作室）绘

图 5-4~ 图 5-7 喻焰（褚冬竹工作室）绘

图 5-8 阳蕊，何瀚翔，李超（褚冬竹工作室）绘

图 5-9 由重庆市规划设计研究院提供

图 5-10 褚冬竹 摄

图 5-11~ 图 5-14 https://mp.weixin.qq.com/s/9PkDV8QGKnPpnBtrhQkLEg

图 5-15 https://www.skyscrapercity.com/

图 5-16 由重庆市设计院有限公司提供

图 5-17，图 5-18 杨荣 摄

图 5-19 总平面图：https://mooool.com/en/mekel-park-by-mecanoo.html；实景鸟瞰：褚冬竹 摄

图 5-20 剖面：https://oss.gooood.cn/uploads/2018/08/Salesforce-Transit-Center-Section-650x 650.jpg；实景鸟瞰：JASON O'REAR 摄 .
图 5-21 https://www.ria.co.jp/wp/wp-content/uploads/2017/01/ee92a272a11372c4094ad866455873c8.jpg
图 5-22 https://www.stoss.net/projects/resiliency-waterfronts/moakley-park-resiliency-waterfronts
图 5-23 http://1.bp.blogspot.com/-aTtkdVorU9Y/UsW1206LAXI/AAAAAAAAAxo/KUh435eKyA4/s1600/img6.jpg
图 5-24 日建设计站城一体开发研究会编著・译. 站城一体开发. II.TOD46 的魅力 [M]. 沈阳：辽宁科学技术出版社，2019.
图 5-25 总图：www.gcdental.co.jp/100thsymposium/outline.html；草图：https://dac.dk/en/knowledgebase/architecture/tokyo-international-forum/；实景照片由褚冬竹摄
图 5-26 http://www.landing-studio.com/infra-space-1
图 5-27 https://www.networkrail.co.uk/stories/happy-birthday-london-kings-cross/
图 5-28 https://img.freepik.com/free-photo/tokyo-railway-station-business-district-building-night-japan_335224-158.jpg?t=st=1655795679~exp=1655796279~hmac=bb484629423be35624c39618cbf83b1ebc07d1b4bac4e779db12604667f4066b&w=1380
图 5-29 https://www.stadtentwicklung.berlin.de/planen/staedtebau-projekte/leipziger_platz/de/geschichte/vor_1945/index.shtml
图 5-30 https://magyarepitok.hu/aktualis/2018/03/innovaciora-es-egyuttmukodesre-sarkallja-a-mernokoket-az-idea-conference
图 5-31 https://www.allplan.com/fileadmin/_processed_/d/f/csm_stuttgart_21_1440x445_22720a6609.jpg
图 5-32 https://www.homes.co.jp/life/images/20190723111649/main_1047603804-2000x1238.jpg
图 5-33 上：https://minatomirai21.com/facility/61；下：褚冬竹 摄
图 5-34 https://www.perkinseastman.com/projects/battery-park-city/
图 5-35，图 5-36 改绘自：《Battery Place Residential Area Design Guideline》，导则源自：https://bpca.ny.gov/wp-content/uploads/2015/03/BPCA_Residential_Environmental_Guidelines.pdf
图 5-37，图 4-43，图 5-44 《虹桥商务区核心区一期城市设计导则》，编制：上海市城市规划设计研究院、华东建筑设计研究院有限公司、德国 SBA
图 5-38 作者绘制
图 5-39 作者绘制
图 5-40，图 5-41 《广州市城市总体规划（2017—2035 年）》，编制：广州市城市规划勘测设计研究院、东南大学城市规划设计研究院有限公司
图 5-42 刘智伟. 虹桥模式——上海虹桥商务区核心区Ⅰ期发展特点剖析 [J]. 上海建设科技，2016（6）：9-13.
图 5-45 a：https://www.cm-inv.com/cn/u/cms/www/201810/1916142902e0.jpg
b：https://ss2.meipian.me/users/3977815/a5c588a6e58d4836a32dc18bdb9a4bdc.jpg?imageView2/2/w/750/h/1400/q/80
图 5-46 孙大鹏. 立体更新下的北外滩——北外滩整体交通系统研究 [J]. 中小企业管理与科技（下旬刊），2019（8）：193-194+196.
图 5-47，图 5-48 《上海市北外滩城市设计》，设计：日建设计
图 5-49 《上海虹口北外滩地区地下空间专项研究》，研究：华东建筑设计研究院有限公司 .
图 5-50 张文沫，邢晓晔，陈嘉雯，聂雨晴. 上海三林楔形生态绿地设计 [J]. 景观设计学，2019，7（3）：118-133.
图 5-51 张文沫，邢晓晔，陈嘉雯，聂雨晴. 上海三林楔形生态绿地设计 [J]. 景观设计学，2019，7（3）：118-133.
图 5-52 《三林滨江南片区专题汇报文本》，研究：华东建筑设计研究院有限公司
图 5-53~ 图 5-55 褚冬竹，曾昱玮. 边界、瓶颈与涌现：基于步行安全的半岛滨水节点城市设计优化 [J]. 当代建筑，2021（12）：25-31
图 5-56 https://www.kcap.eu/media/uploads/9930AS_Hafencity_KCAP_（c）Fotofrizz_Aerial_HR.jpg?width=1600&height=1070
图 5-57 约翰姆・H・福斯特，李建. 着眼服务未来标准的新城规划理念与时空管控策略以汉堡港口新城开发为例 [J]. 时代建筑，2019（4）：37-39.
图 5-58 褚冬竹 摄

图 5-59 李文竹，刘浔风．德国汉堡港口新城城市更新中的多元要素协同优化 [J]．住宅科技，2020，40（8）：16-24.

图 5-60 https://www.archdaily.cn/cn/887867/yi-bao-yi-bei-ai-le-ting-he-er-zuo-ge-he-de-mei-long-jian-zhu-shi-wu-suo/585bef5de58ece953e0001d1-elbphilharmonie-hamburg-herzog-and-de-meuron-photo

图 5-61 http://www.italipes.com

图 5-62 http://epamimarlik.com/tr/proje/sultanahmet-ve-cevresi-duzenleme-projesi/

图 5-63 https://bustler.net/news/2502/three-entries-share-first-prize-in-istanbul-s-yenikap-305-design-competition

图 5-64 杨盖尔工作室：https://gehlpeople.com/work/projects/

图 5-65 伊斯坦布尔城市设计工作室：http://weldonpries.com/Istanbul_2014/index.html

表 5-1 改绘自：金广君．城市设计：如何在中国落地？[J]．城市规划，2018，42（3）：41-49.

表 5-2，表 5-3 改绘自：《上海市控制性详细规划附加图则成果规范（试行）》，发布：上海市规划和自然资源局

表 5-4 作者绘制

表 5-5 作者绘制

第 6 章

图 6-1 华霞虹，庄慎．以设计促进公共日常生活空间的更新——上海城市微更新实践综述 [J]．建筑学报，2022（3）：1-11. DOI:10.19819/j.cnki.ISSN0529-1399.202203001.

图 6-2 改绘自：华霞虹，庄慎．以设计促进公共日常生活空间的更新——上海城市微更新实践综述 [J]．建筑学报，2022（3）：1-11. DOI:10.19819/j.cnki.ISSN0529-1399.202203001.

图 6-3 https://www.hudsonyardsnewyork.com/

图 6-4 https://www.latzundpartner.de/en/projekte/postindustrielle-landschaften/landschaftspark-duisburg-nord-de/

图 6-5 褚冬竹 摄

图 6-6 https://www.keguanjp.com/imgs/2011/08/d2aca6e212df62a4c66603baf5b62712.jpg

图 6-7 https://www.mori.co.jp/projects/roppongihills/background.html

图 6-8 《上海市控制性详细规划成果规范（2020 试行版）》，发布：上海市规划和自然资源局

图 6-9 根据 Googlemap 航拍图改绘

图 6-10 莫霞，王剑．城市核心地段历史文化风貌区的保护与发展——以上海市张家花园地区规划实践为例 [J]．城乡规划，2018（4）：41-48.

图 6-11 《静安区南西社区 C050401 单元控制性详细规划图则公示版》，发布：上海市规划和自然资源局

图 6-12 《北外滩控制性详细规划附加图则公示版》，发布：上海市规划和自然资源局

图 6-13 改绘自：杨书航．基于紧凑思想的城市更新策略研究 [D]．广州：华南理工大学，2020.

图 6-14 根据三林滨江实施平台成果自绘

图 6-15 根据成都天府新区总控成果自绘

图 6-16 根据国王十字站开发历程自绘

图 6-17，图 6-18 《世界顶尖科学家社区概念规划与城市设计》，设计：AUBE 欧博

图 6-19 改绘自：《大手町、丸の内、有楽町地区 まちづくりガイドライン（2020）》http://www.aurora.dti.ne.jp/~ppp/guideline/pdf/guideline_2020.pdf

图 6-20 改绘自：《大手町、丸の内、有楽町地区 まちづくりガイドライン（2020）》http://www.aurora.dti.ne.jp/~ppp/guideline/pdf/guideline_2020.pdf

图 6-21 https://mmbiz.qpic.cn/mmbiz_png/hZ9qhGdVmnZWPicCkh1fX9O27ZicUicZPeCDyLwDHyefh0Nv7NLdzHuQkvgdMs7SWgyFeo8FrHVic4MoZVYGFbpG0A/640?wx_fmt=png&wxfrom=5&wx_lazy=1&wx_co=1

图 6-22 https://mmbiz.qpic.cn/mmbiz_png/hZ9qhGdVmnZ7z0bKAkx3PmyGGgoGibpaczvg5nmSiaPLQHH7o5Ej8yZp80wg09Obpf0slO

CSDUnUAdibNo58ZNN9g/640?wx_fmt=png&wxfrom=5&wx_lazy=1&wx_co=1

图 6-23 https://mmbiz.qpic.cn/mmbiz_png/hZ9qhGdVmnZ7z0bKAkx3PmyGGgoGibpacBCCicETeZOIonEUW936V8y8yFwOxsicCRn5ZD8LUHxEWicgC5ibGsyIT9A/640?wx_fmt=png&wxfrom=5&wx_lazy=1&wx_co=1

图 6-24 张萌．风貌保护背景下的上海石库门里弄更新策略研究——以东斯文里地块为例 [J]．中外建筑，2020（4）：100-103.

图 6-25 《成都东部新区三岔地区连廊设计专题研究》，研究：华东建筑设计研究院有限公司

图 6-26 《三林滨江海派风貌专题研究》，研究：华东建筑设计研究院有限公司

图 6-27 改绘自：李帅，彭震伟．基于多元主体的城市绿地空间协作规划实施机制研究——以奥地利维也纳都市花园为例 [J/OL]．国际城市规划：1-16[2022-05-10].DOI:10.19830/j.upi.2020.371.

图 6-28 《徐汇滨江西岸传媒港四大界面专题研究》，研究：上海西岸传媒港开发建设有限公司

图 6-29，图 6-30 《崖州湾城市设计及工作机制》，设计：华东建筑设计研究院有限公司

图 6-31 《水乡客厅规划土地总控技术文件大纲》，编制：华东建筑设计研究院有限公司

图 6-32 改绘自：唐燕．城市设计实施管理的典型模式比较及启示 [A]．中国城市规划学会．城市时代，协同规划——2013 中国城市规划年会论文集（02- 城市设计与详细规划）[C]．中国城市规划学会：中国城市规划学会，2013：11.

图 6-33 改绘自：姜涛，李延新，姜梅．控制性详细规划阶段的城市设计管控要素体系研究 [J]．城市规划学刊，2017（4）：65-73.

图 6-34 改绘自：文献 蒋应红，方雪丽．基于精细化背景下城市闲置空地的更新应用研究：以上海区域为例 [J]．2021.

图 6-35 http://hd.ghzyj.sh.gov.cn/

图 6-36 改绘自：http://www.xuhui.gov.cn/static/upload/202111/1129_144957_415.jpg

图 6-37 《HafenCity MASTERPLAN 2000》，来源于：https://www.hafencity.com/en/overview/masterplan

图 6-38 改绘自：梁锡燕，赵渺希．德国汉堡港口新城开发中的多方参与机制评析 [C]//. 面向高质量发展的空间治理——2020 中国城市规划年会论文集，2021：956-967.

图 6-39 改绘自：《HafenCity Masterplan 2000》，来源于：https://www.hafencity.com/en/overview/masterplan

图 6-40 改绘自：薄宏涛．存量时代下工业遗存更新策略研究 [D]．南京：东南大学，2019.

图 6-41 改绘自：https://mp.weixin.qq.com/s/5hRtmRyv_dDFh_7edcEJBA

图 6-42~ 图 6-45 应亦宁，孙一民．基于工程技术理性原则的城市滨水重点地段营建实践 [J]．建筑技艺，2021，27（3）：22-25.

图 6-46 作者绘制

图 6-47 伍江．城市有机更新与精细化管理 [J]．时代建筑，2021（4）：6-11.

图 6-48 华霞虹，庄慎．以设计促进公共日常生活空间的更新——上海城市微更新实践综述 [J]．建筑学报，2022（3）：1-11.

图 6-49 改绘自：华霞虹，庄慎．以设计促进公共日常生活空间的更新——上海城市微更新实践综述 [J]．建筑学报，2022（3）：1-11.

图 6-50 https://mp.weixin.qq.com/s/tsvRyaHdSjllgJiXFwJsFg

表 6-1，表 6-2，表 6-4，表 6-5 作者绘制

表 6-3 改绘自：段进，兰文龙，邵润青．从”设计导向”到”管控导向”——关于我国城市设计技术规范化的思考 [J]．城市规划，2017（6）.

表 6-6 改绘自：黄静怡，于涛．精细化治理转型：重点地区总设计师的制度创新研究 [J]．规划师，2019（22）：30-36.

第 7 章

图 7-1，图 7-16，图 7-17 作者绘制

图 7-2 http://www.xavery.cn/goods-586.html

图 7-3 https://senseable.mit.edu/wanderlust/

图 7-4 https://www.bikecitizens.net/analysis-data-planning-tool-for-bicycle-traffic/

图 7-5 https://senseable.mit.edu/desirable-streets/

图 7-6 http://citydashboard.org/london/

图 7-7 http://nanocubes.net/

图 7-8 https://www.statsilk.com/

图 7-9，图 7-10 Chaillou S. AI Architecture Towards a New Approach（2019）[J]. URL https://www. academia. edu/39599650/AI_Architecture_Towards_a_New_Approach.

图 7-11 由褚冬竹工作室提供

图 7-12 Institute for Advanced Architecture of Catalonia（IAAC）：https://www.iaacblog.com/

图 7-13 由重庆市设计院有限公司提供 .

图 7-14 https://densitydesign.org/research/telltale-visualizing-urban-digital-traces/

图 7-15 https://www.rmms.illinois.edu/

图 7-18 改绘自：《銀座地区 地区計画・高度利用地区の手引き》，来源于：https://www.city.chuo.lg.jp/kankyo/keikaku/tikukeikaku_kinoukousinngata/tikukeikaku.files/r3_ginza.pdf

图 7-19 改绘自：《銀座街づくり会議》，来源于：https://www.ginza-machidukuri.jp/design/images/GM_10th.pdf

图 7-20 https://www.ura.gov.sg/

图 7-21 改绘自：《Urban systems studys：Urban Redevelopment: From Urban Squalor to Global City》，来源于：https://www.clc.gov.sg/docs/default-source/urban-systems-studies/

图 7-22 《嘉定远香湖规划实施平台管理手册》，编制：华东建筑设计研究院有限公司

图 7-23 《上海市控制性详细规划成果规范（2020 试行版）》，发布：上海市规划和自然资源局

图 7-24 上海西岸集团官网：http://www.westbund.com/cn/index/KEY-PROJECTS/detail_696Ea.html

图 7-25 《西岸传媒港整体开发设计导则详解》，编制：上海建筑设计研究院有限公司

表 7-1 作者绘制

表 7-2 《上海市普陀区桃浦智创城开发建设导则》，编制：华东建筑设计研究院有限公司

第 8 章

图 8-47 富顺县志道光七年（公元 1827 年）刊本（现存于日本东京大学）

图 8-81 作者绘制

图 8-82 改绘自：《大手町、丸之内、有乐町地区城市建设导则 2014》，发布：大丸有街区城建恳谈会

图 8-83 https://data.shinkenchiku.online/articles/SK_2019_12_066-0

图 8-84 由株式会社日本设计提供

图 8-85 《大手町、丸之内、有乐町地区城市建设导则 2014》，发布：大丸有街区城建恳谈会发布

图 8-86 查君 摄

图 8-87 查君 摄

图 8-88 改绘自：《大手町、丸之内、有乐町地区城市建设导则 2014》，发布：大丸有街区城建恳谈会

第 8 章插图除注明来源外，均由设计单位或所在院校提供。